과학철학

Philosophy of Science: A Contemporary Introduction, Fourth Edition

by

Alex Rosenberg and Lee McIntyre

Authorised translation from the English language edition

published by Routledge, a member of the Taylor &Francis Group LLC

과학철학

알렉스 로젠버그, 리 매킨타이어 지음
이영의 옮김

서광사

이 책은 Alex Rosenberg와 Lee McIntyre의 *Philosophy of Science: A Contemporary Introduction* (4th Edition, Taylor & Francis, 2020)을 완역한 것이다.

과학철학

알렉스 로젠버그, 리 매킨타이어 지음
이영의 옮김

펴낸이 | 이숙
펴낸곳 | 도서출판 서광사
출판등록일 | 1977. 6. 30.
출판등록번호 | 제 406-2006-000010호

(10881) 경기도 파주시 회동길 77-12 (문발동)
대표전화 (031) 955-4331 팩시밀리 (031) 955-4336
E-mail: phil6060@naver.com
http://www.seokwangsa.co.kr | http://www.seokwangsa.kr

제1판 제1쇄 펴낸날 — 2026년 2월 28일

ISBN 978-89-306-2387-2 93160

| 4판 서문 |

『루트리지 현대철학 입문 시리즈』(Routledge Contemporary Introductions to Philosophy) 4판은 각 장 끝에 있는 주석 달린 추천 자료와 책의 일반 참고문헌 외에도 추가적인 수정이나 개선이 이루어졌다. 4판에서는 추천 자료와 참고문헌이 확실히 최신화되었으며, 또한 눈에 띄지 않는 수십 가지 방식과 일부 눈에 띄는 방식으로 완전히 달라졌다.

독자들은 3판을 사용했던 수많은 강사들의 제안에 따라 가독성을 높이기 위해 책의 많은 부분이 수정되고 재작성되었음을 알아차릴 것이다. 또한 그들은 책의 응집성과 흐름에 대한 관심을 바탕으로, 각 장 간의 개선된 연속성을 높이 평가할 것이다. 과소결정 문제, 사회과학, 실재론 논쟁과 같은 중요한 쟁점들이 이번 개정판에서 최신 정보로 보완되었다. 마지막으로, 각 장 끝에 있는 학습 문제를 활용하는 많은 강사들은 이것들이 수정되고 보강되었다는 것을 알게 될 것이다.

처음 세 판과 마찬가지로, 저자인 알렉스는 여전히 철학과 교수법의 위대한 고전인 헴펠(Carl G. Hempel)의 『자연과학철학』(*Philosophy of Natural Science*)에 필적하려는 열망을 갖고 있다. 브라우닝(Robert Browning)이 "아, 인간의 포부는 현실의 한계를 넘어서야 한다"라고 말했듯이, 훌륭한 본보기는 큰 자극제가 된다. 그는 마치 이 책의 1, 2, 3판에 대해 이야기했던 것 같다. 이는 4판에서도 여전히 유효하다. 4판의 공동 저자로 참여한 매킨타이어(Lee McIntyre)는 이전 판보다 전체 내용을 더 접근하기 쉽게 만들고, 몇 가지 핵심 영역에서 알렉스의 견해를 보완하고 수정하는 데 기여했다.

이전 판들과 마찬가지로, 알렉스는 과학철학의 문제들이 플라톤 이래로 학문의 의제에 오른 질문들의 단순한 대체 사례이자 철학의 가장 근본적인 문제 중 하나임을 보여주고자 한다.

새로운 판은 3판의 핵심 혁신 중 하나를 보존하고 있는데, 이는 현재 시판 중인 가장 유용한 세 가지 선집, 즉 커드·커버(Martin Curd and J. A. Cover)의 『과학철학: 핵심 쟁점』(*Philosophy of Science: The Central Issues*), 랑(Marc Lange)의 『과학철학: 선집』(*Philosophy of Science: An Anthology*), 발라쇼프·로젠버그(Yuri Balashov and Alex Rosenberg)의 『과학철학: 현대 독해』(*Philosophy of Science: Contemporary Readings*)에 재수록된 논문들과 추천 도서를 연결하는 것이다. 더 폭넓은 제안 외에도, 각 장의 추천 자료 섹션은 이 세 권 중 일부 또는 전체에서 구체적인 추천 도서들이 포함되어 있다. 알렉스 자신의 과학철학 강의는 항상 이 선집들에 수록된 표준 논문들에 중점을 둔다. 이 책의 장들을 과제로 내주면 우리 학문의 진정한 성과를 면밀히 연구하기 위한 배경을 마련하는 데 할애되던 강의 시간을 줄일 수 있다. 알렉스는 테일러 앤 프랜시스(Taylor & Francis)가 호스팅하는 웹사이트(www.routledge.com/9781138331518)에 3판과 결합할 수 있는 중요한 오픈액세스 및 JSTOR 논문 목록을 준비했다. 동일한 목록이 4판에서도 이 기능을 수행할 것이다.

| 초판 감사의 글 |

이 작업은 1966년에 처음 출간되어 아직도 그 책을 능가할 만한 저작이 없는 칼 G. 헴펠의 훌륭한 저서 『자연과학철학』의 가치 있는 후속작을 제공하겠다는 엄청난 야망에서 시작되었다. 브라우닝의 「안드레아 델 사르토」에는 "아, 인간의 포부는 능력보다 커야 한다. 그렇지 않다면 천국은 무엇을 위해 존재하겠는가?"라는 구절이 있다.

나의 두 번째 야망은 좀 더 달성 가능하다. 그것은 과학철학의 문제들이 철학의 근본적인 문제들 중 하나이며, 이러한 문제들이 과학의 본질을 이해하려는 우리의 시도에서 비롯된다는 것을 보여주는 것이다.

이러한 사실을 결국 깨달은 것은 피터 애친슈타인, 닉 레셔, 아돌프 그린바움, 리처드 브레이스웨이트, 존 이어먼, 데이비드 헐, 마이클 루즈, 바스 반 프라센, 엘리엇 소버, 필립 키처, 린들리 다르든, 댄 하우스만, 칼 회퍼, 마크 랑, 폴 처칠랜드, 팻 처칠랜드, 낸시 카트라이트, 재럿 레플린, 아서 파인, 브라이언 스카임스, 폴 텔러, 얀 커버, 폴 톰슨, 존 비티, 켄 워터스, 래리 하딘, 리처드 보이드, 앨리슨 와일리, 해럴드 킨케이드, 스티븐 루크스, 리처드 제프리, 존 왓킨스, 앨런 넬슨, 톰 쿤, 돈 캠벨, 데이비드 루이스, 존 매키, 웨슬리 새먼, 메릴리 새먼, 빌 뉴턴-스미스, 조 피트, 로버트 브랜든, 래리 라이트, 헬렌 롱기노와 같은 사람들의 30년간의 가르침 덕분이다.

이 책을 쓰는 동안, 마틴 커드, 피터 코소, 피터 립톤, 네벤 세사르딕, 재럿 레플린,

칼 회퍼로부터 상세한 의견을 들었고, 마크 랑으로부터는 엄청난 도움을 받았다. 그들의 모든 조언과 훈계를 온전히 반영한 책을 만들지 못한 점은 유감이다.

이 책은 마사 리브스의 연구 관심사가 아니었다면 시작되지 못했을 것이고, 모이라 테일러의 간청이 아니었다면 완성되지 못했을 것이다.

| 차례 |

1장 철학과 과학의 관계

개요

과학철학은 정의하기 어려운 주제다. 이는 철학 자체를 정의하기 어렵기 때문이기도 하다. 그러나 적어도 철학에 대한 한 가지 논쟁적인 정의에 따르면, 물리학, 생물학, 사회과학, 행동과학 등 다양한 과학 분야와 철학의 관계는 매우 긴밀하여 과학철학은 철학자와 과학자 모두에게 핵심적인 관심사가 되어야 한다. 이 정의에 따르면, 철학은 과학이 아직 답할 수 없거나 어쩌면 영원히 답할 수 없는 질문들, 그리고 과학이 이러한 질문에 답할 수 없는 이유에 관한 질문들을 우선으로 다룬다.

이 장은 여러 가지 방식으로 이러한 정의가 적절함을 주장한다. 과학이 어떻게 철학에서 연속적으로 생겨났는지, 철학의 세부 분야들이 과학과 어떻게 관련되어 있는지, 철학의 역사가 과학에 의해 설정된 문제들을 어떻게 반영하는지를 보여준다.

철학이란 무엇인가?

철학은 정의하기 쉬운 학문이 아니다. '지혜에 대한 사랑'이라는 어원은 분명하지만, 철학이라는 학문이 무엇에 관한 것인지 이해하고자 하는 사람에게는 도움이 되지 않는다. 철학의 가장 중요한 하위 분야들을 아는 것만으로도 충분하지 않다. 철학의 주요 구성 요소들은 나열하기 쉽고, 그중 일부 주제는 상대적으로 이해하기도 쉽다. 문제는 그것들이 서로 어떤 관련이 있는지, 그리고 왜 그것들이 다른 학문의 일부나 독립적인 탐구 영역이 아니라 하나의 학문(철학)을 구성하는지를 파악하려는 데 있다.

철학의 주요 하위 분야에는 논리학(타당한 추론 규칙을 탐구하는 학문), 윤리학 및 정치철학(개인과 국가의 행동에서 옳고 그름, 좋고 나쁨, 정의와 불의를 다루는 학문), **인식론**[1], 즉 지식 이론(인간 지식의 본질, 범위, 정당성을 탐구하는 학문), 그리고 **형이상학**(현실에 존재하는 가장 근본적인 것들의 종류와 그들 간의 관계를 규명하려는 학문)이 포함된다. 형이상학의 추상적인 정의에도 불구하고, 형이상학의 많은 질문은 거의 모든 사람에게 잘 알려져 있다. 예를 들어, "신은 존재하는가?", "마음은 뇌일 뿐인가, 아니면 완전히 비물질적인 것인가?", "나는 자유의지를 가지고 있는가?"와 같은 질문들은 대부분 사람이 스스로에게 던져본 형이상학적 질문들이다.

하지만, 이 네 가지 탐구 영역을 안다고 해도 철학이 무엇인지에 대한 미스터리는 더 깊어질 뿐이다. 이들은 서로 큰 관련이 없어 보인다. 각각은 오히려 완전히 다른 주제와 더 관련이 있는 것 같다. 왜 논리학은 수학의 일부가 아니며, 인식론은 심리학의 한 분야가 아닌가? 정치철학은 정치학과 함께 가야 하지 않는가? 그리고 윤리학은 궁극적으로 사제, 목사, 이맘[2] 등 설교하는 사람들의 문제가 아닌가? 우리가 자유의지를 가졌는지, 마음이 뇌인지는 분명 신경과학의 문제일 것이다. 신의 존재 여부는 학문적 탐구가 아니라 개인적인 신앙으로 결정해야 할 문제일지도 모른다. 그러나 이러한 학문이나 접근 중 어느 것도 철학자들이 추구하는 방식으로 이러한 질문들을 탐구하지 않는다. 따라서 문제는 여전히 남는다: 무엇이 이 모든 것을 하나의 학문, 즉 철학의 일부로 만드는가?

더 심각한 것은, 이 책의 독자에게 분명 떠오를 또 다른 질문이 있다는 점이다. 철학의 주요 하위 분야 목록에서 전혀 언급되지 않은 철학의 한 분야는 과학철학이다. 그런데 이 책의 주제가 바로 과학철학이다. 과학철학은 어디에 속하며, 철학의 네 가지 주요 탐구 영역에 포함되지 않는다면 얼마나 중요할 수 있겠는가?

철학이 무엇인지에 대한 한 가지 답변은 과학철학을 적어도 논리학, 윤리학, 인식

---

1 본문에 굵은 글씨로 인쇄된 단어는 '용어 해설'에 정의되어 있다.

2 (옮긴이 주) 이슬람교 지도자

론, 형이상학만큼이나 철학 전체에서 중심적인 위치에 놓는다. 또한, 이 답변은 다양한 주제들로 하나의 학문을 만드는 것이 무엇인지에 대한 문제를 해결한다. 그러나 아래에서 제시될 철학의 정의는 논쟁적이다. 이는 독특한 관점을 반영한 편파적인 정의다. 이 정의를 받아들일지 결정할 때, 다른 정의들이 철학자들이 다루는 다양한 질문들을 이보다 더 잘 종합할 수 있는지 자문해 보라.

철학은 두 가지 종류의 질문을 다룬다.

첫째, 과학(물리학, 생물학, 사회과학, 행동과학)이 현재 답할 수 없고 아마도 결코 답할 수 없을 질문들.

둘째, 과학이 첫 번째 종류의 질문들에 답할 수 없는 이유에 관한 질문들.

철학과 과학의 출현

이러한 철학의 정의, 즉 과학과의 역사적 관계에 기반한 정의는 매우 설득력 있는 주장을 담고 있다.

기술과 공학은 여러 지역에서 독립적으로 시작되었으며, 일부 지역에서는 다른 곳보다 더 빠르게 발전했다. 중국은 종이, 인쇄술, 화약, 그리고 아마도 자기 나침반과 같은 가장 중요한 기술 발전의 원천이다. 그러나 과학은 근동에서 시작된 것으로 보이며, 그리스에서 본격적으로 발전했다.

고대 그리스부터 현재까지의 과학사는 철학의 한 분야가 차례로 독립하여 별도의 학문으로 분리되어 나온 역사이다. 그러나 철학에서 분리된 각 학문은 철학에 독특한 문제들을 남겼다. 그것은 해당 학문이 해결할 수 없는 문제들로, 일시적이거나 영구적으로 철학이 다루어야 할 문제들이다. 따라서 기원전 3세기 무렵에는 기하학은 유클리드의 업적 덕분에, 플라톤 아카데미에서 여전히 철학자들에 의해 가르쳐지기는 했지만, '공간에 대한 과학'으로 분리될 수 있었다.

곧이어 아르키메데스는 무리수 π의 근사값을 계산하고 무한급수의 합을 계산하는 방법을 찾았다. 그러나 수학이 철학과는 구별되는 독립된 학문으로서 역사를 시작한 거의 초기부터, 수학자들은 누구나 깊은 관심을 가졌을 법한 일련의 질문들에 등을 돌렸다.

수학은 수를 다루지만, 수가 무엇인지에 관한 질문에는 답할 수 없다. 여기서 말하는 것은 '2'나 'dos'[3] 또는 'II'나 '10'(2진법으로)이 무엇인지에 관한 질문이 아니다. 이들은 모두 숫자 표기, 즉 기호나 글자의 일종이며, 모두 같은 것, 즉 수 2를 가리킨다. 우리가 수가 무엇인지 묻는 것은 (쓰였거나 발음된) 기호에 대한 것이 아니라, 그 자체에 관한 것이다. 철학자들은 이런 종류의 질문에 대해 적어도 플라톤이 수를 특정한 것, 공간과 시간에 위치하지 않는 추상적인 것으로 간주했던 이래로 서로 다른 답변을 제시해 왔다. 플라톤과 대조적으로, 다른 철학자들은 수학적 참은 추상적 존재와 그들 간의 관계에 관한 것이 아니라, 우주의 구체적인 사물에 대한 사실에 의해 참이 되며, 우리가 수학적 표현을 사용하는 방식에 반영된다고 주장해 왔다. 그러나 플라톤이 살았던 지 2,500년이 지난 지금도 수가 무엇인지에 대한 올바른 답에 대한 일반적인 합의는 아직 없다.

갈릴레오와 케플러의 작업, 그리고 17세기 뉴턴의 혁명은 물리학을 형이상학으로부터 분리된 학문으로 만들었다. 오늘날에도 물리학을 연구하는 일부 학과는 "자연철학"이라는 이름을 사용한다. 하지만 물리학 역시 수 세기 동안 철학에 심오한 문제들을 남겼다. 그 중요한 예를 하나 들어 보자.

뉴턴의 제2 법칙은 $F = ma$, 즉 힘은 질량과 가속도의 곱과 같다고 말한다. 가속도는 다시 dv/dt, 즉 시간에 대한 속도의 1차 도함수이다. 하지만 시간은 무엇인가? 우리는 모두 시간을 이해한다고 생각하며, 물리학에서도 시간이 필수적인 개념이다. 그러나 일반인과 물리학자 모두, 이 개념이 필수적임에도 불구하고 시간이 정확히 무엇인지 설명하기는 어렵다. 시간을 시, 분, 초로 정의하는 것은 시간의 단위를 그것이 측정하는 대상으로 착각하는 것이다. 이는 공간을 미터나 야드로 정의하는 것과 같다. 공간은 미터나 야드로 동일한 정확도로 측정된다. 하지만 공간을 측정하는 올바른 방법이 어느 것인지 묻는다고 가정해 보자. 답은 물론 공간을 측정하는 단일한 올바른 단위는 없으며, 야드와 미터는 동등하게 잘 작동한다는 것이다. 마찬가지로, 어느 것도 공간을 '정의'하거나 구성한다고 말할 수 없다. 시간도 마찬가지다. 초, 세기, 천년은 모두 같은 '것'의 서로 다른 양일 뿐이다. 그리고 우리가 정의하고자 하는 것은 바로 그 '것', 즉 다양한 양으로 나타나는 시간이다. 시간을 지속이라고 말할 수 있지

3 (옮긴이 주) 스페인어로 수 2를 의미한다.

만, 지속은 그저 시간의 흐름일 뿐이다. 우리의 정의는 우리가 정의하려 했던 바로 그 개념을 전제로 한다.

'시간'이 정확히 무엇을 의미하는지를 설명하는 문제는 과학이 적어도 300년 동안 철학에 맡겨둔 문제였다. 특수 상대성 이론과 일반 상대성 이론의 등장으로 물리학자들은 이 질문에 다시 답변을 시도하는 데 한 몫을 차지하게 되었다. 아인슈타인의 시간 고찰은 시간 간격이 서로 다른 준거틀, 즉 시간의 지속이 측정되는 지점에 따라 달라진다는 결론에 이르게 되었는데, 이 결론은 공간과 시간을 사물이 절대적으로 위치하고 날짜가 매겨질 수 있는 독립적인 용기로 보았던 뉴턴의 절대 공간과 절대 시간을 비판한 철학자들의 영향을 크게 받았다. 오늘날에도 여러 중요한 물리학자들이 시간이 왜 방향을 가지는지에 대한 질문을 다루고 있지만, 시간 그 자체가 무엇인지에 대한 질문에 대해서는 아무도 답하지 못하고 있다. 이 문제는 시기상조이거나 물리학의 영역을 벗어나는 것으로 여겨진다.

19세기 말까지 많은 화학자들은 원자가 존재하는지에 관한 질문을 그들의 학문이 다룰 수 없는 문제로 간주했다. 이 질문에 대한 논의를 거부한 것은 그들의 인식론에서 비롯되었다. 원자의 존재 여부에 대한 논쟁에서 승리했던 당대의 가장 위대한 과학자 중 한 명인 볼츠만(Ludwig Boltzmann)은 자신이 우리가 원자의 실재에 대한 지식을 가질 수 있다는 인식론적 논쟁에서 패배했다고 믿으며 생을 마감했다.

생물학에서는 질문들이 철학의 영역에서 과학의 영역으로 옮겨간 것이 특히 두드러진다. 1859년에 『종의 기원』(*The Origin of Species*)이 출간되면서 생물학은 마침내 철학(그리고 신학)과 분리되었다. 많은 생물학자와 적지 않은 철학자들은 다윈 이후 진화생물학이 인간 본성을 설명하거나 삶의 목적 또는 의미를 규정하는 문제를 철학에서 다시 가져왔다고 주장한다. 이들 생물학자와 철학자들은 다윈주의가 우리의 본성이 다른 동물들과 단지 정도의 차이만 있을 뿐이라는 것을 보여준다고 본다. 그들은 다윈의 위대한 업적이 우주에 목적, 목표, 종말, 의미, 또는 지성적 이해 가능성이 존재하지 않는다는 것을 보여준 것이라고 주장한다. 그러한 것들의 외양은 우리가 자연에서 관찰하는 적응에 우리가 부여한 '덮개'일 뿐이다. 적응은 실제로는 환경이 맹목적인 변이를 지속적으로 걸러낸 결과로, 설계의 외양을 만들어낸다. 이 때문에 진화론은 널리 저항받는다. 일부 사람들은 생물학이 목적, 의미, 인간 본성에 대한 질문에 주는 답변을 거부하고, 대신 철학이나 종교로 향한다. 다윈의 자연선택 이론에 동의하든 그렇지 않든, 이는 과학적 연구가 수 세기 동안 철학에 일부 질문을 맡겨두었다가, 마침내 스스로 그 질문들을 다룰 준비가 되었다고 판단할 때 이를 떠맡는 인상적인 사례이다.

지난 세기에는 심리학이 철학에서 독립된 학문으로 분리되어, 마음, 자아, 의지, 의식의 본질에 대한 질문들을 다루기 시작했다. 이는 철학이 2,500년 동안 진지하게 고민해 온 주제였다. 그리고 물론 지난 50년 동안, 철학이 오랫동안 관심을 가져온 논리학은 컴퓨터 과학이라는 독립된 학문으로 발전했다.

교훈은 명확하다. 모든 과학은 철학의 자식이다. 각각은 결국 독립하지만, '짐'을 집에 남겨둔 채 떠난다.

과학과 철학의 분과

과학이 다루기 어려운 것으로 보이는 다른 질문들이 있다. 가치, 선과 악, 권리와 의무, 정의와 불의에 관한 근본적인 질문들이 그것인데, 이는 윤리학과 정치철학이 다루는 영역이다. 과학자들 또한 이 문제들에 대해 견해를 가질 수 있으며, 사실 비과학자들만큼이나 의견 불일치를 보일 수 있다. 그러나 과학자들이 일반적으로 자신들의 과학 분야에서 가장 광범위한 문제들에 대해서는 합의를 이루는 경향이 있기 때문에, 과학이 이러한 질문들을 결정할 수 없다는 결론을 피하기 어렵다.

무엇이 '마땅히 그래야 하는지', '우리가 무엇을 해야 하는지', '무엇이 선하고 악한지', '옳고 그른지', '정의롭고 불의한지'에 대한 질문들은 **'규범적'**이라 불린다. 이에 반해 과학에서 주로 서술적이라고 여겨지는 질문들은 '실증적'(positive)이라 일컬어진다. 많은 규범적 질문은 과학 내에서도 밀접한 관련 질문들을 갖는다. 예를 들어, 심리학은 왜 개인이 특정 행동을 옳다고 여기고 다른 행동을 그르다고 여기는지에 관심을 가질 것이며, 인류학은 무엇이 선하고 악한지에 대한 문화 간 차이의 근원을 고찰할 것이다. 정치학은 정의의 이름으로 수립된 다양한 정책들의 결과를 연구할 수 있고, 경제학은 복지를 어떻게 극대화할지 고려할 것이다. (여기서 복지는 우리가 극대화해야 할 대상이라는 규범적 가정을 전제로 한다.) 그러나 사회과학이든 자연과학이든 과학 자체는 우리가 가질 수 있는 규범적 견해를 비판하거나 지지하지 않는다.

이는 두 가지 질문을 제기한다. 첫째, 과학 그 자체로 "줄기세포 연구를 위해 배아를 파괴하는 것이 허용되는가?"와 같은 질문에 답할 수 있는가? 둘째, 만약 과학이 이 문제를 결정할 수 없다면, "왜 과학은 이 질문에 답할 수 없는가?"라는 질문이 발생한다. 이 두 질문 모두 철학에서 다루어진다. 이들은 우리가 철학을 정의한 두 가지 유형의 질문에 해당한다. 물론 현재를 포함하여 다양한 시기에 일부 철학자들과 과학자들은 과학이 실제로 모든 규범적 질문은 아니더라도 최소한 일부라도 답할 수 있음을 보이려 노력했다. 만약 과학이 그렇게 할 수 있다면, 우리는 철학을 정의하는 두 가지 유형의 질문 중 첫 번째 넓은 범주에 속하는 많은 질문을 제거하게 될 것이다. 윤리적 가치를 과학적 사실에 근거시키려는 시도는 매우 논란이 많은 기획일 뿐만 아니라, 과학이 철학의 의제를 설정하는 주체임을 다시 한번 입증하려는 분명한 시도이기도 하다.

논리적 추론의 본질과 모든 과학에서의 그 역할 또한 과학이 답할 수 없는 질문들을 연구하는 것으로서의 철학의 개념을 반영한다. 모든 과학, 특히 정량적 과학은 논리적 추론과 연역적으로 타당한 논증의 신뢰성에 크게 의존한다. 그러나 과학은 유한한 자료로부터 일반 이론으로 나아가는 **귀납 논증**에도 의존한다. 그럼에도 불구하고 어떤 과학도 첫 번째 유형의 논증이 항상 신뢰할 수 있는 이유와, 두 번째 유형의 논증이 항상 신뢰할 수 없음에도 불구하고 우리가 그것들을 사용해야 하는 이유에 대한 질문에 직접적으로 답할 수 없다. 과학이 자신들의 방법을 입증할 수 있는 유일한 방안은 바로 그 방법 자체를 사용하는 것이다! 결국, 과학은 다른 방법이 없다. 그러나 과학 방법에 대한 그러한 '입증'은 증명하려던 것을 가정함으로써 순환 논리에 빠지게 될 것이다. 이는 마치 항상 약속을 지킨다는 약속의 힘만으로 대출금을 갚겠다는 약속을 받아들이는 것과 같다. 과학적 추론의 본질에 대한 질문이 존재하는 한, 이는 과학 스스로 답할 수 없는 것들이다.

과학이 대답을 마쳤을 때 남겨진 질문이 없다면?

우리가 제시한 철학의 정의는 과학사에, 그리고 가치와 규범에 대한 과학적 탐구와 비과학적 탐구 사이의 분업에 부합한다. 또한 이 정의는 논리학, 형이상학, 윤리학, 인식론이 그 이질성에도 불구하고 왜 하나의 학문을 구성해야 하는지 설명한다. 이들은 모두 과학이 제기했지만 아직 답하지 못한 질문들을 다룬다. 그러나 이 정의를 다시 고려할 때, 그것이 직면해야 할 하나의 도전 과제가 있다. 우리가 철학을 정의했듯이, 철학이 다루는 첫 번째 질문들은 과학, 즉 물리과학, 생물과학, 사회과학, 행동과학이 지금 당장 답할 수 없고 어쩌면 영원히 답할 수 없을지도 모르는 질문들이라는 점을 상기하자.

하지만 만약 어떤 이가 사실 과학이 현재 또는 결국 답할 수 없는 질문은 없다고 주장한다면 어떨까? 영원히 답할 수 없는 질문은 실제로는 사이비 질문, 즉 정당한 질문인 척하는 무의미한 소음에 불과하다고 주장할 수도 있다. 예를 들어 "녹색 아이디어는 열정적으로 잠자는가?" 또는 "그리니치 표준시 정오일 때 태양의 시간은 몇 시인가?" 또는 "우주와 그 안의 모든 것이 크기, 전하, 그 외 모든 물리적 크기들이 방금 두 배로 커진 것은 아닐까?" 또는 "우주와 그 안의 모든 것이 5분 전에 창조되지 않았다는 것을 어떻게 증명할 수 있는가?"와 같은 질문들 말이다. 명확한 답을 얻지 못하고 끝없이 이어지는 듯 보이는 철학적 질문들에 대해 조급함을 느끼는 과학자들과 다른 이들은 이러한 견해를 가질 수 있다. 그들은 과학이 아직 답할 수 없는 질문들, 예를 들어 "우주가 시작된 빅뱅 이전에 무슨 일이 있었는가?" 또는 "무기 분자들이 어떻게 생명으로 이어졌는가?" 또는 "의식은 단지 뇌 과정인가?"와 같은 질문들은 인정할 수 있다. 그러나 그들은 충분한 시간과 돈, 충분한 이론적 천재성과 실험이 주어진다면, 이 모든 질문은 다른 모든 진정한 질문과 마찬가지로 답할 수 있다고 주장한다. 탐구의 끝에서 과학이 답하지 못하고 남겨둘 질문은 오직 지적으로 책임감 있는 사람들이 굳이 신경 쓸 필요가 없는 사이비 질문뿐이다. 물론 우리 같은 지각 있는 존재가 과학을 완성할 만큼 우주의 역사에서 오래 존재하지 못할 수도 있다. 하지만 그것이 과학과 그 방법이 원칙적으로 모든 의미 있는 질문에 답할 수 없다고 결론 내릴 이유는 되지 않는다.

그러나 과학이 그렇게 할 수 있다는 주장은 논증을 필요로 한다. "수란 무엇인가?" 또는 "시간이란 무엇인가?"와 같이 수 세기 동안 미해결 상태로 남아있는 질문들이 있다는 사실은 중요한 질문들이 과학으로 영구히 해결되지 않을 수 있다는 명확한 증거이다. 이것들이 정말 사이비 질문일 수 있을까? 우리는 그러한 결론을 논증이나 정당한 근거에 의해서만 받아들여야 한다. 모든 사실이 밝혀진 "탐구의 끝"에서 여전히 남아있는 모든 질문은 사이비 질문이어야 한다고 주장하고 싶다면 어떨까? 철학자로서 우리는 이 결론을 뒷받침하는 몇 가지 논증을 떠올릴 수 있다. 그러나 우리가 떠올릴 수 있는 이러한 논증들은 모두 두 가지 관련 특징을 갖는다. 첫째, 그들은 과학이 스스로 제공할 수 없는 과학의 본질에 대한 이해에 상당히 의존한다. 둘째, 이 논증들은 과학이 스스로 구성할 수 있는 것이 아니다. 그것들은 철학적 논증이다. 왜냐하면 그 논증들은 규범적 전제들을 사용하며, 단순히 과학의 사실적 전제들만을 사용하지 않기 때문이다.

예를 들어, 과학이 결코 답할 수 없는 질문들은 실제로는 사이비 질문이며 따라서 과학이 다룰 의무가 없다는 주장은 ***과학이 반드시 답해야 하고 탐구할 의무가 있는*** 질문들이 존재한다는 가정을 전제로 한다. 그러나 과학이 무엇을 다뤄야 하는지는 어떻게 결정할까? 아마도 과학은 적어도 어떤 지식이 가능한가라는 문제들을 다뤄야 할 것이다. 그렇다면 과학의 책임은 지식의 본성, 범위, 근거에 달려있게 된다. 이것은 지식의 본성, 범위, 정당성을 연구하는 학문인 인식론의 영역이다. 이는 과학이 당장이든 결국에 가서든, 또는 "원칙적으로"든 답할 수 없는 질문이 없다는 주장을 펼칠 때조차도 철학이 불가피하다는 것을 의미한다.

이 결론이 과학자들이 고려할 수 없는 질문을 묻고 답할 수 있는 어떤 특별한 지위나 관점을 철학자들이 가지고 있다는 것을 의미하지는 않는다는 점에 주목하라. 과학의 범위와 한계에 대한 이러한 질문들은 철학자들만큼이나 과학자들도 답변에 기여할 수 있는 것들이다. 사실, 많은 경우에, 우리가 앞으로 보겠지만, 과학자들이 이러한 질문들에 더 적합한 위치에 있거나, 그들이 발견한 이론과 연구 결과가 이러한 질문들에 답하는 데 필수적인 역할을 한다. 그러나 여기서 중요한 점은 궁극적으로 모든 진정한 질문, 즉 답할 가치가 있는 모든 질문은 과학으로만 답할 수 있다고 주장하는 사람들조차도 철학에서 벗어날 수 없다는 것이다. 오직 철학적 논증만이 이러한 주장을 뒷받침할 수 있다. 그 논증과 그 반대 주장은 과학철학의 모든 자원을 필요로 한다. 게다가, 과학철학의 많은 연구가 시사하듯이, 특히 과학의 움직이는 최전선에서 제기되는 질문들 중에는 철학적 질문과 과학적 질문 사이에 진정한 구분이 있는지조차 명확하지 않다. 이 책의 후반부에서 우리는 이러한 결론을 뒷받침하는 몇 가지 설득력 있는 논증들을 실제로 탐구할 것이다. 이는 우리가 제시한 정의에 따르면, 오랜 시간 동안 철학적이었던 질문들에 과학이 중요하게 기여할 수 있을 것이라는 기대를 할 수 있음을 의미한다.

과학철학으로서의 철학의 짧은 역사

철학을 과학과의 관계로 파악하는 것은 철학사와 과학사 모두에 깊이 의존한다.

적어도 17세기 초 데카르트 이래로 유럽 철학의 형이상학과 인식론의 의제는 과학에 의해 설정되었는데, 처음에는 물리학과 수학에 의해, 이후에는 생명과학에 의해 규정되었다.

데카르트는 지식의 확고한 기반을 마련하기 위해 체계적 회의 방법을 도입한 것으로 유명하다. 그는 또한 목적, 목표, 또는 어떠한 종류의 "목적론"(teleology, 그리스어 'telos'에서 유래, 사물이 지향하는 끝을 의미)도 설 자리가 없는 물리적 이론을 개발하고 그것을 수학 방정식으로 표현하는 데에도 관심을 가졌다. 그는 자연의 규칙성을 수학적으로 표현하는 데 성공한 케플러와 갈릴레오의 커다란 성공에 영향을 받았다. 그는 사물의 목적에 대한 진술 대신 기계론적 법칙을 추구했으며, 뉴턴이 이후 물리학 혁명을 일으킨 법칙들과 매우 유사한 세 가지 법칙을 공식화했다. 데카르트의 목적론 거부는 물론 성공적인 비목적론적 이론에 기반한 것이 아니라, 물리적 자연에는 목적이 존재하지 않는다는 철학적 논증에 근거한 것이었다. 데카르트는 우주의 근본 구성 요소는 침투 불가능한 '원자'이며 모든 물리적 과정은 원자들의 운동과 충돌, 융합, 분열의 결과라는 견해인 '미립자론'(corpuscularianism)을 확신했다. 실재의 본질에 대한 이러한 '형이상학적' 이론은 그리스 시대의 데모크리토스에서부터 수 세기 동안 원자론으로 이어진다. 20세기 후반 가장 영향력 있는 미국 물리학자인 파인만(Richard Feynman)이 실재가 원자적이라는 이 개념을 물리학에서 가장 중요한 아이디어로 꼽았다는 점은 주목할 만하다. 이는 데카르트와 17세기의 모든 미립자론 철학자들이 선견지명이 있었다는 것을 의미한다!

미립자론에는 두 가지 큰 문제가 있었다. 첫째, 중력이었다. 중력은 어떤 것으로도 막을 수 없으며, 완벽한 진공을 통해 무한한 속도로 전달되는 것처럼 보이는 힘이다. 따라서 중력은 미립자나 원자에 의해 진공을 통해 운반될 수 없었는데, 진공은 원자를 포함하여 모든 것이 비어 있기 때문이었다. 데카르트의 많은 연구가 이 문제의 해결책을 찾는 데 집중되었지만, 그는 결코 그 해결책을 찾지 못했다.

중력 다음으로 중요한 문제는 우리가 미립자나 원자를 관찰할 수 없다는 사실을 고려할 때, 우리가 어떻게 그것들을 알 수 있는가라는 점이었다. 17세기 후반 로크의 많은 저술은 이러한 원자에 대해 우리가 무엇을, 어떻게 알 수 있는지에 대한 인식론적 질문에 답하는 데 전념했다. 로크는 관찰할 수 없는 원자와 그 조합이 우리의 경험을 야기하며, 우리 경험의 일부 특징이 이러한 원자들의 성질 및 그것들로 만들어진 것들과 닮았다고 주장했다. 로크가 대상(우리 경험을 야기하는 미립자들의 집합)의 특징과 닮았다고 믿었던 것들은 우연히도 17세기 물리학이 언급했던 것들, 즉 크기, 모양, 물질이었다. 대조적으로 로크는 색깔, 냄새, 맛, 질감과 같은 우리 경험의 특징은 이러한 경험을 야기한 사물의 실제 성질과 닮지 않은 우리 경험의 주관적인 성질이라고 주장했다. 물론 로크는 이 주장을 위해 물리학에 호소하지 않았다. 그는 우리의 경험이 적어도 일부 특징에서 실재를 나타낸다는 더 깊은 철학적 논증을 가지고 있다고 생각했다. 여기서 로크의 인식론인 '표상 실재론'(representative realism)이라는 이름이 유래했다.

로크의 이론에 만족하는 과학자와 철학자는 거의 없었다. 우리의 경험과 그 원인을 비교하여 전자가 후자를 닮았는지 판단할 방법이 없었기 때문이었다. 사실, 그들은 로크의 해결책이 우리의 직접적인 관찰을 넘어선 세계에 대한 과학적 지식을 어떻게 가질 수 있는지에 대한 문제에 대해 과학의 주장에 대한 회의주의를 부추길 뿐이라고 주장했다. 로크의 견해에 대한 전반적인 불만은 철학자와 과학자들을 인식론, 즉 지식의 본질, 범위 및 정당화에 대한 이론에서 두 가지 다른 방향으로 이끌었다. 바로 **경험론**(empiricism)과 **합리론**(rationalism)이다.

이 두 가지 지식 이론은 이 책에서 반복적으로 다루어질 것이므로, 그것들과 그 차이점을 간략하게 설명할 가치가 있다. 이 두 인식론 사이의 원래 논쟁은 우리가 세계와 그 본질에 대한 선천적인 지식을 갖고 있는지에 관한 것이었다. 데카르트는 선천성(innateness)을 지지했고, 로크는 그것을 부정했다. 선천성에 대한 논쟁은 심리학적인 것으로 보인다. 사람들이 가지고 있다고 모두가 인정하는 지식 중 일부가 어떻게든 이미 머릿속에 있거나 태어나기 전에 알려져 있는 것인가, 아니면 세상에 ***백지 상태***(*tabula rasa*)로 들어온 마음이 태어난 후에 모두 배우는 것인가? 데카르트를 따르는 심리학과 철학의 합리론자들은 전자를, 경험론자들은 후자를 지지했다.

시간이 지남에 따라, 적어도 철학자들 사이에서는, 이 불일치가 우리의 믿음과 지식의 원인에 대한 불일치에서 지식의 근거 또는 정당화에 대한 논쟁으로 옮겨갔다. 경험론자들은 사물의 본질에 대한 모든 믿음은 경험, 관찰, 자료 수집, 실험의 고안에 의해 정당화된다고 주장했다. 반면 합리론자들은 적어도 일부 믿음, 보통 과학에서 가장 중요하고 일반적이며 근본적인 믿음들은 "순수 이성"만으로 정당화되며 경험에 기반을 둘 수 없다고 주장했다. 이러한 믿음들은 마음이 스스로의 (아마도 논리적인) 사유 능력을 사용하여 참임을 알게 된다. 여기서 주목할 비대칭성이 있는데, 이는 계속해서 중요하게 다루어질 것이다. 경험론자들은 우리가 세상에 대해 아는 모든 것은 경험에 의한 정당화를 필요로 한다고 주장한다. 합리론자들은 우리가 아는 것의 대부분이 경험에 의한 정당화를 필요로 한다는 점에 대체로 동의한다. 그들의 주장은 우리가 아는 모든 것이 경험 없이 정당화된다는 반대 명제가 아니다. 오히려 그들은 경험에 의해 정당화되는 많은 지식 외에도 일부 지식은 다른 방식으로 정당화되며, 이러한 지식은 과학에 특히 중요하다고 주장한다.

실험, 관찰, 자료 수집 등의 역할을 고려할 때, 어떤 유형의 경험론이 과학의 "기본" 또는 "공식적" 인식론이라는 점은 명백해야 하며, 우리는 이 책 전체에서 이를 그렇게 부를 것이다. 대부분의 합리론자들은 우리가 과학에서 진정으로 참임을 알지만 경험으로 정당화될 수 없는 심오한 중요성을 지닌 주장이 적어도 몇 가지 있다는 점을 받아들인다면, 이러한 명칭에 이의를 제기하지 않을 것이다. 그러한 진술이 정말로 존재한다면, 그것들은 다른 방식으로 근거를 두어야 할 것이며, 이는 합리론을 지지할 것이다.

우리의 목적에서 핵심은 합리론과 경험론 사이의 논쟁이 과학이 누리는 근거 또는 정당화의 본질과 범위에 대한 불일치라는 점을 명심하는 것이다.

로크의 경험론이 관찰 불가능한 미립자에 대한 지식을 정당화할 수 없지만 합리론을 채택하기를 꺼려했던 뉴턴과 다른 많은 과학자들은 단순히 미립자론을 정당화하는 철학적 문제를 외면했다. 이는 뉴턴이 알아차렸듯이, 중력의 존재와 미립자 "철학"을 조화시키는 문제를 해결할 필요가 없다는 추가적인 편리함을 가져왔다. 중력이 어떻게 가능한지 설명해 달라는 요청을 받았을 때, 뉴턴은 유명하게도 라틴어로 "나는 가설을 세우지 않는다"(*Hypotheses non fingo*)라고 말했다.

17세기 말, 철학자 버클리는 이미 이러한 견해를 분명히 하려고 시도했으며, 물리적 이론을 실재에 대한 지식이 아니라 일련의 도구나 발견적 장치로 취급했다. 버클리는 우리가 미립자나 원자에 대한 물리학의 주장을 진지하게 받아들이고 그 진위를 결정할 필요가 없다고 주장했다. 대신 우리는 이론이란 경험을 조직하고 미래에 어떤 경험을 할지 예측하기 위해 고안하는 규칙으로 다루어야 한다고 보았다.

로크의 "표상 실재론"에 대한 두 가지 반응 중 두 번째는 합리론 철학자들, 특히 라이프니츠(18세기 초)와 칸트(18세기 말)에게서 발견되었다. 이들은 과학에 대한 회의주의를 어떤 대가를 치르더라도 피하고자 열망했다. 그 두 철학자는 뉴턴의 운동 법칙이 예측력이 너무나 강력하고 그들이 구성하는 이론적 틀이 너무나 설명력이 뛰어나 그것들은 참일 수밖에 없으며, 심지어 필연적으로 참이어야 한다고 생각했다. 그러나 경험만으로는 이러한 자연법칙의 **필연성**을, 더 나아가 보편성을 결코 확립할 수 없다. 따라서 **뉴턴 역학**은 비경험적인 근거를 가져야 했다. 라이프니츠의 근거는 대략 다음과 같다. 즉, 과학이 완성되었을 때, 상호 양립 가능한 자연법칙들의 논리적으로 가능한 집합은 오직 하나라는 점이 드러날 것이다. 그것은 전지전능한 신이 모든 가능세계 중 최선을 택할 때 선택한 법칙들의 집합이어야 했다.

칸트는 뉴턴 법칙의 확실성을 확립하기 위해 매우 다르고 훨씬 더 영향력 있는 전략을 사용했다. 칸트가 문제를 설정한 방식이 그의 인식론이 인기를 잃은 후에도 오랫동안 영향력을 유지했으므로, 그 세부 사항 중 몇 가지를 제공할 가치가 있다.

칸트는 경험 없이 알 수 있는 **선험적**(a priori) 지식과 경험을 통해서만 알 수 있는 **후험적**(a posteriori) 지식을 구분했다. 수학 명제와 같이 필연적으로 참인 진술은 선험적이어야 했다. 경험은 어떤 진술도 필연적으로 참이라고 입증할 수 없기 때문이다. 반면 "행성의 수는 여덟 개다"와 같은 진술은 후험적 지식으로, 경험과 관찰을 통해서만 알 수 있다. 칸트는 선험적 지식과 후험적 지식에 대해 말했지만, 이는 선천적 믿음과 학습된 믿음 간 구분이 아니라, 믿음의 정당화 방식에 대한 두 가지 유형의 구분이었다. 우리는 "모든 사건에는 원인이 있다"와 같은 믿음을 경험을 통해 얻을 수 있지만, 그것이 참으로 알려진다면, 그것을 단순한 믿음으로부터 지식으로 바꾸는 정당화는 선험적이어야 한다. 유한한 경험으로는 과거, 현재, 미래, 관찰된 것과 관찰되지 않은 모든 사건에 대한 이 진술을 정당화할 수 없기 때문이다.

칸트는 또한 "자기장은 철을 끌어당긴다"와 같이 정의에 의해 참인 진술과 "자기장은 전하의 운동에 의해 생성된다"와 같이 세계에 대한 사실에 의해 참이 되는 진술을 구분했다. 전자를 그는 **분석적 진리**(analytic truths)라고 불렀고, 후자를 **종합적 진리**(synthetic truths)라고 불렀다. 분석적 진술의 참을 아는 것은 문제가 되지 않는다. 왜냐하면 그 진리를 확립하기 위해 관련된 단어의 의미만 알면 되기 때문이다. 예를 들어, 자석은 정의상 철을 끌어당기는 것이다. 분석적 진술의 참을 확립하는 데 세계에 대한 경험이 필요하지 않으므로, 이는 선험적으로 알 수 있다.

칸트에게 문제는 뉴턴의 역제곱 중력 법칙과 같은 종합적 진술이었다.

$$F = Gm_1m_2/r^2$$

이 법칙은 중력이 질량 m_1과 m_2를 가진 물체 사이의 거리 제곱에 반비례하여 감소한다고 주장한다. 이 진술은 종합적 진리이다. 결국, 중력은 거리의 세제곱이나 거리의 제곱근, 또는 다른 어떤 거리 함수로도 변할 수 있기 때문이다. 중력이 거리의 제곱에 따라 변한다는 것은 우리 세계에 대한 사실이다. 이 때문에 역제곱 법칙은 분석적 진리가 아닌 종합적 진리가 된다. 이제 칸트의 생각에 따르면, 뉴턴의 법칙이 단순히 경험에 기반한 세계의 현상에 대한 우리의 최선의 추측이라면, 추측은 틀릴 수 있으므로 이는 문제가 되지 않을 것이다. 그러나 칸트는 뉴턴의 법칙이 보편적으로 그리고 필연적으로 참이라고 주장했다. 그리고 경험은 보편적 또는 필연적 진리를 결코 정당화할 수 없었다. 만약 뉴턴의 법칙이 참이라면, 그것들은 경험에 의해 정당화되는 것이 아니라 선험적으로 알려져야 했다! 이것이 어떻게 가능할까? 세계에 대한 사실에 의해 참이 되는 진술을 우리가 그 사실에 대한 어떤 경험 없이 어떻게 알 수 있을까?! 이것이 칸트가 1781년에 쓴 그의 유명한 저서 『순수이성비판』에서 씨름했던 위대한 문제였다.

칸트의 해결책은 우리의 마음이 경험에 뉴턴 개념을 부여하는 방식으로 구성되어 있다는 것이었다. 경험과 독립적으로, 우리의 마음은 뉴턴 역학이 제공하는 틀 안에서 세상을 생각하도록 조직되어 있다. 우리는 필연적으로 이 틀을 세상에 부여하는 데, 이것이 바로 그것을 선험적으로 만드는 이유이다. 우리가 세상에 다른 개념적 도식을 부여할 수도 있다는 것이 논리적으로 가능하기 때문에, 우리가 부여하는 뉴턴적 틀은 종합적 진리의 집합을 표현한다. 그래서 칸트는 근본적인 과학적 지식이 사실상 종합적 진리에 대한 선험적 지식이라고 주장했다.

이 혁명적인 견해에 대한 칸트의 주장은 너무나 난해하고, 너무나 영향력이 크고, 너무나 흥미로워서 학자들은 200년 넘게 그것을 이해하려고 노력해 왔다. 그 사이에 물리학의 발전은 칸트의 기반을 송두리째 흔들었다. 특수 상대성 이론과 일반 상대성 이론의 발견, 양자 물리학은 뉴턴 역학이 필연적으로 참이 아님을 보여주었다. 심지어 참이 아니었다. 따라서 뉴턴 역학이 선험적으로 알려질 수 있다는 것을 증명하려는 시도는 무의미해졌다.

칸트가 『순수이성비판』을 쓰기 불과 몇 년 전, 흄은 과학에 대한 전혀 다른 설명을 제시했다. 그 핵심은 어떤 과학적 법칙과 이론도 필연적 진리가 아니라는 것이었다. 왜냐하면 우리가 그것들을 오직 경험에 기반하여 정당화할 수 있기 때문이다. 흄은 물론 경험론자였으며, 합리론자들과 달리 회의론을 반박하는 데 열성적이지 않았다. 그는 과학적 지식이 오직 경험에 의해서만 정당화될 수 있다는 생각에 아무런 문제가 없고, 사실 이는 뉴턴의 실험 방법에서 도출된 결론이라고 주장했다.

흄은 칸트와 유사하게 분석적 진리와 종합적 진리를 구분했다(비록 그는 칸트의 용어는 사용하지 않았지만, 이 용어들은 현대철학에서 여전히 사용된다). 칸트와 달리 그는 모든 선험적 진리는 분석적이며, 즉 그것들을 표현하는 단어에 우리가 부여하는 의미 때문에 참이 되며, 모든 종합적 진리는 후험적이며, 오직 경험을 통해서만 알 수 있다고 주장했다. 따라서 흄은 모든 수학적 진리가 필연적이며 선험적이라는 점에서는 칸트와 동의했지만, 칸트와는 반대로 그것들은 모두 정의 또는 정의의 논리적 귀결이라고 주장했다. 경험은 어떤 진술의 필연성도 결코 확립할 수 없으므로, 세상에 대한 어떤 과학적 가설도 필연적일 수 없다. 사실 흄은 우리가 그것들의 진리를 최종적이고 완전하게 확립할 수 없다고 주장했다. 흄은 칸트와 대조적으로, 과학적 가설과 이론의 오류 가능성이 실제로 세상에서 일어난 일을 설명하는 능력과 불가분의 관계에 있다고 주장했다. 흄은 수학과 같이 틀림없이 필연적인 진리만이 확실히 알려질 수 있는데, 이는 그것들이 세상에 대해 전혀 주장하지 않고 단순히 우리가 단어를 정의하는 방식을 반영하기 때문이라고 보았다. 흄은 그의 『인간 오성에 관한 탐구』를 감동적인 결론으로 마무리하며, 수학처럼 정의에 의해 참이거나 과학처럼 경험으로 정당화되지 않는 모든 것에 대한 이해 가능성을 부정했다.

> 만약 우리가 신학이나 강단 형이상학 서적을 손에 들고 있다면, 물어보자. 거기에 양이나 수에 대한 추상적인 추론이 있는가? 없다. 사실과 존재에 대한 실험적 추론이 있는가? 없다. 그렇다면 그것을 불태워라. 왜냐하면 그것은 궤변과 환상만을 담고 있을 것이기 때문이다. (12장, 3부)

칸트와 합리론자들에게 가장 큰 난제는 자연에 대한 명백히 종합적인 진리가 어떻게 선험적으로 참일 수 있는지를 보이는 것이었다. 흄과 그를 따르는 경험론자들에게 문제는 수학의 모든 필연적 진리가 실제로는 위장된 정의와 그 결과일 뿐이며, 자연에 대해서는 아무것도 주장하지 않는다는 것을 보이는 것이었다.

수학에는 정의로 취급하기 어려운 것처럼 보이는 많은 진리들이 있다. 고전적인 예는 유클리드 기하학의 다섯 번째 공리이다. 이 공준은 평행선이 결코 만나지 않으며 서로의 거리가 결코 증가하지 않는다고 말한다. 만약 이 공준이 기하학적 개념들의 정의의 결과일 뿐이었다면, 그것의 부정이 기하학 어딘가에서 모순이나 불일치를 야기해야 한다. 그러나 그러한 모순은 그 부정으로부터 결코 도출되지 않았다. 사실 19세기의 그러한 모순을 증명하려는 시도는 뉴턴의 법칙을 반증하고 칸트를 논파한 상대성 이론에 의해 최종 사용된 비유클리드 기하학으로 이어졌을 뿐이다. 심지어 최근의 몇몇 유명한 수학적 진리들(페르마의 추측, 4색 정리, 푸앵카레 추측)에 대한 증명도 매우 복잡한 고찰에 의존하는 것처럼 보여서, 그것들을 정의나 정의의 결과로 취급하는 것은 설득력이 떨어진다. 이는 수학에서의 선험적 진리가 실재에 대한 종합적 진술로 보이며, 이는 물리학 법칙과 아마도 다른 과학 분야도 종합적 선험적 진리라는 칸트의 합리론적 주장을 크게 강화하기 때문에 중요하다!

누가 옳았든 간에, 합리론자든 경험론자든, 18세기 말에 철학이 발전하는 방식, 즉 철학의 주된 관심사와 과학과의 공생 관계는 부인할 수 없었다.

다양한 이유로, 그중 일부는 계몽주의의 종말, 프랑스 혁명의 과도기, 그리고 19세기 낭만주의의 도래와 관련이 있는데, 유럽 철학은 약 250년 동안 주된 관심사였던 물리학과 수학에 대한 흥미를 잃었다. 헤겔과 그를 따르는 철학자들의 의제는 과학, 실재에 대한 과학의 견해, 그리고 과학이 발전하는 방법에 관한 관심에 의해 주도되지 않았다. 사실, 헤겔과 19세기 유럽의 헤겔 추종자들은 뉴턴과 그의 후계자들이 주장한 내용을 사변적인 자연철학으로 대체하려고 했다고 말하는 것이 타당하다. 칸트를 배출한 전통과는 달리, 그들의 목표는 과학이 성취한 것에 대한 철학적 토대를 제공하는 것이 아니었다. 1800년대 초부터 헤겔은 단순한 실험이나 수학적으로 표현된 이론화로는 결코 파악할 수 없는 '실재'를 묘사하려고 했다. 그 결과 실험과 수학에 의해 통제되지 않은 한 세기에 걸친 사변의 전통은 과학자들 사이에서 점점 영향력이 줄어드는 수많은 책을 산출했고, 주로 영어를 사용하는 철학자들 사이에서 과학이 실재의 본질을 드러낼 것이라는 믿음을 여전히 가진 이들에게 점점 더 큰 혼란을 초래했다. 물리학에 대한 헤겔의 글은 이해의 문제를 분명히 보여주는 예다.

> 물질의 첫 번째 기본 상태는 순수한 동일성이다. 이는 내적 상태가 아니라 존재로서의 동일성, 즉 전체성의 다른 규정들과 대립하여 독립적으로 규정된 자기 자신과의 관계를 의미한다. 이렇게 존재하는 물질의 자아가 바로 빛이다.
>
> 물질의 추상적 자기로서 빛은 절대적으로 가볍고, 둘질로서 무한하지만, 물질적 관념성으로서는 분리될 수 없고 단순하게 자신 외부에 존재하는 것이다.
>
> 정신적인 것과 자연적인 것의 실체적 통일에 대한 동양적 직관에서는 자신과 동일하다고 여겨지는 의식의 순수한 자아성은 진과 선의 추상으로서 빛과 하나이다. 이른바 실재론적이라고 불리는 개념이 관념성이 자연에 존재한다는 것을 부정할 때, 우리는 그저 빛을 가리키기만 하면 된다. 빛은 현현 그 자체인 순수 현현이기 때문이다.
>
> 무거운 물질은 구체적인 동일성과 양이기 때문에 덩어리로 나눌 수 있다. 그러나 빛의 고도로 추상적인 관념성에는 그러한 구별이 없다. 무한히 확장되는 빛이 어떤 제한을 받더라도 그 절대적인 연결을 중단시키지 않는다. 빛이 유한하게 확장할 때 그것을 구성한다고 상정되는 별개의 단순한 광선들, 입자들, 혹은 그 다발들이라는 개념은 특히 뉴턴 이래 물리학에서 지배적이 된 개념적 야만성의 산물이다. 무한한 확장 속에서도 자기 동일성을 유지하는 외적 실재인 빛의 불가분성은 오성에 의해 결코 이해불가능한 것으로 취급될 수 없다.

왜냐하면 오성 자체의 원리가 오히려 이러한 추상적 동일성이기 때문이다.

(헤겔, 『자연철학』, 「기초물리학」, 219, 220절)

19세기의 과학자들이 이러한 종류의 철학에 어떻게 반응했는지 아마 명백할 것이다. 19세기 말 유럽과 영어를 사용하는 국가들의 철학자들은 과학에 의해 통제되지 않는 사변을 허용 가능한 철학적 방법으로 여기는 것을 거부하기 시작했다.

이러한 거대한 변화는 많은 철학을 데카르트부터 칸트까지 학문을 지배했던 과학을 진지하게 받아들이는 전통으로 되돌려 놓았다. 거기에는 두 가지 촉매가 있었다. 첫 번째는 논리학에서의 성과였고 두 번째는 철학에서 영감을 받은 과학적 돌파구였다.

아리스토텔레스 시대부터 철학자, 수학자, 과학자, 그리고 법률가들은 많은 종류의 '삼단논법'을 인정해 왔다. 예를 들어, "모든 A는 B이고, 모든 B는 C이므로, 모든 A는 C이다"와 같은 연역적으로 타당한 증명 형식들이 그러하다. 정확히 256가지의 다른 삼단논법 형태의 논증이 존재한다. 이 논증들은 모두 '진리 보존적'이다. 만약 전제가 참이라면 결론도 참이 된다. 그 논증들의 중요성은 바로 이 진리 보존성에 있다. 이는 추론에서 우리를 잘못된 길로 이끌지 않는다는 것을 의미한다. 즉, 참인 전제에서 시작하여 이 논증 형식 중 하나를 올바르게 사용하면, 결론도 참임이 보장된다.

논리학의 문제는 이러한 논증 형식들이 왜 타당한지, 즉 그 논증들의 사례에 타당성을 부여하는 공통된 특징이 무엇인지를 설명하는 이론이 완전히 부재했다는 것이었다. 1900년경, 영국 철학자 러셀(Bertrand Russell)과 화이트헤드(Alfred North Whitehead), 그리고 독일 철학자 프레게(Gottlob Frege)는 각자 독립적으로 이 문제를 해결하는 기호논리학 체계를 개발했다. 이 체계는 고대부터 알려진 24가지 타당한 삼단논법 형식의 타당성을 설명했을 뿐만 아니라, 수학과 과학 전반에 걸쳐 사용되는 연역추론의 훨씬 더 복잡한 형식의 타당성을 확립하는 기초를 제공했다.

이러한 발견은 원자 이론이 주기율표에 미친 영향과 동등한 성과였다. 원자 이론은 전자, 양성자, 중성자에 대한 사실로부터 주기율표를 설명함으로써 원소 주기율표의 정당성을 확립했다. 마찬가지로, 러셀, 화이트헤드, 프레게의 발견은 소수의 기본 공리로부터 모든 형태를 도출함으로써 24가지 삼단논법을 포함한 모든 연역적으로 타당한 논증 형식의 정확성을 설명했다. 더욱이, 이 공리들은 "그리고", "또는", "부정", "어떤", "모든"과 같은 논리 상수의 자명하게 참인(진리 함수적) 정의 또는 이 정의들의 즉각적인 결과인 것처럼 보였다. 러셀과 화이트헤드는 이 새로운 논리 체계의 특징을 활용하여 집합론, 수론, 수학적 해석학 및 수학의 다른 부분들을 오직 논리학의 정의적 출발점으로부터만 도출하려고 시도했다.[4] 이 마지막 시도는 실패했지만, 이는 그들의 원래 성과를 손상하지 않았다.

논리학에 대한 이러한 발견의 관점에서 흄의 작업을 되돌아보면, 철학의 경험론적 프로그램에 커다란 새로운 힘이 부여된다. 갑자기 경험론자들이 직면했던 큰 문제, 즉 모든 수학이 분석적으로 참임을 보여주는 문제에 대한 해결책이 손에 잡힐 듯했다. 기억하라, 경험론자들이 수학의 선험적 진리가 분석적임을 보이지 못한다면, 이 진리들은 종합적일 수 있는 선험적 지식의 예를 제공하게 된다. 이는 합리론자들이 물리학과 아마도 과학의 훨씬 더 많은 부분이 실재에 대한 사실을 기술함에도 불구하고, 즉 종합적 특성에도 불구하고, 필연적으로 참임을 보여줄 수 있다는 희망을 품게 했다.

20세기 철학의 두 번째 중요한 사건은 아인슈타인의 특수 상대성 이론과 일반 상대성 이론의 발견, 그리고 이 이론들이 물리학의 근본 이론으로서 뉴턴 역학을 대체한 것이었다. 우선 아인슈타인 자신은 그의 발견의 지적 원천을 물리학자들의 실험적 작업에서 찾지 않고, 18세기 두 철학자, 합리론자 라이프니츠와 경험론자 버클리가 뉴턴의 시공간 이론을 분석하고 비판한 데서 찾았다. 아인슈타인이 그들의 작업에서 얻은 교훈은 길이, 시간, 속도, 질량과 같은 과학의 가장 근본적인 개념들조차도 위에서 예시된 헤겔의 물질이나 빛의 추상적이고 모호하며 현란한 정의가 아니라, 경험적 조작과 작동에 의해 정의되어야 한다는 것이었다. 요컨대, 아인슈타인은 물리학의 기초가 흄이 자신의 과학 설명에서 제시했던 경험론적 인식론을 필요로 한다는 것을 보여주었다.

그리하여 흄의 '형이상학 학파', 즉 과학과 무관한 철학에 대한 공격은 20세기 전반에 새로운 생명을 얻었다. 이는 러셀, 화이트헤드, 프레게의 발견과 결합하여 '**논리실**

---

4 (옮긴이 주) 러셀과 화이트헤드의 시도는 수학의 기초를 논리학에서 찾으려고 한다는 점에서 논리주의 (Logicism)라고 불린다.

증주의'(logical positivism) 또는 '**논리경험주의**'(logical empiricism)라고 불리는 철학이 되었다. 아인슈타인과 프레게의 독일어권 국가에서의 영향력을 고려할 때, 놀랄 것도 없이 논리실증주의는 제1차 세계 대전 이후 중부 유럽에서 "비엔나 학파"(the Vienna Circle)라고 불리는 그룹의 철학으로 시작되었다.

비엔나 학파는 과학이 답할 수 없는 질문들, 그리고 과학이 왜 그 질문들에 답할 수 없는지에 대한 질문들로 철학을 정의하는 방식에 매우 공감했을 것이다. 그러나 과학이 답할 수 없는 질문들에 대해서는, 그러한 질문은 존재하지 않는다고 부인했을 것이다. 사실 '사이비 질문'이라는 개념 자체가 논리실증주의자들 사이에서 생겨났다. 논리실증주의는 과학이 완성되면 의미 있는 질문이 남지 않을 것이라고 부정했기 때문에, 물론 두 번째 범주의 질문들에 직접적으로 관심을 두지 않았다. 논리실증주의는 이러한 상이한 견해에 대한 논거를 가지고 있었다.

모든 의미 있는 질문이 궁극적으로 과학적(경험적) 탐구에 의해 답변될 것이라는 주장은 두 가지 명확한 논제에 기반을 두었다. 그중 하나는 소위 '**검증 원리**'(Principle of verification)였다. 이는 어떤 개념이나 단어 집합이 과학적으로 이해 가능하거나, 그들이 말했듯이, "경험적으로 의미 있거나" "인지적으로 중요"하려면, 경험에 대해 구체적으로 검증 가능한 주장을 해야 하며, 이는 경험적 관찰이나 실험적 검증의 대상이 될 수 있어야 한다는 주장이다. 이는 곧 19세기의 헤겔 철학 대부분, 모든 신학, 미학, 그리고 과학이 다룰 수 있다고 아무도 생각하지 않았던 수많은 다른 명백한 탐구 영역들을 과학적으로 무의미하다고 배제했다. 또한 윤리학, 정치철학, 그리고 다른 모든 '규범적' 진술들도 무의미하다고 배제했다(과학이 규범적 문제에 대한 어떤 질문도 답할 수 없다는 점을 고려하면 이는 놀랄 일이 아니다). 의미 있는 것으로 남은 유일한 질문들은 경험적 탐구, 즉 과학이 다룰 수 있는 질문들뿐이었다. 따라서 철학이나 다른 비과학 분야를 위한 질문은 없었다.

만약 실증주의자들이 의미 있는 진술과 그렇지 않은 진술을 구분하는 리트머스 시험지 역할을 할 수 있는 정확한 검증 원리를 공식화할 수 있었다면, 그것은 실제 과학을 논리실증주의자들 및 그들의 철학적 (정치적이지 않은) '동반자들'(예를 들어 포퍼, 포퍼에 대한 자세한 내용은 11장 참조)이 '사이비 과학'(pseudoscience)이라고 불렀던 것을 구별하는 데 사용될 수 있었을 것이다. 과학이 지닌 위신과 영향력을 확보하기 위해 단순히 과학적인 척하는 담론과 실제 과학을 구획하는 것은 검증 원리를 구성하려는 일부 철학자들에게 강력한 동기가 되었다.

그들의 프로그램에서 불행히도, 그들은 (8장에서 자세히 논의된 이유들 때문에) 결코 그렇게 할 수 없었다. 그들이 직면한 어려움은 두 가지였다. 첫째, 그들 스스로 부과한 요구 사항, 즉 검증 원리가 모호하지 않고, 정확하며, 경험적 의미를 평가할 각 진술에 대해 명확한 답을 주어야 한다는 것이었다. 둘째, 검증 원리가 물리학자들이 경험적으로 의미 있다고 받아들인 진술들, 예를 들어 전자, 양성자, 그들의 전하, 질량, 구성 요소(만약 있다면)와 같이 완전히 관찰 불가능한 것들과 성질에 대한 진술들에 "올바른 답"을 주어야 한다는 요구 사항이었다. 논리실증주의자들은 자신들이 개발한 수많은 점점 더 복잡해지는 검증 원리 후보 중 어떤 것도 이 두 가지 요구 사항을 만족시킬 수 있다고 스스로 확신할 수 없었다. 이러한 문제와 그것에 대한 그들의 변함없는 지적 정직함이 논리실증주의 몰락의 씨앗이 되었다. 다음 장에서는 '구획 문제'(demarcation problem)가 과학과 비과학을 구분하는 리트머스 시험지를 찾을 수 없더라도 왜 여전히 중요한지 살펴볼 것이다.

논리실증주의의 또 다른 믿음은 논리와 수학의 주장은 검증 불가능하지만 무의미하지 않다는 것이었다. (여전히 사용되고 있는) 칸트의 용어를 빌리자면, 그것들은 분석적 진리, 즉, 정의와 정의의 결과였다. 여기서 논리실증주의자들은 러셀, 화이트헤드, 프레게의 기호논리학에서의 위대한 돌파구와 수학이 어떻게 단순히 정의의 결과일 뿐인지를 자세히 보여줄 것이라는 약속에 확신을 가졌다. 논리실증주의자들은 자신들이 수행하는 철학이 논리학 및 수학과 함께 분석 명제, 즉 정의와 그 결과로 분류되어야 한다고 주장했다. 수학 연구의 놀라운 결과들처럼, 철학은 우리가 논리적으로 전지하지 않기 때문에 우리에게 새로워 보일 뿐이다. 이전에 아무도 생각하지 못했던 수학의 놀라운 새 정리처럼, 진정하고 올바른 철학은 탐구가 시작될 때의 전제들 속에 항상 내재되어 있었다. 그런 철학은 단지 그것을 끌어내어 우리가 이미 그것에 전념하고 있음을 보여줄 만큼 똑똑한 누군가를 기다리고 있었을 뿐이다.

철학사를 돌이켜보면, 논리실증주의자들은 데카르트부터 칸트까지의 철학사 대부분이 그러한 분석적으로 참인 주장, 주로 과학과 수학의 인식론, 그리고 과학 이론이 표현되는 용어의 의미 분석을 제시하려는 시도로 해석될 수 있다는 것을 발견하고 놀라지 않았다. 이는 그들로 하여금 철학을, 궁극적인 목표가 과학이 모든 경험적으로 의미 있는 질문에 답할 수 있음을 보여주는 지적 사업으로, 그리고 철학의 유일한 역할은 수학의 역할처럼, 오직 과학만이 "인지적 중요성"을 갖는 이유를 모든 사람이 이해할 수 있도록 명확한 정의와 논리적 규칙을 제공하는 것으로 간주하게 했다.

논리실증주의의 비엔나 학파와 그들에게 공감하는 다른 철학자들은 민주주의의 적극적인 지지자이자 사회 정의의 주창자였으며, 전체주의에 반대했다. 따라서 그들은 1930년대 후반 유럽 파시즘으로부터 도피해야 했다. 그들은 소련 공산주의 역시 그들의 철학과 삶에 동등하게 위협적이라고 인식했다. 그 결과, 1940년대에 논리실증주의는 주로 미국으로 옮겨갔다. 거기서 오랫동안 번성했으며, 결국 우리의 원래 정의에 반영된 철학과 과학 사이의 전통적인 연관성을 지지했다. 그러나 독자적인 하위 분야로서 과학철학을 발전시키는 과정에서, 논리실증주의는 20세기 후반에 자기 몰락의 씨앗을 뿌렸다. 우리는 2장 초반에 이러한 주제 중 일부로 돌아가서, 논리실증주의가 사라진 후에도 어떻게 여전히 유효한 과학철학의 의제를 설정했는지 설명할 것이다.

이 역사가 주는 교훈은 두 가지이다. 첫째, 우리는 과학과의 연결을 약화하려는 다른 어떤 철학의 정의에 대해서도, 지난 400년 동안의 과학사와 철학사를 이해하는 데 우리 정의만큼이나 잘 해낼 것을 요구해야 한다. 둘째, 과학이 우리의 모든 질문에 답할 수 있는 능력의 범위와 한계가 무엇인지 결정하는 것이 결코 쉬운 일이 아니며, 그렇게 하는 어려움이 철학을 필수적인 탐구로 만든다는 것을 인식해야 한다.

요약

철학과 과학은 그것 중 어느 한쪽에 관심이 있는 사람이라면 누구에게나 피할 수 없는 주제이다. 사실, 철학은 역사 전반에 걸쳐 그리고 현재에도, 과학이 철학으로부터 독립하는 과정에서 남겨진 문제들을 반영하는 것으로 이해될 때만 그 의제를 파악할 수 있다. 그리고 과학사, 특히 16세기 이후의 성공의 역사는 상당 부분 특정 형이상학과 인식론에 대한 확신을 얻는 과정이다.

유럽 철학의 주요 인물들은 뉴턴 이후 과학의 성공을 경험론과 합리론 중 어느 쪽이 설명할 수 있는지 논쟁했다. 이 두 가지 지식 이론은 비록 경험론이 적어도 과학자들 사이에서는 더 널리 받아들여지고 있지만, 계속해서 서로 경쟁하고 있다. 철학자들은 경험론을 받아들이고 싶어 하지만, 이 책 전반에서 살펴보겠지만, 그들은 과학의 본질과 방법에 대한 문제들을 경험론이 감당할 수 없음을 인식한다. 이러한 문제들이 바로 과학철학을 철학 전체에서 매우 중요한 위치에 놓이게 하는 이유이다.

학습 문제

각 장의 끝에 있는 학습 문제에 답하는 것은 단순히 장에서 제공된 정보를 요약하는 것을 넘어선다. 오히려 이 문제들은 장에서 다루어진 철학 이론에 대한 근본적인 질문을 제기하고, 독자들이 저자와 의견을 달리하고, 본문에 언급되지 않은 예, 논증 및 기타 고려 사항을 제시하며, 스스로 판단을 내리도록 유도하는 논쟁적인 쟁점들을 다룬다. 각 장의 끝에서 제기된 질문 중 일부는 다음 장들을 읽은 후 다시 살펴보는 것이 좋다.

1. 이 장은 철학에 대한 잠재적으로 논쟁적인 정의를 제시한다. 형이상학, 인식론, 논리학, 윤리학, 정치철학, 미학 등 철학의 이질적인 부분들의 통일성을 설명할 수 있는 철학에 대한 대안적인 정의를 제시하라.
2. 모든 사실이 밝혀지고 과학이 완성되었을 때조차도, 과학이 원칙적으로 결코 답할 수 없는 모든 질문은 사이비 질문임을 보여주는 논증을 구성하라.
3. 다음 주장을 지지하거나 비판하시오: "경험론 대 합리론 논쟁은 정당화에 대한 논쟁으로 보일 수 있지만, 여전히 데카르트와 로크 간 선천적 관념 존재 여부에 대한 원래의 논쟁으로 귀결된다."
4. 흄은 "강단 형이상학과 신학"을 "궤변과 환상"이라고 비난했다. 오늘날 흄이라면 어떤 현대적인 대상에 대해 동일한 지적 경멸을 표할 것인가?
5. "미립자론은 단순한 철학이었다. 원자론은 과학이다." 이에 대해 논하라.
6. 답변이 과학철학이나 과학과 전혀 관련 없는 철학적 질문이 존재하는가? 존재한다면 그 이유는 무엇인가?

추천 도서

과학사, 특히 르네상스 이후 과학사에 대한 입문서를 찾는 독자들은 버터필드(H. Butterfield)의 『근대 과학의 기원』(*The Origins of Modern Science*)에서 많은 것을 얻을 것이다. 쿤(T. Kuhn)의 『코페르니쿠스 혁명』(*The Copernican Revolution*)은 17세기 과학사를 다루는 데 있어 철학적으로 가장 영향력 있는 과학사학자의 견해를 제공한다. 코헨(I. B. Cohen)의 『새로운 물리학의 탄생』(*The Birth of a New Physics*)과 웨스트폴(R. Westfall)의 『근대 과학의 구성』(*The Construction of Modern Science*)은 뉴턴 역학과 그 출현에 대한 설명을 제공한다. 코넌트(J. B. Conant)의 『하버드 실험과학 사례사』(*Harvard Case Histories in the Experimental Sciences*)는 물리학사 이해에 또 다른 영향력 있는 자료이다.

20세기 가장 중요한 과학철학자 중 한 사람인 라이헨바흐(H. Reichenbach)는 『과학적 철학의 부상』(*The Rise of Scientific Philosophy*)에서 과학이 철학에 미친 영향을 추적한다. 과학 및 철학 사상사 분야의 고전적인 저서로는 1926년에 처음 출판된 버트(E. A. Burtt)의 『근대 과학의 형이상학적 토대』(*Metaphysical Foundations of Modern Science*)가 있다.

훌륭하고 신뢰할 수 있는 현대 입문서로는 섀핀(S. Shapin)의 『과학혁명』(*The Scientific Revolution*)이 있다. 『케임브리지 과학사』(*The Cambridge History of Science*), 특히 파크와 더스턴(K. Park and L. Daston)이 편집한 『초기 근대과학』(*Early Modern Science*) 3권과 포터(R. Porter)가 편집한 『18세기』(*The Eighteenth Century*) 4권은 과학사와 가장 형성적이었던 시기의 과학철학에 대한 최신 연구들을 다수 제공한다.

하일브론(J. L. Heilbron)의 『물리학사: 아주 짧은 입문』(*The History of Physics: A Very Short Introduction*)은 이 분야의 역사를 빠르게 둘러볼 수 있도록 돕는다.

2장 왜 과학철학이 중요한가?

개요

과학적 지식과 다른 유형의 지식 간 차이를 규명하려는 시도에는 절박한 실제적 이유가 있다. 공공 정책 및 개인 복지는 과학과 사이비 과학을 구별하는 능력에 좌우된다. 그러나 이러한 구별은 많은 이들의 기대만큼 쉽지 않다.

과학은 다른 인간 활동과 구별되기 위해 철학의 도움을 요청할 뿐만 아니라, 철학의 의제에 지속적으로 심대한 영향을 미친다. 나머지 문화에 미치는 영향 역시 중요하며, 여러 문화권에 걸친 영향은 독특하게 보편적인 것으로 보인다. 만약 이러한 주장이 사실이라면, 이에 대한 설명이 필요하다.

과학적 질문과 과학에 관한 질문

과학이 아직 답할 수 없는 질문들 중에는 과학이 왜 모든 질문에 답할 수 없는지(또는 아마도 영원히 답할 수 없을 것인지)에 대한 질문들이 있다. '수란 무엇인가', '시간이란 무엇인가', '정의란 무엇인가'와 같은 질문들을 1차 질문이라 부르자. 과학이 아직 1차 질문에 대처할 수 없는 이유에 대한 2차 질문들은 과학의 한계가 무엇인지, 어떻게 작동하는지, 어떻게 작동해야 하는지, 그 방법은 무엇인지, 어디에 적용할 수 있고 어디에 적용할 수 없는지에 대한 질문들이다. 이러한 질문들에 답함으로써 우리는 그

동안 답하지 못했던 1차 질문들에 대한 진전을 이룰 수 있거나, 1차 질문들 중 일부가 과학이 답할 수 없거나 답할 필요가 없는 질문임을 인식하게 될 것이다. 과학의 본질과 그 방법이 무엇인지에 대한 질문에 답하는 것은 과학적 질문에 대한 제안된 답변의 적절성을 평가하는 데도 도움이 될 수 있다.

그러나 과학과는 직접적인 관련이 없는 다른 문제들에서도 과학철학이 우리에게 도움을 줄 수 있다. 다음은 몇 가지 중요한 사례이다.

철학자, 과학자, 그리고 과학의 완전성 및 객관적 지식 획득을 위한 도구로서의 고유성을 지지하는 이들은 비과학적인 믿음 형성의 방식에 동등한 지위를 부여하는 것에 오랫동안 반대해 왔다. 그들은 점성술, 다이아네틱스(및 사이언톨로지), 타로 카드, 염력, '창조 과학' 또는 그 다양한 현대판, '지적 설계론', 혹은 온갖 뉴에이지 유행, 동양 신비주의, 전체론적 형이상학 등을 사이비 과학, 방해물, 전환물, 진정한 과학적 설명과 그것을 인간 삶의 실제적인 개선에 적용하는 데 있어 가치 없는 대체물로 낙인찍으려 노력했다. 지난 장에서 보았듯이, 논리실증주의자들은 간단한 리트머스 시험을 통해 과학과 사이비 과학을 구별할 수 있기를 희망했다. 8장에서 살펴볼 이유들로 인해, 그들은 이를 수행할 수 있는 쉬운 규칙을 만들지 못했다. 따라서 문제는 남아있다. 정확히 무엇이 과학적 지식을 구성하는지에 대한 설명 및 과학이 제공하는 것 외에 다른 종류의 지식이 있는지에 대한 결정이 필요하다.

인간의 맹신, 만족스러운 서사에 대한 탐구와 믿음, 음모론, 단순한 해결책과 기적적 치료법, 지식과 부에 이르는 지름길은 그 힘이 너무나 강해서 과학혁명 이후 350년이 지난 지금도 계속해서 악용되고 있다. 실제로 어떤 면에서는 100년 전보다 상황이 더 나쁘다.

미국에서는 1990년대에 질병을 이해하고 대처하는 데 있어 정통 경험적이며 통제된 이중 맹검 실험실 기반 과학의 느린 진전에 참을성이 없는 사람들이 이러저러한 비실험적 접근법에 질병과 그 원인 및 치료에 대한 중요한 치료적 지식이 포함되어 있다고 확신하는 사람들과 동맹을 형성했다. 이 동맹은 미국 의회에 압력을 가해 실험 지향적인 국립보건원(National Institutes of Health) 내에 대체의학 사무국(Office of Alternative Medicine) 설립을 지시하도록 했고, 이 사무국은 주류 정통 과학 연구 자금에서 전용된 것으로 알려진 상당한 금액을 해당 지식 탐구에 사용했다. 이 동맹의 구성원들은 종종 환자가, 또는 환자와 의사 모두가 이러한 약물로 치료받고 있다는 것을 알고 그 효과를 믿을 때만 효과가 있는 치료 물질이 있다고 주장했다. 그들의 견해에 따르면 환자나 의사 모두 환자가 약을 받는지 위약을 받는지 모르는 통제된 실험은 치료의 효능을 시험하는 데 사용될 수 없다. 만약 그러한 통제된 이중 맹검 실험이 우리가 효과를 과학적으로 평가할 수 있는 유일한 방법이라면, '대체의학'에 대한 이러한 주장들은 어떠한 과학적 평가의 범위도 벗어난다. 따라서 그 지지자들은 대체의학에 대한 지식 탐색은 과학적일 수 없다고 주장한다.

21세기 첫 10년 동안 영국에서는 국가보건서비스(National Health Service)가 동종요법(homeopathy) 치료에 대해 점차 부족해지는 재원을 계속 지불하는 문제에 대한 논쟁이 발생했다. (동종요법은 치료 대상 질병과 유사한 증상을 유발하는 물질을 미량 투여함으로써 질병을 치료할 수 있다는 이론이다.) 통제된 실험을 통해 그 효과가 (훨씬 저렴한) 위약보다 나을 것이 없다는 것이 밝혀진 후에도, 그리고 분석 화학자들이 동종요법 이론에서 요구하는 희석액에서는 동종요법 의사들이 주장하는 약물이 검출되지 않는다는 것을 입증한 후에도, 그 지지자들, 특히 국가보건서비스로부터 서비스 대가를 지불받은 실천가들은 자신들의 이론과 치료법이 과학적이라고 계속 주장했다. 한편, 의사들과 다른 과학자들은 이러한 주장을 부인했고, 그로 인해 영국 법원에서 명예훼손 소송을 당했다.

부족한 자원을 과학에서 대체의학으로 전용하는 것에 반대하는 사람들이, 과학적 발견을 독특하게 만드는 요소에 대한 설명이 없는 한, 대체의학이 과학적 지식을 제공할 수 없다고 주장하기는 분명히 어렵다.

반면에, 이러한 접근법을 지지하는 사람들은 정통 과학적 방법이 실험적이지 않은 지식에 대해 맹목적이라는 것을 보여주는 데 동등한 관심을 가지고 있다. 이러한 지지자들은, 예를 들어 인문주의자들과 같은 다른 사람들과 공동의 목표를 추구할 수 있는데, 이들은 '과학주의'라고 부르는 것, 즉 과학의 확립된 방법이 모든 질문에 대처할 수 있다는 부당한 과신 및 전통적인 과학적 접근이 부적절하거나 효과가 없거나 다른 목표, 가치, 통찰을 파괴하는 영역에서도 다른 '앎의 방식'을 배제하려는 경향에 반대한다.

이 논쟁의 양측은 과학의 본질, 즉 그 실질적인 내용과 증거 수집, 설명 제공, 이론

평가에서 진행되는 방법을 이해하는 데 동등한 관심을 가지고 있다. 다시 말해, 논쟁의 양측은 분쟁을 해결하기 위해 합의할 수 있는 구획 기준이 필요하다.

자연과학의 힘과 성공을 인정하고, 이러한 분야에서 성공적인 방법을 사회과학과 행동과학에 적용하고자 하는 사람들은 자연과학이 성공을 달성할 수 있도록 한 방법들을 분석할 특별한 동기를 가지고 있다. 사회과학과 행동과학이 스스로를 '과학적' 활동으로 자각하게 된 이래로, 그 분야의 과학자들과 일부 과학철학자들은 자연과학과 비교하여 이들 분야의 상대적인 성공 부족이 자연과학에서 성공한 경험적 방법들을 올바르게 식별하거나 구현하지 못했기 때문이라고 주장해 왔다. 이러한 사회과학 연구자들에게 과학철학은 분명히 ***규범적인*** 역할을 한다. 과학철학이 증거 수집의 특징, 설명 전략, 그리고 그것들이 자연과학에 적용되는 방식을 밝혀내면, 사회과학과 행동과학에서 유사한 발전을 위한 열쇠를 얻을 수 있게 된다. 사회과학 및 행동과학이 해야 할 일은 올바른 방법을 사용하는 것이다. 또는 적어도 과학 방법론 연구자들은 그렇게 주장한다.

그러나 사회적·행동적 문제에 대한 과학적 접근을 반대하는 사람들도 있다. 그들은 자연과학의 방법이 그들의 주제에 적용할 수 없으며, '과학주의적 제국주의'가 지적으로 근거가 없을 뿐만 아니라 개인 간 관계와 취약한 사회 제도를 비인간화하여 해를 끼칠 가능성이 있다고 주장하고자 한다. 그들은 더 나아가 그러한 접근이 도덕적으로 위험한 정책과 프로그램(예를 들어, 20세기 동안 많은 국가에서 추구된 다양한 우생학 정책)을 정당화하는 데 오용될 가능성이 있거나, 심지어 검토하지 않는 것이 가장 좋은 영역(예를 들어, 폭력, 범죄, 정신 질환, 지능 등의 유전적 기반)에 대한 탐구를 촉발할 가능성이 있다고 주장한다. 인간 문제를 자연과학의 단순하고 적용 불가능한 경험적 방법으로부터 분리해야 한다고 주장하는 사람들은 정작 과학적 탐구가 무엇으로 이루어져 있는지 이해할 필요가 있음이 분명하다. 인간 문제를 이해하는 비경험적 접근의 인식론적 완전성을 지지하는 이들은 자연과학의 방법을 사용하지 않고도 신뢰할 수 있는 지식을 어떻게 획득할 수 있는지 보여주는 지식 이론이 필요하다. 이는 사회과학과 사회 연구를 진행하는 올바른 방법을 두고 논쟁하는 이들뿐만 아니라 그 반대편에 서 있는 이들 모두 과학, 과학의 본질, 그리고 (만약 있다면) 과학의 한계를 이해할 필요가 있음을 의미한다.

따라서 과학철학은 피할 수 없는 탐구이다.

현대 과학이 철학에 미치는 영향

과학의 각 분야가 철학에 남긴 전통적인 질문들 외에도, 2천 년 이상에 걸친 과학 발전은 철학자들이 씨름해 온 새로운 질문들을 끊임없이 제기해 왔다. 더욱이, 이 2천 년간의 과학 발전은 철학적 탐구의 의제 또한 형성하고 변화시켰다. 1장에서 우리는 과학이 17세기부터 19세기, 그리고 20세기까지 혁명적인 성공으로 인해 가장 강력한 철학적 영감의 원천이었음을 보았다. 그리고 여전히 그러하다.

자유의지의 문제를 생각해 보자. 뉴턴은 행성과 혜성, 또는 포탄과 조수의 움직임이 적은 수의 간단하고 수학적으로 표현 가능하고 완벽하게 예외 없는 법칙들에 의해 지배된다는 것을 보여주었다. 이 법칙들은 결정론적이었다. 즉, 어떤 시점의 행성의 위치가 주어지면, 물리학자는 어떤 과거 또는 미래 시점의 위치를 계산할 수 있다. 만약 뉴턴이 옳다면, 어떤 시점의 물체의 위치와 운동량은 모든 시점의 위치와 운동량을 고정한다. 더욱이, 모든 물질, 즉 질량을 가진 모든 것은 동일한 법칙의 지배를 받는다. 뉴턴 역학의 결정론은 인간 행동에도 결정론의 망령을 드리운다. 왜냐하면 인간이 복잡한 분자 집합, 즉 물질에 불과하고, 이러한 집합이 동일한 법칙에 따라 행동한다면, 진정한 선택의 자유는 없고 단지 환상만 존재하기 때문이다. (우리가 책임을 져야 마땅할) 겉보기에 자유로운 행위의 원인을 추적하여 이전의 원인들, 즉 우리의 선택, 우리의 욕망, 그리고 이러한 욕망이 표현되는 우리 뇌의 물리적 상태로 거슬러 올라간다고 가정해 보자. 만약 뇌가 복잡한 물리적 대상에 불과하고 그 상태가 다른 물리적 대상만큼 물리 법칙의 지배를 받는다면, 우리 머릿속에서 일어나는 일은 긴 도미노 줄에서 한 도미노가 다른 도미노를 쓰러뜨릴 때 일어나는 일만큼이나 이전 사건에 의해 고정되고 결정된다. 만약 우리 뇌의 사건을 고정한 원인들이 우리가 통제할 수 없는 사건들, 예를 들어 우리의 양육, 현재의 감각 자극과 생리적 상태, 환경, 유전 등을 포함한다면, 이 광대한 인과적 연결망에서 (단순한 행동과는 대조되는) 진정한 자유로운 선택이나 행위의 여지가 없으며, 따라서 도덕적 책임의 여지도 없다고 주장할 수 있다. 이전 상태에 의해 결정되고 따라서 우리가 통제할 수 없는 것은, 그 때문에 우리가 비난받거나 칭찬받을 수 있는 것이 아니다.

뉴턴 이론의 성공과 함께 결정론은 인간사에 대한 살아있는 철학적 선택지가 되었다. 그러나 일부 철학자들, 그리고 물론 많은 신학자들에게는 물리학이 인간 행위나 어떤 생명체의 행동을 구속하지 않는다고 주장할 여지가 여전히 남아있었다. 그들은 생물학적 영역이 뉴턴적 결정론의 범위 밖에 있다고 주장했다. 그리고 이에 대한 증거는 물리 과학이 단순한 운동하는 물질의 행동을 설명하는 힘과 정밀성으로 생물학적 과정을 전혀 설명할 수 없다는 것이었다.

19세기 중반까지 결정론의 반대자들은 인간 행위 및 일반적으로 생명체의 행동이 그러한 뉴턴적 운동 법칙의 지배를 받지 않는다는 생각으로 스스로를 위로할 수 있었을 것이다. 인간 행위와 생물학적 과정은 분명히 목표 지향적이다. 인간은 일상적 목표의 존재를 반영하는 목적을 위해 행위한다. 자연은 신이 부여하는 우주적 목적과 거대한 계획을 반영한다. 생물학적 영역은 단순한 운동하는 물질의 산물이라고 하기에는 너무나 복잡하고, 다양하며, 뛰어난 적응력을 보여주는 듯하다. 그 속에 나타난 설계의 흔적은 신의 손길을 보여준다. 실제로 다윈 이전에는 생물학적 영역의 다양성, 복잡성, 적응성이 신의 존재와 우주에 의미를 부여하는 '계획'의 존재에 대한 최고의 신학적 논거였다. 이 (신의) 계획은 동시에 생물학적 영역의 이 세 가지 특징에 대한 최고의 과학적 설명이기도 했다.

다윈의 업적은 그를 반대했던 신학자들이 너무나 빨리 깨닫고 격렬하게 비난했듯이, 신학적으로 영감을 받은 이러한 형이상학적 세계관과 생물학적 영역의 적응에 대한 과학적 설명의 근거를 파괴한 것이었다. 다윈이 『종의 기원』을 출판하기 20년 전에 감히 출판하지 못한 미공개 노트에 썼듯이, "인간의 기원이 이제 증명되었다. 형이상학은 번성해야 한다. 개코원숭이를 이해하는 자가 로크보다 형이상학에 더 많은 기여할 것이다." 우리는 여기서 다윈의 계시 종교에 대한 대안을 요약할 수 없다. (이 문제는 6장과 9장에서 더 자세히 다루어진다.) 그러나 유전적 변이와 자연환경 선택의 결과로서의 다양성, 복잡성, 적응성에 대한 다윈의 기계론적이고 무목적적 설명이 옳다면, 뉴턴의 발견이 밝힌 시계태엽 같은 결정론 이상으로, 우주에 있는 그 어떤 것도 의미, 목적, 이해 가능성을 갖지 않는다는 강력한 주장이 있다. 그리고 이것은 모든 자연의 목적이 환상임을 보여줌으로써 결정론을 넘어선 심오한 철학적 결론이다. 뉴턴과 다윈은 형이상학, 심리철학에서 많은 전통적인 철학 이론을 훼손하고 여전히 도덕철학을 위협할 수 있는 철학적 유물론 또는 물리주의의 위대한 원천이었다. 두 이론이 제기한 철학적 문제들은 20세기에도 여전히 철학적 의제의 중심에 있었다.

그러나 20세기 물리학 및 수학 기초론의 발전은 문제를 더욱 복잡하게 만들었고, 철학적 유물론에 대한 신뢰를 단순한 철학적 논거보다 훨씬 더 흔들었다. 첫째, 관찰 가능한 현상에서 관찰 불가능한 과정으로 결정론적 물리 이론을 확장하려는 시도는 자연에서의 아원자 비결정론과 부딪혔다. 양자 과정, 즉 전자, 양성자, 중성자, 빛을 구성하는 광자, 전자기 복사의 행동 수준에서는 모든 법칙이 불가피하게 비결정론적인 것으로 드러났다. 우리가 확실하게 무엇이 일어나고 있는지 알 수 없고 단순히 확률로 만족해야 한다는 것만이 아니다. 오히려 거의 모든 물리학자는 양자역학의 확률이 물질(그리고 모든 것)의 근본적인 구성 요소의 행동을 설명한다고 믿고 있으며, 이 확률은 놀라운 정밀성을 반영한다. 더욱이, 이러한 확률이 실험에서 나타나는 방식은 이러한 확률을 어떻게든 설명하는 더 깊은 결정론적 이론의 존재를 배제한다.

물리학자들이 이러한 확률이 결코 제거될 수 없다고 주장하는 이유를 여기서 설명할 수는 없지만, 우리는 그것들을 예시할 수는 있다. 예를 들어, 특정 우라늄 원자 하나가 다음 1분 안에 알파 입자를 방출할 확률은 0.5×10^{-9}이다. 아무리 더 조사해도 그 확률은 높아지거나 낮아지지 않을 것이다. 1분 동안 알파 방출을 일으키는 우라늄 원자의 상태와 다른 1분 동안 입자를 방출하지 않는 원자의 상태 사이에는 아무런 차이가 없다. 자연의 근본적인 수준에서는 "모든 사건에 원인이 있다"라고 주장하는 이른바 '충분 이유의 원리'(principle of sufficient reason)가 계속해서 위반된다.

물론 전자, 양성자 및 다른 입자들이 분자로 결합될 때쯤이면, 그들의 행동은 뉴턴 역학이 요구하는 결정론에 점근적으로 근접하기 시작한다. 그러나 뉴턴은 틀린 것으로 판명되었다. 뉴턴의 이론이 다루는 관찰 가능한 대상의 세계가 양자 역학적 비결정론에서 예외라고 희망을 품고 있다면, 가이거 계수기가 관찰 가능한 탐지 장치이며, 방사성 물질 위에서 발생하는 딸깍거리는 그 소리는 양자역학적으로 불확정적인 알파 입자 방출이 거시 세계에서 관찰 가능하게 감지할 수 있는 차이를 만들어낸 결과임을 상기하라.

그렇다면 이 모든 것이 결정론이 틀렸다는 것을 의미한다면 자유의지와 도덕적 책임이 결국 우리의 철학적 세계관의 허용 가능한 구성 요소로 입증된다는 것을 의미할까? 상황은 그렇게 간단하지 않다. 양자 물리학이 말해주듯이, 우리 뇌 과정을 구성하는 근본적인 아원자 상호 작용이 전혀 아무것에도 의해 결정되지 않는다면, 우리 행위에 대한 도덕적 책임의 여지는 더욱 줄어든다. 비결정론이 사실이라면, 우리의 행위는 그 자체로 아무런 원인도 없고, 그 발생에 대한 아무런 이유도 없는 사건들로부터 비롯될 것이다. 요컨대, 양자 불확정성은 인간 행위, 숙고, 진정한 선택, 자유의지, 그리고 궁극적으로 도덕적 책임이 어떻게 가능한지에 대한 미스터리를 심화시킨다. 도덕적으로 허용되는 행위와 허용되지 않는 행위 모두를 뇌 속의 어떤 사건으로 거슬러 올라갈 수 있다고 가정해 보자. 이 사건 자체는 아무런 원인도 없었지만, 완전히 무작위적이고 불확정적이며 설명 불가능한 것이다. 그 사건에 대해 당신이나 다른 누구도, 심지어 다른 어떤 것도 전혀 통제할 수 없었다고 해 보자. 그런 경우에는 아무도 그 사건의 결과나, 당신의 욕망, 선택, 행위에 미치는 그 결과에 대해 도덕적 책임을 질 수 없다.

만약 과학이 철학을 이끌어가는 방향이 물리주의, 결정론, 무신론, 그리고 어쩌면 허무주의를 향한 일방통행이라면, 철학적 질문들과 씨름하는 이들에게 과학에 대한 지적 의무는 피할 수 없을 것이다. 우리는 물리 과학의 실질적인 주장들을 이해해야 하고, 이러한 주장들이 철학적 질문에 미치는 중요성을 해석할 수 있을 만큼 충분히 정보를 갖춰야 하며, 이러한 질문에 대한 답변의 원천으로서 과학의 강점과 한계를 이해해야 한다.

그러나 사실, 과학이 철학을 이끌어가는 방향은 결코 물리주의, 결정론, 무신론, 허무주의를 향한 일방통행이 아니다. 16세기 이래로 많은 철학자와 과학자들은 수학자·물리학자·철학자 데카르트의 주장을 지지해 왔다. 즉, 마음은 몸이나 몸의 어떤 부분, 특히 뇌와는 구별된다는 주장이다. 데카르트의 추종자들은 인간 생명이 산소 호흡 없이는 존재할 수 없는 것처럼, 마음이 뇌 없이 존재할 수 있다고 주장한 적이 없다. 그러나 그들은 (생명이 단지 산소 호흡이 아닌 것처럼) 사고가 어떤 뇌 과정과 동일하지 않다고 주장해 왔다. 마음은 별개이며 다른 실체, 즉 비물리적인 실체이며, 따라서 물리 과학이 밝혀낼 수 있는 어떤 법칙에도 종속되지 않는다. 만약 마음이 물리적인 것이 아니라면, 이것은 인간과 인간 행위를 과학이 밝혀내는 자연법칙으로부터, 또는 심지어 과학적 연구 자체로부터 면제시킬 수 있다. 인간과 인간 행위는 자연과학을 특징짓는 방법과는 완전히 다른 방법으로 이해되어야 한다고 밝혀질 수도 있다. 그게 아니라면, 인간 문제는 전혀 이해 불가능할 수도 있다.

마음이 비물리적이며 자연과학의 범위를 벗어난다는 이러한 견해는 실망스럽게 받아들여지고 지적 진보의 장애물로서 몽매주의자로 낙인찍힐 수도 있다. 그러나 이를 비난하는 것만으로는 데카르트와 다른 이들이 주장한 논증을 반박할 수 없을 것이다. 그리고 자연과학의 방법과 이론에서 영감을 받은 사회과학의 전반적인 약점은 데카르트의 주장을 거부하는 이들에게 더 많은 숙고의 여지를 주어야 한다. 사회과학에서 자연과학에서와 같은 예측 정밀도와 설명력을 얻는 데 있어 유일한 장애물이 인간 행동과 그 정신적 원인의 더 큰 복잡성이라고 정말 말할 수 있을까?

이 질문에 긍정적으로 답한 사람들 중에는 마음을 컴퓨터와 같은 물리적 장치로 이해하려 했던 심리학자들과 다른 분야의 학자들이 있었다. 결국 뇌의 신경 구조는 몇 가지 중요한 측면에서 컴퓨터와 유사하다. 즉, 네트워크의 노드를 '켜짐' 또는 '꺼짐' 상태로 전환하는 전기 신호를 통해 작동한다. 인간 인지를 이해하는 데 관심이 있는 심리학자들은 인간 뇌가 가장 강력한 슈퍼컴퓨터보다 훨씬 더 강력하고 현재 컴퓨터를 프로그래밍하는 것과는 상당히 다른 계산 프로그램을 사용한다는 점을 인식하면서 다양한 유형의 컴퓨터에 이를 모델링하려 했다. 그러나 뇌가 강력한 컴퓨터이고 마음이 뇌라면, 적어도 뇌보다 덜 강력한 컴퓨터에서 인지의 측면을 시뮬레이션하는 간단한 프로그램을 개발하여 인지를 모델링하는 것은 마음이 어떻게 작동하는지에 대해 무엇인가를 보여줄 것이다.

이 시점에서 어떤 이들은 과학 자체의 발전이 이러한 "과학주의적" 영감을 받은 연구 프로그램에 장애물을 제기한다고 주장한다. 우리가 컴퓨터에 대해 확실히 아는 것은 컴퓨터가 특정 수학적 특징을 가진 소프트웨어 프로그램을 구현하여 작동한다는 것이다. 특히, 소프트웨어는 컴퓨터가 유한한 집합의 수학적으로 표현된 공리에 따라 작동하게 한다. 간단한 예로, 컴퓨터가 수행할 것으로 예상되는 산술 계산을 생각해 보자. 컴퓨터는 두 수를 곱할 수 있다. 컴퓨터는 무한히 많은 계산 중 하나를 수행할 수 있는데, 이는 모든 곱셈 문제에 대한 정답이 프로그래밍되어 있기 때문이 아니라, 산술 공리 형태의 곱셈 규칙이 프로그래밍되어 있기 때문이다. 물론, 컴퓨터가 실제로 수행할 수 있는 계산에는 한계가 있다. 계산기를 가지고 놀아본 사람이라면 그중 일부가 무엇인지 알 것이다. 전원이 떨어지거나, 곱할 숫자가 판독 화면에 너무 많거나, 0으로 나누기와 같은 허용되지 않는 연산을 시도하거나, 기계에 파이를 계산하라고 명령하면, 고유하고 완전한 정답을 제공하지 않을 것이다. 이러한 점에서 컴퓨터는 인간 계산기와 같다. 고장과 실패가 발생한다.

그러나 1930년대 오스트리아의 수학자 괴델(Kurt Gödel)은 결정적으로 중요한 방식으로 컴퓨터가 인간 계산기와 같지 않음을 수학적으로 증명했다. 그리고 이후 일부 철학자와 과학자들은 이 결과가 인지와 마음에 대한 과학적 이해에 장애물이라고 주장했다. 괴델이 증명한 것은 다음과 같다. 산술의 모든 규칙을 포함할 만큼 충분히 강력한 **공리 체계**는 그 자체의 완전성(completeness)을 제공할 만큼 강력하지 않다. 즉, 산술의 모든 진리가 그 공리로부터 도출됨을 증명할 만큼 강력하지 않다. 그러한 체계의 완전성을 제공하기 위해서는 더 많은 또는 다른 공리를 가진 더 강력한 체계를 사용해야 한다. 그리고 마찬가지로 이 더 강력한 체계도 그 완전성을 증명하는 것은 그 자체의 범위를 벗어난다. 더욱이, 무모순성(consistency)[1] 증명은 항상 더 약한 체계의 완전성을 제공할 수 있는 하나 이상의 더 강력한 체계에 상대적일 것이다.

괴델의 증명은 두 가지 함의를 갖는다. 첫째, 그것은 논리실증주의자들이 과학을 순전히 경험적이고 실험적인 것으로 설명하는 것에 대한 그들의 확신을 약화시키는 데 다른 어떤 것보다 더 큰 기여를 했을 것이다. 그 이유는 미묘하다. 1장에서 보았듯이, 흄 이래로 대부분의 경험론자들처럼 논리실증주의자들은 수학의 경우 우리가 어떻게 선험적 지식과 필연적 진리에 대한 지식을 가질 수 있는지에 대한 문제를 해결했음을 상기해 보라. 그들은 모든 수학적 진리가 "단지" 정의와 정의의 결과라고 주장함으로써, 과학 또한 선험적 진리를 전달한다는 것을 인정하지 않고도, 이러한 필연적 진리에 대한 우리의 선험적 지식을 "설명해 낼" 수 있었다. 그래서 수학은 필연적으로 참이지만 실재에 대한 새로운 사실적 지식을 전달하지 않는다. 모든 진리는 분석적 진리이므로 선험적 진리였다. 러셀, 화이트헤드, 프레게의 뒤를 이어 논리실증주의자들은 논리 공리로부터 수학을 연역함으로써 이를 보여주고자 했다. 이 공리들 자체는 분석적 진리였다.

---

1 (옮긴이 주) 어떤 형식 체계가 모순을 포함하지 않는다는 것을 의미한다. 즉, 그 체계 안에서 어떤 명제와 그 명제의 부정이 동시에 증명될 수 없다는 뜻이다.

괴델의 증명은 이러한 야망이 달성 불가능함을 보여주었다. 산술의 진리조차도 연역할 수 있을 만큼 강력한 어떤 공리 체계도 무모순적이고 완전할 수 없음을 보여줌으로써, 그는 논리실증주의자들이 수학을 분석적 진리로 설명한 것이 틀렸다고 증명했다. 따라서 그들 이전의 경험론자들처럼, 논리실증주의자들은 수학에서 필연적 진리에 대한 지식을 어떻게 가질 수 있는지에 대한 새로운 설명을 찾거나, 아니면 그들의 경험론적 인식론을 포기해야 했다. 이 문제에 대한 인식의 증가는 과학철학자들이 논리실증주의를 포기하기 시작한 가장 강력한 이유 중 하나가 되었다.

괴델 증명의 두 가지 함의 중 두 번째는 훨씬 더 광범위한 중요성을 가질 수 있다. 그것은 인간 인지가 어떤 유의미한 의미에서 계산의 문제라거나, 또는 마음이 어떤 식으로든 컴퓨터처럼 작동한다는 개념에 반대하는 논증의 토대를 제공했다. 이 결론으로부터 일부 철학자들과 심지어 일부 과학자들은 완전한 이원론으로 나아가 마음이 뇌가 전혀 아니라고 부정하려는 유혹을 받았다.

인간의 마음이 컴퓨터처럼 제한적이지 않은 산술에 대한 이해를 구현한다는 것은 명백하다. 결국, 수학을 위한 컴퓨터 프로그램이 완전하고 무모순적일 수 없음을 증명한 것은 인간의 마음이었다. 컴퓨터와 달리 인간 마음의 산술 "표현"은 공리적이지 않다. 만약 그렇다면, 그것은 물질적인 것이 아니다. 왜냐하면 어떤 물질적인 것도, 어떤 기계도 모든 수학적 지식을 담을 수 없기 때문이다. 인간의 마음이 산술을 공리적으로 파악하든 아니든, 괴델 증명의 또 다른 측면을 고려해야 한다. 만약 어떤 공리 체계가 증명 가능하게 무모순적이라면, 즉, 모순이나 필연적인 거짓이 없다면, 괴델은 그 무모순적인 체계의 언어로 공식화할 수 있는 표현 중 적어도 하나는 그 체계 내에서 결정 불가능하다는 것을 보여주었다. 즉, 무모순적 체계는 불완전하다. 괴델의 전략은 대략 산술만큼 강력한 모든 무모순적인 체계에 대해 "이 문장은 체계 내에서 증명할 수 없다"라는 형태의 참인 문장이 항상 존재하지만 체계 내에서는 증명할 수 없다는 것을 보여주는 것이었다. 산술이 가능한 어떤 컴퓨터에 프로그래밍된 어떤 공리 체계도 증명 가능하게 완전하고 무모순적일 수 없다. 우리가 가장 기피하고 싶은 것은, 계산에 대해 거짓 답변을 생성하는, 모순적인 컴퓨터나 계산기이므로, 우리는 프로그램의 완전성을 증명할 수 없는 컴퓨터에 익숙해져야 한다.

그러나 명백히 이것은 우리에게 제한 사항이 아니다. 우선, 우리 인간, 또는 적어도 우리 중 한 명은 이 결과를 증명했다. 괴델은 컴퓨터와 달리 우리와 같은 마음은 완전한 하나의 공리 체계 프로그램에서 무모순적 진술을 식별할 수 있고, 우리와 같은 마음은 무모순적인 가장 가까운 대체 공리 체계 프로그램에서 증명할 수 없는 하나의 참된 진술을 식별할 수 있었기 때문에 그렇게 할 수 있었다. 따라서 분명히 우리의 마음, 또는 적어도 우리가 사용하는 사고 규칙은 우리 뇌의 하드웨어(또는 웨트웨어 wetware)에 구현된 소프트웨어에 불과한 것이 아니다. 이 수학적 결과가 실리콘 칩, 진공관, 톱니바퀴, 또는 뉴런과 시냅스 등 어떤 물질로 만들어졌든 상관없이 어떤 물리적 체계에도 한계를 반영하기 때문에, 일부 저명한 물리학자들은 인간의 마음은 물질적일 수 없다고 주장한다. 따라서 그것은 물리, 화학, 또는 신경생물학에서 찾을 수 있는 물질적 대상 연구에 적합한 수단으로는 연구될 수 없다.

이것은 철학으로서의 순전히 과학적인 세계관에 대한 확신을 약화시키는 경향이 있는 현대 과학(및 수학)의 결과이다. 독자들은 괴델의 "불완전성" 증명에서 도출된 위의 결론들이 매우 논란의 여지가 많고 널리 공유되지 않는다는 점에 유의해야 한다. 실제로 우리는 이 증명이 위에서 도출된 결론과 같은 것을 보여준다고 인정하지 않는다. 그러나 이 경우처럼 철학으로서의 과학적 세계관에 대한 한계를 시사하더라도, 이와 같은 과학적 결과가 전통적인 철학 의제에 압도적인 중요성을 지닌다는 점이 중요하다.

과학의 문화적 중요성

좋든 싫든, 과학은 유럽 문명이 전 세계에 기여한 유일하게 보편적으로 환영받는 요소인 듯하다. 과학은 유럽에서 발전한 것 중 다른 모든 사회, 문화, 지역, 국가, 인구, 민족이 배우고 채택한 유일한 것이라고 주장할 수 있다. 서구의 예술, 음악, 문학, 건축, 경제 질서, 법률 체계, 윤리적·정치적 가치 체계는 보편적으로 수용되지 못했다. 사실, 탈식민주의가 시작되면서 유럽 문화의 이러한 "축복"들은 비유럽인들에게 거부당하는 경우가 훨씬 더 많았다. 그러나 과학은 그렇지 않았다. 그리고 우리는 "서구" 과학이라고 말할 필요가 없다. 왜냐하면 다른 종류의 과학은 없으며, 2,500년 전 그리스인들 사이에서 출현하기 전, 동시, 또는 후에 다른 곳에서 과학이 독립적으로 발생하지 않았기 때문이다. 화약, 활판 인쇄술, 파스타처럼 서구의 정치, 군사, 경제적 지배를 가능하게 했던 일부 기술이 주로 중국과 같은 다른 곳에서 유래한 것은 사실이다. 그리고 여러 비서구 문명은 천체 현상에 대한 상당한 양의 상세한 기록을 남겼다. 그러나 고립된 기술적 성취와 천문학적 연감은 과학이 아니다. 이러한 성과에 수반된 예측 능력은 고대 그리스부터 중세 이슬람, 르네상스 이탈리아, 개신교 종교개혁, 그리고 20세기 세속주의에 이르기까지 서구 과학의 특징인 합리적 이해를 증진하려는 제도적 추진력과 연결되지 않았다.

과학이 오직 서구에서만 출현했고, 모든 비서구 문명에 걸쳐 보편적으로 수용되었다는 점은 두 가지 독립된 질문을 제기한다. 첫째, 왜 처음에는 서구에서만 출현했을까? 둘째, 과학이 서구의 아이디어, 가치, 제도에 특별히 관심이 없었던 문화에 의해 채택된 원인이 무엇일까?

첫째 질문에 대한 몇 가지 답변은 즉시 배제될 수 있다. 이론 과학을 탄생시킨 고대 그리스인들도, 그 이론을 보존한 이슬람 문화권도, 그리고 그 발전을 빠르게 가속화한 르네상스 유럽인들도 민족으로서 다른 어떤 민족보다 지적으로 더 유능하거나 본래 더 호기심이 많지 않다. 과학은 "그들의 유전자나 DNA"에 있지 않다. 또한 과학의 출현, 보존, 번성을 유클리드, 아르키메데스, 아비세나, 갈릴레오, 뉴턴과 같은 한 명 또는 소수의 개인에게 돌리는 것도 합리적이지 않다. 한 명 또는 소수 개인의 업적은 다수의 무관심으로 압도될 가능성이 너무 크다. 게다가, 기독교 이전의 메소아메리카부터 현대 뉴기니에 이르는 사회들도 이러한 선구적인 과학자들과 동등한 특별한 재능을 가진 개인들을 배출했을 가능성이 높다.

과학의 서구 기원에 대한 매력적인 설명 중 하나는 다이아몬드(Jared Diamond)의 저서 『총, 균, 쇠』(Guns, Germs, and Steel)에 많은 부분을 빚지고 있다. 다이아몬드는 왜 과학이 서구에서 출현했으며 왜 결국 다른 서구 제도에 적대적인 문화에서조차 모든 곳에서 채택되었는지를 설명하려 하지 않았다. 오히려 다이아몬드는 20세기까지 유럽이 전 세계의 많은 부분을 정치적, 군사적으로 지배한 이유를 설명하고자 했다. 그리고 그의 출발점은 약 1만 년 전 수렵 채집 생활 방식이 거의 모든 곳에서 지역 환경에 대한 적응적 반응으로 중단되었을 때, 모든 호모 사피엔스 개체들이 지능과 문화적 성취에서 상대적으로 동등했다는 것이었다.

다이아몬드는 서유럽이 그들의 제도, 문화, 문명의 우월성, 더욱이 서구와 비서구 민족 간 어떤 개인적인 차이 때문에 세계의 지배적인 세력이 되지 않았다는 것을 보여주기 위해 많은 증거를 제시한다. 대신 서구가 세계의 나머지 부분을 식민화하고, 정복하고, 착취하는 데 성공한 것은 소수의 매우 "자연적인" 지리적 및 환경적 요인의 결과였다. 첫째, 쉽고 수익성 있게 집에서 재배할 수 있는 십여 종의 식물 중 절반은 한 지역, 즉 근동에서 자란다. 따라서 농업은 그곳에서 시작될 것으로 예상할 수 있다. 농업과 함께 저장 가능한 물품이 생기고 기록 보관의 필요성이 대두되면서, 글쓰기 또한 그곳에서 가장 먼저 시작되었다 (그리고 약 1,000년 후 메소아메리카에서도 동일한 원인, 즉 저장 가능한 옥수수의 작물화와 그에 따른 기록 보관의 필요성 때문에 독립적으로 문자가 시작되었다). 농업 생산성은 쟁기질(견인) 동물의 가축화에 의해 향상된다. 그러나 잠재적으로 가축화할 수 있는 약 18종의 쟁기질 동물 중에서도 다시 다수가 근동에서 발견된다. 작물화할 수 있는 식물이 있는 일부 지역(예: 메소아메리카)에는 (쟁기, 썰매, 수레를 끄는) 쟁기질을 위한 토착 동물이 없었다. 더 높은 농업 생산성은 인구를 증가시키고, 인구 밀도가 높은 지역에서는 가축화된 동물이 사람들에게 유행병을 전파한다. 이것은 단기적인 인구 감소를 초래하지만 장기적인 질병 저항력을 제공한다. 따라서 여러 세대 후에 남겨진 인구의 거의 전체가 이러한 원래 동물성 질병에 면역이 된다. 그리하여 저장 가능한 식량과 효과적인 (견인) 운송 수단을 갖춘 근동 인구는 인구 압력에 대응하여 원산지에서 멀리 떨어진 (처음에는 유럽의) 점령 및 미점령 지역으로 확장할 수 있었다.

다이아몬드는 또 다른 중요한 통찰을 제시한다. 유럽 대서양 연안에서부터 극동 태평양까지 북위 30도에서 45도 사이의 띠를 따라 기술 혁신이 이동할 수 있는 소통 통로에는 지리적이나 기후적 장벽이 없다. 대조적으로, 북미와 남미의 두 지점 사이의 소통 통로는 매우 좁고, 매우 산이 많으며, 모기가 들끓는 파나마 지협을 가로질러야 한다. 마찬가지로 아프리카에서 기술 혁신의 전파 경로는 사하라 사막과 그 바로 남쪽에 있는 곤충 매개 질병 지역에 의해 끊어진다. 따라서 유라시아 대륙의 사람들은 서반구, 오세아니아, 아프리카 사람들보다 새로운 기술에 훨씬 더 쉽게 접근할 수 있다. 마지막으로, 유럽 대륙은 그 자체는 수많은 내륙 산맥 장벽과 잠재적 항구를 형성하는 들쭉날쭉한 해안선을 특징으로 하며, 육지에서 보이지 않는 곳에 풍부한 어장이 있다. 이러한 환경 요인들은 육지가 보이지 않는 원양 항해에 대한 비교적 초기 전문성을 선택적으로 촉진했다.

전체적으로, 근동 및 유럽 민족의 자연적인 농업 및 견인 동물의 이점, 동물 매개 질병에 대한 조기 면역 획득, 중국과 일본처럼 멀리 떨어진 지역으로부터의 기술 혁신에 대한 장기적인 접근, 그리고 원양 항해에 대한 상대적으로 큰 환경적 동기 부여는 서유럽 인구가 먼 해안에 도착하는 것을 거의 필연적으로 만들었다. 그곳에서 그들이나 그들의 동물이 옮긴 질병은 현지 주민들이 반격하지 전에 그들의 상당한 비율을 죽일 가능성이 높았다. 그 후에는 유럽인들이 생존자들을 지배할 수 있도록 해준 것은 무기와 교통 수단이었다. 이러한 결과는 21세기의 관점에서 볼 때 결코 좋은 것이 아니다. 사실, 그것은 피해자들에게 입힌 인간적, 문화적 손실과 유럽 점령자들이 스스로에게 가져온 도덕적 해악이라는 측면에서 매우 나쁜 것이었다. 다이아몬드의 이론은 여기서 멈춘다. 그러나 과학이 서구에서 먼저 출현한 이유를 설명하기 위해 그의 이론을 확장하는 것은 비교적 쉽다.

순수 과학이 기술적으로 더 발전된 사회에서 가장 먼저 출현했을 것으로 예상되어야 한다는 것은 다이아몬드가 주장하는 바는 아니지만, 그의 분석에서 도출할 수 있는 상당히 명백한 추론이다. 결국, 공학과 순수 과학 간 탐구 차이는 명백히 정도의 문제이며, 충분한 시간이 주어진다면 우연한 탐구 과정은 기술에서 순수 과학으로 이어질 수밖에 없다. 기술의 실질적인 개선을 위한 탐색이 적어도 때로는 응용 과학이 아닌 순수 과학 탐구로 이어지는 것은 피할 수 없다. 따라서 한 사회에서 "총과 쇠"(균은 아니더라도)의 맹공격이 빠를수록, 우리가 과학이라고 인식하는 것이 그 사회에서 더 일찍 번성하게 된다. 이것이 바로 과학이 서구에서 가장 먼저 출현한 이유이다.

왜 과학은 서구 문화의 보편적으로 채택된 유일한 특징인가?

이제 우리의 두 가지 질문 중 두 번째 질문으로 넘어가자. 왜 과학은 지구상의 다른 모든 문화권이 채택할 수 있었던 유일한 독특한 서구의 성과인가? 얼핏 보기에 과학이 서구에서 처음 출현한 이유에 대해 위에서 개략적으로 설명한 설명이 우리의 두 번째 질문에도 답을 제공할 것처럼 보인다. 즉, 과학이 일단 이용 가능해지면, 전 세계의 개인과 사회는 순수 과학이 서구에 제공했던 종류의 실재에 대한 객관적 지식을 추구할 것이라는 것이다. 따라서 전 세계의 개인과 집단은 과학적 방법들을 채택할 것이다. 우리 설명의 단순한 확장은 몇 가지 오류를 범하는데, 그중 일부는 미묘하다. 첫째, 과학이 처음에 서구에서 출현해야 했던 이유에 대한 설명은 서구에서 가장 먼저 나타난 **필요조건**을 확인할 뿐, 어디에서나 그 채택을 설명할 수 있는 **충분조건**을 확인하지는 않는다. 둘째, 우리가 아는 한, 서구에서 먼저 나타난 충분조건 외에도 비서구 문화권에 존재하는 과학적 방법의 발견과 채택을 방해하는 다른 조건, 문화적 가치, 사회적 관행, 정치 제도, 경제적 조건이 있을 수 있다. 만약 그러한 추가 조건들이 있다면, 과학은 이러한 비서구 사회에서 해당 민족의 고유한 가치, 관행, 제도 및 조건을 극복하거나, 변화시키거나, 다른 방식으로 능가함으로써 자리 잡은 것이다. 셋째, 이 설명은 다른 문화들이 기술 개선에 대한 서구의 관심을 공유한다고 전제한다. 일부는 그렇지 않을 수도 있다. 넷째, 그리고 아마도 과학을 둘러싼 논란에 익숙하지 않은 사람들에게 가장 놀라운 점은, 서구 과학이 세계에 대한 객관적 지식의 지속적인 개선으로 특징지어져 왔다는 가정이 과학사학자, 과학사회학자, 기타 포스트모던 사상가들에 의해 널리 도전받아 왔다는 것이다(14장 참조). 과학이 왜 그렇게 빠르고 균일하게 확산되었는지에 대한 질문은 여전히 답이 필요하다. 이를 위한 첫걸음은 과학 자체에 대한 이해를 필요로 한다.

따라서 과학이 보편적으로 채택되는 이유에 대한 우리의 두 번째 질문은 여전히 미해결로 남아있다. 만약 우리가 다른 문화권에서는 공유되지 않거나 심지어 거부되는 과학과 관련된 객관적 지식의 기준을 확인한다면 이 문제는 특히 심각해질 것이다. 과학적 탐구의 실천은 일반적으로 사심 없음과 권위에 대한 거부를 요구하고, 회의주의를 제도화하고, 아이디어의 소유권을 금지하고, 자료와 방법이 공개되고 동등하게 공유하도록 요구한다고 여겨진다. 이러한 요구 사항은 많은 비서구 문화권(그리고 지난 세기에 몇몇 서구 정부들)의 관습과 상당히 다르다. 만약 과학이 그러한 기준, 가치, 방법, 관행을 구현한다면, 비서구 사회의 관습이 그 보편적인 채택을 방해할지는 중요한 문제가 된다. 그리고 만약 그것들이 비서구 문화권의 가치와 충돌한다면, 그들이 어떻게 그리고 왜 경쟁에서 승리했는지 설명하려면 추가적인 탐구가 필요할 것이다. 마지막으로, 만약 과학적 방법이, 그것이 현재 제공하는 자연에 대한 객관적인 지식 때문에, 서구에서 원래 채택되지 않았다면(적지 않은 영향력 있는 학자들이 보여주고자 했듯이), 우리의 두 번째 질문은 미해결로 남을 뿐만 아니라, 과학이 서구에서 먼저 출현한 이유에 대한 우리의 첫 번째 질문에 대한 답도 거부되어야 할 수도 있다.

이러한 문제들은 그 자체의 본질적인 흥미와는 별개로, 과학이 무엇인지, 어떻게 작동하는지, 그 방법, 기초, 가치, 전제는 무엇인지를 이해하는 것을 시급한 문제로 만든다. 이것들은 과학철학이 오래전에 스스로 부여한 과제들이다.

지난 50여 년 동안, 철학은 이러한 문제에 몰두하면서 과학사회학, 과학심리학, 과학경제학, 과학에 대한 다른 사회·행동 연구와 같은 다른 학문 분야들과 함께 참여해 왔다. 이러한 학문들은 지난 30년간 급증했으며, 이제 과학에 대한 우리의 이해를 높이고자 하는 수많은 심리학자, 사회학자, 기타 과학 연구자들이 존재한다. 과학철학의 관심사는 20세기 후반에 등장한 이러한 학문 분야의 의제와 어떻게 다른가? 과학철학은 과학 이해를 위한 탐구에서 이러한 학문 분야보다 어떤 우선권을 주장할 수 있는가? 여기에 이러한 질문에 대한 몇 가지 잠정적인 답변이 있다.

우선, 다른 분야들, 즉 과학사회학, 과학심리학, 과학경제학, 과학정치학은 그들 스스로 과학적인 것으로 추정된다. 가능한 한 그 분야들은 과학의 사회적, 심리적, 경제적, 정치적 특성에 대한 자체 연구에서 과학의 방법을 공유하고자 한다. 그러나 과학의 방법이 무엇인지 명확해지기 전까지, 이러한 분야들은 과학적 목표를 달성하려는 시도에서 좌절과 실패의 위험에 처해 있다. 왜냐하면 그것들은 과학적 목표에 도달하는 수단에 대해 불분명할 것이기 때문이다. 이것이 과학의 방법이 정확히 무엇인지 확립하고 그 정당성을 확인하기 전까지는 어떤 종류의 과학도 할 수 없다는 것을 의미하지는 않는다. 그러나 이는 과학사회학이나 과학심리학과 같이 덜 발전된 과학에서 성공할 가능성이 있는 방법들을 확인하기 위해, 이미 목표 달성에 성공했다고 널리 인정받는 과학들을 면밀히 조사해야 한다는 것을 의미한다.

그러나 이러한 조사는 사회학적, 심리학적, 경제학적, 정치학적일 수 없으며, 적어도 처음에는 그럴 수 없다. 왜냐하면 개념, 법칙, 이론, 실험 방법, 관찰과 같은 산물이나 결과로서의 과학은 사회학이나 심리학, 경제학, 정치학, 역사, 또는 사회적 지위, 성격 유형, 명백한 재정적 유인, 정치적 권력, 역사적 선례에 대한 인식을 연구하는 분야에서 연구되는 요소들의 작동을 반영하거나 심지어 허용해서는 안 되기 때문이다. 과학자들의 논의와 논쟁 및 발견과 이론에 대한 그들의 수용 및 거부를 이끄는 것처럼 보이는 고려 사항들은 논리적 추론, 증거, 시험, 정당화, 설명과 같은, 플라톤 이래로 철학이 씨름해 온 개념들을 요구한다. 결국, 이러한 개념들과 그것들이 과학에서 어떻게 작동하는지에 대한 분석과 성찰이 과학의 특성에 대한 우리의 질문에 답을 할 수 없거나, 다른 분야들이 확보하고자 하는 객관적 지식을 제공한다는 과학의 주장을 정당화하지 못할 수도 있다. 만약 이러한 일이 발생한다면, 우리는 과학의 본질에 대한 사회적·행동적 연구를 통해 세계 문명에 대한 서구의 이러한 독특한 기여의 가치를 제대로 이해할 수 있을 것이다. 그러나 우리는 먼저 과학철학과 씨름해야 한다.

요약

과학이 객관적 지식의 원천으로서 갖는 특별한 지위는 그러한 지식을 어떻게 확보하는지, 그리고 대안적인 원천이나 수단이 있는지에 대한 질문을 제기한다. 과학은 항상 실재에 대한 영향력 있는 설명을 제공해 왔기 때문에, 역사적으로 시급한 철학적 문제들을 형성하는 데 가장 강력한 힘이 되어왔다. 실제로 일부 철학적 문제들은 자연과학의 변화를 추적한다. 과학적 발전은 철학자들이 마음과 자연 속에서의 그 위치, 자유의지와 결정론, 삶의 의미에 대해 어떻게 생각하는 방식에 깊은 영향을 미친다. 수 세기 동안 실재에 대한 과학의 설명이 변화함에 따라, 철학적 문제 또한 변화해 왔다.

과학은 나머지 세계가 모두 받아들인 서구 문명의 유일한 독특한 특징이라고 할 수 있기 때문에, 과학을 이해하는 것은 서구가 다른 문화에 미친 (좋든 나쁘든) 영향을 파악하는 데 중요하다. 이 질문에 답하려면 우리는 과학이 무엇인지 이해해야 한다. 과학철학은 과학이 무엇으로 구성되는지에 대한 질문에 초기 답변을 제공할 수 있도록 다른 학문 분야보다 더 나은 주장을 할 수 있다.

학습 문제

1. 수 세기 동안 세계에 대한 과학적 개념이 변화해 온 양을 고려할 때, 철학은 철학적 문제를 다루면서 과학적 발견과 이론에 너무 많은 관심을 기울이고 있는 것은 아닌가?

2. 지지하거나 비판하라: "수학도 없고 실험실도 없지만, 철학은 과학보다 훨씬 더 어렵다."
3. 지지하거나 비판하라: "과학과 사이비 과학을 구별할 수 있는 리트머스 시험이 없다면, 둘 사이에는 전혀 차이가 없다."
4. "세계의 본질에 대한 개방적이고 객관적인 탐구로서 과학은 대체의학 사무국 같은 기관이 장려하려는 종류의 비정통적 연구를 환영해야 한다." 이 주장에 타당한 근거가 있는가?
5. 지지하거나 비판하라: "과학이 세계에 대한 독특한 서구적 기여라는 주장은 민족 중심적이고, 정보가 부족하며, 과학의 특성을 이해하는 데 무관하다."
6. 과학의 본질에 대한 과학철학의 개념이 과학의 본질에 대한 과학사회학의 개념과 경쟁하는가?
7. 소수자와 여성은 오랫동안 과학에서 배제되었다. 그들은 또한 과학철학에서도 제한적인 역할을 했다. 그들의 배제가 이 두 가지 별개의 노력 중 어느 하나의 신뢰성을 훼손했는가?

추천 도서

중요한 자연과학자들은 항상 자신들의 과학적 성과를 바탕으로 철학적 결론, 즉 과학이 아직 (혹은 영원히) 답할 수 없는 질문에 대한 답변을 끌어내곤 했다. 이들 중 가장 중요한 인물은 아마도 아인슈타인일 것이다. 아인슈타인의 과학철학(및 다른 철학 분야)에 대한 수많은 성찰은 실프(P. A. Schilpp)의 『알베르트 아인슈타인: 철학자-과학자』(*Albert Einstein: Philosopher-Scientist*)에서 철학자들의 면밀한 검토 대상이었으며, 아인슈타인 자신도 철학자들의 비판적 검토에 대해 성찰했다. 물리학자들의 철학적 저술에 대한 최근의 (대부분 비판적인) 논평으로는 파인만(R. Feynman)의 『물리 법칙의 특성』(*The Character of Physical Law*)과 와인버그(S. Weinberg)의 『최종 이론의 꿈』(*Dreams of a Final Theory*)이 있다. 생물학자들 사이에서도 같은 유혹이 윌슨(E. O. Wilson)의 『통섭』(*Consilience*)을 탄생시켰는데, 이는 자연과학이 사이비 질문을 제외한 모든 질문에 답할 수 있다는 주장을 끈질기게 펼친다. 레빈스와 르원틴(R. Levins and R. Lewontin)의 『변증법적 생물학자』(*The Dialectical Biologist*)는 윌슨의 견해와는 상당히 대조적인 시각을 채택한다.

도킨스(R. Dawkins)의 『눈먼 시계공』(*The Blind Watchmaker*)은 다윈주의와 자연선택 이론에 대한 훌륭한 입문서이지만, 다윈(C. Darwin)의 『종의 기원』을 읽는 것을 대체할 수는 없다. 비전문가를 위한 양자 이론의 미스터리에 대한 최고의 입문서는 그린(B. Greene)의 『엘러건트 유니버스』(*The Elegant Universe*)다. 베커(A. Becker)의 『무엇이 실재하는가? 양자 물리학 의미의 미완성 탐구』(*What is Real? The Unfinished Quest for the Meaning of Quantum Physics*)는 20세기 이 주제의 역사와 과학철학과의 복잡한 관계를 개괄한다.

모들린(T. Maudlin)의 『물리학 속 형이상학』(*The Metaphysics within Physics*)은 물리학이 피할 수 없는 철학적 문제들을 탐구한다.

네이글과 뉴먼(E. Nagel and J. R. Newman)의 『괴델의 증명』(*Gödel's Proof*)은 이 중요한 수학적 결과에 대한 이해하기 쉬운 설명을 제공한다.

사가드(P. Thagard)의 "왜 점성술은 사이비 과학인가"(Why Astrology Is a Pseudoscience)와 루스(M. Ruse)의 "창조 과학은 과학이 아니다"(Creation Science Is Not Science)는 커드와 커버(M. Curd and J. A. Cover)의 『과학철학: 핵심 문제』(*Philosophy of Science: The Central Issues*)에 재수록되어 있으며, 라우던(L. Laudan)의 "논평: 법정의 과학—우려되는 원인"(Commentary: Science at the Bar-Causes for Concern)이라는 비판적 논의와 루스의 반박도 함께 실려 있다.

매킨타이어(L. McIntyre)의 『과학적 태도: 부정, 사기, 사이비 과학으로부터 과학 지키기』(*The Scientific Attitude: Defending Science from Denial, Fraud, and Pseudoscience*)는 과학적 가치가 과학 부정과 사이비 과학에 맞서는 데 어떻게 사용될 수 있는지를 현대적으로 탐구한다.

과학 사회학의 중요한 저작들은 머튼(R. Merton)의 『과학 사회학』(*The Sociology of Science*)으로 시작한다. 여기서 제시된 견해와는 상당히 다른 사회학과 과학철학의 관계에 대한 견해는 블로어(D. Bloor)의 『지식과 사회적 상』(*Knowledge and Social Imagery*)에서 찾을 수 있다. 반즈, 블로어, 헨리(B. Barnes, D. Bloor, J. Henry)의 『과학적 지식: 사회학적 분석』(*Scientific Knowledge: A Sociological Analysis*)은 그의 초기 강력한 반대 의견을 수정하여 제시한다. 피커링(A. Pickering)의 『쿼크 만들기』(*Constructing Quarks*)는 과학적 발견을 설명하기 위해 사회학적 분석을 적용한다. 14장의 추천 도서도 참조하라.

3장 과학적 설명

개요

과학은 인간의 다른 활동과 마찬가지로 세계를 이해하려는 우리의 근원적 필요에 대한 한 가지 응답이다. 그러나 과학이 세계를 이해하는 방식은 종교, 신화, 상식과 같은 다른 경쟁 활동들과는 차이를 보인다. 과학은 경험적 현상을 다룰 때 다른 접근들보다 우월한 객관적 설명을 제공한다고 주장한다.

과학이 "설명한다"는 것의 의미에 대한 다양한 해석은 플라톤 시대로 거슬러 올라가는 근본적인 철학적 차이를 반영한다. 이는 과학적 설명을 우리가 발견하는 것으로 보는 견해와 그것을 창조하는 것으로 다루는 견해 사이의 대립이다. 논리실증주의자들은 과학자들이 추구해야 할 이상적인 설명 표준을 정립하고자 했다. 반면, 다른 철학자들은 과학자들이 실제로 제공하는 설명을 통해 과학적 추론을 이해하려 노력했다.

과학적 설명을 이해하기 위한 한 가지 출발점은 자연법칙의 역할에 초점을 맞춘다. 과학적 법칙은 사물이 반드시 그러해야 하는 방식을 기술하기 때문에 설명력을 갖는다고 여겨진다. 그러나 사물이 반드시 그러해야 하는 방식, 즉 자연법칙의 필연성은 과학적 관점에서 이해하기 매우 어렵다. 과학적 관찰과 실험은 사물이 어떻게 존재해야 하는지를 보여주는 것이 아니라, 단지 사물이 어떻게 존재하는지를 보여줄 뿐이기 때문이다.

논리실증주의자들이 이 질문에 제시한 답변에 대한 불만은 일부 과학철학자들의 초점을 설명으로서의 법칙에서 벗어나게 했다. 이러한 접근은 설명이 과학적이기 위해 어떤 요소들을 포함해야 하는지보다는, 설명이 사람들의 질문에 어떻게 답하는지에 중점을 두는 설명 이론으로 이어진다.

과학적 설명의 정의

철학은 과학의 설명과 경쟁하는 설명을 제공할 수 없다는 점을 논리실증주의자들은 인정했다. 철학이 제공할 수 있는 것은 과학적 설명에 대한 '명시적 정의'(explicit definition), **'합리적 재구성'**(rational reconstruction), 또는 오늘날 '개념 분석'(conceptual analysis)이라 불리는 것이었다. 이러한 분석은 설명 개념의 의미를 제공하지만, 이는 단순한 사전적 정의 이상일 것이다. 사전적 정의는 과학자와 다른 사람들이 '과학적 설명'이라는 단어를 실제로 어떻게 사용하는지를 단순히 보고할 뿐이다. 논리실증주의자들과 그들의 철학적 분석 전통을 이어가는 과학철학자들은 모든 과학적 설명이 충족해야 할 조건들의 목록을 추구한다. 이 모든 조건이 충족될 때, 그 목록은 설명의 과학적 적절성을 보장한다. 즉, 전통적 접근은 어떤 것이 과학적 설명이 되기 위해 개별적으로 필요하고 공동으로 충분한 조건들의 집합을 추구한다. 사전적 정의에 대한 이러한 '합리적 재구성'은 과학적 설명의 개념을 정밀하고 논리적으로 명확하게 만들 것이다.

명시적 정의는 어떤 사물, 사건, 상태, 과정, 성질이 정의된 용어의 사례가 되기 위한 필요충분조건을 제시한다. 예를 들어, '삼각형'은 "세 변을 가진 평면 도형"으로 명시적으로 정의된다. 조건들이 함께 충분하므로 이들을 모두 만족하는 모든 것은 유클리드 삼각형임을 알 수 있고, 조건들이 개별적으로 필요하므로 한 가지라도 만족하지 못하는 항목은 유클리드 삼각형이 아님을 알 수 있다. 이러한 정의의 장점은 모호함을 제거하고 최대한 정밀한 정의를 제공한다는 것이다.

과학적 설명 개념에 대한 명시적 정의 또는 **'분석적 해명'**(explication)은 과학적 적절성을 높이는 방향으로 설명을 평가하고 개선하기 위한 리트머스 시험지 또는 측정 기준의 규범적 역할을 할 수 있다. 철학적 분석이 이처럼 정밀하고 완전한 정의로 귀결되어야 한다는 요구는 논리실증주의자들과 그 직계 후계자들에게 수리논리학의 영향이 반영된 부분이다. 왜냐하면 수학에서 개념은 이런 방식으로, 즉 이미 이해되고 이전에 도입된 개념들을 바탕으로 명시적 정의를 제공함으로써 도입되기 때문이다. 이러한 정의의 장점은 명료성이다. 경계 사례가 없고, 어떤 제안된 설명이 '과학적'인지 아닌지에 대한 해결 불가능한 논쟁이 없을 것이다. 단점은 관심 있는 개념에 대해 이처럼 완전한 정의 또는 '분석적 해명'을 제공하는 것이 종종 불가능하다는 것이다.

설명에서 설명하는 문장들을 **설명항**(explanans)이라고 부르고, 설명될 사건을 보고하는 문장들을 **피설명항**(explanandum)이라고 부르자. 이 용어들에 대한 편리한 단일 영어 단어가 없으므로, 이들은 철학에서 일반적인 용어가 되었다. 거의 모든 과학자들이 수용 가능하다고 여기는 설명의 종류를 살펴보면, 과학적 설명항은 일반적으로 법칙을 포함한다는 것은 매우 분명해진다. 피설명항이 체르노빌 원자로 사고나 1986년 가을 서유럽 밤하늘에 핼리 혜성이 나타난 것과 같은 특정 사건일 때, 설명항은 또한 일부 **'초기 조건'**(initial conditions) 또는 **'경계 조건'**(boundary conditions)을 필요로 할 것이다. 이는 관련된 요인들, 예를 들어 핼리 혜성이 마지막으로 목격되었을 때의 위치와 운동량, 또는 원자로가 과열되기 직전 제어봉의 위치 등에 대한 기술이며, 이들이 법칙과 함께 피설명항-사건을 초래한다. 이상 기체 법칙(PV=nRT)과 같은 일반 법칙을 설명하는 경우, 설명항은 경계 조건이나 초기 조건을 포함하지 않을 것이다. 대신 그것은 다른 법칙들을 포함하며, 이 법칙들이 함께 작용하여 왜 이상 기체 법칙이 성립하는지를 설명할 것이다. 이상 기체 법칙을 설명하기 위해 함께 작용하는 다른 법칙들은 기체 분자 운동론(the kinetic theory of gases)의 부분이다.

사람들이 아마도 인류의 기원만큼 오래 전부터 물어왔던 질문인 왜 하늘은 파란색인가를 알고 싶다고 가정하자. 이것은 지구라는 특정 장소에서 발생하는 특정 상태에 관한 질문이다. 화성의 하늘은 아마 붉은색일 것이다. 따라서 지구의 하늘이 왜 파란색인지 설명하기 위해서는 '경계 조건'과 하나 이상의 법칙에 대한 정보가 필요하다. 관련 경계 조건에는 지구 대기가 주로 질소와 산소 분자로 구성되어 있다는 사실이 포함된다. 기체 분자가 자신에게 부딪히는 빛을 산란시킨다는 것은 하나의 과학법칙이며, 이는 영국의 물리학자 레일리(Rayleigh)가 처음으로 수학 방정식을 통해 공식화했다. 기체 분자에 의해 산란되는 빛의 양은 빛의 '산란 계수'($1/\lambda^4$, 파장 네제곱 분의 1)에 따라 달라진다. (또 다른 법칙에 따르면) 파란색 빛의 파장은 400나노미터이고 다른 빛의 파장은 더 길기 때문에(예를 들어, 빨간색 빛의 파장은 640나노미터이다), 파란색 빛에 대한 질소와 산소의 산란 계수는 다른 색의 빛에 대한 산란계수보다 더 크다. 따라서 지구 대기 중의 분자들은 다른 색보다 더 많은 파란색 빛을 산란시킬 것이고, 대기는 파란색으로 보일 것이다. 물리학 교과서에서는 이런 설명이 관련 방정식을 도출하고 산란량을 계산하면서 더 자세히 설명된다.

사회과학과 행동과학의 사례들은 덜 정량적이어서 이해하기 더 쉽다. 그러나 사회과학에서 모두가 받아들이는 설명은 얻기는 어렵다. 왜냐하면 거기에서 법칙을, 있다고 하더라도, 거의 발견하지 못했기 때문이다. 따라서 일부 경제학자들은 이자율이 항상 양수인 이유(일반적인 '법칙')를 다른 일반 법칙들, 예를 들어 사람들은 다른 조건이 동일하다면 미래의 불확실한 소비보다 즉각적이고 확실한 소비를 선호한다는 '법칙'으로부터 도출하여 설명할 것이다. 이 법칙에 따르면, 사람들이 미래로 소비를 미루도록 유도하려면, 소비를 연기하고 대신 소비했을 것을 투자하여 더 많은 것을 생산하도록 함으로써 나중에 더 많이 소비할 수 있다고 약속하여 대가를 지불해야 한다. 연기된 소비에 대한 대가는 이자율로 측정된다.

물리학에서와 마찬가지로, 여기서 설명은 유도(derivation)를 통해 진행된다. 여기서는 다른 법칙들로부터 (특정 사실이 아닌) 법칙을 유도한다. 여기서는 특정 사실을 설명하는 것이 아니므로 경계 조건이 필요 없다. 그러나 인간에 대한 이러한 일반화가 실제로 법칙이라면, 설명은 여전히 법칙을 사용한다. (일부 경제학자들은 이자율이 항상 양수인 이유에 대한 이 설명을 거부한다. 그들은 즉각적인 소비 선호 외에 다른 요인들이 이러한 일반화를 설명한다고 주장한다. 사실상 그들은 이자율이 사람들의 소비 연기 의지에 대한 가격을 반영한다는 일반적인 주장이 법칙이거나 심지어 참된 진술이라는 것을 거부한다.)

과학적 설명에서 법칙의 역할

과학적 설명에는 어떤 종류의 법칙, 가설, 일반화가 암묵적으로든 명시적으로든 포함되어 있다는 것은 분명하다. 그러나 반드시 그래야 하는가? 그리고 그렇다면 왜인가? 논리실증주의자들과 후대의 과학철학자들은 과학의 실제 관행에 대한 이러한 사실을 보고하는 것만으로는 만족할 수 없었다. 그들은 왜 법칙이 존재하며, 과학적 설명에 대한 그들의 합리적 재구성에 따르면 법칙이 왜 필수적으로 보이는지 설명할 필요가 있었다.

과학적 설명은 왜 하나 이상의 법칙을 포함해야 하는가? 법칙이 설명적인 이유는 무엇인가? 이 질문은 다음 장의 주요 주제이다. 그러나 널리 제시되는 한 가지 이유를 즉시 간단히 제시할 수 있다. 이 질문에 대한 답은 과학적 설명이 단순히 인과적 설명(causal explanation)이라는 주장으로 시작한다. 과학자들은 원인을 찾는다. 그들이 그렇게 하는 이유는 과학이 현상을 통제하고 예측할 수 있게 하는 설명을 추구하기 때문이며, 이는 오직 원인에 대한 지식만이 제공할 수 있다. 만약 과학적 설명이 인과적 설명이라면, 잘 알려진 **인과**의 철학적 이론에 따라, 그것은 명시적으로 법칙을 포함하거나 암묵적으로 법칙을 가정해야 한다. 18세기 흄으로 거슬러 올라가는 전통적인 경험론적 인과 이론은 원인과 결과의 관계가 하나 이상의 법칙이 관련된 사건들을 ***포섭***할 때, 즉 법칙 작동의 사례나 실례로 포섭할 때만 성립한다고 주장한다. 따라서 설명항의 초기 조건이나 경계 조건은 피설명항 현상의 원인을 언급하는데, 피설명항은 설명항에 언급된 법칙에 따른 경계 조건의 결과이다.

경험론적 견해에서 인과는 법칙의 지배를 받는 연속으로 구성되는데, 이는 일반 법칙을 예시하는 것 외에 모든 인과적 순서에 공통적이고 특징적인 관찰 가능한 다른 성질이 없기 때문이다. 하나의 인과적 순서, 예를 들어 당구공 하나가 다른 당구공을 치고 두 번째 공이 그에 따라 움직이는 것을 검토할 때, 순전히 우연적 순서, 예를 들어 축구 골키퍼가 녹색 장갑을 끼고 슛을 성공적으로 막는 것과 같은 경우에서도 똑같이 나타나는 것이 아닌 것은 아무것도 없다. 당구공 순서와 녹색 골키퍼 장갑 순서의 차이는 전자가 종종 반복되는 순서의 사례이고, 후자는 그렇지 않다는 것이다. 골키퍼가 지난번에 녹색 장갑을 꼈을 때는 슛을 막지 못했다.

모든 인과적 순서는 단순한 우연적 순서에서는 빠져 있는 한 가지 공통점을 공유한다. 바로 일반 법칙의 사례라는 점이다. 이 철학적 이론은 우리가 인과적 주장을 할 때마다 원인과 결과를 연결하는 법칙을 이미 알고 있어야 한다고 요구하지 않는다. 아이들은 화병이 대리석 바닥에 떨어졌다는 점(누가 떨어뜨렸는지는 언급하지 않음)을 인정함으로써 화병이 깨진 이유를 정확히 설명할 것이다. 아이들이나 우리 모두 관련 법칙을 알지 못하더라도 우리는 그 진술을 원인을 식별하는 것으로 받아들인다.

인과적 순서가 자연법칙의 사례라는 이론은 우리가 그 진술을 받아들여야 한다고 요구하지 않는다. 단지 그렇게 하는 법칙이, 이미 알려졌든 아직 발견되지 않았든, 존재해야 한다고 요구할 뿐이다. 과학의 임무는 이러한 법칙들을 밝혀내고, 그것들을 결과의 설명에 사용하는 것이다. 만약 과학적 설명이 인과적 설명이고, 인과가 법칙의 지배를 받는 연속이라면, 과학적 설명이 법칙을 요구한다는 것은 꽤 직접적으로 따라 나온다.

그러나 과학적 설명이 법칙을 인용해야 하는 이유에 대한 이 주장에는 문제가 있다. 첫째, 몇 가지 중요한 과학적 설명 사례들은 원인을 인용하지 않거나, 명백한 방식으로 인용하지 않는다. 예를 들어, 이상 기체 법칙을 생각해 보자.

$$PV = nRT$$

이 법칙은 평형 상태의 기체 온도를 압력과 부피에 호소하여 설명한다. 그러나 부피와 압력은 온도의 원인이 될 수 없다. 왜냐하면 온도, 부피, 압력 세 가지 모두 법칙이 설명하는 방식으로 순간적으로 변하기 때문이다. 한 시점의 부피 변화가 나중 시점의 온도 변화를 야기하는 것이 아니다. 온도 변화는 압력 변화가 일어나는 정확히 같은 시간 간격 동안 발생한다. 그러나 상당수의 철학과 현대 물리학이 요구하는 바와 같이, 원인은 결과에 선행해야 한다.

과학적 설명이 인과 법칙을 요구한다는 주장에 대한 두 번째이자 아마도 더 강력한 반론은, 이것이 오히려 사태를 명확하게 하기는커녕 오히려 과학적 설명의 분석을 '형이상학적' 문제의 수렁으로 이끌 위험이 있다는 점이다. 형이상학적 문제는 논리실증주의자와 다른 철학자들이 피하고자 했던 인과의 본질에 관한 것으로, 합리론자와 경험론자를 거쳐 플라톤과 아리스토텔레스까지 거슬러 올라가는 철학적 논쟁이다!

인과의 본질은 수천 년 동안 논란이 되어왔다. 모든 인과적 순서가 단지 법칙의 지배를 받기 때문에 인과적이라는 흄의 주장에 대해 분명히 합의가 이루어지지 않았다. 많은 철학자는 인과는 사건들 사이의 단순한 규칙적 연속(regular succession)보다 훨씬 더 강력한 관계라고 주장해 왔다. 따라서 천둥소리가 번개 섬광을 규칙적으로 뒤따르지만, 번개 섬광이 천둥소리의 원인은 아니다. 오히려 그것들은 구름에서 땅으로의 전기 방전이라는 공통 원인의 공동 결과이다. 대부분의 철학자들은 원인이 어떻게든 그 결과를 ***필연적으로 야기하며*** 단순한 규칙성만으로는 이러한 필연성을 표현할 수 없다는 점에 동의했다. 과학적 설명에 대한 명시적인 설명을 처음 제시한 논리실증주의자들은 인과적 필연성의 존재와 본질에 대한 전통적인 논쟁을 강력히 피하고자 했다. 아리스토텔레스 이래로 철학자와 과학자들은 원인의 종류, 인과의 본질, 인과가 구현하는 필연성의 종류, 인과의 지배 영역은 어디까지인지(생물학, 인간의 삶, 사고, 행위를 포함하는지 여부 등)에 대한 무익한 논의와 논쟁에 몰두해 왔다. 이러한 질문들은 어떤 과학적 실험으로도 답할 수 없다고 보았기 때문에 논리실증주의자들은 그것들을 '형이상학적'이라 간주했다. 그러나 다음 장과 이 책의 모든 곳에서 볼 수 있듯이, 철학이 논리실증주의를 포기하자, 철학과 과학은 이러한 문제들과 다른 형이상학적 문제들을 더 이상 피할 수 없게 되었다.

형이상학적 문제를 피하려는 관심 외에도, 일부 경험론 철학자들은 인과 개념이 인간 주체성, 조작, 사물을 지배하는 힘이라는 오도적인 뉘앙스를 지닌 시대에 뒤떨어지고 의인화된 개념이라고 보았다. 따라서 이 철학자들은 과학적 설명이 설명항에 법칙을 포함해야 한다는 요구를 뒷받침하기 위해 새로운 주장이 필요했다.

논리실증주의자들이 설명에서 법칙의 역할에 대해 제시한 주장은 그들의 과학철학의 여러 측면을 조명한다. 우선, 이 철학자들은 설명항과 피설명항 간 객관적인 관계를 구성하는 과학적 설명 개념을 추구했다. 이는 마치 수학적 증명의 관계처럼, 우리가 그것을 인식하든 안 하든 성립하며, 의심이나 경계 사례 없이 성립 여부를 판단할 수 있을 만큼 충분히 정확한 관계였다. 따라서 논리실증주의자들은 탐구자의 과학적 설명 개념을 탐구자의 호기심을 달래거나 질문에 답하려는 시도로 보는 개념을 거부했다. 이는 지나치게 우연적으로 보였기 때문이다. 복잡한 물리적 과정을 아이들에게 이야기를 들려줌으로써 호기심을 달래주는 방식으로 '설명'하는 것은 비교적 쉽다. 그러한 경우 설명항이 피설명항에 대해 갖는 주관적인 심리적 관련성은 클 수 있지만, 그것이 과학적 설명을 구성하지는 않는다. 논리실증주의자들은 설명을 요청할 수 있는 사람의 믿음과 관심사를 고려하여 과학적 설명이 어떻게 더 좋거나 나쁜지, 적절하거나 부적절한지 검토하는 데 관심이 없었다. 설명을 누군가의 질문에 대한 답변으로 보는 개념은 이 철학자들이 명료화하고자 했던 바가 아니었다. 오히려 그들은 '증명'이라는 개념이 수학에서 수행하는 것과 같은 역할을 과학에서 제공할 수 있는 분석적 해명 또는 "합리적 재구성"을 추구했다. 논리실증주의자들에게 설명의 문제는 설명항이 피설명항에 대한 객관적인 관련성을 보장하는 설명의 조건들을 찾는 것이었다. 그들은 설명적 관련성을 진술들 사이의 객관적인 관계로 만들고, 불완전하게 전지적인 인지 주체의 관련성에 대한 주관적인 믿음의 문제가 아니도록 하는 관계가 필요했다. 오직 법칙을 끌어들임으로써만 설명은 설명항과 피설명항 사이의 객관적인 관계를 식별할 수 있었다. 이제 정확히 왜 그런지 알아보자.

포괄법칙 모델

논리실증주의자들의 과학적 설명 모델은 설명항이 피설명항에 적합하다는 생각에 기반을 두고 있다. 즉, 설명항이 피설명항-사건이 일어날 것이라고 기대할 만한 충분한 근거를 제공한다는 것이다. 우리는 이 요구사항에 놀랄지도 모른다. 결국, 어떤 사건의 설명을 요구할 때 우리는 이미 그 사건이 일어났다는 것을 알고 있기 때문이다. 그러나 이 요구사항을 충족하려면, 만약 우리가 피설명항-사건이 일어나기 전에 그 정보를 가지고 있었다면, 그것을 예측할 수 있었을 추가 정보를 제시해야 한다. 그렇다면 어떤 종류의 정보가 이 요구사항을 충족시킬 수 있을까? 만약 하나의 법칙과 경계 조건이 함께 피설명항을 논리적으로 함축한다면, 그 법칙과 경계 조건 또는 초기 조건에 대한 진술은 이 요구사항을 충족할 수 있을 것이다. 논리적 함축 관계는 두 가지 중요한 특징을 갖는다. 첫째, 진리 보존적이다. 즉, **연역적으로 타당한 논증**에서 전제가 참이면 결론도 반드시 참이어야 한다. 둘째, 논증의 전제가 결론을 논리적으로 함축하는지 여부는 원칙적으로 기계적으로(예를 들어, 컴퓨터로) 결정될 수 있는 객관적인 사실이다. 이러한 특징들은 논리실증주의자들이 과학적 설명 개념의 분석적 해명에 대해 요구했던 바를 충족시킨다.

과학적 설명에 관한 이러한 분석은, 헴펠(Carl G. Hempel)이 그것을 설명하고 지지하는 데 가장 많은 노력을 기울인 철학자라는 점에서, 그와 가장 밀접하게 관되며 '**연역 법칙적 모델**'(deductive-nomological, D-N model)이라고 불린다('nomological'은 그리스어 nomos에서 유래한 것으로 '법칙적인'을 의미한다). D-N 설명에 대한 비판자들은 그 모델을 (그리고 그것의 통계적 확장을) '**포괄 법칙 모델**'(covering law model)이라고 불렀고, 이 이름은 그 지지자들에게도 채택되었다. 헴펠의 근본적인 아이디어는 위에 언급된 요구사항, 즉 설명항이 피설명항 현상이 실제로 발생했음을 가정할 충분한 근거를 제공해야 한다는 것이었다. 이것이 과학적 설명에 대한 그의 '일반적 적합성 기준'(general adequacy criterion)으로 자리 잡았다.

헴펠의 원래 버전에서 연역 법칙적 설명에 대한 요구사항은 다음과 같았다:

1. 설명은 타당한 연역논증이어야 한다.
2. 설명항은 연역에 실제로 필요한 적어도 하나의 일반 법칙을 포함해야 한다.
3. 설명항은 경험적으로 시험 가능해야 한다.
4. 설명항의 문장들은 참이어야 한다.

이 네 가지 조건들은 특정 사실에 대한 과학적 설명을 구성하는 모든 진술 집합에 대해 개별적으로 필요하고 공동으로 충분하다고 여겨진다. 이 조건을 충족하는 설명은 초기 조건 또는 경계 조건이 성립한다는 지식이 주어졌을 때 피설명항-사건 또는 유사한 사건의 발생을 예측할 수 있을 만큼 충분한 정보를 제공한다는 점에 주목해야 한다. 따라서 D-N 모델은 설명과 예측 간 원칙적 대칭성을 지지한다. 사실, 이 대칭성은 위에 명시된 객관적 적합성 요구사항에서 이미 유도된다.

첫 번째 조건은 설명항이 피설명항과 유관성을 갖도록 보장한다. 두 번째 조건은 명백히 설명적이지 않은 다음 논증과 같은 경우를 제외하기 위해 필요하다.

모든 자유낙하하는 물체는 일정한 가속도를 갖는다.
월요일에 비가 왔다.
그러므로, 월요일에 비가 왔다.

이 논증은 설명에 대한 두 번째 조건을 제외한 다른 모든 조건을 충족한다. 특히, 모든 명제가 자기 자신을 연역적으로 함축하므로 전제 2가 전제 3을 함축하기 때문에 이것은 연역적으로 타당한 논증이다. 그러나 이것은 설명이 아니다. 아무것도 자기 자신을 설명할 수 없기 때문만은 아니다! 또한 이것은 또 다른 이유로 D-N 설명이 아니다. 즉, 설명항에 포함된 법칙이 연역을 타당하게 만드는 데 필요하지 않다.

다른 예를 살펴보자.

이 배에서 태어난 모든 강아지는 이마에 갈색 점이 있다.
파이도는 이 배에서 태어난 강아지이다.
그러므로, 파이도는 이마에 갈색 점이 있다.

이 논증은 전제 1이 자연법칙이 아니기 때문에 결론에 대한 설명이 되지 않는다. 이는 기껏해야 유전자 재조합의 우연이다.

세 번째 조건인 **시험 가능성**은 관찰, 실험, 기타 경험적 자료를 통해 입증이나 반입증될 수 없는 설명적 요인을 언급하는 비과학적 설명을 배제하기 위한 것이다. 이는 과학적 지식에 대한 경험론의 인식론적 약속을 반영한다. 설명항이 시험 가능해야 한다는 요구사항은 예를 들어 점성술사들이 제공하는 것과 같은 비과학적 설명과 사이비 과학적 설명을 배제하기 위한 것이다. 시험 가능성이 어떻게 보장되는지는 10장에서 다루어진다.

네 번째 조건, 즉 설명항이 참이어야 한다는 것은 문제가 있으며, 심지어 논리실증주의자들이 인과에 대한 침묵을 통해 피하고자 했던 바로 그 근본적인 철학적 문제를 야기한다. 모든 과학적 설명은 법칙을 포함해야 한다. 그러나 법칙은 정의상 과거, 현재, 미래, 이곳, 그리고 우주의 모든 곳에서 항상 참이다. 그러므로 그것들은 결정적으로 확립될 수 없는 주장을 한다. 결국, 우리는 지금 먼 과거나 심지어 가장 가까운 미래에 접근할 수 없으며, 심지어는 법칙을 참으로 만드는 사건들이 일어나는 모든 장소와 시간에 접근할 수 없다. 이는 우리가 법칙이라고 믿는 진술들이 기껏해야 확실히 알 수 없는 가설이라는 것을 의미한다. 편의상, '자연법칙'(natural laws)과 '과학법칙'(scientific laws)을 구분해 보자. 자연법칙은 우리가 그것을 발견했든 안 했든 항상 그리고 모든 곳에서 참인 법칙이고, 과학법칙은 과학에서 잘 확립된 가설들로 자연법칙이 무엇인지에 대한 우리의 현재 최선의 추정치이다.

우리의 과학적 법칙이 자연법칙인지, 즉 그것들이 참인지 알 수 없으므로, 우리는 어떤 설명이 "설명항이 참이어야 한다"를 요구하는 네 번째 조건을 만족하는지 확실히 알 수 없다. 사실 상황은 더 나쁘다. 우리가 자연법칙에 대해 제시했던 모든 이전 가설들이 틀린 것으로 판명되었고 더 정확한 과학적 법칙으로 대체되었으므로, 우리의 현재 과학법칙(자연법칙에 대한 현재 최선의 추정치) 또한 틀렸다고 가정할 만한 충분한 이유가 있다. 이 경우, 우리의 현재 과학적 설명 중 어느 것도 실제로 연역 법칙적 모델을 만족하지 못한다고 생각할 만한 동일한 좋은 이유가 있다.

하지만 우리가 아마도 어떤 과학적 설명도 발견한 적이 없고, 기껏해야 그것들에 대한 근사치만을 발견했으며, 그 근사치의 정도를 결코 측정할 수 없다는 설명 분석이 도대체 무슨 소용이 있을까?

우리는 네 번째 요구사항을 약화시킴으로써 이 문제를 피하려고 할 수 있다. 설명항이 참이어야 한다는 요구 대신, 설명항이 자연법칙에 대한 우리의 현재 최선의 추측이어야 한다고 요구할 수 있다. 이 약화된 요구사항에는 두 가지 문제가 있다. 자연법칙에 대한 우리의 최선의 추측이 무엇인지가 결코 명확하고 정밀하지 않다. 물리학자들은 어떤 추측이 최선인지에 대해 사회과학자들과 마찬가지로 의견이 일치하지 않으며, 과학철학자들은 경쟁하는 가설 중 선택하는 방법을 결코 해결하지 못했다. 사실, 이 질문을 더 깊이 고려할수록 과학의 본질은 더욱 문제가 된다. 이는 11장과 12장에서 다루게 될 것이다. 따라서 참에 대한 요구사항을 설명항이 현재 알려진 가장 잘 확립된 과학법칙(즉, 우리의 최선의 추측 가설)을 포함해야 한다는 요구사항으로 약화시키는 것은 D-N 모델의 분석적 해명에서의 엄밀성에 대한 주장을 약화시킨다.

우리가 직면하는 두 번째 문제는 과학법칙과 자연법칙의 본질이다. 과학적 설명에 대한 우리의 네 가지 조건 중 두 가지는 법칙 개념을 인용한다. 그리고 자연과학에서 설명의 설명력은 실제로 법칙에 의해 지탱된다는 것은 매우 분명하다. 이것은 포괄법칙 모델을 거부하는 사람들조차도 거의 보편적으로 받아들이는 부분이다. 과학법칙은 설명항의 초기 조건에 언급된 특정 사실들과 피설명항에 언급된 특정 사실들 사이의 연결을 설명적으로 만든다. 따라서 우리는 다음과 같은 질문에 직면한다. 자연법칙은 정확히 무엇이며, 그러한 법칙 중 무엇이 그들을 설명적으로 만드는가?

포괄법칙 모델의 문제

과학철학의 진보는 종종 분석, 정의, 분석적 해명에 대한 반례를 구성하고, 그 반례를 수용하기 위해 정의를 수정하는 것으로 이루어졌다. 논리실증주의자들이 전통적으로 선호했던 분석 유형은 설명되는 개념에 대한 개별적으로 필요하고 공동으로 충분한 조건에 의해 정의를 제공하므로, 반례는 두 가지 다른 형태로 나타날 수 있다. 첫째, 대부분의 정보에 밝은 사람들이 설명이라고 인정하지만, 제시된 조건 중 하나 이상을 충족하지 못하는 예이다. 둘째, 아무도 받아들일 만한 과학적 설명이라고 여기지 않지만, 어떻게든 모든 조건을 충족하는 예이다.

첫 번째 유형의 D-N 모델에 대한 반례는 종종 역사와 사회과학에서 발견된다. 이 분야에서 가장 잘 받아들여지는 설명들은 D-N 모델의 조건, 특히 법칙이 인용되어야 한다는 요구사항을 하나 이상 충족하지 못하는 경우가 많다. 예를 들어, 영국이 제1차 세계대전에 독일에 대항하여 참전한 이유에 대한 설명은 어떤 법칙도 포함하지 않는 것처럼 보인다. "벨기에의 중립이 조약으로 보호되고 그것이 침해될 때마다 조약 서명국들은 침해국에 전쟁을 선포한다"와 같은 법칙을 만드는 것을 상상해 보자. 비록 이 명제가 참이라 할지라도, 이는 법칙이 아니다. 왜냐하면 적어도 우주 내의 특정 장소를 명시하기 때문이다. 만약 우리가 '벨기에'를 '어떤 국가'와 같이 더 일반적인 용어로 대체한다면, 그 결과는 더 일반적이겠지만 그것은 명백히 거짓이다. 많은 설명이 법칙을 인용하지 않는다는 사실에 대한 한 가지 대응은, 종종 D-N 설명을 지지하며 주장되는 것인데, 그러한 설명들이 '설명 스케치'이며, 모든 경계 조건과 관련 인간 행동 법칙이 밝혀지면 D-N의 엄격한 규정을 충족하도록 결국 채워질 수 있다는 것이다.

자연과학에서 이러한 종류의 반례를 찾기는 더 어렵고, D-N 모델의 지지자들은 주장된 반례가 모든 조건을 충족한다고 주장함으로써 그러한 경우를 다룰 수 있다고 확신한다. 예를 들어, 타이타닉호 침몰에 대한 설명을 생각해 보자. 타이타닉호의 침몰은 빙산과의 충돌로 인해 발생했다. 타이타닉호에 대한 법칙이나 빙산에 부딪힌 배가 침몰한다는 법칙이 없더라도 이 설명은 분명히 받아들여질 것이다. 이 설명은 심지어 철의 인장 강도, 얼음의 탄성 계수, 1912년 4월 14일 밤 북대서양의 경계 조건에 대해 거의 아는 것이 없는 사람들에 의해 자주 제시되고 받아들여진다는 점을 고려할 때도 수용 가능하다. 아마도 해군 공학자는 설명 스케치의 근간을 이루고 그것을 D-N 설명으로 바꿀 수 있도록 관련 법칙들과 경계 조건들(빙산의 크기, 타이타닉의 속도, 선체 구성, 방수문의 배치 등)을 인용할 수 있을 것이다.

설명적 적합성을 보증하는 D-N 조건의 충분성에 도전하는 두 번째 유형의 반례는 더 심각하다. 가장 잘 알려진 것 중 하나는 브롬버거(Sylvain Bromberger)가 처음 제시한 '깃대 그림자' 반례이다. 2000년 7월 4일 오후 3시에 몬태나주 미줄라 시청의 깃대가 50피트 높이라는 사실에 대한 다음 '설명'을 생각해 보자.

1. 빛은 직진한다.
2. 2000년 7월 4일 오후 3시에 태양은 깃대가 위치한 지면과 수직으로 45도 각도로 빛을 방출하고 있다. (경계 조건)
3. 깃대에 의해 드리워진 그림자의 길이는 50피트이다. (경계 조건)
4. 두 각이 같은 삼각형은 이등변삼각형이다. (수학적 진리)
5. 그러므로, 깃대는 50피트 높이이다.

이 '설명'은 깃대의 높이에 대한 만족스러운 설명이 아님에도 불구하고, 위에서 제시된 D-N 설명의 네 가지 조건을 모두 충족한다. 왜 그럴까? 이 연역 논증은 깃대 높이의 원인, 아마도 미줄라 시의원들이 몬태나주 헬레나에 있는 49피트 깃대보다 1피트 더 높은 깃대를 세우고자 했던 열망이 아닌, 깃대 높이의 결과인 그림자를 언급하기 때문에 설명으로서 실패하는 것으로 보인다.

이 반례에서 도출되는 한 가지 결론은, 설명을 요청하고 제공되는 인간적 맥락과 독립적으로, 세계의 사실에 대한 진술들 사이의 객관적인 설명적 관계를 찾으려는 시도 전체를 단순히 거부하는 것이다. 왜 그러한 움직임이 매력적일 수 있는지 이해하기 위해, 위의 연역이 실제로 깃대 높이에 대한 수용 가능한 설명이 될 수 있는 맥락을 구성할 수 있는지 고려해 보자. 예를 들어, 시의원들이 미국이 평등과 통합에 헌신했음을 기념하기 위해 깃대를 세우려고 한다고 가정해 보자. 이 깃대는 매년 독립기념일에 애국심을 고취하는 행사를 위해 정해진 특정 순간에, 그림자의 길이가 깃대와 정확히 같고, 길이가 당시 연방에 속한 주의 수와 정확히 같도록 세워진다. 이 경우, 반 프라센(Bas van Fraassen)은 시의원들의 열망에 대해 잘 알고 있는 사람에게 "왜 깃대의 높이가 50피트인가?"라는 질문에 위 연역 논증에 언급된 방식으로 답하는 것이 올바른 답변이 될 것이라고 주장했다.

이 주장은 설명이 단순히 논리와 의미(구문론과 의미론)의 문제가 아니라, 우리가 언어를 사용하는 실용적 상황을 반영하는 언어의 차원인 **'화용론'**(pragmatics)의 문제라는 것을 보여주고자 한다. 우리는 언어의 세 가지 다른 측면을 구별할 수 있다. 문법뿐만 아니라 논리 규칙을 포함하는 구문론(syntax), 단어의 의미를 다루는 의미론(semantics), 일부 진술을 적절하거나 의미 있게 만드는 조건을 포함하는 화용론(pragmatics)이 그것이다. 예를 들어, "예나 아니오로 답하시오, 당신은 개를 때리는 것을 멈췄습니까?"라는 질문은 우리가 개를 때리는 사람에게만 물을 수 있는 질문이라는 것은 화용론의 문제이다. 개를 소유하지 않거나 개를 때리지 않는 사람은 이 질문에 예나 아니오로 답할 수 없다. 마찬가지로, 설명에 화용론적 요소가 있다면, 설명이 제시된 인간적 맥락을 이해하지 못하면 어떤 것이 성공적으로 설명하는지 알 수 없다.

언어의 화용론은 수학적 증명에서는 무시할 수 있는 것으로 여겨지지만, 과학적 설명에서는 그렇지 않다고 주장된다. 과학적 설명의 분석이 이러한 화용론적 차원을 포함해야 하는지는 다음 절의 주제이다. 그러나 지금 언급할 수 있는 한 가지 요점은, 설명이 필연적으로 화용론적이라 할지라도, D-N 모델이 과학적 설명에 대한 중요한 필요조건을 제공하며, 여기에 일부 화용론적 조건이 추가될 수 있다는 점이다. 실제로, D-N 모델은 과학적 설명의 독특한 특징을 제공하는 반면, 화용론적 요소는 과학적 설명과 비과학적 설명에 공통적인 특징을 제공할 수 있다.

깃대 반례에서 때때로 도출되는 또 다른 함의는 D-N 모델이 과학적 설명을 인과적 설명으로 제한하지 않거나, 적어도 피설명항보다 시간적으로 나중에 발생하는 요인을 설명항에서 배제하지 않기 때문에 부적절하다는 것이다. 7월 4일 오후 3시에 50피트 길이의 그림자가 드리워지는 것은 깃대가 처음 50피트 높이로 제작되어 수직으로 설치된 시점보다 훨씬 나중에 발생하는 일이다. 하지만 이러한 제한이 필요한 이유는 무엇일까? 우리는 인과가 시간적으로 앞으로 작용하고 적어도 뒤로 작용하지 않으며, 설명의 방향 또한 인과의 방향을 따라야 한다고 분명히 믿기 때문이다. 따라서 우리는 D-N 모델에 경계 조건이 피설명항의 선행 원인이 되어야 한다는 추가 조건을 추가할 수 있다. 설명에 대한 요구사항에 이러한 추가 사항을 포함할 때 나타나는 문제점은 시간적으로 선행하는 원인을 호출하지 않는 과학적 설명이 존재한다는 것이다. 예를 들어, 평형 상태의 기체 온도를 이상 기체 법칙(PV=nRT)과 동시에 측정되는 압력 및 용기의 부피라는 경계 조건을 통해 어떻게 설명하는지 상기해 보라. 동시적인 압력, 부피, 온도 수준은 서로를 야기하지 않는다. 따라서 이 D-N 설명은 명백히 인과적이지 않다.

더 심각한 문제는, 이러한 추가가 D-N 모델을 보존하기 위해 인과를 인용한다는 점이다. 그리고 인과는 D-N 설명의 지지자들이 침묵하고 싶어 했던 부분이다. 논리실증주의자들이 노력했음에도 불구하고, 과학철학자들은 결국 그들이 짊어진 또 다른 의무, 즉 통계적 설명이 어떻게 작동하는지에 대한 설명을 제공해야 하는 의무 때문에 인과의 당황스러운 형이상학적 문제에 대해 품위 있는 침묵을 유지할 수 없었다.

사회과학과 생물학은 오랫동안 보편적인 비통계 법칙을 발견하지 못했기 때문에 그러한 설명을 제공하는 데 한계가 있었다. 그리고 아원자 물리학의 불확정성 때문에 자연에 대해 아무리 많이 배우더라도 우리는 그러한 설명을 피할 수 없다. D-N 모델을 통계적 설명으로 확장하는 것은 간단한 문제처럼 보일 수 있다. 그러나 이 간단한 확장은 설명의 화용론을 진지하게 받아들이거나, 적어도 설명을 세계에 대한 사실과 설명을 요구하는 인지 주체의 믿음 사이의 관계로 다루는 또 다른 이유가 된다.

예를 들어, 레이첼이 지난 선거에서 중도 좌파 후보에게 투표한 이유를 설명하기 위해, 그녀의 부모가 항상 그렇게 했다는 경계 조건과 유권자의 80%는 부모가 투표했던 후보와 같은 정치 성향의 후보에게 투표한다는 통계 법칙을 인용할 수 있다. 따라서 이러한 형태의 설명은 두 개의 전제를 갖는 논증인데, 그중 하나는 일반 법칙이나 적어도 잘 지지되는 경험적 일반화이다.

1. 유권자의 80%는 부모가 투표했던 후보와 같은 정치 성향의 후보에게 투표한다 (잘 입증된 통계적 일반화)
2. 레이첼의 어머니는 중도 좌파 후보에게 투표했다. (경계 조건)
3. 그러므로, 레이첼은 지난 선거에서 중도 좌파 후보에게 투표했다.

그러나 이 설명의 논증 형식은 분명히 연역적이지 않다. 전제의 참이 결론의 참을 보증하지 않는다. 전제들은 레이첼이 전혀 투표하지 않거나 중도 우파 후보에게 투표하는 것 등과 양립 가능하다.

이러한 견해에서 통계적 설명은 연역 논증이라기보다는 귀납 논증이다. 즉, 통계적 설명은 결론을 보증하지 않으면서도 결론에 대한 충분한 근거를 제공한다. 귀납 논증이 진리 보존적이지 않고, 연역 논증처럼 전제가 참이라고 가정할 때 결론을 보증하지 않는다는 것은 결점이 아니다. 유한한 증거로부터 일반 법칙과 이론으로 나아가는 모든 과학적 추론은 귀납적이다. 즉, 특수한 것에서 일반적인 것으로, 과거에서 미래로, 감각의 직접적인 증언에서 먼 과거에 대한 결론으로 나아간다. (이는 10장과 11장에서 집중적으로 다룰 문제이다.)

이 경우, 부모와 동일하게 투표하는 유권자의 80% 빈도는 레이첼이 실제로 그렇게 투표했을 확률을 0.8로 제시한다고 볼 수 있다. 따라서 D-N 설명과 마찬가지로, 소위 **귀납 통계적**(I-S) **설명**은 피설명항 현상이 발생할 것으로 예상될 만한 충분한 근거를 제공한다. 그러나 I-S 모델이 다루어야 할 심각한 난점이 있다. 레이첼의 부모가 모두 좌파 후보에게 투표했다는 사실 외에, 우리는 레이첼이 자수성가한 백만장자라는 사실도 알고 있다고 가정해 보자. 그리고 백만장자의 90%가 중도 우파 후보에게 투표한다는 통계적 일반화도 알고 있다고 가정해 보자. 우리가 레이첼과 투표 성향에 대한 이러한 추가 사실들을 안다면, 그녀가 좌파에게 투표한 이유를, 그녀의 부모가 그랬고 유권자의 80%가 부모의 성향대로 투표하기 때문이라고 설명할 수 없다. 왜냐하면 우리는 그녀가 중도 우파 후보에게 투표했을 확률이 0.9라는 것을 알고 있기 때문이다. 분명히 우리는 레이첼이 그렇게 투표한 이유에 대한 통계적 설명을 제공하기 위해 부모가 좌파에게 투표한 여성 백만장자에 대한 다른 통계적 일반화나 비통계적 일반화가 필요하다. 정치학자들이 연구한 유권자의 가장 좁은 범주가 미네소타 출신의 자수성가한 여성 백만장자를 포함하고, 이들 중 75%가 좌파 후보에게 투표한다고 가정해 보자. 그렇다면 우리는 이 일반화와 레이첼이 미네소타 출신의 자수성가한 백만장자라는 사실로부터 귀납적으로 추론하여 그녀가 왜 그렇게 투표했는지를 설명할 수 있다. 이것은 I-S 설명으로 간주될 것이다. 레이첼은 유권자 중 가장 좁은 집합에 속하므로, 이 집합이 그녀의 투표를 설명한다. 따라서 I-S 설명에 대한 설명을 얻으려면, D-N 설명에 대한 네 가지 조건에 다음과 같은 추가 조건을 추가해야 한다.

5. 설명은 피설명항 현상이 속한다고 ***믿어지는*** 가장 좁은 유관 준거집합에서 제시된 것보다 높지 않은 확률을 결론에 제공해야 한다.

그러나 이제 우리는 설명에 대한 논리실증주의자들의 접근에서 근본적인 약속을 포기했다는 점에 주목해야 한다. 우리는 설명을 요구하고 제공하는 주체들의 주관적인 믿음을 과학적 설명의 필수 요소로 만들었다. 왜냐하면 통계적 규칙성을 구성한 가장 좁은 유관 준거집합에 대한 우리의 믿음이 설명이 I-S 모델의 요구사항을 충족하는지를 결정하기 때문이다. 물론, 우리는 (5)에서 "믿어진다"는 단서를 제외할 수 있지만, 우리의 통계적 일반화가 보고하는 기본 과정이 실제로 결정론적이라면, 우리의 I-S 설명은 D-N 모델로 환원될 것이고, 우리는 통계적 설명에 대한 설명을 전혀 갖지 못할 것이다.

여기서 검토한 **반례**들은 논리실증주의자들과 그 후계자들이 과학적 설명에 대한 원래의 합리적 재구성에 조항과 조건을 추가하도록 이끌었다. 이러한 추가는 논리실증주의적 설명 분석에서 중대한 간과를 반영하는 것으로 여겨진 반례들을 수용하면서 원래의 특징들을 보존하기 위한 것이었다. 그러나 논리실증주의의 쇠퇴 이후, 과학적 설명의 본질과 과학의 많은 다른 측면을 분석하는 완전히 다른 접근이 과학철학자들 사이에서 나타났다.

과학적 설명의 경쟁 개념

논리실증주의자들의 합리적 재구성 약속은 과학적 설명이 어떻게 진행되어야 하는지에 대한 암묵적인 규범적 함의를 동반했다. 이러한 약속은 논리실증주의가 쇠퇴한 지 오래되었음에도 불구하고 일부 과학철학자들 사이에서 지속되고 있다. 우리는 이 약속을 과학철학에 대한 근본적으로 다른 접근과 대조할 수 있다.

일부 철학자들은 설명항과 피설명항 사이의 객관적인 관계를 추구한다. 그들은 과학이 우리의 인식과 독립적으로 확보되는 세계에 대한 진리로 구성되어 있으며, 우리가 밝혀내고자 하는 것은 바로 그런 진리라고 주장하기 때문이다. 따라서 과학은 플라톤과 그의 추종자들이 오늘날까지 수학을 이해하는 방식과 유사하게 다루어진다. 즉, 과학은 우리가 인식하든 안 하든 확보되는 추상적 대상들 사이의 객관적 관계에 대한 연구이다. 이러한 과학에 대한 접근은 수학적 플라톤주의보다 직관적으로 더 그럴듯할 수 있는데, 과학이 밝혀내고자 하는 대상들이 숫자처럼 추상적이 아니라 유전자처럼 구체적이기 때문이다.

수학에 대한 플라톤주의와는 대조적으로, 수학적 진리가 추상적 대상과 그들 간의 관계에 관한 것이 아니라, 우주 내의 구체적인 사물들에 대한 사실에 의해 참이 되며, 우리가 수학적 표현을 사용하는 용도를 반영한다고 주장하는 사람들이 있다. 이와 유사하게, 과학을 진리들 사이의 추상적인 관계처럼 다루지 않고, 인간 제도처럼, 즉 우리가 세상에서 효율적으로 살아가기 위해 사용하는 믿음의 집합과 방법으로 다루어야 한다고 주장하는 사람들도 있다. 이 견해에서 과학적 법칙은 그것을 발명하고 사용하는 인간과 독립적인 자체적 생명을 갖지 않는다.

과학철학 내의 이러한 견해 차이를 발견과 발명의 구분을 통해 포착할 수도 있다. 플라톤주의적 성향의 철학자들은 과학의 주장을 발견되어야 할 진리로 간주한다. 반면, 과학을 우리의 경험을 조직하고 자연에 대한 기술적 통제를 강화하기 위해 우리 또는 우리 중 위대한 과학자들이 발명한 것으로 보는 철학자들이 있다. 플라톤주의자들은 과학적 설명을 우리가 밝혀내고자 하는 사실 및 진술들 사이의 객관적인 관계로 보지만, 다른 이들은 설명을 본질적으로 인간 활동으로 보고자 한다. 논리실증주의자들의 설명 모델이 탄생한 배경이 되는 과학철학은 과학은 발명의 행위가 아닌 발견의 행위로 간주한다. 대조적인 접근은 과학을 인간 활동으로, 즉 우리의 창의성과 발명의 결과로 간주하고, 심지어는 구성물로 간주한다. 이는 과학적 설명을 제공하고 요구하는 과학자 및 다른 사람들의 인식적 한계와 실용적 관심을 진지하게 고려한다.

통계적 설명의 문제와 깃대 그림자 반례는 인간의 호기심을 달래고 인간의 이해를 전달하는 설명의 기능을 강조하는 논리실증주의적 설명 이론에 대한 이러한 대안들을 진지하게 고려하도록 유도한다. 강력한 철학적 이론으로 시작하여 과학적 실천을 그 틀에 강제하는 대신, 이러한 접근들은 때로 과학자와 다른 사람들이 설명에서 실제로 추구하고 만족스럽다고 여기는 것을 더 진지하게 다룬다고 주장한다.

설명에 대한 화용론적-인식론적 접근과 D-N 접근의 차이를 이해하는 한 가지 방법은 서로 다른 설명적 요청들이 모두 정확히 동일한 단어로 표현될 수 있는지를 고려하는 것이다. 하나의 구문론적이고 의미론적으로 동일한 표현은 다른 의미를 가질 수 있다. 예를 들어, R이 남편 S의 시신 옆에서 권총을 든 채 현장에서 붙잡혔다고 가정해 보자. 이제 다음 세 가지 질문을, 굵은 글씨로 표시된 것처럼 다르게 강조하면서 말해 보자.

(a) 왜 **R은** S를 죽였는가?
(b) 왜 R은 S를 **죽였는가?**
(c) 왜 R은 **S를** 죽였는가?

그 차이를 명확히 이해하기 위해, 표시된 대로 강조를 두어 각 문장을 소리 내어 말해 보자.

발화에서의 강조는 구문론(문법)이나 의미론(의미)의 문제가 아니라 '화용론' 즉, 언어가 사용되는 방식의 문제이다. 강조는 각 질문이 다른 정보를 요구하며, 각각 지식의 차이를 반영하는 것으로 보인다. 따라서 첫 번째 질문은 S가 살해당한 사실 자체는 설명이 필요없으며, 왜 다른 사람이 아닌 R이 그랬는지만 설명이 필요하다고 전제한다. 두 번째 질문은 R이 S에게 한 행위가 왜 구타나 강도가 아니라 살인이었는지를 설명할 필요가 있다고 전제한다. 그리고 세 번째 질문은 R의 희생자가 S 외 다른 사람이 아님을 배제하는 정보에 대한 요청이다. 각각의 다른 질문은 반 프라센이 '대조 집합'(contrast class)이라고 부른 진술 집합의 하나의 구성원을 반영한다. 따라서 (a)의 '대조 집합'은 {집사가 S를 죽였다, 요리사가 S를 죽였다, S의 딸이 S를 죽였다, R이 S를 죽였다…}이다. (a)에 표현된 대로, 설명적 요청은 부분적으로 대조 집합의 다른 각 구성원이 왜 배제될 수 있는지를 보여달라는 요청이다. D-N 모델은 이러한 강조의 차이로 인해 발생하는 설명의 차이에 둔감하다. 결과적으로, 논리경험주의를 거부하는 일부 철학자들은 화용론에서 시작하는 과학적 설명에 대한 설명을 제시한다.

반 프라센의 설명 분석을 따라, 위 문장 (a), (b), (c)가 공통으로 가지는 것을 질문의 '주제'(topic)라고 부르자. 이제 우리는 모든 질문에 세 가지 원소를 가진 집합을 연결할 수 있다. 첫 번째 원소는 주제이고, 두 번째 원소는 설명을 요청하는 사람의 관심사에 의해 선택된 대조 집합의 원소이며, 세 번째 원소는 질문에 대한 수용 가능한 답변의 기준인데, 이는 역시 설명을 구하는 사람의 관심사와 정보에 의해 결정된다.

이 설명적 질문에 대한 수용 가능한 답변의 기준을 '유관성 관계'(relevance relation)라고 부르자. 왜냐하면 이것이 해당 주제와 대조 집합의 구성원이라는 맥락에서 어떤 답변이 적합하다고 판단될지를 결정하기 때문이다. 과학적 설명을 이해하는 데 있어 핵심적인 질문은 어떤 종류의 것들이 '유관성 관계'를 채우는가, 과학 일반, 또는 특정 과학이나 특정 과학자가 설명적 탐구를 표현하는 질문에 대한 답변의 설명적 유관성을 확립하기 위해 무엇을 요구하는가와 같은 것들이다.

반 프라센은 이러한 접근에 대한 부분적으로 기호적인 형식화를 제공한다. 우리는 모든 설명적 질문을 다음의 집합으로 식별할 수 있다.

Q (왜 Fab 인가?) =	< Fab,	{Fab, Fac, Fad, …},	R>
	주제	대조 집합	유관성 관계

여기서 "Fab"는 'a가 b와 관계 F를 갖는다'를 의미한다. 따라서 Fad는 'a가 d와 관계 F를 갖는다'를 의미한다. 예를 들어, F가 '…는 …보다 키가 더 크다'는 성질을 기호화한다면, Fbc는 "b는 c보다 키가 더 크다"를 의미한다. F가 '…가 …를 죽였다'는 성질을 기호화한다면, Fab는 "a가 b를 죽였다"를 의미한다. 위의 질문 Q는 무엇이 질문되는지를 정확히 하기 위해 필요한 모든 강조 또는 기타 화용론적 요소를 포함하는 것으로 이해되어야 한다. 예를 들어, "왜 *R은* 남편을 죽였는가"는 "왜 R은 남편을 ***죽였는가***"와 다른 질문이며, "왜 R은 ***남편을*** 죽였는가"와도 다르다. 모든 질문에는 (화용론적) 전제가 있다. "누가 또 개를 탈출시켰는가?"는 개가 탈출했고 처음이 아니며, 누군가가 개를 탈출시키는 데 책임이 있었다는 것을 전제한다. 설명적 질문도 예외가 아니다. Q의 전제는 적어도 다음을 포함한다. 주제인 Fab(설명될 대상에 대한 기술)가 참이며, 다른 가능성(대조 집합의 나머지 원소), Fac, Fad 등은 발생하지 않았다는 것이다.

마지막으로, 질문 Q의 전제에는 Q에 대한 답변의 존재가 포함되며, 이를 A라고 하자. A가 Q를 설명한다면, 질문자의 배경 지식에 비추어 볼 때, A, 주제(Fab), 나머지 대조 집합(Fac, Fad 등) 사이에 어떤 관계가 존재하며, 나머지 대조 집합의 발생을 배제하거나 방지하고, 주제 Fab의 발생을 보장하는 경우이다. 위의 예에서 우리는 우리의 지식을 바탕으로 하나의 참인 진술을 찾는다. 그 진술은 주제 및 대조 집합과의 *관계*를 낳는데, 그 관계가 "R이 남편 S를 살해했다"를 참으로 만들고 대조 집합의 나머지 원소를 거짓으로 만든다. 앞에서 언급했듯이, 반 프라센은 A와 주제 및 대조 집합 사이의 이러한 관계를 '유관성 관계'라고 부른다. 우리는 이 관계에 대해 더 많이 알 필요가 있다. 만약 답변 A가 "R이 S의 돈을 상속받고 싶어 했다"는 것이라면, 배경지식에는 형사의 전문 분야인 동기, 수단, 기회에 대한 일반적 가정이 포함될 것이다. 만약 우리의 배경지식이 R이 자신만의 돈으로 부자였으며, 심지어 남편보다 훨씬 부자였다는 사실을 포함한다면, 유관성 관계는 다른 진술, 예를 들어 R이 병적으로 탐욕스러웠거나 엄청나게 질투심이 많았다는 것을 선택할 것이다. 물론 과학적 설명은 R이 남편을 죽인 이유에 대한 범죄 기자들의 설명과는 다른 '유관성 관계'를 전제할 것이다. 반 프라센은 사실상 설명을 과학적으로 만드는 것은 설명이 제시될 당시 과학자들이 받아들이는 이론과 실험 방법에 의해 고정된 유관성 관계를 사용한다는 점이라고 말한다.

이런 체계가 D-N 모델을 개선하는 데 어떻게 도움이 되는가? 이 분석은 설명을 공개적으로 화용론적으로 만들기 때문에, I-S 모델이나 다른 맥락에서 그림자 길이로 깃대 높이를 설명하는 것이 성공할 것이라는 생각에 문제가 없다. 깃대 예에서, 우리가 미줄라 시의원들의 평등주의적이고 애국적인 열망에 대해 알고 있다면, 태양 광선, 그림자 크기, 이등변삼각형의 기하학적 원리에 의한 설명이 깃대의 높이를 설명할 것이다. 마찬가지로, I-S 설명에서, 우리가 레이첼이 백만장자라는 것을 모르거나 투표 성향에 대한 추가적인 통계적 일반화를 알지 못한다면, 초기 I-S 논증은 설명적일 것이다.

반례를 다룰 수 있는 능력과는 별개로, 설명에 대한 화용론적 접근은 자체적 동기를 가지고 있다. 우선, 우리는 정확한 설명과 좋은 설명을 구별하고 싶을 수 있다. D-N 모델과 I-S 모델은 그것을 구별할 수 없지만, 화용론적 설명은 할 수 있다. 어떤 참인 설명은 좋은 설명이 아니며, 많은 좋은 설명은 참이 아니다. 첫 번째 유형의 예로 철학에서 자주 인용되는 것은 정사각형 못이 둥근 구멍에 맞지 않는 이유를 아이가 친숙하고 이해할 수 있는 사실을 이용하지 않고 양자론의 기본 원리를 이용하여 설명하는 경우이다. 참은 아니지만 좋은 설명의 예는 과학사에서 잘 입증되었지만 대체된 이론들에서 찾을 수 있다. 물리학자들은 뉴턴 역학의 결함을 잘 알고 있지만 뉴턴 역학은 계속해서 설명을 제공하며, 심지어 좋은 설명을 제공한다.

과학적 설명에 관심을 가진 철학자는, 다른 어떤 미덕이 있든 상관없이, 화용론적 설명이 다른 종류의 비과학적 설명과 구별되는 ***과학적*** 설명을 밝혀주지 못한다고 정당하게 불평할 것이다. 사실상, 설명에 대한 화용론적 분석은 오히려 무엇이 과학적 설명인지에 대한 우리의 이해를 처음보다 더 흐릿하게 만든다. 그 분석이 우리에게 말해주는 것은 과학자들이 설명을 제공하고 받아들인다면 그것은 과학적 설명이라는 것뿐이다. 우리가 알고 싶은 것은 점성술의 사이비 설명이나 심지어 역사나 일상생활의 비과학적 설명과 과학적 설명을 구별할 '유관성 관계'의 기준이다. 그러나 유관성 관계에 대해 더 많은 것을 말할 수 없다면, 설명에 대한 우리의 분석은 과학에서 설명이 어떻게 진행되어야 하는지에 대해 거의 또는 전혀 규범적 영향력을 갖지 못할 것이며, 과학적 설명과 비과학적 설명을 구분할 수 있게 해주지도 않을 것이다.

요약

과학적 설명을 이해하기 위한 우리의 출발점은 논리실증주의자들이 제시한 연역 법칙적(D-N) 모델 또는 포괄법칙 모델이다. 이 분석은 과학적 설명이 피설명항 현상을 예측할 수 있는 충분한 근거를 제공해야 한다는 요구를 강조한다. 하나 이상의 법칙과 경계 조건으로부터 설명될 사건이나 과정의 발생을 연역할 수 있다면 이 요구는 충족될 것이다.

따라서 이 견해에서 과학적 설명의 요구사항은 다음과 같다.

1. 설명항은 피설명항 진술을 논리적으로 함축한다.
2. 설명항은 연역의 타당성을 위해 필요한 적어도 하나의 일반 법칙을 포함한다.
3. 설명항은 경험적으로 시험 가능해야 한다.
4. 설명항은 참이어야 한다.

이러한 조건은 각각 심각한 철학적 문제를 야기한다. 특히 중요한 문제 중 하나는 왜 정확히 법칙이 설명하는가이다. 법칙은 인과적 의존성을 보고하거나, 혹은 자연의 어떤 필연성을 표현하기 때문에 설명한다고 여겨진다. 이것은 4장의 주제이다.

물리과학에서 많은 설명과 대부분의 일반적인 설명은 이 모델을 명시적으로 만족시키지 못한다. D-N 설명의 지지자들은 설명이 원칙적으로 그렇게 할 수 있으며, 진정한 설명을 제공하려면 그렇게 해야 한다고 주장한다. 물론 '설명 스케치'와 같이 D-N 모델에 근접하는 많은 설명은 충분히 훌륭하다.

다른 철학자들은 D-N 모델과 그 동기를 모두 거부한다. 그들은 과학적 적합성을 위한 설명을 측정할 객관적 기준을 찾는 대신, 물리학, 생물학, 사회학, 행동과학 분야의 과학자들이 실제로 제공하는 설명의 논리를 밝혀내려 한다. 이러한 대안적 전략이 매력적이라고 생각하는 한 가지 이유는 통계적 설명에 대한 논리실증주의자들의 설명, 즉 귀납 통계적(I-S) 모델을 고려할 때 발생한다. 통계적 일반화가 설명적인지는 설명을 요구하고 제공하는 사람들의 배경 정보 형태의 모집단에 대해 알려진 바에 달려 있는 것으로 보인다. 이는 D-N 모델과 조화되기 어렵다.

그러나 설명에 대한 대안적인 '화용론적' 접근은 과학적 설명을 비과학적인 설명과 구별하는 요소를 성공적으로 식별하지 못한다. 이는 설명력을 부여하는 법칙과 이론에 대한 문제로 이어지며, 다음 장들에서 탐구될 것이다.

학습 문제

1. 지지하거나 비판하라: "D-N 모델 또는 포괄법칙 모델은 설명의 본질을 밝히지 않는다. 누군가가 왜 조건 y에서 x가 발생했는지 알고 싶을 때, x가 조건 y에서 항상 발생하는 종류의 것이라고 말하는 것은 설명력이 없다."
2. 지지하거나 비판하라: "D-N 모델은 과학적 설명에 대한 적절한 이상을 나타낸다. 따라서 그것이 달성 불가능하다는 사실은 과학을 이해하는 데 있어서의 그 유관성에 대한 반대 논거가 되지 않는다."
3. D-N 모델은 깃대의 예를 수용할 수 있는가?
4. 설명에 대한 화용론적 접근과 D-N 접근은 정확히 어디에서 충돌하는가? 둘 다 옳을 수 있는가?

5. 지지하거나 비판하라: "설명에 대한 화용론적 접근은 우리가 '설명'과 '이해' 라는 단어를 사용하는 방식을 설명한다. 그러나 그것은 설명과 이해가 실제로 무엇인지 밝히지 않는다."
6. 인식적 활동인 설명과 세계에서 일어나는 과정인 인과 사이의 관계는 무엇인가?
7. 설명은 이해를 제공해야 한다고 여겨진다. 이 자명한 명제가 과학적 설명의 본질을 어떻게, (만약 있다면) 어떤 방식으로 제약하는가?

추천 도서

이 책의 보완서로 기획된 선집인 발라쇼프와 로젠버그(Balashov and Rosenberg)의 『과학철학: 현대 독본』(*Philosophy of Science: Contemporary Readings*)은 지난 50년 동안 과학적 설명에 대한 논의에 영향을 미친 여러 중요한 논문을 담고 있다. 제2부, "설명, 인과, 법칙"을 참조하라. 헴펠 등의 논문 중 일부는 랑(M. Lange)의 『과학철학: 선집』(*Philosophy of Science: An Anthology*)과 커드 · 커버(M. Curd and J. A. Cover)의 『과학철학: 핵심 쟁점』(*Philosophy of Science: The Central Issues*)에도 실려있다. 특히 후자는 논문들을 설명하고 연결하는 명쾌한 편집자 논평을 제공한다.

설명의 본질에 대한 논쟁은 1940년대와 1950년대에 헴펠(C. G. Hempel)이 작성한 고전 논문들로 시작되며, 그것들은 그의 후기 사상과 함께 『과학적 설명의 여러 측면』(*Aspects of Scientific Explanation*)에 수록되어 있다. 이후 과학철학의 많은 문헌은 헴펠이 자신의 설명에서 제기하고 이 에세이들에서 다루는 문제들을 중심으로 구성될 수 있다. 헴펠의 책의 마지막 논문은 헴펠의 설명에 응답한 다른 철학자들의 작업을 다룬다. 발라쇼프와 로젠버그는 D-N 및 귀납 통계적 설명을 개괄하는 헴펠의 논문 "과학적 설명의 두 모델"(Two Models of Scientific Explanation)을 재수록했다. 헴펠의 "귀납 통계적 설명"(Inductive-Statistical Explanation)은 커드와 커버의 선집에 재수록되어 있다.

설명의 본질에 대한 논쟁의 후속 역사는 새먼(W. C. Salmon)의 『과학적 설명의 사십 년』(*Four Decades of Scientific Explanation*)에서 추적되며, 이는 원래 새먼과 키처(W.

Salmon and P. Kitcher)가 편집한 『과학적 설명』(*Scientific Explanation*)(미네소타 과학철학 연구 13권)에서 긴 논문으로 출판되었으며 이후 별도의 책으로 출판되었다. 이 책은 과학적 설명의 본질에 관한 현대 논문들의 보물 창고이다.

설명에 대한 반 프라센(Van Fraassen)의 접근은 『과학적 상』(*The Scientific Image*)에서 발전되었으며, 그중 "설명의 화용론"(The Pragmatics of Explanation)이 발라쇼프와 로젠버그의 선집에 수록되어 있다. 애친슈타인(P. Achinstein)의 『설명의 본질』(*The Nature of Explanation*)은 반 프라센의 이론과 다른 화용론적 이론을 제시한다.

피트(J. Pitt)의 『설명의 이론』(*Theories of Explanation*)은 헴펠의 원래 논문, 새먼의 "통계적 설명과 인과성"(Statistical Explanation and Causality), 레일턴(P. Railton)의 "확률적 설명의 연역 법칙적 모델"(A Deductive-Nomological Model of Probabilistic Explanation), 반 프라센의 "설명에 대한 화용론적 이론"(The Pragmatic Theory of Explanation), 애친슈타인의 "설명의 발화 이론"(The Illocutionary Theory of Explanation) 등 설명에 관한 많은 중요한 논문을 재수록했다.

설명에 관한 가장 영향력 있는 최근 저술은 우드워드(J. Woodward)의 『일이 발생하게 하기』(*Making Things Happen*)로, 새먼의 인과적 접근을 계승한다. 폴과 홀(L. Paul and N. Hall)의 『인과: 사용자 가이드』(*Causation: A User's Guide*)는 우드워드의 접근을 확장하면서 그 형이상학적 기초를 탐구한다. 랑의 『원인 없는 때문에: 과학과 수학에서의 비인과적 설명』(*Because without Cause: Noncausal Explanations in Science and Mathematics*)은 설명에 대한 중요한 대안적 접근을 탐구한다.

설명에 관한 다른 중요한 논문들은 역시 설명을 다루는 다음 장의 끝에 있는 추천도서에 언급되어 있다.

4장 왜 법칙이 설명하는가?

개요

과학적 설명의 본질에 대해 어떤 접근 방식을 채택하든, 우리는 여전히 왜 법칙이 설명력을 갖는지에 답해야 한다. 일부 과학적 설명은 명시적으로 법칙을 인용하지 않고도 가능하며, 때로는 자연법칙이 아닌 단순한 규칙성만으로도 과학적 이해를 제공할 수 있다. 그러나 법칙들이 명시적으로 언급되지 않더라도, 그것들은 항상 설명적 연결을 만드는 배경에 존재하는 것처럼 보인다. 따라서 우리는 여전히 왜 법칙이 과학에서 특히 중심적인 위치를 차지하는지 이해해야 한다. 자연법칙은 어떤 점에서 설명력을 갖는가? 왜 과학적 이해는 본질적으로 자연법칙을 찾는 것을 포함하는가?

이 장에서는 법칙적 설명력의 근원으로 널리 인정되는 '필연성'을 다룬다. 법칙이 설명력을 갖는 능력으로 인해 제기되는 과학과 실재에 대한 심각한 형이상학적 문제들을 철학자들이 어떻게 다루려 했는지 여러 가지 방식을 소개한다. 이러한 형이상학적 문제들은 법칙이 과학 활동의 중심에 있기 때문에 과학철학에서 반복적으로 나타난다.

자연법칙이란 무엇인가?

논리경험주의자들은 법칙의 여러 특징을 확인했는데, 이에 대해서는 계속해서 폭넓은 합의가 있었다. 법칙은 "모든 A는 B다", "유형 C의 사건이 발생할 때마다 유형 E의 사건이 발생한다" 또는 "만약 사건 e가 발생하면, 예외 없이 사건 f가 발생한다"와 같은 보편적 형식의 진술이다. 예를 들어, "모든 순수한 철은 표준 온도와 압력에서 전도체이다", "표준 온도와 압력 조건에서 철에 전류가 가해질 때마다 철은 전류를 전도한다", "만약 표준 온도와 압력에서 철에 전류가 가해지면, 그것은 전류를 전도한다"와 같은 진술들이 있다. 이들은 모두 동일한 법칙의 용어적 변형이다. 철학자들은 법칙의 형식을 표현하기 위해 "만약 …이라면, …이다"와 같은 조건문 형태를 선호하는 경향이 있으며, 이를 통해 법칙의 보편성이 암묵적으로 이해된다. 그러나 단순히 보편적 형식을 가진 진술이라고 해서 모두 법칙이 되는 것은 아니다. 예를 들어, "모든 미혼 남성은 결혼하지 않았다"와 "모든 짝수는 2로 나머지가 없이 나누어진다"를 생각해 보자. 이 두 보편적 진술은 법칙과 동일한 논리적 형식을 가지지만, 법칙이 아니다. 왜냐하면 이들은 정의에 의해 참이지만, 법칙은 세계에 대한 사실에 의해 참이 되기 때문이다.

논리적 형식 외에 모든 법칙이 공유하는 또 다른 특징은 암묵적이든 명시적이든 특정 대상, 장소, 시간을 언급하지 않는다는 점이다. 나폴레옹 보나파르트나 지구, 심지어 은하수에 대한 사실만으로 참이 되는 자연법칙은 있을 수 없다. 법칙은 모든 곳에서 그리고 항상 성립해야 하므로, 지역적인 사실만으로는 법칙을 참으로 만들기에는 충분하지 않다. 실제로 우주에 존재하는 어떤 대상도 어떤 법칙을 참으로 만들지 않음에도 불구하고 참인 자연법칙들이 존재한다. 예를 들어, 합성 원소인 보륨(Bohrium)에 대한 세 가지 법칙을 생각해 보자. 보륨은 61초의 반감기를 가지며, 원자량은 270이고, 각 원자에는 두 개의 외곽 전자가 있다. 그러나 현재 우주에 보륨 원자가 단 하나도 존재하지 않을 가능성이 높다. 보륨은 입자가속기에서 합성된다. 하지만 보륨 및 다른 합성 원소들에 대한 법칙들은 그 대상의 실제 사례가 없음에도 불구하고 '유효하며' 참이다.

이러한 특징들, 즉 논리적 형식, 자연에 대한 우연적 주장, 국지적 사실로부터의 자유는 법칙을 설명력이 없는, 문법적으로 유사한 다른 진술과 구별하기에 충분하지 않다. 따라서 법칙과 그것과 유사해 보이는 다른 진술들의 진정한 차이는 명확하지만 이해하기 어렵다. 법칙은 어떤 종류의 ***필연성***을 지니기 때문에 설명력을 가진다. 그것들은 사물이 어떻게 배열*되어야 하는지*, 어떻게 조직*되어야 하는지*를 알려주는 어떤 의미를 지니고 있으며, 단순히 사실적으로 어떻게 배열되거나 조직되는지를 알려주는 것이 아니다. 문제는 법칙이 가지는 필연성이 정확히 어떤 종류인지 알아내는 것이다. 이는 논리학의 법칙들에 의해 결정되듯이 논리적 필연성이나 정의의 필연성일 수 없다. 2장에서 보았듯이, 법칙은 논리학으로 보장되지 않는다. 우주는 논리학의 법칙들을 위반하지 않고도 역제곱 법칙 대신 역세제곱 법칙의 중력에 의해 완벽하게 지배될 수 있었을 것이다. 앞으로 보게 되겠지만, 법칙이 필연적이라고 말하는 것의 어려움은 그것이 정확히 어떤 종류의 필연성인지 알아내는 데에 있다.

법칙적 필연성의 징표로서의 반사실적 지지

왜 법칙이 일종의 필연성을 갖는지 이해하기 위해, 동일한 보편적 형식을 가진 다음 두 진술을 비교해 보자.

모든 고체 상태의 순수 플루토늄 덩어리는 100,000킬로그램보다 가볍다.
모든 고체 상태의 순수 금 덩어리는 100,000킬로그램보다 가볍다.

첫 번째 진술이 참이라고 믿을 만한 충분한 이유가 있다. 왜냐하면 플루토늄은 이 질량에 도달하기 훨씬 전에 자발적으로 폭발하기 때문이다. 열핵탄두는 바로 이 사실에 의존한다. 두 번째 진술도 참이라고 생각할 만한 충분한 이유가 있지만, 이것은 단지 우주적 우연의 일치로 참일 뿐이다. 우주 어딘가에 그렇게 형성된 금 덩어리가 존재할 수도 있었지만, 존재하지 않는다. 첫 번째 진술은 자연법칙을 보고하는 반면, 두 번째 진술은 다른 방식으로도 가능했을 수도 있는 단순한 우주적 사실을 기술하는 것으로 추정된다. 플루토늄에 대한 진술이 법칙이라는 것을 알 수 있는 한 가지 방법은, 그 진술이 왜 참인지 설명하기 위해 다른 여러 법칙에 호소해야 하지만 초기조건이나 경계 조건이 필요하지 않다는 점이다. 반대로, 100,000킬로그램의 고체 금 덩어리가 왜 존재하지 않는지를 설명하기 위해서는 법칙과 함께 금 원자가 형성되는 우주에서의 분포를 기술하는 경계 조건이나 초기 조건에 대한 진술이 필요하다. 이것은 진술이 법칙이 되기 위해서는 형식의 보편성만으로는 충분하지 않다는 것을 보여준다.

법칙과 우연적 일반화의 차이를 보여주는 하나의 징표는 철학자들이 **'반사실적 조건문'**(counterfactual conditionals) 또는 간단히 '반사실적 진술'(counterfactuals)이라 부르는 문법적 구조와 관련이 있다. 반사실적 진술은 가정법 시제로 표현되는 또 다른 종류의 "만약 …라면, 그러면 …이다" 진술이다. 이는 (실제로는 그렇지 않은) 다른 무언가가 참이었다면 어떤 일이 일어났을지를 다룬다. "네가 온다는 걸 알았더라면, 케이크를 구웠을 텐데"와 같이, 우리는 일상생활에서 이런 진술을 자주 사용한다. 동일한 문법적 형식('만약 …라면, 그러면 …이다')을 가진 법칙과 법칙이 아닌 것을 구별하는 데 관련된 두 가지 반사실적 진술의 예는 다음과 같다.

> 만약 달이 순수한 플루토늄으로 만들어졌다는 것이 사실이라면, 달의 무게는 100,000킬로그램 미만이라는 것이 사실일 것이다.

> 만약 달이 순수한 금으로 만들어졌다는 것이 사실이라면, 달의 무게는 100,000킬로그램 미만이라는 것이 사실일 것이다.

두 가지 반사실적 진술의 전건('if' 뒤의 문장)과 후건('then' 뒤의 문장)이 모두 거짓이라는 점에 주목하라. 이러한 반사실적 진술의 문법적 특징은, 그 진술을 다음과 같이 더 구어적이고 딱딱하지 않은 방식으로 표현하면, 잘 드러나지 않는다.

> 만약 달이 순수한 플루토늄으로 구성되었더라면, 달의 무게는 100,000킬로그램 미만이었을 것이다.

> 만약 달이 순수한 금으로 구성되었더라면, 달의 무게는 100,000킬로그램 미만이었을 것이다.

이 두 진술은 실제 사실이 아닌 가능성, 즉 달이 각각 플루토늄과 금으로 구성되었을 가능 상태에 대한 주장이다. 각 진술은 (실제로는 그렇지 않은) 전건이 참이었다면, (사실상 둘 다 실제로 참이 아니더라도) 후건이 참이었을 것이라고 말한다. 우리는 금에 대한 반사실적 진술은 거짓이라고 여기지만, 플루토늄에 대한 반사실적 진술은 참이라고 여긴다. 이 차이의 이유는 플루토늄에 대한 보편적 진리가 플루토늄 반사실적 진술을 지지하는 반면, 금 덩어리에 대한 보편적 진리는 금 반사실적 진술을 지지하지 않기 때문이다. 왜 지지하지 않는가? 왜냐하면 그것은 법칙이 아니라 단순한 우연적 일반화이기 때문이다.

따라서 우리는 법칙의 조건에, 형식이 보편적이라는 것 외에 반사실적 진술을 지지해야 한다는 점을 추가할 수 있다. 그러나 이것은 법칙에 관한 설명이 아니라 법칙의 징표라는 점을 명심하는 것이 중요하다. 즉, 우리는 어떤 반사실적 진술을 받아들이고 어떤 것을 받아들이지 않는지를 고려함으로써 우리가 법칙으로 취급하는 일반화와 그렇지 않은 일반화 사이의 차이를 구별할 수 있다. 그러나 무엇이 법칙이 지지하는 반사실적 진술을 독립적으로 참이 되게 하는지 이해하지 못한다면, 법칙이 반사실적 진술을 지지한다는 사실만으로 법칙과 우연한 일반화의 차이를 설명하는 데 도움이 되지 않는다.

우리는 법칙이 반사실적 진술을 지지하는 반면, 우연적 일반화는 그렇지 않다는 것을 안다. 아마도 법칙은 어떤 실제적이고 필연적인 연결을 표현하기 때문에 반사실적 진술을 지지할 것이다. 즉, 우연적 일반화의 전건과 후건 사이에는 없는 어떤 '접착제'가 법칙의 전건과 후건의 사례들을 함께 묶어준다. 따라서 순수 플루토늄 덩어리라는 것은 100,000 킬로그램의 질량을 가질 수 없게 만드는, 또는 필연적으로 만드는 무언가가 있는 반면, 금 덩어리라는 것에는 그렇게 무거워지는 것을 불가능하게 만드는 무언가가 없다.

하지만 이 '접착제', 즉 법칙의 전건과 후건 사이의 실제적 연결은 무엇일까? 그 접착제는 전건에 의한 후건의 필연성을 반영한다. 중력의 역제곱 법칙의 예가 보여주듯이, 법칙은 논리적 필연성을 표현하지 않는다. 적어도 이것은 과학철학에서 널리 받아들여지는 견해다. 왜냐하면 자연법칙의 부정이 그 자체로 모순이 아니기 때문이다. 반면, "모든 짝수는 2로 나머지가 없이 나누어진다"와 같은 논리적으로 필연적인 진술의 부정은 모순이다. 논리적으로 필연적인 진리의 위반을 상상하는 것은 불가능하다. 그러나 자연법칙의 위반은 쉽게 상상할 수 있다. 따라서 자연법칙은 논리적으로 필연적일 수 없다.

그렇다면 반사실적 진술을 지지하지 않는, 동일한 문법적 형식을 가진 다른 진술들과 과학적 법칙을 구별하는 것이 법칙이 물리적으로, 어쩌면 화학적으로나 생물학적으로 필연적이라는 점이라고 말하면 어떨까? 더 넓게는 "자연적으로 필연적"이라고 말하면 어떨까? 자연법칙의 위반은 논리적으로 불가능한 것이 아니라, 물리적으로 불가능한 것이다. 이 아이디어는 물리적 불가능성이 논리적 불가능성과 유사하지만, 더 약하다는 것이다. 논리적 불가능성은 가장 강력한 종류의 불가능성이다. 논리적 불가능성은 논리학의 법칙들에 의해 배제되기 때문에 일관성 있게 상상할 수조차 없다. 예를 들어, 2로 나머지가 없이 나누어지는 홀수를 생각해 보라. 하지만 물리적 불가능성은 더 약하다. 물리적 불가능성은 물리학의 법칙들에 의해 배제된다. 화학적 불가능성은 화학의 법칙들과 양립할 수 없는 모든 것이고, 생물학적 불가능성은 생물학의 법칙들이 금지하는 것이다. 빛보다 빠르게 이동하는 것, 두 희토류 원소 사이의 분자 결합, 치명적인 우성 유전자의 지속이 그 예들이다. 보통 '물리적 불가능성'이라는 용어는 물리, 화학, 생물학 등 모든 자연법칙과 양립할 수 없음을 설명하는 데 사용된다. 물론, 이보다 더 약한 불가능성도 있을 것이다. 예를 들어, 자연법칙이 아닌 우리 기술의 한계에 의해 배제되는 기술적 또는 실용적 불가능성이 있다. 탁상 핵융합이 그 예다. 그러나 이처럼 가능성과 불가능성의 다양한 강도를 구분하는 것이 자연적 필연성을 이해하는 데 실제로 도움이 되지는 않는다. 사실, 이는 문제를 더욱 명확하게 보여줄 뿐이다.

법칙의 필연성이 논리적 필연성이 아닌 '물리적' 또는 '자연적' 또는 더 나아가 '법칙적'(nomological, '법'을 뜻하는 그리스어 nomos에서 유래) 필연성을 반영한다고 말하는 것은 법칙의 필연성에 대한 설명이 되지 못한다. 어떤 진술이 물리적 또는 자연적 필연성을 가진다는 것이 물리학 또는 자연법칙에 의해 반드시 참이어야 한다는 것 외에 무엇을 의미하는가? 만약 자연적 또는 물리적 필연성이 이런 것이라면, 법칙의 필연성을 물리적 또는 자연적 필연성에 근거하는 것은 법칙의 필연성을 그 자체에 근거하는 것과 같다.

반사실적 진술과 인과

법칙이 가지는 필연성과 우연적 일반화가 가지지 않는 필연성이 어떤 종류인지에 대한 질문은, 논리실증주의자들이 설명을 분석하면서 피하고자 했던 바로 그런 종류의 '형이상학적' 질문이다. 왜냐하면 법칙적 필연성이 원인과 결과를 연결하고 단순히 우연한 순서에서는 결여된 필연성과 동일한 것으로 드러나기 때문이다. 따라서 논리실증주의자들은 인과성에 의해 제기되는 형이상학적 문제를 다루는 것을 피할 수 없었다. 우리는 형이상학에 대한 반감이 없으므로, 인과성에 대해 더 깊이 생각함으로써 어떤 일반화가 법칙이 되게 하는지 이해하는 데 진전을 이룰 수 있다. 적어도 법칙의 필연성과 인과의 필연성이 동일하다는 점은, 포괄법칙적 설명과 인과적 설명이 왜 설명력을 갖는지 명확히 밝혀줄 것이다.

3장에서 논의된 인과적 순서와 우연의 일치를 다시 생각해 보자. 인과적 순서는 결과가 원인에 의해 야기되고, 생산되며, 원인의 발생으로 인해 일어나고, 원인에 의해 필연적으로 발생하는 순서로 추정된다. 우리는 이 점을 다음과 같이 표현할 수 있다. "만약 원인이 발생하지 않았더라면, 결과도 발생하지 않았을 것이다." 이는 우리가 법칙의 필연성을 이해하려 할 때 마주쳤던 반사실적 진술의 한 종류다. 이와 대조적으로, 우연의 일치에서는 첫 번째 사건과 두 번째 사건 사이에 그러한 필연적인 관계가 없다. 그런데 이 인과적 필연성은 무엇으로 구성되는가? 흄이 지적했듯이, 우주 어디에서도 원인과 결과 사이에 "접착제" 또는 관찰적으로나 이론적으로 감지할 수 있는 다른 연결고리가 있는 것 같지는 않다. 우리는 미시적인 수준에서조차 그저 한 사건이 다른 사건 뒤에 따라오는 것을 볼 뿐이다.

다음 사고 실험을 해보자. 당구공 하나가 다른 당구공을 쳤을 때 두 번째 공이 움직이는 상황을 생각해 보자. 첫 번째 공에서 두 번째 공으로 운동량이 전달되었다는 것은 첫 번째 공이 움직인 다음 두 번째 공이 움직였다는 것을 다르게 표현하는 방식일 뿐이다. 결국 운동량은 (질량×속도)이고 질량은 변하지 않았으므로, 운동량이 전달될 때 속도가 변했음에 틀림없다. "만약 운동량이 두 번째 공으로 전달되지 않았더라면, 그 공은 움직이지 않았을 것이다"라는 반사실적 진술을 생각해 보자. 왜일까? 당구공을 구성하는 분자 수준에서 무슨 일이 일어났는지 고려하는 것이 도움이 될까? 분자들 사이의 거리는 점점 줄어들다가, 공들이 분리되면서 다시 늘어나기 시작했다. 그러나 관찰 가능한 수준 아래에서 일어난 다른 일은 없다. 첫 번째 당구공의 분자들이 앞으로 나아가는 속도가 느려지고, 이어서 두 번째 당구공을 구성하는 분자들의 앞으로 나아가는 속도가 빨라졌을 뿐이다. 말하자면, 첫 번째 분자 집합에서 어떤 것이 튀어나와 두 번째 분자 집합에 도달한 것도 아니고, 첫 번째 분자 집합이 손을 뻗어 두 번째 분자 집합을 밀어낸 것도 아니다. 더 깊은 수준, 예를 들어 원자나 원자를 구성하는 쿼크와 전자의 수준에서 사고 실험을 시도해도, 우리는 여전히 한 사건이 다른 사건 뒤에 따라오는 일련의 사건만 보게 될 것이다. 단지 이번에는 사건들이 원자보다 작은 수준일 뿐이다. 사실, 첫 번째 공 표면에 있는 분자들의 외곽 껍질 전자들은 두 번째 공 표면에 있는 가장 가까운 분자들의 외곽 껍질 전자들과 접촉조차 하지 않는다. 이들은 가까워졌다가 '반발', 즉 가속하며 멀어진다. 우리가 아무리 깊이 파고들어도, 우리가 감지하거나 상상할 수 있는 원인과 결과를 함께 묶어주는 접착제나 시멘트는 없는 것처럼 보인다.

만약 우리가 원인과 결과의 개별 사례들 사이의 필연적인 연결이 무엇인지 관찰하거나, 감지하거나, 심지어 개념화할 수 없다면, 인과적 설명이 어떻게 작동하는지 또는 왜 법칙이 설명력을 가지는지에 대한 설명을 제시할 가능성은 희미해진다. 적어도 논리실증주의자들이 형이상학을 피하면서 이를 수행하려 했던 희망은 이루기 어려울 것이다. 설명력을 가진 법칙과 우연적 일반화의 차이, 그리고 인과적 순서와 단순한 우연적 일치의 차이는 과학 자체로는 밝힐 수 없는 일종의 필연성인 것처럼 보인다. 만약 법칙이 인과적으로, 물리적으로, 법칙적으로 필연적이라는 주장으로 '왜 법칙이 설명하는가'라는 질문에 답했다면, 가장 근본적으로 인과적, 물리적, 법칙적 필연성이 무엇인가라는 질문은 여전히 답을 찾지 못한 상태다. 이 질문에 답하는 것은 과학철학을 형이상학과 인식론의 가장 먼 영역으로 이끌고, 그곳에 올바른 답이 있을 수 있다.

법칙적 필연성 이해하기

논리실증주의자들은 형이상학이 인지적 의미가 결여되어 있다는 이유로 법칙적(또는 동의어로 'nomic') 필연성과 인과적 필연성의 본질에 대해 논의하기를 거부했을 수도 있다. 그러나 일단 우리가 법칙은 실제로 반사실적 조건문을 지지하는 반면, 우연적 규칙성은 그렇지 않다는 것을 받아들이면, 우리는 이 차이가 무엇에서 비롯되는지에 대한 설명을 제공해야 하는 도전을 피할 수 없다.

이 문제에 대한 초기 시도들은 이전의 논리실증주의자들과 논리경험주의자들(에이어(A. J. Ayer)가 그 대표적 예이다)에 의해 이루어졌다. 이들은 자연법칙에 대한 어떤 '형이상학적' 사실을 규명하는 대신, 법칙 자체에 대한 우리의 태도나 믿음에서 어떤 인식론적 차이를 찾는 것으로 과제를 대체하려 했다. 그들의 아이디어는 법칙적 필연성의 징표들을 바로 법칙적 필연성 자체라고 간주하는 것이었다. 법칙과 우연적 규칙성의 차이는 과학자들이 그것들을 어떻게 다루는지의 문제로 여겨졌다. 즉, 어떤 규칙성이 소수의 실험만으로도 받아들여지고, 그 실험의 자료를 설명하는 것으로 인정되며, 관찰되지 않은 사건과 과정에 대한 반사실적 진술을 지지하고, 더 일반적인 규칙성에 의해 설명될 수 있다면 그것은 법칙이다. 그렇지 않다면, 그것은 단지 우연적 규칙성일 뿐이다.

이러한 접근은 자연법칙을 그것이 무엇인지에 대해 우리가 제시한 최선의 과학적 가설로 오인하는 문제를 갖는다. 물론 우리는 자연법칙에 대한 최선의 추측을 위에서 설명한 방식으로 다룬다. 잘 설계된 실험의 몇 차례 반복 후에 그것들을 받아들이고, 설명에 사용하며, 우리가 받아들이는 다른 가설들과 연결하려고 노력하고, 그것에 따라 반사실적 진술의 진위를 판단한다. 그러나 과학은 오류 가능성이 있으며, 우리는 종종 자연법칙을 식별하는 데 있어 실수하는 것으로 판명된다. 하지만 자연법칙은 반드시 참이어야 하지 않는가? 우리는 포괄법칙 모델이 과학적 설명에서 법칙을 포함한 설명항이 참이어야 한다고 요구하는 것과 관련하여 이 문제를 이미 인식했다. 우리가 최선의 추측을 다루는 방식이 우리가 아직 알지 못하거나 알지 못할 수도 있는 법칙과 우연적 규칙성을 구별하는 기준이 될 수는 없다.

문제는 알려져 있든 알려지지 않았든, 단순한 규칙성과 법칙을 구별하는 어떤 성질이나 특징을 찾는 것이다. 형이상학적 문제에 대한 인식론적 해결책은 만족스럽지 않은 경우가 많으며, 우리는 앞으로 이를 다시 보게 될 것이다.

많은 철학자들은 법칙적 필연성 문제가 형이상학적 해결책을 요구한다는 것을 인식했지만, 논리실증주의자들이 경험적 내용이 결여된 '사치스러운 사변'이라 낙인찍을 수 있는 문제에 관여하기를 꺼렸다. 그들은 잘 이해되고 있는 것처럼 보이는 논리적 필연성 외에 또 다른 필연성을 추가하는 것을 원치 않았다. 논리경험주의에 동조하는 철학자들은 자연법칙이 무엇인지에 대한 설명을 제시했다. 이 설명에 따르면,

자연법칙은 단지 논리적 필연성만 있으면 되고, 누군가 알아차리거나 믿는 것과는 독립적으로 존재하는 실재에 대한 명제나 진술만 있으면 된다. 명제는 문장과 다르다는 점에 주목하라. 특정 언어의 문장들은 명제를 표현하지만, 명제와 동일하지는 않다. 예를 들어, 영어 "It is raining", 독일어 "Es regnet", 프랑스어 "Il pleut"를 생각해 보라. 이들은 모두 동일한 명제를 표현하는 세 가지 문장이며, 명제는 이 세 문장과 구별되는 것으로 추정된다. 어떤 종류든 추상적 대상의 존재가 일단 인정되면, 문장과 구별되는 명제의 존재는 비교적 논쟁의 여지가 없는 주장인 것처럼 보인다. 그러나 이는 완전히 논쟁의 여지가 없는 것은 아니다. 왜냐하면 어떤 종류의 추상적 대상이 **'존재론'**(실제로 존재하는 것들의 목록)에 받아들여지면, 다른 추상적 대상도 받아들여야 할 수도 있기 때문이다. 여기에는 사물과 독립된 성질, '보편자'(universals), 숫자 기호(numerals), 수(number) 개념 등이 포함된다.

명제의 존재가 법칙과 단순한 우연적 규칙성을 구별하는 데 어떻게 도움이 될 수 있을까? 시간의 시작, 즉 빅뱅 이후부터 우주의 역사를 구성하는 특정한 사실의 모든 국지적 문제를 생각해 보자. 이 사실들의 집합은 무한한 시간 동안 지속될 수도 있고, 그렇지 않을 수도 있으며, 무한한 수의 사건을 포함할 수도 있고, 포함하지 않을 수도 있다. 그럼에도 불구하고, 이 사실들 중 일부 또는 전부를 기술하는 많은 명제 집합이 존재할 것이다. 어떤 집합들은 이 모든 것을 기술하겠지만, 마치 연감에 실린 서로 무관한 사실들의 목록처럼, 상호 아무런 관계가 없어 체계적이지 않을 것이다. 이 진술들의 집합은 내용이 풍부하지만, 우주에 관한 기술에서 체계적인 단순성이나 경제성이 부족하다.

다른 명제 집합들은 특정한 사실들의 국지적 문제들에 관한 기술이 그렇게 완전하지 않을 것이다. 그러나 그것들은 유클리드 『기하학 원론』의 공리와 정리처럼, 진술들 사이의 함축 관계를 표현하는 논리적 체계로 조직될 것이다. 공리로부터 집합 내의 모든 다른 명제들이 논리적으로 도출될 수 있을 것이다. 이러한 체계는 우주 역사에서 발생하는 모든 특정한 사실들을 기술하지는 않겠지만, 완전한 "연감적 기술"보다는 훨씬 더 경제적이고 체계적일 것이다.

특정한 사실의 국지적 문제들을 거의 모두 합친 것을 기술하는 이러한 공리 체계들이 많이 있을 것이다. 이 공리와 정리의 연역 체계가 더 많은 특정한 사실을 기술할수록, 사실들을 기술하는 데 필요한 공리는 더 복잡하고 많아지고, 정리는 더 적어진다. 반대로 공리가 더 적고 단순할수록, 더 많은 정리가 필요하고 많은 특정한 사실을 기술하지 못할 것이다. 이제 특정한 사실에 관한 기술에서 단순성(simplicity)과 강력함(strength)을 최적으로 결합하는 공리 체계들을 생각해 보자. 이 '최선의'(best) 공리 체계들에는 "모든 A는 B다", "c일 때마다 e이다", "만약 F라면 G이다"와 같은 보편 형식의 진술들이 많이 포함될 것이다. 자연법칙은 특정한 사실에 관한 기술에서 단순성과 강력함을 최적으로 결합하는 모든 이러한 진술 체계들의 공리 또는 정리인 명제들일 것이다. 위의 플루토늄 구체에 대한 일반 진술은 (양자역학에서 도출되기 때문에) 단순성과 강력함이 동등한 모든 공리 체계의 정리 중 하나일 것이다. 이와 대조적으로, 금 구체에 대한 일반 진술은 이러한 최선의 체계 중 어떤 것의 공리나 정리도 아닐 것이다. 만약 우리가 그것을 어떤 공리 체계에 포함하려면, 공리로 추가해야 할 것이고, 그렇게 하면 특정한 사실을 기술하는 데 있어 큰 이득 없이 단순성은 심하게 감소할 것이다.

따라서 어떤 언어의 문장이 법칙을 표현한다는 것은, 그 문장이 우주 역사에 존재하는 모든 특정한 사실들의 모든 국지적 문제를 기술하는 데 있어 단순성과 강력함의 최선의 조합을 이룬 모든 연역 체계에서 공리이거나 정리인 보편 형식의 명제를 표현한다는 것을 의미한다. 법칙적 필연성이 무엇으로 구성되는지에 대한 이 분석은 종종 '최선의 체계'(best-systems) 설명이라고 불린다. 그 지지자들은 현대철학자 루이스(David Lewis)로부터 제1차 세계대전 이후의 영국 철학자 램지(Frank Ramsey)를 거쳐 19세기 경험론자 밀(John Stuart Mill)까지 거슬러 올라간다.

법칙적 필연성에 관한 이 이론은 여러 매력을 가지고 있다. 첫째, 모든 법칙이 속하는 공리 체계들은 사실상 '세계에 관한 이론들'이므로, 법칙이 과학적 기술의 더 큰 단위와 연결된다. 이 체계들은 (만약 설명이 연역이라면) 우주 역사에 존재하는 특정한 사실들의 국지적 문제들 사이의 모든 규칙성을 기술하고 설명한다. 둘째, 이 접근은 진술들이 논리적으로 필연적인 연역 관계로 서로 연결된 공리 체계에만 호소함으로써, 자연적 또는 법칙적, 물리적 필연성 개념을 잘 이해되는 논리적 필연성 개념으로 분석한다. 셋째, 최선의 체계 이론은 형이상학적으로 겸손하다. 즉, 그것은 법칙적으로 연결된 사건들을 함께 묶어주지만, 경험적으로는 감지할 수 없고 단순한 우연의 일치에서는 존재하지 않는, 어떤 접착제를 가설로 설정하지 않는다.

법칙적 필연성에 관한 최선의 체계 이론은 여러 중요한 도전에 직면한다. 이러한 반론들은 공통적으로 최선의 체계가 에이어와 그와 같은 다른 논리경험주의자들의 포스트실증주의적 견해와 충분히 다르지 않다고 비판한다. 최선의 체계 이론은 (에이어의 견해와 마찬가지로) 충분히 "마음-독립적"이지 않다는 것이다. 그 이론은 물리적 필연성의 정체성을 "대상에 내재된" 어떤 형이상학적 사실, 즉 특정한 사실들의 국지적 문제들에서 또는 세상에 대한 우리의 믿음과 독립적인 다른 사실들에서 제공하지 않는다. 문장과 명제, 그리고 그들 사이의 논리적 관계는 어떤 인지 주체가 그것들을 생각하거나 논리적 관계를 생각하는지와 관계없이 존재하기 때문에, 그렇게 하는 것처럼 보일 수도 있다. 그러나 "최선의 명제 체계"를 선택하기 위한 기준으로서 단순성과 강력함이 도입되는 순간, 우리는 언어의 문장을 도입해야 하고, 문장도 그것을 표현하는 언어도 요구되는 방식으로 마음-독립적이지 않다.

왜 우리는 언어의 성질로 단순성과 강력함을 측정해야 하는가? 단순성을 생각해 보자. 인지 주체가 공리 체계를 사용하는 목적을 고려하지 않고 이 특징을 규정할 수 있을까? 한 체계가 다른 체계보다 단순하다는 것은 아마도 더 적은 공리를 포함하기 때문일 것이다. 그러나 어떤 명제 체계든, 아무리 많은 명제를 포함하더라도, 모든 명제의 연언이나 또는 나머지 명제들을 논리적으로 함축하는 모든 공리의 연언으로 구성된 단 하나의 공리만을 가진 체계로 바꿀 수 있다. 이러한 공리 체계는 최선의 체계 이론이 요구하는 의미에서의 가장 단순한 체계가 아니다. 최선의 체계는 인지 주체가 가능한 한 많은 특정한 사실들을 설명하기 위해 체계를 사용하는 용도에 맞춰 단순성과 강력함을 최적으로 결합한 것이다. 만약 설명이 근본적으로 실용적이고 인식론적인 활동이라면, 최선의 체계 접근은, 주제를 법칙에서 가설로 바꾸고 가설과 단순한 우연적 규칙성의 차이를 알려주는, 논리경험주의적 접근보다 크게 나을 것이 없다. 그리고 만약 설명이 포괄법칙에 의한 것이라면, 최선의 체계 분석은 우리가 특정 언어로 명제를 진술하고, 설명항으로부터 피설명항을 연역하는 것이 타당함을 보여줄 것을 요구할 것이다. 어느 쪽이든, 체계의 특징으로서의 단순성은 과학자들이 판단할 문제이지, 그들의 사고와 독립적인 세계에 관한 사실의 문제가 아닐 것이다.

최선의 체계 접근에 대한 더 명백한 반론들이 있다. 만약 단순성이나 강력함에 대한 객관적인 기준이 없다면 어떻게 될까? (단순성이 더 중요하다고 생각하는) 칸트주의자와 (강력함이 더 중요하다고 생각하는) 경험론자 사이의 의견 불일치를 어떻게 해결할 수 있을까? 단순성과 강력함은 악명 높을 정도로 모호하다. 만약 그 모호성을 제거할 수 없다면, '키가 작은 사람'이 모호한 범주에 속하는 것처럼, 자연법칙도 모호한 경계 사례를 가지는 범주로 판명될까? 자연법칙이라는 범주가 모호하다고 가정할 다른 이유는 없어 보이므로, 이는 심각한 문제다. 더 나쁘게도, 특정한 사실들을 기술하는 데 있어 최적의 단순성과 강력함을 가진 여러 공리 체계가 있고, 그것들이 공리나 정리로 공통된 명제를 전혀 또는 거의 공유하지 않는다면 어떻게 될까? 우리는 자연법칙이 없거나 소수만 있다고 말해야 할까?

이러한 반론들은 우리가 법칙적 필연성에 대한 대안적 설명을 고려할 때 덜 심각하게 들리기 시작할 것이다. 그 대안은 플라톤으로 거슬러 올라가는 철학적 계보를 가지고 있다! 이 대안은 한편으로는 몇몇 현대 과학철학자들만이 편안하게 받아들일 방식으로 형이상학적으로 과장되어 있지만, 동시에 다른 어떤 이론도 전혀 설명할 수 없는 자연법칙의 몇 가지 중요한 특징에 기초하고 있다.

"모든 포유류만이 새끼를 살아있는 상태로 낳는다"는 것은 법칙으로 보이며, "모든 포유류는 4개의 심실을 가진 심장을 가지고 있다"도 마찬가지다. 이 두 명백한 법칙으로부터 "새끼를 살아있는 상태로 낳는 모든 동물은 4개의 심실을 가진 심장을 가지고 있다"는 논리적으로 도출된다. 그러나 이 후자의 진술은 법칙으로 보이지 않을 수 있다. 물론 이것은 참이며, 두 법칙의 참에 의해 참이 된다. 그러나 포유류라는 성질에는 법칙이 요구하는 방식으로 이 성질들을 서로 연결하는 어떤 것도 없는 듯하다. 우리는 어떻게 타당한 논증을 통해 두 법칙으로부터 법칙이 아닌 것으로 이동했을까? 우리가 한 것은 포유류라는 성질을 새끼를 살아있는 상태로 낳는다는 성질로 대체했을 뿐이다. 이 두 성질은 정확히 동일한 사물들, 즉 포유류에 의해 공유된다. 하지만 이것이 법칙을 법칙이 아닌 것으로 바꾸었다. 만약 법칙이 그것이 기술하는 세계의 특정한 사물에 관한 것이라면, 이런 일이 일어나서는 안 되는 것 아닌가? 만약 법칙이 실제로는 세계의 사물, 즉 특정한 사실의 국지적 문제들에 관한 것이 아니라, ***성질***(properties)에 관한 것이라면 어떨까? 이 아이디어는 2,400년 전 플라톤으로 거슬러 올라가는 법칙적 필연성에 대한 형이상학적 설명의 핵심이다.

이 지점에서 부득이 몇 가지 용어를 도입해야 한다. 플라톤과 그 이후의 많은 철학자들은 성질이 존재하며, 이것이 우리가 그것들의 이름을 붙이는 데 사용하는 성질-단어(술어, predicates)와 혼동되어서는 안 된다고 주장했다. 이 구분은 언어의 문장과 그것들이 표현하는 명제 사이의 구분과 동일하다. 'Red', 'rouge', 'rot', 'rojo'는 모두 동일한 성질을 기술하는 단어, 즉 술어이다. 그 성질은 모든 빨간 사물들이 공통으로 공유하는 무언가이다. 플라톤은 이 술어들에 의해 이름 붙여지고 빨간 사물들에 의해 공유되는 성질 '붉음(redness)'이라는 성질이 그 자체로 또 다른 것, 즉 (수와 명제와 함께) 추상적인 것이라고 주장했다. 예를 들어, 특정한 빨간 사물들과 '붉음' 사이의 대조를 강조하기 위해 철학자들은 '붉음'과 같은 성질을 '보편자'(universals)라고 부른다. 보편자들이 존재하며, 보편자들이 (수와 명제뿐만 아니라) 그것들을 예화하는 특정한 사물들(또는 수의 경우 그것들에 의해 세어지는 사물들, 명제의 경우 그것들을 참으로 만드는 것들)과 독립적으로 존재한다는 논제는 수 세기 동안 '플라톤적 실재론'(Platonic realism)의 줄임말인 '실재론'(realism)으로 불려왔다. (많은 철학자들은 자신들이 '강건한 실재론'(robust sense of realism)이라고 부르는 주장 때문에 추상적 대상의 존재를 부인해 왔기 때문에 이 용어는 혼란을 일으킬 수 있다. 더욱이, 8장에서 우리는 과학철학의 아주 다른 논쟁에 붙여진 이름인 '과학적 실재론'(scientific realism)이라는 용어가 '실재론'과 다르게 사용되는 경우를 마주하게 될 것이다.) 그러나 플라톤적 실재론은 성질, 수, 명제가 그것들의 사례, 그것들이 세는 것, 그것들을 참으로 만드는 것과 독립적으로 존재한다는 학설로 철학자들 사이에서 널리 인정된다. 플라톤의 추종자가 아니더라도 많은 철학자가 수년간 이 주장을 받아들여 왔다. 경험론자들은 거의 모두 이 주장을 거부한다. 그들은 '명목론자'(nominalists)로서, 언어의 성질-단어인 술어가 실재하는 추상적 대상, 즉 구체적인 사물들과 사실들로부터 독립적인 성질, 수, 명제 등을 지칭하거나, 그 존재를 필요로 하지 않는다고 주장한다.

보편자에 대한 실재론이 법칙적 필연성을 이해하는 데 어떻게 도움이 될까? 일부 영향력 있는 과학철학자들이 주장하듯이, 법칙이 세계의 사물들, 즉 특정한 사실들 사이의 관계를 기술하는 것이 아니라고 가정해 보자. 대신, 법칙이 보편자들 사이의 관계, 즉 추상적인 사실들을 기술한다고 가정해 보자. 따라서, "물은 얼면 팽창한다"는 것은 '물이 되는' 성질과 '얼 때 팽창하는' 성질이, 그것들의 사례들이 "함께 간다"(go together)는 사실을 넘어서서, 서로 함께 간다는 것을 진술한다. 이 견해에 따르면, 추상적인 성질들이 '함께 가기' 때문에, 그것들의 사례들, 즉 '물이 되는' 특정한 경우들과 '얼 때 팽창하는' 특정한 경우들이 함께 ***가야만 한다***. 법칙 속의 보편자들이 '함께 간다'는 사실은, '물이 되는' 모든 특정한 사례들이 '얼 때 팽창하는' 특정한 사례들과 함께 발생하는 것에 필연성을 부여한다.

이 이론에는 몇 가지 장점이 있다. 첫째, 법칙으로 연결된 특정한 사실들 사이에서 어떤 '접착제'도 발견하지 못하는 것은 놀라운 일이 아니다. 왜냐하면 법칙적 필연성을 부여하는 진정한 작업은 특정한 사물들 사이가 아니라 보편자들 사이의 관계로 이루어지기 때문이다. 둘째, 서로 다르지만 정확히 동일한 사례들을 가진 성질들을 서로 바꿀 때 법칙이 법칙이 아닌 것으로 변하는 이유가 명백해진다. 이 이론은 또한 법칙이 반사실적 진술을 지지하고 우연적 규칙성이 그렇지 않은 이유를 설명하는 데 아무런 문제가 없다. 예를 들어, 이 이론은 특정 크기의 플루토늄 덩어리가 폭발했을 것이라는 반사실적 진술은 참인 반면, 특정 크기의 금 덩어리에 대한 유사한 반사실적 진술은 참이 아닌 이유를 설명할 것이다. 이 이론은 특정 크기의 플루토늄 덩어리가 되는 것과 폭발하는 것의 성질들과 보편자들이 '함께 간다', 아마도 "인과적으로 관련되어 있다", "법칙적 필연성으로 묶여 있다"라는 동등하게 추상적인 관계로 서로 연결되어 있다고 알려줄 것이다.

실재론의 또 다른 장점은, 보편자들이 수나 명제처럼 존재한다면, 모든 인지 주체의 생각과 완전히 독립적으로 존재한다는 것이다. 따라서 이 접근은 최선의 체계 이론과 그 이론의 경험론적 선구자가 가진 문제들을 피한다. 법칙은 독립적으로 존재하는 보편자들에 관한 것이며, 그 보편자들은 특정한 사례들을 관찰함으로써 추론하여 발견되기를 '바깥에서' 존재하며 기다리고 있다. 법칙이 보편자들 사이의 관계라는 실재론의 주장은 분명히 형이상학적으로 과장된 이론이다. 실재론은 이러한 과장 때문에 많은 질문에 직면한다. 아마도 가장 먼저 직면하는 질문은 플라톤이 모든 빨간 사물들이 공통으로 공유하는 보편자 '붉음'이 어떻게 그 사물들이 빨갛다는 것과 관련될 수 있는지 설명하려 했을 때 직면했던 것이다. 결국, 보편자 '붉음'은 추상적이며, 시공간에 존재하지 않고, 원인이나 결과를 가질 수 없으며, 인과적으로 '비활성적'이다. 이러한 이유로 아리스토텔레스는 그러한 추상적 보편적 성질이 존재한다는 플라톤의 생각을 거부했다.

현대의 보편자 이론은 이와 동일한 문제와 그와 유사한 여러 문제에 직면한다. 이 이론은 한 보편자와 다른 보편자 사이의 관계가 어떻게 실제 세계에서 그들의 특정한 사례들 사이의 관계로 전환되고, 그 관계를 단지 우연히 관련된 성질들의 사례들 사이의 관계와 다르게 만드는지 설명해야 한다. 이 문제들에 대한 침묵 때문에 실재론에 대한 반대자들은 그 이론이 법칙과 우연적 규칙성을 구별하는 문제에 단지 신비만 추가한다고 불평한다.

또한 두 번째 문제도 있다. 보편자들이 존재한다고 가정할 때, (여기서는 "함께 간다"라고 명명된) 그것들 사이의 관계가 무엇이기에 그들이 함께 간다는 진술을 법칙으로 만드는가? "함께 간다"는 말 자체는 은유이다. 왜냐하면 문자 그대로의 의미에서 사물들이 같은 시간과 장소에서 발생할 때만 함께 가기 때문이다. 그러나 보편자는 추상적이다. 그것들은 어떤 시간이나 장소에도 존재하지 않거나, 아니면 모든 시간과 장소에 존재한다. 따라서 문자 그대로 해석할 때, "함께 간다"라는 것은 보편자들이 어떻게 그들의 특정한 사례들의 동시 발생에 필연성을 부여하는지를 실제로 밝혀주지 못한다.

이 이론의 일부 지지자들은 법칙에서 보편자들이 필연적으로 연결되어 있고, 이것이 그들의 특정한 사례들에 필연적 연결을 부여하는 것이라고 주장한다. 이 견해는 인기가 없다. 왜냐하면 단순히 법칙이 어떤 종류의 필연성을 가지는가에 대한 질문을 처음부터 다시 제기하기 때문이다. 어떤 자연법칙이든 그것이 거짓인 상황을 상상할 수 있으므로, 법칙은 논리적으로 필연적일 수 없다고 종종 여겨진다. 하지만 가령, 중력 인력에 대한 역세제곱 법칙을 상상하는 것이 논리적 가능성을 보여주지 못하는 것처럼, 상상 가능성이 논리적 가능성을 가늠하는 척도가 아니라고 가정해 보자. 그 경우, 자연법칙이 논리학의 법칙과 동일한 방식으로 필연적일 수도 있다. 물론 이것은 새로운 문제를 야기한다. 논리학 및 과학의 법칙이 무엇을 필연적 참으로 만드는지 알아내야 한다. 왜냐하면 우리는 더 이상 상상 불가능성을 논리적 필연성이나 다른 종류의 필연성 위반의 척도로 사용할 수 없기 때문이다.

그럼에도 불구하고, 최근 수십 년 동안 일부 철학자들은 적어도 일부 법칙들이 논리학의 법칙이 가지는 종류의 필연성을 공유해야 한다고 주장해 왔다. 그들이 논리학의 법칙과 동일한 강력함과 동일한 의미의 필연성 때문에 필연적으로 참이라고 주장하는 제한된 범위의 법칙들은 "모든 물은 H_2O이다", "열은 분자 운동과 동일하다"와 같은 구조적 동일성을 보고하는 것들이다. 이 주장을 뒷받침하는 논증은 과학적이지 않다. 그 논증은 '물'과 '열'과 같은 단어들이 그것들의 사례들을 어떻게 지칭하거나 명명하는지에 대한 이론에 의존한다. 이 이론을 개별적으로 발전시킨 세 명의 철학자, 마커스(Ruth Marcus), 퍼트넘(Hilary Putnam), 크립키(Saul Kripke)에 따르면, "물"은 우리가 지구에서 마주치는 특정 물질의 표본을 지칭하여 정의된다. 우리가 또는 "물"이라는 용어를 처음 만든 사람이 마주친 그 표본이 실제로 H_2O이기 때문에, 우주 어디에서든, 심지어 다른 가능한 (상상 가능하지만 실제가 아닌) 세계에서도 H_2O로 구성된 동일한 구조를 가지지 않는 한, 우리는 그것을 물로 간주하지 않을 것이다. 따라서 "물은 H_2O이다"라는 법칙은 논리학의 법칙처럼 모든 가능 세계에서 참이기 때문에 필연적 진리여야 한다. 이 이론은 물이 H_2O라는 것을 아는 데 상당한 양의 실험과 관찰이 필요하다는 것을 인정한다. 논리학의 법칙과는 달리, 이러한 동일성을 보고하는 법칙들은 ***선험적으로*** 알려진 것이 아니지만, 여전히 마찬가지로 필연적으로 참이다.

구조적 동일성을 보고하는 일부 법칙들이, 그 부정이 상상 가능하지만, (논리적으로 또는 '형이상학적으로') 필연적이라고 주장하는 이 이론이 보편자들 사이의 연결이나 다른 법칙적 필연성에 관한 설명의 본질을 명확히 하는 데 도움이 될 수 있을까? 이 이론은 동일성을 기록하는 법칙에만 적용되므로 그 세부 사항을 즉각적으로 적용하는 데는 한계가 있다. 그러나 실제로 이것은 필연성의 본질에 대한 전체 문제를 훨씬 더 어렵게 만드는 것처럼 보인다. 우리는 논리적 필연성을 논리학 법칙들의 작동을 반영하는 것으로 다룰 수 있다고 생각했다. 이것들은 그들의 부정을 상상하려는 시도를 통해 우리가 선험적으로 아는 법칙들이다. 만약 우리가 더 이상 상상 가능성을 논리적 또는 형이상학적 가능성의 시험으로, 그리고 상상 불가능성을 논리적 또는 형이상학적 필연성의 시험으로 다룰 수 없고, 논리학의 법칙을 자연법칙에 동화시켜야 한다면, 우리의 문제는 줄어든 것이 아니라 더 심각해진 것이다.

명백한 것을 부정하는가?

법칙과 우연적 규칙성의 구분에서 발생하는 문제들은 매우 어렵다. 이러한 문제들을 접하면 논리실증주의자들이 그것들을 그저 폄하하는 의미에서 사변적 형이상학으로 치부하려 했던 시도를 이해하고 공감하게 될 것이다. 불행히도, 검증 원리(principle of verification)를 포기하는 순간, 우리는 그러한 질문들을 배제할 근거가 없어진다. 하지만 어쩌면 우리는 이 구분이 아예 필요 없을지도 모른다. 적어도 일부 과학철학자들은 이런 견해를 가지고 있다.

이들 중 일부는 추상적 대상의 존재를, 또는 적어도 모든 종류의 과학이나 심지어 사유에서의 역할을 부정할 것이다. 그들은 우리가 형이상학에서 명제, 수, 성질을 받아들일 필요가 없거나, 과학을 이해하는 데 형이상학에 호소할 필요가 없다고 주장할 것이다. 이 철학자들에게는 문장, 숫자, 술어와 같은 것들만으로 충분하다. 그들은 법칙과 우연적 일반화의 차이는 단지 우리가 어떤 문장을 다른 문장과 다르게 다루는 방식에 의해 주어진다고 주장할 것이다. 소수의 실험 후에 우리가 받아들이는 문장들은 법칙으로 간주될 수 있다. 그 문장들은 참이라고 생각되는 반사실적 진술을 뒷받침하기 위해 우리가 의지하는 것이며, 우리의 설명적 호기심을 충족시키는 것이다. 물론 우리와 과학은 모두 오류 가능성이 있다. 시간이 지나면서 우리는 어떤 가설을 법칙으로 간주할 것인지에 대해 생각을 바꾼다. 그러나 이러한 철학자들에게는, 하나의 규칙성이 과학에서 법칙이 하는 일을 수행하기 위해 필요한 유일한 조건은 바로 그것이 법칙으로 취급되는 것뿐이다. 이 철학자들은 흄으로부터 영감을 받았다고 주장한다. 흄은 그의 저작 일부에서 법칙이란 사건이나 상태 사이의 항상적 결합에 대한 참된 진술 이상의 아무것도 아니라고 주장했다. 만약 실제로 우주 역사 전체에 존재했거나 존재할 모든 금 구체의 지름이 1킬로미터보다 작다면, 이것은 자연법칙이다. 그것이 반사실적 진술을 지지하지 못하는 것은 단지 우리가 대상에 어떤 필연성이 있다는 환상을 유지하고 있음을 보여줄 뿐이다. 이 견해를 채택하는 철학자와 과학자들은 법칙적 필연성을 설명해야 한다는 것을 단순히 부정함으로써 그 문제를 깔끔하게 해결할 것이다. 그러나 이제 그들은 과학적 설명에서 법칙의 필수 불가결함을 밝히기 위한 자원이 없다.

법칙의 역할을 보존하면서 법칙적 필연성을 거부하는 사람들과 달리, 일부 다른 사람들은 법칙을 거부하고 필연성에 매달리려 했다. 이 철학자들은 자연에 법칙 자체가 없다고 부정함으로써 법칙과 우연의 일치를 구별하는 문제를 해결한다. 이 견해의 저명한 지지자는 카트라이트(Nancy Cartwright)이다. 카트라이트는 과학적 설명이 자연에 존재하는 어떤 예외 없는 보편적 규칙성을 끌어들인다는 것을 부정할 준비가 되어 있다. 여기에는 뉴턴의 법칙들과 그것들의 양자역학적·상대론적 후속 법칙들도 포함된다. 물론 우리는 과학적으로 만족스러운 설명에서 이러한 법칙들을 표현하는 것처럼 보이는 문장들을 사용한다. 그러나 그 설명들은 그들이 언급하는 "법칙"이 세계에 대해 참이라고 생각할 이유를 제공하지 않는다. 예를 들어, 중력의 역제곱 법칙을 생각해 보자. 우주에 있는 모든 물체는 또한 정전기 법칙의 영향을 받기 때문에, 중력에만 호소하는 그들의 행동에 대한 설명은 불완전할 것이다. 물체의 행동에 대한 예측은 같은 이유로, 아마도 매우 미미하고 설명 목적에는 중요하지 않을 수 있지만, 틀릴 것이다. 그러나 카트라이트는 물체에 항상 작용하는 실제 힘은 중력과 정전기력 둘 다이며, 특정한 사실에 의해 구현되는 별개의 순수한 중력 법칙이 있다는 생각은 단지 거짓이라고 주장한다. 과학적 관행에서 우리는 작용하는 힘을 추상화하고, 먼저 중력 효과를 계산한 다음 정전기 효과를 계산하고, 만약 둘 다 물체의 경로에 상당한 영향을 미칠 만큼 충분히 강하다면 그것들을 결합한다. 그러나 카트라이트는 자연은 그렇게 작동하지 않는다고 주장한다. 자연은 항상 함께 작동하는 두 가지 별개의 힘으로 구성되어 있지 않다. 이것들은 (추상적 대상과 혼동하지 말아야 하는) 과학자들의 추상화일 뿐이다.

우주에 있는 모든 물체에 작용하는 중력 법칙 대신에, 우주에 있는 모든 물체는 중력을 행사하고 중력의 영향을 받는 능력(capacity) 또는 **성향**(disposition)을 가지고 있다. 이 성향들은 물체들이 야기하는 규칙성보다 더 근본적이며, 만약 이것이 참이라면, 성향들은 실제 과학적 설명에서 우리가 찾을 수 있는 어떤 법칙보다 훨씬 더 복잡하다.

성향이란 정확히 무엇인가? 성향은 어떤 대상이 그것을 나타내지 않을 때에도 가질 수 있는 것이다. 자석은 쇠붙이를 끌어당기는 성향, 즉 자성을 갖는다. 심지어 주변에 끌어당길 쇠붙이가 없을 때에도 그렇다. 인화성 액체는 불꽃이 닿으면 불이 붙는 성향을 가지고 있지만, 불꽃이 닿지 않으면 절대 타지 않을 수도 있다. 설탕은 용해성이 있지만, 어떤 설탕 조각은 액체에 놓이지 않아 절대 녹지 않을 수도 있다. 과학이 발견한 많은 중요한 성질들은 성향이다. 어떤 것이 성향을 가지고 있다는 진술은 그것에 대한 반사실적 진술을 지지한다. 이는 우리가 밝히고자 했던 종류의 자연적 필연성을 성향이 내포하고 있다는 확실한 증거이다. 간단한 예가 이를 보여준다. 만약 철 조각이 자성(성향)을 띤다면, 코일을 통과하여 움직일 때 전기장을 생성할 것이다. 왜 이 반사실적 진술이 참일까? 일부 철학자들은 자성과 전기를 뒷받침하는 법칙이 있기 때문이라고 말할 것이다. 카트라이트와 다른 철학자들은 그 반대라고 주장한다. 즉, 더 근본적인 것은 성향이며, 성향은 대상에 존재하고 우리는 그것을 감지할 수 있으며, 관련 종류의 필연성을 지니고, 불완전하지만 유용한 과학적 법칙의 기초가 된다.

전통적으로 경험론자들은 성향에 대해 조심스러워했다. 어떤 것이 성향을 가지고 있지만 그것을 자주 또는 전혀 발현하지 않는다는 주장은 시험하기 어렵고, 따라서 증거 없이 주장하기 쉽다고 보았기 때문이다. 경험론자들은 성향에 호소하는, 실제 사건에 대한 설명을 자주 조롱했다. 그들은 아편이 왜 사람을 잠들게 하는지 설명하는 인물을 조롱한 프랑스 극작가 몰리에르(Molière)를 인용한다. "아편은 사람을 잠들게 하는 성향인 '최면 효능'을 가지고 있다." 아편 표본에서 그 성향이 '기반하는' 탐지 가능한 별도의 특성(예를 들어, 화학 구조)을 찾을 수 없다면, 성향적 설명은 공허해질 위험이 있다.

이러한 이유로 경험론자들은 과학적으로 용인될 수 있는 성향은, 그러한 성향을 가진 대상의 구성에 대한 법칙과, 이 성향을 야기하는 대상의 구성 요소에 대한 경험적으로 시험 가능한 법칙의 관점에서 이해되어야 한다고 주장했다. 따라서 자석이 쇠붙이를 끌어당기는 성향은, 그 철 원자들이 전자기 법칙이 작용하여 자기장을 생성하도록 전자들을 균일하게 배열하는 구조로 되어 있다는 사실에 불과하다. 소금의 용해성은 염화나트륨 결합에 대한 화학 법칙과 물 분자와 같은 극성 분자가 그것들에 미치는 영향에 달려있다. 대상의 구성 요소가 어떻게 그것의 성향을 야기하는지에 대한 법칙이 없다면, 성향은 존재하지 않는다!

이러한 분석은 법칙을 근본적인 것으로 만들고, 성향을 그것을 가진 사물들의 구성 요소에 관한 법칙으로 만든다. 카트라이트의 이론은 분명히 이러한 개념적 의존성의 순서를 역전시킨다. 사물들이 가지는 성향이 근본적이다. 우리가 법칙이라고 생각하는 것은, 어떤 사물이 가지는 다른 무수한 성향들을 무시하고, 그 행동을 충분히 정확하게 설명하기 위한 단순화일 뿐이다. 그러나 실제로는 법칙이 없거나, 어쩌면 물리학에는 대상의 모든 성향을 전건에 포함하고 따라서 대상의 시공간을 통한 실제 경로를 결정하는 소수의 엄청나게 복잡한 법칙이 있을 수도 있다. 그러나 이러한 '법칙'은 과학자들이 관심을 가질 수 있는 어떤 것과도 너무 달라서 우리는 과학적 목적이나 심지어 철학적 목적을 위해 그것을 무시할 수 있다. 더욱이, 그러한 복잡한 법칙은 성향을 가지는 것과 그것을 나타내는 것 사이의 필연적 연결에서 법칙적 필연성을 물려받을 것이다. 즉, 자성을 띠는 것은 쇠붙이를 끌어당기는 것을 필연적으로 만든다.

법칙을 성향으로 대체하는 것은 법칙과 우연적 규칙성을 구별하는 문제를 해결할 수 있지만, 과학철학자에게 필연성에 대한 설명을 제공해야 하는 책임을 면제시키지는 못했다. 이제 그것은 성향과 그것이 나타나는 조건 사이의 관계로 나타난다. 이것은 여러 과학철학자와 형이상학자들이 기꺼이 받아들일 준비가 되어 있는 것이다. 이 철학자들은 논리실증주의의 형이상학에 대한 경직된 금지로부터 해방되어, 18세기 후반에 칸트가 저술하기 이전 시대의 합리론자들이 인식했을 정도로 법칙적 필연성에 대한 논쟁을 확장시켰다.

요약

과학자들이 자연법칙을 탐색하며, 그러한 법칙들이 우주의 역사에서 일시적이고 우연적으로만 존재하는 우연적 규칙성과 다르다는 것을 부정하기는 어렵다. 사실, 법칙은 우리가 알기로는 우주 역사 전체에 걸쳐 유효할 수 있는 우연적 규칙성과 다르며, 그보다 "더 강력하다"고 여겨진다. 법칙의 이러한 사실, 즉 전건과 후건을 필연적으로 연결하는 것처럼 보이는 이 사실은 설명될 필요가 있다. 이 과제는 과학이 다루지 않지만, 법칙이 왜 설명하는지 이해하려면 해결되어야 하는 문제임은 분명하다.

법칙과 우연적 규칙성의 차이는 법칙이 우리가 어떤 반사실적 조건문들을 참으로 받아들이고 어떤 것들을 거짓으로 거부하는지 결정하는 데 필수적이라는 사실에 반영된다. 그러나 이 역할만으로는 법칙과 우연적 규칙성 사이의 차이를 설명할 수 없다. 반사실적 진술에 대한 지지는 과학철학이 포착하려는 차이의 징표이다. 반사실적 진술에 대한 지지는 과학적이든 일상적이든 인과적 주장의 특징이기도 하다. 이것은 흄 이후 경험론자들이 주장해 온 법칙과 인과 사이의 연결을 시사한다. 물론 이 연결은 물리적 또는 인과적 필연성이 어디에서 오는가에 대한 문제의 심각성을 증폭시킬 뿐이다.

이 장에서는 그러한 여러 설명뿐만 아니라, 그 차이를 없애려는 시도, 심지어 과학자들의 법칙에 대한 애착을 단순한 발견적 도구로 치부하려는 시도들을 살펴보았다. 그러나 법칙의 존재를 부정하는 접근조차도 물리적 또는 자연적 필연성을 이해하는 문제를 피할 수 없다.

사실, 법칙의 본질에 대한 전체 논쟁은 과학철학의 문제들이 플라톤 이래로 철학자들을 사로잡았던 근본적인 문제들을 어떻게 반복하는지 보여준다. 법칙에 대한 실재론은 플라톤의 대화편으로 거슬러 올라가고, 그것의 부정은 아리스토텔레스의 유명한 저서 『형이상학』으로 거슬러 올라간다. 이 책은 그것의 이름을 딴 철학의 하위 분야를 탐구하는 시초가 되었다. 특정한 사실들인 대상들 안에서 필연성을 찾는 것은 로크(Locke)나 라이프니츠(Leibniz)와 같은 철학자들의 주된 관심사였던 반면, 버클리(Berkeley)와 흄(Hume)과 같은 다른 철학자들은 대상 그 자체에 그러한 형이상학적 '접착제'가 있을 수 없다고 주장했다. 이후 장들에서 우리는 과학을 과학을 이해하기 위해 서양철학의 이러한 영원한 문제들에 주목해야 하는 이유를 다시 보게 될 것이다.

학습 문제

1. 자연법칙의 대부분 예가 물리학과 화학에서 비롯되는 이유를 설명하라.
2. 본문에 따르면, 반사실적 조건문을 지지하는 것은 법칙적 필연성의 징표이지, 그것에 대한 설명의 일부가 아니다. 반사실적 지지가 법칙적 필연성을 구성하는 전부라고 주장할 수 있는가?
3. 우리는 가위가 자르거나 망치가 두드리는 것을 볼 때마다 인과를 직접 관찰할 수 있는가? 만약 그렇다면, 이것이 어떤 철학적 문제들을 해결할 수 있는가?
4. 과학적 설명의 본질에 대한 견해 중, 포괄법칙 접근과 화용론적 접근 중 어느 것이 법칙이 법칙적 필연성을 가진다는 주장을 필요로 하지 않는가?

5. 플라톤주의자는 철학자가 아닌 사람 중에는 거의 없지만, 많은 "과학적" 철학자들은 플라톤주의자이다. 그 이유를 설명하라.
6. 추상적 대상에 대한 실재론을 지지하는 몇 가지 주장을 제시하라.
7. 만약 자연법칙이 정의에 의해 참이라면, 그것들이 왜 필연성을 갖는지에 대한 문제는 쉽게 해결된다. 그 이유는 무엇이며, 그러한 주장을 제기할 수 있는가?
8. "자연법칙", "인과", "반사실적 진술" 중 어느 개념이 이해하기 더 어려운가? 이것이 법칙이나 인과와 같은 개념의 의미를 명확히 하는 데 어떤 함의를 가지는가?
9. 지지하거나 비판하기: "법칙적 필연성 문제는 논리실증주의자들이 피하려 했던 일종의 사이비 질문의 좋은 예이다. 그들은 그렇게 하는 것이 옳았다. 왜냐하면 이 문제는 해결될 수 없으며, 어떤 과학적 목적을 위해서도 해결될 필요가 없기 때문이다."

추천 도서

랑(M. Lange)의 『과학적 실천 속의 자연법칙』(*Natural Laws in Scientific Practice*)은 법칙의 본질과 모든 과학 분야에서의 그 역할을 포괄적이고 독창적으로 검토한다.

니일(W. Kneale)의 『확률과 귀납』(*Probability and Induction*)은 법칙의 자연적 필연성에 대한 강력하고 영향력 있는 설명을 제시한다.

법칙의 본질과 기능에 대한 이해에서 반사실적 조건문의 역할은 굿맨(N. Goodman)의 『사실, 허구, 그리고 예측』(*Fact, Fiction and Forecast*)에서 처음 명확해졌다. 매키(J. L. Mackie)의 『진리, 확률, 그리고 역설』(*Truth, Probability and Paradox*)은 이 논쟁에 중요한 기여를 했다. 이 책의 한 중요한 장인 "조건문의 논리"(The Logic of Conditionals)는 발라쇼프와 로젠버그(Balashov and Rosenberg)의 선집에 실려 있다. 반사실적 진술의 논리에 대한 가장 영향력 있는 저술은 루이스(D. Lewis)의 『반사실적 진술』(*Counterfactuals*)이다. 랑의 『법칙과 법칙 제정자』(*Laws and Lawmakers*)는 법칙의 반사실적 지지를 설명하기 위해 가정적 사실(subjunctive facts)에 대한 솔직한 형이상학을 주장한다.

흄(Hume)은 그의 『인간 본성론』(*A Treatise of Human Nature*) 1권에서 인과 이론을 제시했다. 과학철학에서 그의 영향력은 아무리 강조해도 지나치지 않다. 보샹과 로젠버그(T. L. Beauchamp and Alex Rosenberg)의 『흄과 인과 문제』(*Hume and the Problem of Causation*)는 흄의 견해를 해설하고 지지한다. 매키의 『우주의 시멘트』(*The Cement of the Universe*)는 인과, 인과적 추론, 법칙, 반사실적 진술을 둘러싼 문제들에 대한 탁월하고 명쾌한 입문을 제공하며, 경험론적이지만 흄과는 다른 견해를 지지한다.

에이어(A. J. Ayer)의 "자연법칙이란 무엇인가?"(What Is a Law of Nature?)는 커드와 커버(Curd and Cover)의 선집에 재수록되어 있으며, 자연적 또는 법칙적 필연성을 우리가 자연법칙에 대한 최선의 추측을 다루는 방식에 동화시킨다.

이어먼(J. Earman)의 최선의 체계 이론에 대한 논문, "자연법칙"(Laws of Nature)은 발라쇼프와 로젠버그의 선집에 실려있다. 이 견해의 현대적 기원은 1920년대에 램지(F. Ramsey)가 쓴 논문에 있으며, 그의 논문집 『수리논리의 기초』(*The Foundations of Mathematical Logic*)에 재수록되어 있다.

법칙에 대한 실재론적 견해는 드레츠키(F. Dretske)의 "자연법칙"(Laws of Nature)에서 시작되며, 암스트롱(D. M. Armstrong)의 "자연법칙이란 무엇인가?"(What Is a Law of Nature?)도 포함한다. 이는 커드와 커버, 랑의 선집에 재수록되어 있다. 툴리(R. M. Tooley)의 『인과: 실재론적 접근』(*Causation: A Realist Approach*)은 인과에 대한 유사한 이론을 제시한다.

라이칸(W. Lycan)의 『언어철학』(*The Philosophy of Language*)은 일부 자연법칙에 매우 강력하고, 심지어 논리적일 수 있는 필연성을 부여하는 것으로 보이는 지칭 이론에 대한 설득력 있는 입문을 제공한다.

카트라이트(N. Cartwright)의 견해는 커드와 커버의 선집에 재수록된 "물리학 법칙이 사실을 진술하는가?"(Do the Laws of Physics State the Facts?)에서 시작되었고, 그녀의 저서 『물리학 법칙은 어떻게 거짓말을 하는가』(*How the Laws of Physics Lie*)에서 더 발전되었다. 이 견해는 스워이어(C. Swoyer)의 "자연법칙의 본질"(The Nature of Natural Laws)과 더 최근에는 엘리스(B. Ellis)의 『과학적 본질주의』(*Scientific Essentialism*), 버드(A. Bird)의 "성향주의적 법칙 개념"(The Dispositionalist Conception of Laws)에 의해 법

칙 속의 법칙적 필연성을 제공하거나 심지어 법칙을 대체하는 것으로서 성향에 대한 필연주의적 접근으로 발전되었다.

법칙과 그 필연성에 대한 훌륭한 최근 선집은 캐롤(J. Carroll)의 『자연법칙에 대한 읽을거리』(*Readings on Laws of Nature*)이다.

5장 인과, 비정밀 법칙, 통계적 확률

개요

포괄법칙 모델에 따르면, 과학적 설명에서 법칙은 필수적인 요소다. 포괄법칙 모델을 거부하는 화용론적 설명은 많은 상황에서 법칙이 설명을 제공한다는 점을 인정한다. 이전 장에서는 법칙이 가진 설명력을, 법칙이 인과적 순서와 공유하는 것으로 보이는 일종의 법칙적 혹은 물리적 필연성에서 찾았다.

하지만, 과학적이라고 여겨지는 많은 설명은 물리학이나 화학의 법칙과는 매우 다르거나, 아예 법칙을 언급하지 않는다. 만약 우리가 생물학, 행동과학, 사회과학, 역사가 제공하는 설명을 과학적 지식으로 받아들이려면, 포괄법칙 모델을 수정하거나 포기해야 할 것이다. 설명적 요구사항을 충족시킬 만큼 충분한 법칙이, 특히 물리학과 같은 종류의 법칙이 존재하지 않는 것처럼 보인다. 게다가, 우리는 법칙이 과학적 설명에 기여하는 것과 동일한 자연적 필연성을 원인과 공유한다는 점을 확인했다. 따라서 인과와 인과적 설명에 관한 추가 탐구가 시급하다. 어쩌면 인과는 물리학과 화학의 비정밀(exact) 법칙이 수행하는 역할을 다른 학문 분야에서 대신하고 있을지도 모른다.

인과적 설명을 살펴보면, 우리가 어떤 사건의 원인으로 지목하는 것은 대개 그 사건을 일으킬 수 있는 여러 조건 중 하나일 뿐이며, 그 사건이 반드시 발생하도록 보장하지는 않는다. 이러한 인과적 설명은 원인과 결과가 항상 함께하지 않는 비정밀 법칙에 기반하거나, 심지어 그러한 법칙을 포함한다. 이 법칙들은 **'세테리스 파리부스'**(다른 모든 조건이 동일하다면) 조항을 포함하기 때문에 정밀하지 않다. 이와 같은 법칙이나 원인을 인용하는 설명은, 피설명항이 발생했을 것으로 충분히 예상할 수 있는 근거를 제시해야 한다는 논리실증주의의 요구를 충족시킬 수 없다. 좋은 설명이 예측의 역할을 할 수 있어야 한다는 요구를 포기한다면 이는 문제가 되지 않을 수도 있다.

하지만 세테리스 파리부스 법칙은 경험적으로 시험하기 어렵다. 왜냐하면 우리는 '다른 모든 조건이 동일하다'고 확신할 수 없기 때문이다. 이러한 제한된 법칙 외에도 확률을 보고하는 법칙들이 있는데, 이는 두 가지 유형으로 나뉜다. 2장에서 다룬 것과 같은 일부 통계적 일반화는 제한된 지식을 반영하며, 엄격한 법칙의 임시 대용품이다. 반면에 양자물리학의 기본 법칙과 같은 다른 법칙들은 제거 불가능한 통계적 성향을 보고한다. 그러나 이러한 비인식적 확률적 성향이나 능력은 경험론적 과학철학자들이 받아들이기 어렵다. 왜냐하면 그것들은 그런 성향을 뒷받침할 수 있는 더 근본적인 사실에 기반하지 않는 것처럼 보이기 때문이다.

따라서 일부 철학자들은 과학적 설명이 법칙을 사용하고 인과관계를 보고하는 것에만 의존하는 것이 아니라, 그보다 더 깊은 특징을 가지고 있다고 보았다. 이들은 설명의 본질이, 특히 법칙에 대한 설명이 흔히 제공하는, 연역 체계 내에서 서로 다른 현상을 통합하는 데 있다고 보았다.

이러한 접근은 과학적 설명에 대한 전통적인 비판에 대응할 수 있다. 이것은 과학적 설명이 어떤 일이 어떻게 '왜' 일어나는지가 아니라 '어떻게' 일어나는지만 알려준다는 생각이다. 이러한 견해를 주장하는 일부 사람들은 사물에 대한 완전하고 최종적인 설명이 어떻게든 우주의 이해 가능성을 드러내거나, 사물이 존재하는 방식이 유일하게 존재할 수 있는 방식이라는 것을 보여줄 것이라고 주장한다. 이러한 필연성을 보여주려는 역사적으로 유명한 시도들은 과학적 지식의 본질에 대해 현대 과학철학을 움직이는 견해와는 근본적으로 다른 견해를 반영한다.

설명자로서의 원인

D-N 모델 또는 포괄법칙 모델은 자연법칙을 과학적 설명력의 원천으로 보았다. 그러

나 과학 내에서 이 모델에 대한 반례들이 제시되면서, 과학적 설명을 연역 논증이 아닌 질문에 대한 답으로 분석해야 할 필요성이 제기되었다. 우리의 관심사는 다른 종류의 (비과학적) 설명이 아닌 과학적 설명에 있다. 우리가 알고자 하는 것은 무엇이 설명을 과학적으로 만드는가이다. 3장에서 소개된 용어를 사용하자면, 질문과 그 설명적 답변 사이의 '유관성 관계'(relevance relation)를 찾고자 하는 것이다. 이 관계는 과학적 설명을 점성술의 사이비 설명이나 역사나 일상생활의 비과학적 설명과 구별해 줄 것이다.

우리는 3장에서 논리실증주의자들이 인과성에 대해 품었던 몇 가지 의심을 언급했다. 그 의심의 근거가 인과 자체보다 더 문제가 많아 보이기 시작하자, 과학철학자들은 인과에 초점을 맞추기 시작했다. 여기에는 두 가지 이유가 있다. 첫째, 18세기에 흄이 지적했듯이, 인과는 실재를 특징짓는 사건, 상태, 과정 사이의 기본적인 관계인 '우주의 접착제'(the cement of the universe)처럼 보였다. 이 장에서 살펴보겠지만, 20세기 물리학, 특히 양자역학에서는 인과에 대한 명확한 이해가 요구되는 문제들이 발생했다. 둘째, 많은 철학자는 인과성에 직접적으로 초점을 맞추는 것이 포괄법칙 모델이 설명할 수 없었던, 특히 비물리학 분야에서의, 설명의 특징을 밝혀낼 수 있을 것으로 생각했다.

설명을 과학적으로 만드는 것은 그것이 인과적이라는 주장에는 어떤 점에서 아리스토텔레스까지 거슬러 올라간다. 그는 네 가지 다른 종류의 원인을 구분했다. 이 중에서 과학이 뉴턴 이후로 설명적이라고 인정한 것은 '작용인'(efficient cause)이다. 이는 피설명항을 발생시키고, 만들어내며, 야기하는 바로 앞선 사건을 의미한다. 물리학은 아리스토텔레스가 구별했던 다른 종류의 원인을 필요로 하지 않는 것처럼 보인다. 이는 기계론(mechanism)에 대한 물리학의 명백한 믿음 때문이다. 기계론은 모든 물리적 과정이 당구공이 충돌할 때 나타나는 '밀고 당기는 힘'으로 설명될 수 있다고 주장한다. 생물학과 인간과학은 아리스토텔레스가 규명했던 두 번째 종류의 원인, 즉 사건이 발생하는 '목적'을 의미하는 소위 '목적인'(final cause)을 사용하는 것처럼 보인다. 예를 들어, 녹색 식물이 녹말 생산을 촉진하기 위해 엽록소를 사용한다는 것은 생물학적 참으로 보인다. 우리는 다음 장에서 목적인, 특히 생물학과 인간과학에서의 목적인의 역할을 다룰 것이다. 지금은 인과가 과학적 설명을 밝히는 데 도움이 되려면 우리가 다루어야 할, 작용인 개념을 둘러싼 몇 가지 문제들을 고려할 것이다.

이 문제들 중 첫 번째는 4장에서 이미 확인되었다. 인과의 본질에 대한 설명은 인과적 순서와 단순한 우연을 구별해야 한다. 이 문제는 법칙과 우연적 일반화를 구별하는 문제와 동일하다. 법칙과 마찬가지로 인과적 진술이 반사실적 진술을 지지하고, 이는 해당 진술들이 일종의 필연성을 나타내기 때문이라는 점에 주목하는 것은 좋지만, 우리는 인과적 필연성의 징표를 그 근원과 혼동해서는 안 된다. 사실, 18세기 흄 이후로 철학자들이 자연법칙을 인과의 근거로서 보게 되었던 것은 바로 인과적 필연성의 근원을 찾으려는 노력 때문이었다. 그러나 우리가 보았듯이, 그들은 똑같은 문제에 다시 직면한다. 아마도 우리는 인과의 본질을 재고해서 그것을 자연의 법칙으로부터 분리해야 하지 않을까? 이 전략은 여러 이유로 매력적이었으며, 그중 하나는 과학자들, 특히 사회과학자와 행동과학자들이 물리학이나 화학의 법칙에 비해 설명력과 예측 신뢰도가 낮은 몇 가지 법칙만을 발견했음에도 불구하고 인과적 설명을 제공했다는 점이다.

작용인에 대한 두 번째 문제는 과학 안팎에서 인과적 설명의 실제 특성에 주목하는데, 이는 설명의 화용론적 차원과 법칙과의 복잡한 관계를 드러내면서 D-N 모델이나 이와 유사한 분석을 실제로 충족시키는 것이 얼마나 어려운지를 보여준다. 성냥이 불이 붙는 이유를 성냥을 '그었기 때문'이라고 설명한다고 가정해 보자. 성냥을 그은 것이 불이 붙기 위한 충분조건이 아니라는 것은 명백하다. 만약 성냥이 젖었거나, 강한 바람이 불었거나, 산소가 없었거나, 이전에 그은 적이 있거나, 화학적 구성이 불량했다면, 성냥은 불이 붙지 않았을 것이다. 이러한 조건의 수에는 제한이 없다. 따라서 성냥을 긋는 것이 원인이었다면, 그것은 기껏해야 그 결과에 대한 필요조건에 불과하다. 하지만 산소의 존재, 습기의 부재, 올바른 화학적 구성 등 다른 모든 필요조건도 마찬가지다.

그렇다면 단순한 조건과 구별되는 원인은 어떤 특성을 갖기에 설명을 가능하게 하는가? 만약 원인과 조건들이 모두 단지 필요조건일 뿐이라면, 왜 원인은 "왜 피설명항이 발생했는가?"라는 질문에 답하는 모든 다른 요인 중에서 '결정적 요인', 즉 방아쇠가 되는가? 일부 철학자들은 탐구의 맥락이 이러한 구분을 만든다고 주장한다. 예를 들어, 성냥 머리의 경도를 시험하기 위해 성냥을 그어보는 진공 상태의 실험실에서는, 성냥에 불이 붙는 결정적 요인은 성냥을 긋는 행위가 아니라 (진공 상태에 존재해서는 안 되는) 산소의 존재다. 이러한 접근은 인과적 주장을 화용론적이거나 관심 상대적인 것으로 만든다. 만약 우리가 누군가의 관심, 탐구, 다른 사실들과는 독립적으로 세상에 존재하는 사건, 상태, 과정 간의 관계를 밝히는 것을 목표로 한다면, 결정적 요인을 확인하는 이 방법은 적합하지 않다. 그리고 우리의 추가 목표가 세상의 객관적인 인과에 설명을 근거하는 것이라면, 원인을 설명적 관심과 배경지식에 상대화하는 설명 역시 적합하지 않을 것이다.

이 시점에서 우리는 원인과 단순히 필요한 인과적 조건 사이의 형이상학적, 심지어 과학적 구분을 거부하고 싶은 유혹을 느낄 수 있다. 또한 인과성을 완전히 회피하려 했던 논리실증주의자들의 동기에 은근한 공감대가 형성되기 시작할 수도 있다. 또는 원인이 사실 충분조건이며, 물리학의 엄격한 법칙을 통해 일상생활의 인과적 주장에서 사용하는 것과는 전혀 다른 용어로 원인을 식별할 수 있다고 결론 내릴 수도 있다. 하지만 법칙이 없는 과학도 원인을 언급함으로써 과학적 설명을 제공할 수 있다는 점에 동의한다면, 이 모든 방안은 이제 쓸모가 없게 된다.

최근 몇 년간 이 문제에 대한 한 가지 해결책이 철학자와 일부 사회과학 방법론자들 사이에서 광범위하게 논의되었다. 철학자 우드워드(James Woodward)는 이 문제와 과학적 설명에 대한 여러 다른 난제들을 해결하는 인과에 대한 설명을 주장했다. 우드워드에 따르면, C에 대한 어떤 '개입'(intervention)이 E를 변화시키거나 변화시킬 수 있다면, C가 E의 원인이다. 개입은 인간의 조작을 통해 발생하기도 한다. 이것이 유일한 개입 방식은 아니지만, 일상생활에서 우리에게 가장 익숙한 방식이다. 엄밀히 말해, C의 변화가 어떤 개입 때문이고, E의 변화는 오직 C의 변화로 인해 발생할 경우, 그것은 C에 대한 개입이다. 이 접근은 C와 E가 수치를 가질 수 있는 경우, 즉 C와 E가 과학의 관심 대상이고 종종 통제된 실험의 대상인 정량적 변수일 때 특히 자연스럽다는 점에 유의하라. 실제로 우드워드의 접근법은 실험과학자의 관심사와 방법론에서 영감을 받았다.

개입이 원인을 어떻게 식별하는지 예를 통해 살펴보자. 브레이크 페달을 밟는 것은 차의 속도를 늦추는 원인이다. 왜냐하면 브레이크 페달이나 그 페달을 밟는 발에 대한 어떤 개입은 차의 속도를 줄이지 못하는 결과를 초래할 것이기 때문이다. 따라서 제동은 차의 속도를 늦춘다. 기압계 바늘이 내려가지 않게 하는 것이 날씨를 맑게 유지하는 결과를 낳지는 않을 것이다. 따라서 기압계가 올라가는 것은 실제로 좋은 날씨가 지속되는 원인이 아니다. 이 예들에서 개입이 문제를 해결한다는 것은 분명하다. 우드워드의 분석은 훨씬 더 복잡한 다양한 사례들에서 개입이 원인을 식별하고 (그리고 가짜 원인을 배제하며) 입증한다는 것을 보여준다. 이러한 것들은 개입에 대한 '객관적인' 사실이며, 이는 우리가 원인을 식별하고, 원인을 인용하는 설명을 뒷받침하거나 정당화할 수 있게 해준다. 이는 우리가 관련 법칙을 모르거나 심지어 법칙이 없는 경우에도 마찬가지일 것이다. 통제된 실험을 통해 우리는, C와 E에 대한 어떤 법칙을 발견하는 것은 물론 찾으려는 시도조차 하지 않고, C에 대한 어떤 조작이나 개입이 E를 변화시키는 데 효과적인지 정확히 파악할 수 있다.

실제로 우드워드의 접근은 포괄법칙 모델에 대한 많은 반론과 반례를 다루며, 때로는 실제 과학적 법칙이 전혀 설명하지 못하는 이유를 보여준다. D-N 설명에 대한 고전적인 반론 중 하나가 그 이유를 설명해 준다. 매일 피임약을 복용하는 남성의 사례를 생각해 보자. 피임약을 복용하는 사람은 임신하지 않는다는 것은 법칙이라고 주장할 만한 근거가 충분하다. 사실과 이 법칙을 함께 고려하면 남성이 임신하지 않는다는 결론이 도출되지만, 아무도 이것이 남성이 임신하지 않는 이유를 설명한다고 생각하지는 않는다. 만약 원인이 개입으로 식별된다면, 그 남성에게 피임약 복용을 중단하게 해보면 된다. 임신이 일어나지 않기 때문에, 피임약 복용이 원인이 될 수 없다. 따라서 피임약 복용과 법칙은 D-N 모델의 요구사항을 충족하지만, 임신이 안 된 것을 설명하지 못한다.

인과에 대한 접근에서 개입에 호소하는 이 접근은 법칙이 어떻게 설명을 제공하는지 이해하는 데 도움이 되며, 더 중요하게는 법칙에 호소하지 않고도 과학적 설명이 가능한 이유를 이해하는 데 도움을 준다. 가장 기본적인 보편 법칙들은 모든 개입에서 불변적인 인과관계를 기술한다. 어떤 개입도 중력의 힘이 거리에 따라 감소하는 비율을 바꾸지는 못할 것이다. 우습게 들릴 수도 있지만, 빛의 속도가 어떤 것이든 이동할 수 있는 속도 중 가장 빠른 속도임을 막을 방법은 없다. 그러나 어떤 규칙성이 충분히 넓은 범위의 개입에서 불변성을 유지한다면, 그것은 법칙이 아닐지라도 설명력을 가질 수 있다. 예를 들어, 아메리카지빠귀 알이 파란색이라는 사실과 특정 알이 아메리카지빠귀에 의해 낳아졌다는 관찰은, 비록 "모든 아메리카지빠귀 알은 파란색이다"라는 법칙이 존재하지 않더라도, 그 알이 왜 파란색인지를 설명해 준다. 이것이 법칙이 아닌 한 가지 이유는, 파란 알을 선택적으로 찾아내는 새로운 포식자의 출현과 같은 특정 '개입'이 이 사실을 거짓으로 만들 수 있기 때문이다. 이 경우, 자연선택은 궁극적으로 아메리카지빠귀 알이 파란색이 아니게 되는 결과를 초래할 수 있다. 그러나 아메리카지빠귀가 낳은 알의 색을 인과적으로 설명할 때, 이 특정한 개입은 식단이나 기후와 같은 다른 개입들과 마찬가지로 배제하는 것이 합리적이다.

인과와 법칙 없는 설명에 대한 논의는 변수의 값을 변화시키는 개입 개념을 활용하며, 이는 몇 가지 폭넓은 질문들을 제기한다. 첫째, 개입이라는 개념은 반사실적 조건문의 참에 대한 사전 전제 없이는 이해될 수 없다는 점이 분명하다. 이는 인간의 조작으로 이루어질 수 없는 개입의 경우 특히 분명하다. 인간의 개입이 불가능하거나 가능하지만 도입되지 않은 상황에서 어떤 변화가 개입이었는지 결정하려면, 그 변화가 일어나지 않았더라면 어떻게 되었을지에 대한 결정이 필요하다. 물론 이는 인과에 대한 개입주의적 분석이 이미 반사실적 지지가 징표인 일종의 인과적 필연성을 전제로 하고 있음을 의미한다.

둘째, 첫째 질문의 일반화로서, 더 광범위한 질문이 있다. 인과에 대한 우드워드의 개입주의적 설명은 그 자체로 인과적 개념으로 가득 차 있다. 예를 들어, C에 대한 개입이 E에 변화를 초래하려면, 그 개입이 E에 직접적인 변화를 일으키지 않아야 한다. 즉, C를 직접적으로 '거치지' 않는 방식이어야 한다. 따라서 이 이론은 흔히 환원적 분석(reductive analysis)이라고 불리는 것과 다르다. 인과에 대한 환원적 분석은 "C는 E의 원인이다"라는 형식을 갖는 진술의 참에 대한 필요충분조건을 제공하며, 제공된 각 조건은 인과 자체를 미리 이해하지 않고도 이해할 수 있다. 흄의 인과 분석은 환원적이다. 흄에 따르면 인과는 시공간적 인접(contiguity, 또는 접촉), 시간적 선행(priority), 항상적 결합(conjunction)으로 구성된다. 비환원적 분석은 순환적이거나, 애초에 분석을 요구했던 문제를 해결하지 못하거나, 혹은 문제의 개념을 완전히 해명하지 못했다는 비판에 직면할 수 있다. 우드워드는 자신의 개입주의적 분석이 환원적이지 않음을 인정했지만, 그럼에도 불구하고 이것은 인과적 주장이 과학에서 어떻게 근거를 두는지, 인과적 개념들이 어떻게 상호 연관되어 있는지, 과학적 설명이 어떻게 진행되는지에 대한 중요한 이해를 제공한다고 주장했다.

셋째, 모든 개입에 대해 불변적이지 않은 국지적 규칙성이 그럼에도 불구하고 설명을 제공할 수 있는 이유에 대한 문제가 있다. 포괄법칙 모델의 지지자가 이 사실에 대해 제시할 수 있는 한 가지 설명은, 국지적 규칙성 자체가 불변적인 일반법칙에 의해 설명된다는 것이다. 여기서 그 일반법칙은 국지적으로 불변적인 규칙성을 야기하는 국지적 조건에 작용한다. 예를 들어, 현재의 대륙 분포는 지질학의 판 구조론에 대한 규칙성으로 설명될 수 있다. 그러나 이 규칙성은 수억 년에 걸쳐 지구의 조건에 작용한 훨씬 더 근본적인 자연법칙의 결과일 뿐이다. 만약 이것이 옳다면, 인과적 불변성과 제한적 불변성의 국지적 규칙성에 기반한 설명은, 그것들이 우리가 물리학과 아마도 화학에서만 알고 있는 종류의 완전히 불변적인 엄격한 법칙에 암묵적으로 호소하기 때문에 설명력이 있는 것으로 판명될 것이다. 이 결과는 사회과학이나 행동과학에서 법칙을 인용하지 않은 설명을 정당화하려는 모든 이론에 불리하게 작용할 것이다. 그러나 이는 바로 우드워드의 것과 같은 이론의 주요 목표 중 하나인 것은 분명하다.

이러한 도전 때문에 생명과학의 대부분 분야와 사회과학 및 행동과학에 등장하는 국지적이고 제한적인 규칙성이 법칙으로서 자격이 있는가를 직접적으로 따져보는 것이 중요해진다. 이것은 단순히 그것들을 법칙이라고 부를지 말지의 호칭의 문제가 아니다. 그보다는 예외, 조건, 통계적 형태, 경험적 검증이 쉽지 않음에도 과연 그것들이 설명력을 지니는 지에 대한 문제이다. 우리는 다음 장에서 이 문제로 다시 돌아올 것이다. 그동안 인과가 설명의 기초를 제공할 수 있는지에 대한 우리의 탐구는 다시 법칙에 대한 추가적 질문으로 이어진다.

세테리스 파리부스 법칙

만약 원인이 '결정적 요인', 즉 특별한 종류의 필요조건이라면, 원인을 언급하는 것만으로는 그 결과가 발생할 것을 기대할 좋은 근거가 될 수 없다. 대부분의 설명 사례에서처럼 우리가 이미 결과가 발생했다는 것을 알고 있다면, 이것은 문제가 되지 않는다. 그러나 예측의 경우 우리는 당연히 이것을 알지 못한다. 더욱이, 우리가 완전한 설명(그런 것이 있다고 가정한다면)을 찾거나, 실험이나 어떤 기술적 응용에서 설명될 사건을 재현할 수 있는 설명을 찾고자 한다면, 한 번의 사례에서 '결정적 요인'이 무엇이었는지 아는 것만으로는 충분하지 않을 수 있다. 우리는 또한 원인과 함께 그 결과를 초래하는 데 필요한 긍정적 조건들과 부정적인 조건들을 알아야 할 수도 있다. 우리는 단순히 필요조건뿐만 아니라 충분조건도 알아야 한다.

이제 우리는 왜 논리실증주의자들이 설명을 위한 도구로 원인보다는 법칙에 호소하는 것을 선호했는지 한 가지 이유를 알 수 있다. "모든 A는 B이다" 또는 "A가 발생할 때마다 B가 발생한다" 또는 "만약 A이면 B이다"와 같은 형태의 법칙은 그 전제(A)가 그 결과(B)에 대한 충분조건이므로 '좋은 근거' 조건을 충족한다. 그러나 만약 법칙이 그 결과에 대한 충분조건을 언급하고, (대부분의 과학철학자들이 주장하듯이) 인과적 연속성을 뒷받침한다면, 이 전제들에는 원인과 함께 그 결과를 초래하는 데 필요한 모든 필요조건들이 포함되어야 할 것이다. 예를 들어, 성냥 긋기 뒤에 불이 붙는다는 법칙이 성립하려면, 성냥을 긋는 것 외에도 불이 붙는 데 개별적으로 필요하고 전체적으로 충분한 모든 조건을 언급하는 조항을 포함해야 할 것이다. 만약 그러한 조건들의 수가 무한히 많다면, 법칙은 이를 수행할 수 없다. 적어도 유한한 길이의 문장으로 표현될 수는 있는 경우에는 그럴 수 없다. 이는 성냥 긋기와 불붙기에 대한 법칙이 없거나, 만약 있다면 그 전건에 명시되지 않았고, 심지어 상상조차 못한, 모든 필요조건을 포괄하기 위해 "다른 모든 조건이 동일하다면"(other things being equal) 또는 ***세테리스 파리부스***(*ceteris paribus*)와 같은 포괄적 조항이 포함되어야 한다는 것을 의미한다. 그것은 전건을 불이 붙는 데 충분하게 만들기 위해 필요하다.

물론 성냥 긋기와 불붙기에 대한 법칙은 없다. 오히려 성냥 긋기와 불붙기를 연결하는 법칙들은 다양하고, 그 수가 많으며, 그럼에도 불구하고 성냥 긋기를 통해 불이 붙은 이유를 인과적으로 설명하는 사람들에게 그 법칙들은 대부분 알려져 있지 않다. 사실, 이러한 상황은 법칙이 (아직) 발견되지 않았거나, 물리학에서 흔히 볼 수 있는 종류의 법칙이 실제로 없을 수 있는 거의 모든 일상적인 일이나 비-물리과학 분야의 설명에서 발생할 것이다. 그리고 이러한 법칙들을 인용하지 않는 설명은 설명 대상이 실제로 발생했다고 추정할 좋은 근거를 제공해야 한다는 논리실증주의자들의 요구를 충족시키지 못할 것이다. 그것은 기껏해야 논리실증주의자들이 "설명-스케치"라고 부르던 것에 불과할 것이다.

심지어 법칙을 발견했다고 주장하는 비-물리과학에서도, 설명은 D-N 모델에 내재된 논리실증주의자들의 요구를 충족시키지 못할 것이다. 이 과학들에서 법칙은 거의 모두 암묵적이거나 명시적인 세테리스 파리부스 조항을 포함하고 있기 때문이다. 그들은 "다른 모든 조건이 동일하다면, 만약 A이면 B이다" 또는 "세테리스 파리부스, A일 때마다 B이다"의 형태를 취할 것이다. 이러한 법칙들은 그 결과에 대한 충분조건을 명시하지 않으므로, 그 결과가 발생함을 보장할 수 없으며, 따라서 논리실증주의자들이 제시한 과학적 설명의 적합성 조건을 충족시키지 못한다. 물론 우리가 이 적합성 조건을 받아들이지 않을 수도 있지만, 세테리스 파리부스 법칙은 그 자체의 어려움을 가지고 있다. 우리가 보게 되겠지만, 이러한 법칙들은 시험하기 어렵다. 왜냐하면 "다른 모든 조건이 동일하다"는 조항이 법칙이 반입증되는 것처럼 보일 때마다 그 법칙을 변호하기 때문이다. 그리고 이러한 문제는 물리 법칙에도 적용될 수 있다.

지난 장에서 살펴본 카트라이트의 주장을 상기해 보라. 그녀는 심지어 뉴턴의 법칙조차 암묵적인 세테리스 파리부스 조항을 포함하고 있다고 주장했다. 예를 들어, 중력의 역제곱 법칙에 따르면 두 물체 사이의 힘이 그 둘 사이의 거리의 제곱에 반비례한다. 그러나 우리는 정전기력이나 자기력의 존재를 배제하는 세테리스 파리부스, 즉 '다른 모든 조건이 동일하다면' 조항을 추가해야 한다. 카트라이트는 이 주장을 사용하여 자연에는 엄격한 법칙이 없고, 오직 성향만 존재함을 보여주려 했다. 다른 철학자들은 카트라이트가 뉴턴의 법칙들에 대해 옳다고 하더라도, 이는 오히려 그것들이 법칙이 아니라 단지 거짓으로 판명된 가설임을 보여준다고 주장했다. 뉴턴의 법칙들을 대체한 법칙들, 예를 들어 일반 상대성 이론의 법칙들이나 아원자 입자의 표준 모델은 실제로 결과에 대한 충분조건을 명시하는 엄격한 법칙들이다.

카트라이트의 주장이 옳다고 해도, 근본적인 물리적 힘은 소수에 불과하므로 세테리스 파리부스 조항으로 한정되는 법칙을 시험하는 문제는 기초 물리학에서는 해결될 수 있다. 하지만 생물학적 일반화("아메리카지빠귀 알은 파란색이다")나 경제학("세테리스 파리부스, 공급 증가는 가격 하락으로 이어진다")과 같이 우리가 일정하게 유지해야 할 조건의 수가 크게 증가할 때 어떤 일이 벌어질까? 일부 철학자들은 비-물리과학의 분야들이 각자의 영역에서 설명력을 가지는 자체적인 '고유한' 세테리스 파리부스 법칙으로 특징지어진다고 주장했다. 포더(Jerry Fodor)를 따라 철학자들은 종종 자체적인 고유한 세테리스 파리부스 법칙을 가진 과학들을 '특수과학'(special sciences)이라고 부른다. (이러한 법칙에 대한 더 자세한 내용은 다음 장에서 다룰 것이다.)

특수과학의 고유한 법칙들은 우드워드의 인과 접근에 등장하는, 제한된 불변성을 가진 설명적 규칙성과 매우 유사할 것이다. 그것들은 세테리스 파리부스 법칙이거나 암묵적으로 그 법칙들에 호소할 것이다. 그러나 그러한 엄격하지 않은 법칙들은 과학철학, 특히 과학을 비과학적 또는 사이비 과학적 설명과 구분하는 데 관심이 있는 과학철학에 문제를 제기한다. 일정하게 유지되어야 하는 가능한 방해 요인의 수가 증가함에 따라 법칙의 시험 가능성은 감소하며, 이는 누구든 과학적 법칙을 발견했다고 주장하기 너무 쉽게 만든다. 이는 결국 인과적 설명을 무의미하게 만들 위험이 있다. 우리가 설명에 실제로 사용하는 대부분의 법칙이 암묵적이거나 명시적인 세테리스 파리부스 조항을 포함하고 있다면, 이 법칙들을 시험하려면 다른 모든 조건이 실제로 동일한지 확립해야 한다.

그러나 무한히 많은 조건과 단서를 그렇게 다루는 것은 명백히 불가능하다. 그리고 이것은 무한히 많은 세테리스 파리부스 조항을 가진 진정한 법칙과, 진정한 법칙 기반적 힘이 없는 사이비 법칙(예: 위장된 정의, 점성술 원리, 피라미드 파워나 크리스탈 마법과 같은 뉴에이지 오컬트 이론) 간 본질적 차이를 찾기가 어려울 것임을 의미한다. 이 후자의 '법칙'들 또한 세테리스 파리부스 조항의 존재로 인해 명백한 반입증으로부터 보호받을 수 있다. "다른 모든 조건이 동일하다면, 모든 처녀자리 사람들은 행복하다"라는 주장은 8월 중순에 태어난 불행한 사람에 의해 반입증될 수 없다. 왜냐하면 우리는 그 사람의 불행 외에 다른 모든 조건이 동일하다는 것을 확립할 수 없기 때문이다. 소망적 사고와 함께 이러한 반입증 면역 때문에 점성술은 오늘날까지 살아남을 수 있었다.

법칙의 시험 가능성은 우리가 나중에 자세히 다룰 주제이지만, 이 문제는 과학이 설명하는 방식을 이해하는 데 있어 몇가지 결과를 초래한다. 특히, 우리가 원인에 대한 호소 대신 법칙에 대한 호소로 전환할 때, 우리는 하나의 문제, 즉 인과적 판단의 상대성을 피하는 대가로 또 다른 문제, 즉 세테리스 파리부스 조항을 다루어야 하는 필요성에 직면하게 된다. 이 문제는 어떤 엄격한 법칙, 즉 세테리스 파리부스 법칙이 없는, 예외 없는 일반적 진리가 과학의 모든 영역에 존재하는지에 대한 현대적 논쟁 때문에 더욱 중요해졌다. 예를 들어, 중력의 역제곱 법칙이 전하량은 크지만 질량은 매우 작은 물체들에 쿨롱의 법칙(Coulomb's law)이 적용되어 발생하는 반례를 면제하는 단서 조항을 포함하고 있다면, 세테리스 파리부스 조항이 없는, 과학에서 찾을 수 있는 유일한 법칙들은 아마도 일반 상대성 이론, 양자역학, 또는 초끈 이론에서 발견되는 가장 근본적인 법칙들뿐일 것이다.

통계 법칙과 확률적 원인

생물학과 사회과학에서 우리는 엄격한 법칙이나 심지어 세테리스 파리부스 법칙 대신에 확률적 또는 통계적 규칙성에 대한 진술과 그것들에 호소하는 설명을 발견한다. 우리는 3장에서 그러한 설명이 D-N 모델에 대해 제기하는 몇 가지 문제를 다루었다. 많은 통계적 일반화가 설명적이라고 보이기 때문에, 그러한 진술들이 엄격한 법칙에 대한 근사치인지, 어떤 조건에서 그것들이 특정 현상을 설명할 인과관계를 표현하는 것으로 이해될 수 있는지, 그리고 무엇보다도 그것들이 표현하는 확률의 본질이 무엇인지라는 질문이 제기된다.

의학적 맥락에서 설명은 흔히 통계적 형태로 보고되는 역학적 관계를 사용하지만, 그 관계들은 인과관계를 표현하거나 적어도 인과적 설명의 근거로 여겨진다. 예를 들어, 흡연이 폐암에 걸릴 확률을 12배 증가시키는 것과 관련이 있기 때문에 흡연은 폐암을 유발한다는 것은 널리 받아들여지고 있다. 이러한 이유로, 비록 흡연이 흡연자가 폐암에 걸릴 통계적 확률을 0.013에서 0.17로 높였을지라도, 폐암에 걸린 사람이 흡연했다는 사실은 폐암의 원인에 대한 설명으로 간주된다.

그러나 우리는 통계적 상관이 인과적 연결을 보증하거나 반영하지 않는다는 것을 잘 알고 있다. 통계적 상관에서 인과로 나아가기 위해 무엇이 더 필요한가? 이 문제 외에도, 그에 못지않게 심각한 문제가 있다. 우리는 인과 과정에서 작용하는 확률의 본질을 이해해야 한다. 이 문제를 이해하기 위해 물리학에서 중요한 또 다른 종류의 통계적 주장을 고려해 보자. 그것은 사건이 확률의 변화를 어떻게 야기하는지 기술하는 것이다. 예를 들어, 검출기 X를 통과하는 전자는 다른 전자가 검출기 Y를 통과할 확률을 50퍼센트 증가시킬 것이다.

이 두 종류의 확률적인 인과적 주장은 서로 상당히 다르다. 하나는 부분적으로 우리의 지식에 대한 진술로 해석될 수 있는 반면, 다른 하나는 우리가 전자에 대해 알아야 할 모든 것을 알게 된 후에도 확률적 참으로 남아있을 것으로 가정된다. 각각은 인과성에 대한 우리의 이해에 다른 문제를 제기한다.

흡연자의 폐암 발병 확률이 0.17이고 비흡연자의 폐암 발병 확률이 0.013일 때, 흡연이 암을 유발한다고 말하는 데에는 두 가지 문제가 있다. 즉, 어떤 흡연자는 결코 암에 걸리지 않고, 어떤 폐암 희생자는 결코 흡연한 적이 없다. 이러한 사실이 흡연이 암 발병 확률을 증가시킨다는 주장과 어떻게 양립할 수 있을까? 폐암 희생자 중 일부가 결코 흡연한 적이 없다는 사실은 그렇게 심각한 방법론적 문제는 아니다. 결국, 같은 종류의 결과라고 하더라도 상당히 다른 원인을 가질 수 있다. 성냥은 긋는 결과로 불이 붙을 수도 있고, 다른 불타는 성냥이 닿아서 불이 붙을 수도 있으며, 종이의 발화 온도까지 가열되어 불이 붙을 수도 있다. 첫 번째 사실, 즉 어떤 흡연자는 폐암에 걸리지 않는다는 것은 흡연이 암을 유발한다는 주장과 양립하기 더 어렵다. 대부분의 흡연자는 폐암에 걸리지 않는다. 우리가 인과에 대해 항상적 결합을 요구하지 않더라도, 우리는 이 사실을 흡연이 폐암을 유발한다는 인과적 주장과 조화시킬 필요가 있다. 분명히, 추가해야 할 다른 인과적 필요조건들이 있다.

그렇다면 무엇이 흡연을 인과적 설명과 흡연 반대 정책을 정당화하는 '결정적 요인'으로 만드는가? 철학자들이 제시한 한 가지 제안은 다음과 같다. 즉, 흡연이 폐암의 원인이라는 것은 우리가 알고 있는 모든 다양한 배경 조건(유전, 식단, 운동, 대기오염 등)에서 흡연과 평균 이하의 폐암 발병률 간 상관관계가 없고, 하나 또는 그 이상의 배경 조건에서는 흡연과 더 높은 폐암 발병률 간 상관관계가 있다는 것을 의미한다.[1]

이러한 분석은 인과적 주장을 우리의 배경지식에 상대화한다는 점에 주목해야 한다. 우리, 그리고 우리의 이론화와는 독립적인 사건, 상태, 과정들 사이의 관계를 반영하는 인과 개념을 찾고자 하는 한, 이 분석은 불만족스럽다. 하지만 "우리가 아는

---

1 (옮긴이 주) 이것은 앤스콤(Elizabeth Anscombe)과 수피스(Patrick Suppes)의 확률적 인과 이론이다. 그 이론은 통계적 상관관계를 통해 인과관계를 정의하면서, 인과적 주장이 성립하기 위한 엄격한 조건으로 배경조건의 상대성과 상관의 비대칭성을 강조했다. 배경 조건: 인과는 모든 상황에서 보편적으로 나타나는 것이 아니라 특정 배경조건 하에서만 성립한다. 상관의 비대칭성: 원인은 결과와 통계적으로 양의 상관관계를 가져야 하지만, 동시에 평균보다 낮은 발병률과는 상관되지 않아야 한다.

배경 조건"을 "모든 배경 조건"으로 대체할 수는 없을까? 그렇게 하면 우리와 우리의 지식에 대한 언급을 제거할 수 있을 것이다. 불행히도, 그렇게 하면 우리가 이해하려고 노력하는 확률마저 제거할 위험이 있다. 왜냐하면 "모든 배경 조건"은 흡연하는 각 개인의 상세하고 구체적이며 인과적으로 관련된 상황을 의미하기 때문이다. 그리고 우리가 이러한 배경 조건을 각 개인에게 맞게 세분화하고 나면, 그 개인이 암에 걸릴 확률은 0 또는 1로 판명될 것이다. 만약 흡연과 특정 배경 조건을 암과 연결하는 근본적인 인과적 메커니즘이 확률 대신 엄격한 법칙을 반영하는 결정론적인 것이라면, 우리가 얘기한 확률적 원인은 사라질 것이다. 확률에 기반한 인과적 진술이 우리가 이용할 수 있는 정보를 반영한다는 사실은 D-N 모델이나 과학적 설명을 우리의 믿음과 독립적인 진술들 사이의 관계로 다루려는 어떤 모델에게는 문제가 될 것이다. 반면에, 위에서 언급했듯이, 과학적 설명에 대한 화용론적 설명은 어떤 종류의 통계적 자료 정보가 설명을 과학적으로 만드는지에 대한 조건들로 채워져야 할 것이다. 우리는 아무나 내놓는 설명적 질문에 대한 답을 과학적으로 유관하다고 보는 분석을 받아들일 수 없다. 중요한 과제는 통계적 규칙성이 인과적 설명이나 기타 과학적 설명을 제공하기 위해 충족되어야 하는 추가적인 인식론적 조건들을 식별하는 데 있다.

우리의 지식에 대한 한계를 반영하는 것처럼 보이는 확률적인 인과적 주장들과는 대조적으로, 철학자들이 '객관적 확률'(objective chances)이라고 부르는 것이 있다. 이는 누구의 지식과도 완전히 독립적으로 세상의 사건들에 의해 그 값이 증감하는 확률이다. 이러한 확률과 그것들을 야기하는 사건들의 존재는 물리학의 기본 법칙들의 결과이다. 그리고 이 예외 없는 것처럼 보이는 법칙들은 근본적으로 확률적이다.

아마도 가장 친숙한 것은 어떤 닫힌 체계에서 엔트로피가 증가할 것이라고 말해주는 열역학 제2법칙(second law of thermodynamics)일 것이다. 그리고 "우라늄-235의 반감기는 6.5×10^9년이다"와 같은 법칙들이 있다. 이는 어떤 우라늄-235 원자든 6.5×10^9년 후에 납 원자로 붕괴했을 확률이 0.5라는 것을 의미한다. 이러한 법칙들은 우리의 무지를 대체하는 것에 그치지 않으며, 엄격한 비확률적 법칙으로 다듬어져 대체되지도 않을 것이다. 양자역학은 현상의 기본 수준에서 작동하는 근본 법칙들이 단순히 확률에 대한 진술이며, 어떤 추가적인 과학적 발견으로도 그것들을 결정론적 엄격한 법칙으로 환원하거나 제거할 수 없다고 말한다. 우라늄의 반감기에 대한 법칙은 우라늄 원자에 붕괴할 "객관적 확률"을 부여한다. 특정한 수의 전자, 양성자, 중성자로 구성되어 있다는 것은 우라늄 원자가 다음 1분 안에 붕괴할 특정 확률을 가지게 한다. 이 확률은 시간이 지나도 일정하며 모든 우라늄 원자에 대해 동일하다. 그리고 다음 1분 안에 붕괴하는 특정 우라늄 원자와 붕괴하지 않는 다른 우라늄 원자 사이에는 아무런 차이도 없다. 붕괴의 객관적 확률은 정량적으로 측정 가능한 경향, 즉 경향(disposition)이며, 특정 비율로 붕괴하려는 **확률적 성향**(probabilistic propensity)이다. 그러나 이러한 법칙들 속의 객관적 확률은 인과에 대한 또 다른 어려움을 낳는다. 양자역학의 인과적 확률은 일부 아원자 배열이 특정 효과를 낳는 "경향", "능력", "성향", "힘"이다.

이러한 확률적 힘은 일부 과학자와 많은 철학자들에게 골칫거리이다. 왜냐하면, 4장에서 언급했듯이, 많은 철학자는 성향이 더 근본적인 비-성향의 측면에서 설명될 때만 진정으로 이해될 수 있다고 생각하기 때문이다. 왜 그들이 그렇게 생각하는지 이해하기 위해, 예를 들어 '깨지기 쉬움'과 같은 비확률적 성향을 고려해 보자.

유리잔이 깨지기 쉽다는 것은 충분한 힘으로 타격을 받으면 깨진다는 것을 의미한다. 그러나 이것은 반사실적 진술이며, 이를 뒷받침하는 법칙, 즉 유리가 깨지기 쉬운 성질과 타격을 받았을 때 깨지는 것 사이의 인과관계를 보고하는 법칙이 있을 때만 받아들여질 것이다. 그리고 깨지기 쉬운 물체에 대한 이 법칙은 유리의 분자 구조와 타격을 받았을 때 깨지는 것 사이의 인과관계 때문에 성립한다. 모든 (정상적인) 유리잔은 깨지기 쉽지만, 많은 유리잔은 결코 깨지지 않는다. 그들의 깨지기 쉬운 성질은 반사실적 진술을 뒷받침하는 법칙에 보고된 분자 구조를 가지고 있다는 데 있다. 일반적으로, 어떤 것에 성향, 능력, 힘을 귀속시키는 것은 그 사물의 비성향적, 구조적 성질과 그 행동 사이의 인과관계를 가설화하는 것과 같다. 깨지기 쉬움은 특정 구조를 갖는 것이며, 그것은 유리잔이 타격을 받거나 깨지지 않을 때에도 항상 가지고 있는 구조다. 또 다른 예가 있다. 금속 조각이 자성을 띠는 것은 쇠붙이를 끌어당긴다는 것이고, 그것이 자석이라는 것은 그 구성 원자들이 격자 구조로 배열되고 이 원자들의 전자가 특정 방향으로 정렬된 것에 달려 있다. 그러나 이 배열은 자석이 주변의 어떤 것에도 자기력을 발휘하지 않을 때도 존재한다.

이러한 결과를 열역학과 양자역학의 확률적 성향에 적용하는 것은 문제가 있다. 물리학자와 철학자들은 19세기 열역학 제2법칙이 처음 발표된 이후, 엔트로피의 확률적 증가에 대해 언급하는 이 법칙의 확률을 움직이는 물질에 대한 더 근본적이고 성향적이지 않으며 확률적이지 않은 사실들에 근거를 두려 노력해 왔다. 이러한 시도는 성향이 현상적이고, 명백하며, 실재하는 구조에 근거해야 한다는 경험론적 확신에 부합한다. 하지만 지금까지 그들은 성공하지 못했다.

양자물리학에서 성향을 근거 짓는 문제는 훨씬 더 심각하다. 이 확률들이 성향이나 경향이고, 물리학이 보고하는 가장 근본적이고 '기초' 수준의 성질이므로, 이 확률들에 인과적 기반을 제공할 더 기본적인 수준의 구조적 성질은 존재할 수 없다. 따라서 그것들은 미시적 물리계의 "자유롭게 떠다니는" 힘이며, 이 힘들은 확률적으로 나타나지만, 나타나지 않을 때에도 어떤 실제적인 인과적 기반 없이 존재한다. 깨지기 쉬움이나 자성과 비교해 보라. 분자 구성이나 격자 내 외곽 전자들의 방향과 같은 어떤 실제적인 성질 없이도 이러한 잠재성이 유리잔이나 쇠붙이에 존재할 수 있는가? 아니다. 그러한 '기반' 없이는 확률적 성향을 인과적 기초를 가진 경향, 힘, 능력으로 이해하기 어렵다. 우리는 성향들의 존재를 그것들의 결과, 즉 그로 인해 발생하는 양자 효과의 빈도와 별개로 확립할 수 없다.

물리학의 기초 수준에서 확률적 규칙성에 어떤 식으로든 근거를 두어야 할 필요성 외에는 그것들을 보여줄 독립적인 증거가 없다. 이러한 순수한 확률적 성향은 과학이 결과를 설명하기 위해 인용하는 나머지 성향적 원인들과 매우 다를 것이다. 과학이 연구하는 깨지기 쉬움이나 자성 또는 다른 어떤 성향과 달리, 양자 확률적 성향은 그것들이 가지는 특정 결과와는 독립적으로 경험적 탐지(직접적이든 간접적이든)의 범위를 벗어난다. 그것들은 인과적 또는 법칙적 필연성 개념이 가진 모든 형이상학적 신비와 더불어 그 이상의 것을 지니고 있다. 왜냐하면 양자역학의 객관적 확률은 반사실적 진술을 뒷받침하고 설명을 제공하지만 물리적으로 필연적이지 않다면 이 둘 중 어느 것도 할 수 없기 때문이다.

통합으로서의 설명

우리는 과학적 설명을 인과 개념에 기반하려는 사람들이 다루어야 할 몇 가지 문제들을 탐구했다. 이제 왜 논리실증주의자들뿐만 아니라 많은 철학자들이 인과성이나 (엄격하든 아니든) 법칙의 본질과 같은 난해한 질문을 피하는 방식으로 과학적 설명의 본질을 분석하려 했는지 더 쉽게 이해할 수 있다.

인과적 설명과 법칙에 호소하는 설명에 대한 분석이라는 프로젝트에서 한발 물러나서 더 근본적인 질문을 던져볼 가치가 있다. 과학적 이해는 무엇으로 구성되는가? 이 질문에 대한 답을 찾는다면, 인과적 설명과 법칙적 설명 중 무엇이 과학적 이해를 가능하게 만드는지 식별하는 데 도움이 될 수 있다. 과학적 설명을 제공할 때 우리가 추구하는 이해의 종류에 대한 한 가지 대답은 적어도 아인슈타인(Albert Einstein)의 통찰로 거슬러 올라간다. 그는 과학적 이론화가 "감각 경험의 총체와 완전한 조화를 이루는 것"과 "논리적으로 독립적인 요소들(기본 개념 및 공리)의 최대의 가능한 희소성"을 목표로 해야 한다고 주장했다. '희소성'에 대한 요구는 통합(unification)을 위한 탐색으로 이어진다.

이러한 접근에 따르면, 과학적 설명은 통합을 달성하기 때문에 이해를 전달한다. 통합은 설명을 수행하기 위해 우리가 가져야 할 믿음의 양을 줄여준다. 여기에는 두 가지 핵심 아이디어가 있다. 첫째, 과학적 설명은 더 일반적인 것에서 더 구체적인 것을 도출하는 것을 반영해야 한다. 그래야 우리가 필요한 기본적인 믿음의 양이 가능한 한 가장 작아질 수 있다. 둘째, 우리가 어떤 기본적인 믿음을 수용할지는 경험을 체계화해야 한다는 제약으로 결정된다. 통합은 과학적 설명의 목표이다. 왜냐하면 이 견해에 따르면, 우리가 필요로 하는 독립적인 **설명항들**(explanantia)의 수가 줄어들수록 세상에 대한 인간의 이해가 증가하기 때문이다. 따라서 일반적 현상에 대한 설명이 과학적 지위를 얻는 것은 해당 현상들이 하나 이상의 일반적인 과정의 특수 사례로 제시되기 때문이다. 특정 사건, 상태, 조건에 대한 설명이 과학적 설명이 되기 위해서는 한편으로는 설명항이 피설명항에 광범위하게 적용되고, 다른 한편으로는 설명항 자체가 다른 더 일반적인 설명항의 특수 사례로 제시되어 다른 믿음들과 통합된다는 점이다. 이 견해의 주요 지지자 중 한 명인 키처(Philip Kitcher)에 따르면, 통합에 대한 요구는 논리적 연역을 과학적 설명의 특히 중요한 특징으로 만든다. 사실, 이것이 통합이 구성되는 방식이다. (우리는 7장에서 이론의 본질을 검토할 때 설명에서 연역이 담당하는 역할로 다시 돌아올 것이다.) 키처는 또한 통합을 달성하는 명제들이 엄격한 경험적 시험을 통과해야 한다고 요구한다. 통합에 대한 이 두 가지 조건은 이 대안적 접근이 여전히 D-N 모델의 설명과 중요한 유사점을 공유하고 있음을 보여준다. 그리고 그 조건들은 법칙적 필연성의 본질에 대한 최선의 체계 이론의 배후에 있는 생각을 반영한다. 이러한 공유된 특징들은 이 접근의 강점 중 하나이지만, 이는 헴펠의 적합성에 관한 일반적 기준(설명항이 피설명항을 기대할 좋은 근거를 제공해야 한다)과 단순성과 강력함을 극대화하는 체계보다 더 깊이 들어가서 과학적 설명의 근본적인 특징을 탐구하려는 것이다.

통합은 이해에 기여하는 것처럼 보인다. 하지만 우리는 "왜?"라는 질문을 던져야 한다. 증거(자료, 관찰, 경험 등)를 동일하게 잘 설명한다고 가정할 때, 왜 자연에 대한 더 단순한 믿음 체계가 덜 단순한 체계보다 더 나은가? 한 가지 답은 우주가 단순하다는 것일 수 있다. 즉, 모든 현상을 야기하는 근본적인 인과 과정의 수가 적다는 것이다. 이 경우, 통합을 위한 탐색은 원인 및 그것을 그 결과로 연결하는 엄격한 법칙을 찾는 것으로 귀결될 것이다. 만약 경험론자들이 오랫동안 주장해 온 것처럼, 인과가 점점 더 일반적인 법칙들의 문제이고, 우주가 더 근본적이고 더 파생적인 인과적 연속성의 계층 구조를 반영한다면, 통합을 달성하는 설명은 또한 세상의 인과적 및 법칙적 구조를 밝혀낼 것이다. 그렇게 되면 원인과 법칙이 어떻게 설명하는지에 대한 우리의 질문에 답해야 할 것이다. 그 질문들을 피할 수는 없다.

이제, 우주의 인과적 구조가 너무 복잡하거나 미세하고, 혹은 인과적 힘이 우리가 측정하기에는 너무 빠르게 작용하거나 우리가 분별하기에는 너무 강력해서 우리에게 영원히 숨겨져 있다고 가정해 보자. 그럼에도 불구하고 우리는 경험을 체계화하고, 모든 실제적 목적에 충분할 만큼 정확하게 현상을 예측하고 통제할 수 있는 통합된 믿음을 달성할 수 있다고 가정해 보자. 이 경우 이런 통합이 실질적으로 이점이 많을지라도 세상이 실제로 작동하는 방식을 이해하는 데에는 크게 도움이 되지 않거나, 특정 한계까지만 이해를 높일 수 있을 것이다.

통합 이론의 지지자들은 인과로부터 통합을 구별하고 통합을 선호하는 것에 대해 더 철학적으로 논쟁의 여지가 있는 주장을 펼칠 수 있다. 그들은 다른 과학철학자들과 함께, 관찰을 넘어서는 세상의 인과적 구조는 알 수 없으므로 설명의 적합성에 대한 인식적 기준에서 제외된다고 주장할 수 있다. 더 근본적으로, 그들은 (키처가 그렇게 하듯이) 인과가 설명에 달려있다거나, 인과 또한 설명과 마찬가지로 통합에 의존한다고 주장할 수 있다. 따라서 과학적 이해가 추구할 수 있는 모든 것은 통합뿐이다. 이 문제들은 나중에 (7장에서) 이론의 본질을 논의할 때 다시 다룰 것이다.

요약

만약 원인들이 설명을 제공한다면, 그 원인들은 그것들이 설명하는 결과 발생에 반드시 존재해야 하는 다른 조건들과는 구별되어야 한다. 설명에 대한 분석과는 독립적으로 원인과 단순한 조건 사이의 이러한 구분을 어떻게 내릴지는, 우리가 설명을 밝히기 위해 인과를 사용하고자 한다면 해결해야 할 문제다.

세테리스 파리부스 법칙이 설명에서 작동하는 방식은 비록 그 방법을 보여주지는 않지만, 이 구분이 가능함을 시사한다. 더욱이, 사회과학 및 행동과학에서 널리 퍼져 있는 이러한 법칙들은 시험하기 어렵고 방어하기 너무 쉽다. 이로 인해 그 법칙들의 설명력은 어느 정도 떨어진다.

통계적 규칙성은 종종 이러한 세테리스 파리부스 법칙을 대체하며, 적어도 시험 가능성 측면에서는 개선된 것으로 보인다. 그러나 설명될 결과에 영향을 미치는 모든 인과적 요인에 대한 우리의 무지에 의존하고 그것을 반영한다는 점에서 통계적 규칙성 또한 설명력이 약한 것처럼 보인다. 이와 대조적으로, 근본적인 물리학의 확률적 인과는 예외 없는 엄격한 법칙이 제공할 수 있는 모든 힘을 가지고 있지만, 이미 물리법칙이 직면하고 있는 가장 심각한 형이상학적 질문들 중 일부를 새로운 방식으로 제기한다.

인과적 설명과 법칙적 설명과 관련된 이러한 문제 때문에 일부 철학자들은 모든 설명이 공통으로 지니며, 이해 증진에 기여하는 더 근본적인 특성이 반드시 존재한다고 생각하게 되었다. 이러한 아이디어 중 하나는 과학적 설명이 통합을 통해 작동한다는 주장으로 발전했다. 이 주장에 따르면, 우리는 세상에 대해 가져야 하는 기본적인 믿음의 수를 줄임으로써, 겉으로 보기에 서로 다른 현상들을 최대한 많이 통합할 수 있다. 이것은 앞으로 이어질 여러 장에서 여러 방식으로 논의될 것이다.

학습 문제

1. 일부 철학자들이 주장하듯이 모든 법칙에 세테리스 파리부스 조항이 있다면, 그것은 설명과 예측의 한계에 어떤 함의를 갖는가?
2. 비정밀 세테리스 파리부스 법칙과 정밀한 통계적 규칙성 중 어떤 규칙성이 더 큰 설명력을 가지는가?
3. 경험론자들이 양자역학적 확률을 세상에 대한 근본적이고 설명 불가능한 사실로 받아들이기 어려운 이유는 무엇인가?
4. D-N 모델이 과학적 설명이 이질적인 현상들을 통합하는 문제라는 견해와 얼마나 다른가?
5. 세테리스 파리부스 조항의 의미와 중요성을 결정하는 것이 사회과학 방법론에 왜 중요한가?
6. 과학은 설명과 이론에서 통계적 확률의 역할을 줄이거나 제거하는 것을 목표로 해야 하는가?

추천 도서

아리스토텔레스(Aristotle)는 『자연학』(*Physics*)에서 네 가지 원인론을 제시했다. 세테리스 파리부스 조항의 문제는 헴펠(Hempel)의 마지막 논문 중 하나인 "단서 조항"(Provisos)에서 통찰력 있게 다뤄지고 있으며, 이 논문은 그룬바움과 새먼(A. Grunbaum and W. Salmon)의 『연역주의의 한계』(*The Limitations of Deductivism*)에 재수록되어 있다. 모든 법칙이 세테리스 파리부스 조항을 포함한다는 주장에 대한 고전적인 근거는 카트라이트(N. Cartwright)의 『물리학 법칙은 어떻게 거짓말을 하는가』(*How the Laws of Physics Lie*)에서 찾을 수 있다. 랑(M. Lange)의 "누가 세테리스 파리부스 법칙을 두려워하는가?"(Who's Afraid of Ceteris-Paribus Laws?)도 훌륭한 논의를 제공하며, 그의 논문집에 재수록되어 있다. 이어먼과 로버트(J. Earman and J. Robert)는 "단서 조항 문제는 존재하지 않는다"(There Is No Problem of Provisos)라고 주장한다.

인과와 인과적 설명에 대한 중요한 최근 저작으로는 우드워드(James Woodward)의

『일을 되게 하기』(*Making Things Happen*), 글리머(C. Glymour), 스피르테스(P. Spirtes), 셰인스(R. Scheines)의 『인과관계, 예측, 그리고 탐색』(*Causation, Prediction, and Search*), 그리고 스트레븐스(M. Strevens)의 『깊이』(*Depth*)가 있다. 이 책들은 펄(Judea Pearl)의 저서들, 즉 『인과성: 모델, 추론, 그리고 추리』(*Causality: Models, Reasoning, and Inference*)과 『왜라는 질문에 대한 책: 인과의 새로운 과학(*The Book of Why: The New Science of Cause and Effect*)』(Dana Mackenzie와 공동 저술)의 영향을 많이 받았다.

매키(J. L. Mackie)의 『진리, 확률, 그리고 역설: 철학적 논리학 연구』(*Truth, Probability, and Paradox: Studies in Philosophical Logic*)에는 확률 진술의 의미와 성향 문제에 대한 경험론적 관점에서 매우 명확한 두 편의 논문이 포함되어 있다.

키처(P. Kitcher)는 『설명적 통합과 세상의 인과적 구조』(*Explanatory Unification and the Causal Structure of the World*)에서 통합으로서의 설명에 대한 자신의 견해를 설명하며, 이 논문은 발라쇼프와 로젠버그(Balashov and Rosenberg)의 논문집에 수록되어 있다. 이 견해에 대한 원래의 설명은 새먼과 키처의 『과학적 설명』(*Scientific Explanation*), 그리고 피트(J. Pitt)의 『설명 이론』(*Theories of Explanation*)에 수록된 한 논문에서 찾을 수 있다. 이 논문집에는 프리드먼(M. Friedman)이 독립적으로 동일한 견해를 발전시킨 논문도 포함되어 있다. 설명에 대한 통합주의적 견해에 대한 새먼(Wesley Salmon)의 비판과 인과적 견해에 대한 지지는 『과학적 설명, 인과관계, 그리고 통합』(*Scientific Explanation, Causation, and Unification*)에 정리되어 있으며, 이 논문은 발라쇼프와 로젠버그의 논문집에 재수록되어 있다.

새먼은 오랫동안 통계적 설명에 특히 관심을 가져왔으며, 이 주제는 그의 『과학적 설명과 세상의 인과적 구조』(*Scientific Explanation and the Causal Structure of the World*)에서 다른 주제들과 함께 다뤄졌다. 새먼 자신의 견해는 발라쇼프와 로젠버그의 논문집에 재수록된 "과학적 설명, 인과관계, 그리고 통합"에 설명되어 있으며, 키처의 통합으로서의 설명 지지인 "설명적 통합과 세상의 인과적 구조"도 여기에 수록되어 있다.

6장 생물학과 '특수과학'에서의 법칙과 설명

개요

사람들은 과학적 설명을 통해 단순히 인과를 파악하고 지식을 통합하는 것을 넘어, 그 안에 담긴 목적과 이해 가능성을 찾으려는 경향을 보여왔다. 인간 행위와 생물학적 과정에 대한 설명은 모두 그것의 목적이나 목표(사람들은 돈을 벌기 위해 일하고, 심장은 혈액을 순환시키기 위해 박동한다)를 언급하며 진행된다. 한편으로, 이러한 설명은 인과적이지 않은 것처럼 보인다. 결국 이 경우 설명항(목적 또는 목표)이 피설명항(목표 달성을 위한 수단)보다 나중에 발생하기 때문이다. 다른 한편으로, 생물학과 인문학에서의 목적론적 설명은 물리학에서의 설명보다 더 만족스러운 것처럼 보인다. 더욱이, 물리학은 상식이 미래 인과의 가능성을 허용하더라도, 그런 인과를 배제해 왔다. 따라서 이러한 **'목적론적'**, 즉 목표 지향적 설명이 인과적 설명과 어떤 방식으로, 그리고 과연 양립할 수 있는지는 여전히 다루어져야 할 문제로 남아있다.

인과적 설명과 대조적으로, 목적론적 설명 및 해석적 설명이 매력적인 이유는 우리로 하여금 과학 전반에 걸쳐 제기되는 난제에 직면하게 만들기 때문이다. 그 난제란 과학이 사물이 '어떻게' 일어나는지만 설명하고 '왜' 일어나는지는 결코 설명하지 않는다는 것이다. 과학적 설명이 왜 사물이 일어나는지 진정으로 알려주지 않는다는 이 전통적인 불만은, 사물에 대한 완전하고 최종적인 설명이 우주의 이해 가능성을 어떻게든 드러내거나 사물이 현재의 모습인 것이 유일한 방식임을 보여줄 것이라는 기대를 수반한다. 이러한 필연성을 보여주려는 역사적으로 유명한 시도들은 현대 과학철학을 움직이는 것과는 근본적으로 다른 과학적 지식의 본성에 대한 견해를 반영한다.

인과적 설명에 대한 불만

과학적 설명이 인과적, 통합적, 법칙적, 통계적, 연역적, 귀납적이든 또는 이들의 조합이든 상관없이, 그것이 우리가 탐구하는 종류의 이해를 정말로 전달하고 만족시키는지는 의문이다. 이와 관련하여 하나의 오랜 견해에 따르면, 과학적 설명이 사물의 본질에 도달하지 못하므로, 한계가 있고 결국 불만족스럽다. 때로 이러한 견해는 과학적 설명이 사물이 '어떻게' 발생하는지만 밝힐 뿐 '왜' 발생하는지는 밝히지 않는다는 논제로 표현된다. 따라서, 예를 들어, D-N 모델이 어떤 피설명항 사건에 대해 알려주는 것은, 특정 조건에서 그 사건이 항상 발생하며 그 조건이 충족되었기 때문에 그것이 발생했다는 것뿐이라고 주장된다. 그러나 우리가 어떤 일이 왜 일어났는지 알고 싶을 때, 우리는 보통 이미 그 일이 일어났다는 것을 알고 있으며, 심지어 비슷한 사건들이 특정 상황에서 항상 발생한다는 것을 알 수도 있다. 우리가 원하는 것은 그것이 왜 발생했는지에 대한 더 깊은 통찰이다.

과학적 설명에 대한 이런 종류의 불만이 제기될 때, 우리는 어떤 종류의 설명을 원하는 걸까? 이러한 더 깊은 설명적 요구는 사물(그리고 자연 전반)이 "이해 가능"하다는 것을 보여주는, 즉 그저 "끔찍한 일들이 연달아 일어나는" 패턴을 보여주는 것이 아니라 의미 있고 조화로운 설명을 추구한다. 전통적으로, 물리학이나 화학이 제공하는 '밀고 당기는', 즉 '작용인' 설명보다 더 깊은 이해에 대한 요구를 충족시키려는 두 가지 종류의 설명이 있는 것으로 보인다.

때로는 그것이 요구하는 것은 발생한 일이 합리적 이해 가능성이나 논리적 필연성에 따라, 물리적 필연성이 아닌, 매우 강한 의미에서 '반드시' 일어났어야 했다는 것을 보여주는 설명이다. 이런 설명은 사물이 현재와 다른 방식으로 전개될 수 없었던 이유를 밝혀줄 것이다. 예를 들어, 자연법칙이 세계에 대해 우연적으로 참인 것이 아니라 필연적으로 참이라는 것, 즉 세계가 존재할 수 있는 방식은 단 하나뿐이라는 것을 밝혀줄 수 있다. 이 견해에 따르면, 중력은 논리적 필연성에 따라 거리의 세제곱이 아닌 제곱에 반비례해야만 하고, 구리는 논리만으로도 실온에서 고체여야 하고, 빛의 속도는 현재보다 시속 100마일 더 빠를 수 없다는 등의 주장이 나온다. 1장에서 언급했듯이, 이는 18세기 합리론 철학자 라이프니츠와 칸트에게로 거슬러 올라가는 과학 개념이다. 그들은 당시 가장 근본적인 과학 이론들이 단순히 참인 것이 아니라 필연적으로 참임을 보여주고, 이를 통해 가능한 가장 완전한 형태의 이해를 제공하려 했다.

인과적 설명이 불만족스럽다는 느낌에 대응하려는 두 번째 종류의 설명 전략이 있다. 이것은 18세기 철학자들보다 훨씬 더 이전으로 거슬러 올라가며, 적어도 아리스토텔레스까지 거슬러 올라간다. 아리스토텔레스는 그 설명 전략을 명확히 규정했는데, 이는 생물학, 사회과학, 행동과학, 역사, 그리고 일상생활에서 흔히 나타나는 '목적인' 설명의 개념이다. 이러한 맥락에서, 서술과 설명은 어떤 일이 발생하는 '목적', '목표', 또는 '의도'를 식별함으로써 진행된다. 따라서 녹색 식물은 녹말을 생산하기 위해 엽록소를 가지고 있고, 시저는 로마 원로원에 대한 경멸을 표하기 위해 루비콘강을 건넜으며, 중앙은행은 인플레이션을 억제하기 위해 이자율을 인상했다. 이 각각의 경우, 설명은 피설명항 사건, 상태, 과정이 '목표로 삼는' 결과를 식별함으로써 진행된다. 이러한 설명은 그리스어 'telos'(목적, 목표, 의도)에서 유래한 말로 "목적론적"(teleological)이라 불린다. 이 설명 형식에는 매우 자연스럽고 만족스러운 무언가가 있다. 이것이 우리가 훈련받지 않은 상태에서도 갖는 설명적 관심을 만족시키는 것으로 보이기 때문에, 모든 설명의 모델로 여겨질 수 있다. 비목적론적 설명들이 동일한 정도의 설명적 만족을 제공하지 못하는 한, 그것들은 때로 불완전하거나 부적절한 것으로 낙인찍힌다. 그것들은 목적인, 즉 목적론적 설명이 제공하는 종류의 "왜"를 우리에게 제공하지 않는다.

발생한 일이 논리적 필연성에 따라 일어났어야만 했는지를 보여주는 설명의 매력과 목적론적 설명의 매력은, 대부분의 철학자들이 거부하는, 매우 논쟁적인 철학적 논제에 기반을 두고 있다. 만약 이 두 가지 종류의 설명이 의심스러운 가정에 의존한다면, 그것으로는 불충분하다는 느낌에도 불구하고, '작용인'에 주목하는 인과적 설명이 과학이나 다른 지적 노력이 설명에 대한 호기심을 달래기 위해 제공할 수 있는 최선이라는 결론에 이르게 될 것이다.

목적론적 설명은 결과를 통해 원인을 설명하는 것처럼 보인다. 예를 들어, (혈액 순환으로 야기되는) 심장 박동은 그 결과(혈액 순환)를 설명한다. 뉴턴 시대 이래로 이러한 설명은 철학자와 물리학자들에게 경계의 대상이었다. 17세기 철학자 스피노자의 말에 따르면, 그것들은 자연의 순서를 "뒤바꿔", 나중 사건인 결과가 이전 사건인 원인을 설명하게 만든다. 목적론이 제기하는 문제들은 다양하고 명백하다. 미래의 사건이 아직 존재하지 않는다면, 그것들이 이전의 사건을 야기하는 원인이 될 수 없다. 물리학은 인과적 힘(또는 어떤 것이든)이 시간을 거슬러 작용하는 것을 허용하지 않는다. 이 금지 규정은 인과적 과정이 빛의 속도보다 빠르게 이동하는 것을 금지하는 특수 상대성 이론에 확고히 자리 잡고 있다. 그리고 미래에서 과거로 이동하는 어떤 과정이라도 빛보다 훨씬 더 빨라야 할 것이다![1] 더욱이, 때로는 원인을 설명하는 목표가 아예 달성되지 않기도 한다. 이산화탄소가 없어 녹색 식물이 엽록소를 이용해 녹말을 생산하지 못할 때도, 녹말을 생산하려는 목표가 엽록소의 존재를 설명한다. 대부분의 형이상학적 이론은 존재하지 않은 사건, 상태, 과정이 실제로 존재하는 사건을 야기하는 것을 허용하지 않는다. 따라서 물리 이론과 어쩌면 형이상학이, 미래의 목적이 그 목적을 달성하는 수단이 되는 과거의 사건, 상태, 과정을 야기하는 것을 어렵게 만들며, 그로 인해 과거의 것들이 목적을 설명하게 만든다.

물리 과정에서 목적론을 배제하는 것은 세 가지 가능성을 제기한다. 첫째, 만약 물리학이 '목적인'을 허용하지 않는다면, 그러한 것은 존재하지 않으며 생물학과 인문학에서 발견되는 것들은 단지 환상적인 사이비 설명에 불과하다. 그게 아니라면, 둘째, 생물학적 과정이나 다른 명백히 목적론적인 과정들은 물리적 과정과 환원 불가능하게 다르다. 또는, 셋째, 그들의 겉모습에도 불구하고, 우리가 그들이 실제로 어떻게 작동하는지 이해하게 되면, 목적론적 과정은 작용론적 인과 과정과 그리 다르지 않다. 이 세 번째 대안에 따르면, 우리가 목적론적 과정이 어떻게 작동하는지 이해하면, 그것들이 단지 복잡한 인과 과정임을 발견하게 될 것이다. 이것은 겉보기 목적론적 설명을, 물리학이 수용하고 사용하는 것과 본질적으로 다르지 않은 암묵적인 인과적, 법칙적 설명으로 바꿀 것이다.

---

1 (옮긴이 주) 빛의 속도는 정보나 물질이 이동할 수 있는 최대 속도이다. 그런데 미래의 정보가 과거로 전달되려면, 빛의 속도를 훨씬 뛰어넘는 '어떤 것'이 존재해야 한다는 역설적인 상황에 직면하게 된다는 의미이다.

처음 두 가지 대안은 철학적으로 논쟁의 여지가 있다. 자연의 일부 존재(적어도 우리 인간)가 목적을 가지고 있다는 것을 부인하기는 어려운 것으로 보인다. 물리학이 목적을 배제했음에도 생물학이 목적을 가지도록 허용하는 것은 최소한 신비로운 일이다. 따라서 세 번째 대안은 탐구해 볼 가치가 있다. 목적에 호소하는 것처럼 보이는 설명이 물리학이 사용하는 것과 같은 종류의 평범한 인과적 설명으로 실제로 판명될 수 있을까?

'특수과학'의 고유 법칙

일상생활, 역사, 전기, 인간사에 대한 인간 행위의 설명은 목적론적으로 보인다. 이러한 설명은 사람들의 목표, 목적, 계획, 의도를 식별한 다음, 그 행위가 그러한 목표와 목적을 위한 수단이었음을 보여줌으로써 행위를 설명한다. 이러한 설명들이 사건들, 특히 인간 행위들이 더 일찍 발생하고 그 이후의 목적을 위한 수단이 되는 것을 설명하기 위해 미래의 목적을 인용하는 것처럼 보이기 때문에, 일부 철학자들은 일상생활, 역사, 인문학에서의 설명은 전혀 인과적이지 않다고 주장해 왔다. 이들은 단지 인간의 사건을 "이해할 수 있도록" 만들기 위한 것이다. 이 설명은 '해석적'이며, 달성하려는 결과에 비추어 사건을 재서술함으로써 설명한다. 인문학에서의 설명의 본질이 이런 것이라면, 그런 설명 전략은 자연과학의 전략과 완전히 다를 것이다. 원인을 인용하는 설명과 이해 가능성을 부여하는 설명 사이의 이러한 대조는 사회과학과 역사가 자연과학에 공통적인 방법론적 규칙을 따르지 않아도 된다는 논리로 흔히 사용된다.

그러한 겉모습에도 불구하고, 많은 과학철학자들은 이러한 설명이 사실은 전혀 목적론적이지 않으며, 인간사에 특별한 이해 가능성을 부여하지만 여전히 인과적 설명이라고 주장한다. 다만 이러한 인과적 설명은 욕구와 믿음을 행위를 야기하는 원인으로 식별하고, 동시에 그 행위를 이해 가능하게 만든다. 이러한 설명이 목적론적으로 보이는 이유는 욕구와 믿음이 미래의 상태나 사건에 관한 것이며, 욕구와 믿음은 미래의 상태나 사건에 따라 식별되기 때문이다. 따라서 월요일에 내가 금요일 런던-파리 기차표를 사는 것은 금요일에 파리에 가고 싶다는 월요일의 욕구에 의해 설명된다. 여기에는 미래 인과가 없지만, 선행하는 원인, 즉 "금요일에 파리에 간다"라는 미래의 결과를 초래하려는 월요일에 느껴진 욕구에 대한 설명은 존재한다.

만약 이러한 설명이 인과적이라면, 많은 철학자들은 원인으로서의 욕구와 믿음을 결과로서의 행위에 연결하는 법칙이나 규칙성이 있어야 한다고 주장할 것이다. 사회과학이나 행동과학에서 주어지는 인간 행위에 대한 설명에서 이러한 법칙을 찾는 것은 어렵지 않다.

사회과학의 많은 설명과 이론은 합리적 선택의 법칙이 존재한다고 전제한다. 이것들은 다음 세 가지 진술의 변형된 형태를 취한다.

1. 행위자가 직면한 두 가지 선택지(예: 파리 방문 또는 브뤼셀 방문) 사이에서, 그는 둘 중 하나를 선호하거나 둘에 대해 무차별하다. (비교 가능성)
2. 만약 행위자가 a를 b보다 선호하고, b를 c보다 선호한다면, 그는 a를 c보다 선호한다. (이행성)
3. 행위자는 항상 가능한 대안 중에서 가장 선호하는 것을 선택한다. (선호 극대화)

때로 이 세 가지 진술은 다음에 제시된 합리적 행위자 또는 합리성에 대한 정의의 일부로 취급된다.

개인은 정의상 비교 가능성, 이행성, 선호 극대화를 충족하면 합리적이다.

만약 이 세 가지 조건이 합리성을 정의한다면, 그것들은 실제 선택을 설명하는 법칙으로서 역할을 할 수 없다. 그러나 9장에서 보겠지만, 합리성의 정의는 다양한 상황에서 사람들이 어느 정도까지 모범으로 삼을 수 있는 모델로 사용될 수 있으며, 실제로도 종종 그렇게 사용된다. 경제학자들은 교환이 발생하는 모든 곳에 합리적 선택 모델을 적용하려 한다. 사실상, 그들은 실제 선택 행위자들이 자신들의 실제 선택을 이해하는 데 유용할 만큼 합리성 모델을 충분히 잘 충족시킨다는 일반화를 사실적, 경험적, 우연적 가설로 채택한다.

물론 사실적 일반화(그리고 정의의 일부가 아닌 것으로)로 취급될 때, 선택에 관한 세 가지 진술 중 어느 것도 참이 아니며, 모든 선택 행위자에 대한 일반화도 참이 아니다. 그것들이 법칙으로 지지될 수 있는 유일한 방법은 그것들에 '세테리스 파리부스' 조항이 붙어 있다고 가정하는 것이다. 소위 '특수과학'의 '고유 법칙들'이 이러한 형태를 취한다는 견해는 널리 퍼져 있다.

'특수과학'이라는 표현은 보통 사회과학과 행동과학을 가리킨다. '특수'라는 표식은 이 학문들이 물리학과 같은 보편 법칙을 발견하거나 사용하지 않고, 생물학의 경우처럼 생명이 출현하거나 경제학의 경우처럼 교환이 출현할 때와 같은 특수한 상황에서만 발생하는 규칙성을 사용한다는 점을 시사한다. 개별 특수과학이 초점을 맞추는 대상에 대한 법칙은, 그 특수과학이 '소유'하고 '운용'한다는 의미에서 '고유'하다. 즉, 법칙은 그 학문 영역에서 설명력을 주장할 수 있는 기본적 권위를 가지며, 그 사례들이 그 법칙을 소유한 과학의 영역을 구성한다.

합리성에 대한 세 가지 조건을 모델로 취급하는 것은 그러한 세테리스 파리부스 법칙을 채택하는 것을 의미한다. 오늘날 많은 특수과학들은 그러한 모델을 구성하는 데 전념하고 있다. 이런 이유로 특수과학들은 그러한 엄격하지 않은 법칙을 명시적으로 구성하지 않더라도 그 법칙들이 제기하는 문제들에 직면하게 된다. 5장에서 우리는 세테리스 파리부스 법칙을 시험하는 어려움에 주목했다. 그런 법칙들이 발견되는 과학의 영역을 구획하는 역할은 이 문제를 훨씬 더 심각하게 만든다. 특수과학의 고유 법칙에 부합하지 않은 행위는, 해당 법칙을 반입증하고 그것을 활용하는 설명을 약화하는 것으로 간주되기보다는, 너무나 쉽게 해당 특수과학에서 배제되거나 무시될 수 있다.

만약 우리가 특수과학에 그러한 세테리스 파리부스 법칙이 있다는 것을 부정한다면, 우리는 그런 특수과학들이 제시하는 설명이 과학적이라는 것을 부정하거나 그들의 설명력에 대한 다른 근원을 찾아야 한다. 첫 번째 대안은 그럴듯하지 않다. 특수과학이 그들의 탐구 영역에 속한 사건들에 대해 아무런 설명도 제공하지 못한다고 주장하는 사람은 거의 없다. 소수의 철학자들은 이 학문 분야의 설명을 뒷받침하는 법칙이 신경과학이나 생물학에서 발견되어야 한다고 주장했다. 사회과학자들이 이러한 법칙들이 특수과학의 설명과 관련되어 있다는 것을 명시적으로 부정한다는 사실은 이 접근법의 근거를 약화시킨다. 그 결과 특수과학의 설명이 인과적이거나 법칙에 기반한 것이 아니라, 자연과학과는 다른 종류의 활동이라는 견해가 남게 된다. 욕구와 믿음이 행위를 야기하거나 초래할 수 있지만, 그것들이 행위를 설명하는 것은 아니다. 오히려 그것들은 행위의 의미를 부여하고, 해석하며, 어떤 식으로든 행위를 우리가 이해할 수 있도록 만든다. 이것이 바로 인문학, 역사, 상식에서의 설명이 인과적 설명으로는 결코 얻을 수 없는 만족감을 주는 이유이다.

앞에서 언급되었듯이, 이 견해는 물리학에서 추출되어 사회과학에 부과된 방법론적 규칙의 관련성을 거부하는 사회과학자들과 다른 학자들에 의해 널리 받아들여지고 있다. 이러한 철학자들은 인간 행위를 설명하는 믿음, 욕구, 희망, 두려움, 기타 심리적 요인에 대한 인과적 분석을 거부한다. 인과는 이해 가능성을 부여할 수 없으며, 이 설명들은 바로 그 일을 수행한다. 그러나 이 접근법은 이해 가능성이란 무엇인가라는 의문을 제기한다.

따라서 '특수과학'의 철학에는 적어도 두 가지 근본적인 문제가 있다. 첫째, 행위를 설명하는 심성 상태는 어떤 종류의 것인가? 이 문제는 마음이 뇌가 아니고 심성 상태는 물리적 상태가 아니라는 '이원론'을 주장한 17세기 데카르트의 논쟁까지 거슬러 올라간다. 둘째, 심성 상태가 설명하는 인간 사건에 제공하는 이해 가능성의 원천은 무엇인가? 첫 번째 질문(심신 문제)은 형이상학의 근본적인 문제이며 여기서 깊이 다룰 수는 없다. 설명이 이해 가능성을 부여해야 하는지, 또는 부여할 수 있는지, 그리고 만약 그렇다면 어떻게 하는지에 대한 두 번째 문제는 이 장의 마지막 부분에서 더 자세히 다루어진다.

기능적 법칙과 생물학적 설명

사회과학에서의 설명은 목적적이고, 목표 지향적이며, 목적론적으로 보인다. 이는 그러한 설명이 생물학적 설명과 공유하는 특징이다. 다음을 비교해 보라. "시저는 왜 루비콘 강을 건넜는가?" "로마 공화정을 전복하기 위해." "심장은 왜 피를 뿜어내는가?" "몸에 산소를 순환시키기 위해." 만약 이해 가능성의 근원이 목적론에 있다면, 생물학에서 설명이 어떻게 진행되는지를 검토하는 것이 이른바 이해 가능성의 근원을 밝히는 데 도움이 될 수 있다. 결국, 생물학에서의 목적론적 설명은 인문학에서의 설명보다 더 단순할 것이다. 왜냐하면 그것은 심리적 과정을 포함하지 않을 것이기 때문이다. 따라서 우리는 목적론적 설명이 어떻게 작동하는가라는 문제를 심성 상태와 물리적 상태가 어떻게 관련되는지에 대한 문제와 분리할 수 있다.

경험론 철학자들은 생물학적 설명의 본질에 관심이 있기 때문에 이 접근을 일부 환영할 것이다. 그들은 또한 생물학적 설명에 대한 분석이 모든 과학적 설명이 궁극적으로 인과적이거나 법칙에 지배된다는 자신들의 주장, 즉, 특수과학의 설명이 물리과학에는 없는 특별한 이해 가능성을 부여한다는 주장이 틀렸다는 주장을 입증할 것이라고 믿는다.

아이러니하지만 명백하게도, 19세기 중반까지 생물학에서의 목적론적 설명은 인문학에서 여전히 흔한 종류의 믿음-욕구 설명으로 취급되었다. 이 경우 설명을 담당하는 믿음과 욕구는 모든 것을 설계한 전능하고 자비로운 신의 것이었다. 더욱이, 19세기까지 유기체에 대한 중요한 사실들이 이처럼 특별히 만족스러운 방식, 즉 신에 호소함으로써 설명되어야 한다는 가설은 합리적인 것처럼 보였다.

다윈의 자연선택 이론이 나오기 전, 생물학적 조직의 적응성과 복잡성에 대한 가장 그럴듯한 설명은 신의 설계를 인용함으로써 제공되었다. 이는 유기체 각 부분의 역할, 즉 유기체의 생존과 번영을 위한 신의 계획에서 그 목적을 부여함으로써 생물학적 조직을 이해할 수 있도록 만들었다. 예를 들어, 심장은 왜 피를 펌프질하는가? "산소를 순환시키기 위해서"라는 대답은 "신은 그의 선함으로 혈액 순환을 주선하고자 했으며, 이를 위한 최선의 방법이 심장을 만드는 것이라고 정확히 믿었다. 신은 전지했으므로 이 믿음이 옳았고, 전능했으므로 이를 실행에 옮길 수 있었다. 이것이 심장이 피를 펌프질하는 이유이다."와 같은 설명의 축약형이다.

과학적 설명은 더 이상 신에게 호소하는 것이 허용되지 않으므로, 목적론적 설명에 대한 완전히 다른 분석이 요구된다. 더욱이, 1장에서 언급했듯이, 다윈의 진화론이 출현하면서 생물학에서 그러한 신학적 설명의 필요성이 완전히 사라졌다. 다윈은 목적 또는 설계의 겉모습인 적응이 항상, 적응적 필요에 맹목적인 유전 가능한 변이와 덜 적응된 유전 가능한 변이를 걸러내는 자연선택이라는 순전히 인과적인 과정의 결과임을 보여주었다. 다윈의 이론이 이것을 어떻게 수행하는지에 대한 더 자세한 설명은 9장에서 다루어진다. 그 설명은 설계의 겉모습이 그 누구의 목적, 목표, 의도 등이 실제로 어떤 역할도 하지 않는 순전히 인과적인 과정의 결과임을 분명히 할 것이다. 따라서, 녹색 식물이 엽록소를 지니는 이유는 (맹목적인 변이를 통해) 어느 시점에 그들의 조상들이 우연히 일부 엽록소 분자를 합성했고, 그 유전적 자산이 유전되었으며,

엽록소가 우연히 녹말 생산을 촉매하기 때문에 녹말을 생산하는 것이 이 식물들을 더 오래 살게 했고 그들은 더 많은 자손을 낳았기 때문이다. 무작위로 발생한 엽록소 합성량의 증가는 더 많은 자손을 낳게 했고, 그들이 엽록소가 없는 식물들과의 경쟁에서 우위를 점하여 결국 이 분자의 농도가 높은 식물만이 살아남게 되었다. 이것이 바로 오늘날의 식물들이 엽록소를 지니는 이유이다.

원래 설명에 있던 "…을 위해"는 자연선택의 필터가 엽록소나 그 화학적 전구체가 부족한 식물을 도태시키고, 엽록소가 있거나 현재 녹색 식물에 존재하는 엽록소에 점점 더 가까워지도록 변이된 식물을 선택하는 인과적 내력(etiology)으로 대체된다. 그렇다면 자연이 선택하고 또 선택하여 엽록소가 탄생하게 된 최초의 전구체 분자들은 어디에서 온 것일까? 그 첫 번째 전구체는 순전히 비-예견적인 화학적 과정의 결과물이며, 이는 식물의 적응적 중요성을 고려하지 않고 화학적으로 설명될 수 있다.

철학자들은 이 전략을 식물학은 물론 자연과학, 사회과학, 행동과학에서의 목적론적 설명을 분석하는 최선의 방법으로 지지해 왔다. 모든 겉보기 목적론적 설명은 "왜 X가?" 또는 "왜 X가 발생하는가?"라는 질문에 답한다. 그 질문에 대한 대답은 "Y가 발생하기 위해 X가 발생한다"라는 형태를 취하며, 이 대답들은 항상 '인과적 내력'으로 분석되어야 한다. 인과적 내력이란 과거 Y-유형의 사건을 야기했던 모든 것이 선택되었던 일련의 과거 사건을 의미한다. 일반적으로 이런 선택은 자연적으로 이루어지며 인과적 내력에는 유전적 유전이 포함된다. 유전적 유전은 Y 또는 그 전구체들을 야기한다는 이유만으로 선택된 전구체들 Xs의 지속성과 적응적 향상을 보장한다. 따라서, "심장은 산소를 순환시키기 위해 피를 뿜어낸다"는 말은 다음과 같은 내용을 축약한 것이다. 심장은 실제로 산소를 순환시키는데, 이는 심장을 가진 생명체의 진화적 과거에 산소 순환기를 만드는 유전자가 선택되었고, 이 지속적인 선택이 우연히 더 나은 근육 단백질과 이를 심장 근육과 덩어리로 합성하는 효소를 만든 돌연변이와 유전자 조합을 걸러내어, 마침내 그 과정이 현재 척추동물에서 발견되는 적응 수준에 도달했기 때문이다. 겉보기 목적론적 설명과 규칙성이 말하는 바를 순전히 인과의 언어로 '번역'한 이 내용에는 목적론적인 요소가 전혀 남지 있지 않다. 모든 목적은 인과성으로 대체되었다. 분명한 이유로, 결과 기반의 인과적 내력의 관점에서 목적을 설명하는 이러한 순전히 인과적인 설명은 '선택된 결과' 분석(selected-effects analysis)이라고 불린다.

생물학에서 목적론적 법칙과 설명을 이렇게 분석하는 것은 매력적이지만, 몇 가지 어려움에 직면한다. 예를 들어, 이 분석은 어떤 생물학적 형질의 현재 기능이나 적응에 관한 주장들의 참을 말 그대로 지질학적 시대 이전에 발생한 사실에 의존하게 만든다. 그리고 만약 어떤 "사전 적응"이 비교적 최근의 환경 변화를 통해 새로운 용도로 전용된다면, 선택된 결과 분석은 어려움을 겪을 것이다. 왜냐하면 이 경우 그 형질은 현재 기능에 대한 선택 때문에 존재하는 것이 아니라, 이전 기능에 대한 선택 때문에 존재한다고 주장할 수 있기 때문이다. 이것은 사실 대부분의 복잡한 적응에 해당할 수 있다. 목적에 대한 이러한 분석에 제기되는 일부 반론은 다양한 방식으로 수용될 수 있다. 그러나 선택된 결과 접근은 특히 생물학 외에 목적론적 언어를 사용하는 다른 학문에서 더 깊은 문제를 안고 있다.

특수과학은 목적론적 설명, 기술, 규칙성으로 가득하다. 사회과학에서는 **기능적** 분석이 널리 퍼져 있다. 예를 들어, "가격 체계의 기능은 사람들이 무엇을 사고팔지에 대해 생산적이고 효율적인 결정을 내리는 데 필요한 정보를 소통하는 것이다"와 같은 진술을 고려해 보라. 이 주장은 부인할 수 없고 명백히 목적론적이다. 가격 체계는 인간의 필요를 충족시키기 위해 존재하지만, 그 누구에 의해서도 그렇게 설계되지 않았다. 따라서 우리는 그들의 필요를 충족시키고자 했던 사람들의 믿음과 욕구의 변이와 선택을 통해 가격체계를 생겨나게 한 선행 인과적 내력을 파악할 수 없다. 가격 체계가 우리의 유전자 속에 있다는 것도 아니다! 자연선택이나 과거의 인간 의도는 사회과학의 수많은 기능적 주장을 순전히 인과적인 설명으로 대체하는 데 사용할 수 없다. 생명과학에서도 동일한 문제가 발생한다. 해부학자와 생리학자는 더 큰 체계가 특정한 방식으로 작동하도록 돕는 부분과 구성 요소들이 무엇을 하는지에 대한 가설을 자주 제시한다. 이러한 가설들은 해당 부분의 기능에 대한 주장이다. 그러나 이러한 주장을 제시하는 연구자들은 그들이 주장하는 내용의 의미의 일부로서, 심지어 그들의 주장이 참이기 위해, 진화적 인과적 내력이 필요하다는 견해를 거부한다. 1921년 밴팅과 베스트(Frederick Banting and Charles Best)는 개의 실험을 통해 췌장의 랑르한스섬이 혈액 속 포도당을 소화시키는 인슐린을 생산하는 기능을 처음으로 확인했다. 이는 당뇨병에 대한 최초의 효과적인 치료로 이어졌다. 그러나 그들은 어떤 종류의 진화적 탐구에도 참여하지 않았고, 소화라는 생물학적 과정의 '인과적 내력'에도 관심이 없었다. 이 세포들의 기능을 발견함으로써, 그들은 소화에서 그 세포들의 인과적 역할을 밝혀냈다.

이러한 문제들은 특수과학에서의 기능적·목적론적 설명, 기술, 규칙성에 대한 완전히 다른 접근인 기능에 대한 '인과적 역할' 이론('causal-role' account)으로 이어졌다(그 명칭은 창시자인 커민스(Robert Cummins)가 명명했다). 이 접근의 핵심은 과학자들이 "X의 기능은 Y를 하는 것이다"라고 주장할 때, 그들은 X의 목적을 제시하여 X의 존재를 설명하는 데 거의 관심이 없다는 것이다. 만약 심장의 혈액 펌핑 기능이 과학자들에 의해 더 이상 (혹은 과거에도) 척추동물이 왜 심장을 가지는지 설명하기 위해 인용되지 않는다면, 이 진술에 담긴 미래 인과에 관한 분명한 제안을 제거하기 위해 과거 사건들의 인과적 내력을 찾을 필요가 없다. 기능을 발견하고 그것을 귀속시키는 것은 많은 특수과학의 핵심 과제이다. 그러나 만약 과학자들이 어떤 특성의 존재를 그 기능을 식별함으로써 설명하지 않는다면, 다시 말해 그것에 대한 결과인 인과적 내력을 받아들이지 않는다면, 그들은 무엇을 하고 있는 것일까? 그들은 매우 다른 일을 하고 있다. 그들은 복잡한 행동을 더 단순한 구성 요소로 분석하고 있다.

인과적 역할 이론은 "X는 기능 F를 가진다"는 주장을 대략 다음과 같은 더 복잡한 진술의 축약으로 본다. "X가 F를 결과로 갖는다는 것은 X를 부분으로 포함하는 어떤 큰 체계의 복잡한 능력에 기여하며, X의 'F 작용'(F-ing)이 그 체계의 복잡한 능력의 '프로그래밍된 발현'에 어떻게 기여하는지에 대한 '분석적 설명'이 존재한다." 따라서 X의 F 작용은 '중첩된 능력'이다. 즉, X를 포함하는 체계의 다른 부분들의 다양한 능력들과 함께, 전체 체계가 상대적으로 더 복잡한 행동을 수행할 수 있게 하는 덜 복잡한 능력이다. 이 분석이 이전 장의 끝에서 검토된 법칙에 대한 접근과 어떻게 연결되는지 주목하라. 이 접근은 능력과 성향을 엄격한 법칙보다 더 근본적인 것으로 간주한다. 물론, 심장이 혈액을 펌프하기 위해 뛴다는 것과 같은 기능적 또는 목적론적 법칙이 어떤 특수과학의 고유 법칙이 되려면 암묵적인 세테리스 파리부스 조항을 포함해야 할 것이다. 이러한 법칙의 문제는 각 학문 분야의 고유 법칙이 실제로 특수과학의 의도된 영역 내에 있는 대상들의 기본적 성향을 표현하는 것이라면 사라지거나 해결될 수 있을 것이다.

목적적이고 기능적인 설명을 '선택된 결과' 분석과 조화시키기 위한 다양한 전략이 가능하다. 설령 이 둘이 조화될 수 없더라도, 그것들은 특수과학이 인과적 설명에 의존하지 않거나, 그 설명이 어떤 특별한 비인과적 설명력을 지닌다는 제안에 대해 중대한 영향을 미친다. 우리가 보았듯이, 생물학과 다른 특수과학들에서 기능적 설명 또는 목적적 설명에 대한 두 가지 설명(선택된 결과 이론, 인과적 역할 이론)은 모두 목적론을 일반적인 인과로 대체한다. 이처럼 그들은 물리학의 방법이 생물학에 유관하다는 것, 생물학을 포함한 자연과학의 방법이 사회과학과 행동과학, 즉 '특수과학'에 유관하다는 주장에 대한 중요한 반론들을 무너뜨린다.

목적을 설명하는가, 아니면 목적을 없애기 위한 설명인가?

다윈의 혁명적인 업적은 현대 문화의 모든 지적 논쟁과 관련이 있다. 그의 이론이 종교에 미치는 영향은 너무나 명백하여, 『종의 기원』이 출판된 지 150년이 지난 지금도 다윈의 이론은 유신론에 대한 적대적인 함의를 두려워하는 이들에 의해 논박되고 있다.

바빌로니아인들 사이에서 천문학이 시작된 이래 2,500년 동안, 살아있는 생명체의 영역은 물리학의 자원으로는 설명될 수 없는 것으로 여겨졌다. 18세기 위대한 철학자 칸트는 "풀잎 한 줄기를 위한 뉴턴은 결코 존재하지 않을 것이다"라고 주장했다. 이 말이 있은 지 60년 만에, 생물학의 뉴턴, 즉 다윈은 목적이 단순한 인과적 연속의 복잡한 조합이자 그들의 특이한 인과적 역사라는 것을 보여줌으로써, 목적론적 설명이 자연과학에서 안전하게 자리 잡을 수 있도록 하는 데 성공했다.

다윈의 업적은 때로 다르게 해석되기도 한다. 그가 목적을 과학적으로 수용할 수 있게 했다고 주장하는 대신, 그가 자연에서 목적을 제거했다고 주장할 수 있다. 결국, 다윈이 한 일은 순전히 인과적 과정, 즉 맹목적인 변이와 환경적 필터링('자연선택')이 '인과적 역할'에서 기능을 가진 적응, 즉 생물학적 구조를 어떻게 만들어낼 수 있는지를 보여준 것이다. 이렇게 함으로써 그는 설계와 목적의 외양은 단지 환상, 즉 우리가 순전히 기계론적인 세계에 펼쳐놓은 덧씌움에 불과함을 밝혀냈다. 목적의 외양은 과학자와 거의 모든 다른 사람들이 신이 모든 것을 설계하고 계획을 실행하는 존재라고 믿는 것을 유일한 설명으로 받아들이게 만들었다. 그러나 이제 우리는 그러한 설계하는 신이 필요하지 않다는 것을 알 뿐만 아니라, 목적의 외양은 단지 겉모습일 뿐 실재(reality)가 아니라는 것도 안다.

다윈의 업적에 대한 이런 해석에 따르면, 우리는 설계의 외양이 실재 없이 만들어졌을 뿐만 아니라, 생물학적 체계의 적응과 복잡성을 야기하는 계획을 가진 신은 없다고 결론 내려야 한다. 우리는 더 나아가 우주에는 의미나 진정한 이해 가능성은 없으며, 적어도 우리 외에 그 누구도 의미를 부여하지 않았다고 추론할 수 있다. 과학자의 존재론에 이신론적 신을 최초의 원인으로 보는 개념은 남을 수 있지만, 신이 자연의 흐름에 개입하여 부여한 우주적 의미가 들어설 자리는 없다.

그러나 다윈이 자연에서 목적을 제거했든 자연화했든, 그가 확실히 한 것은 생물학적 현상을 설명할 때 선행하는 신의 의도에 호소하거나, 과거 또는 현재의 적응을 야기하는 미래에서 비롯된 힘에 호소할 필요가 없다는 것을 보여준 것이다.

따라서 목적론, 또는 선행하는 설계나 미래로부터 작용하여 그것들로 이어지는 사건들을 야기하는 원인으로서의 목적이 인과적 설명이 제공하는 이해를 초월하는 이해 가능성의 근원이 될 수 있다는 희망은 버려야 한다. 인과와 우연적 법칙을 넘어선 이해의 근원을 과학적이든 아니든 추구하는 이들은 생물학의 목적인에서 그것을 찾지 못할 것이다.

이해 가능성에서 필연성으로

우리는 인과적 설명에 대한 두 가지 불만족의 근원 중 첫 번째, 즉 그것이 자연에 대한 이해 가능성을 제공하지 않는다는 생각에 직면하게 된다.

이것이 어떻게 가능할까? 원인, 법칙, 통합을 넘어서지 못한다는 이유로 경험과학의 설명적 방법을 거부하는 사람들은 목적인이나 인간의 해석에서 이해 가능성을 찾지 못할 것이다. 이것들은 자연과학이 제공하는 것에 대한 진정한 대안이 아니다. 목적과 기능에 호소하는 설명은 결국 인과적 설명의 거짓이거나 위장된 변형임이 밝혀진다. 해석은 호기심을 만족시킬 수는 있지만, 예측과 통제에 있어서는 시험 불가능하고 신뢰할 수 없다. 우리는 해석이 인간의 호기심을 만족시킨다는 사실을, 그것이 과학보다 더 깊은 이해를 제공하거나 심지어 어떤 이해라도 제공한다는 주장으로 오해해서는 안 된다. 경험적이지도 실험적이지도 않은 학문이 그러한 이해를 제공하려면, 철학이 그동안 제시하고자 애써온 경험적 주제에 관한 이해 가능한 합리론을 지지해야 할 것이다.

17세기 이래로 그러한 의제를 가진 합리론자들이 있었다. 그들은 과학적 설명은 자연이 취할 수 있는 유일한 경로를 드러내는 자연의 과정을 움직이는 근본 메커니즘을 밝혀내야 한다는 견해를 가졌다. 18세기의 두 중요한 철학자인 라이프니츠와 칸트는 과학이 실제로 그러한 필연성을 밝혀낸다고 주장했다. 따라서 과학의 설명은 (완전할 때) 설명되지 않는 것을 남기지 않고, 다른 대안적 설명을 허용하지 않으며, 그러므로 가장 높은 수준의 적절성을 지닌다.

라이프니츠는 물리적 지식을 이용해 개별 법칙들이 과학 이론의 나머지 부분과 너무나 긴밀하게 연결되어 있어 하나의 법칙이 변하면 과학 이론의 전체 구조가 무너질 수 있음을 보여주려 했다. 중력의 역제곱 법칙은 다른 어떤 법칙이 바꾸지 않고서는 역세제곱 법칙이 될 수 없고, 역제곱 법칙의 차이는 다른 법칙들에 더 큰 차이를 만들어서, 결국 우리는 자연을 지배하는 법칙들의 전체 묶음이 논리적 모순과 비일관성을 피하려면 수정되어야 한다는 것을 알게 될 것이다. 따라서 모든 법칙은 서로를 필연적으로 만들거나, 말하자면 내부적으로 논리적 필연성을 갖게 될 것이다. 이것은 자연법칙이 전개되는 방식에 일종의 논리적 필연성을 부여할 것이다. 라이프니츠는 최선의 과학 이론에서의 변화가 과학 망 전체에 어떻게 파급될지를 정확히 보여주면서 이 견해를 주장하지는 않았다. 그의 시대에는 과학적 지식이 너무나 불완전해서 시도조차 할 수 없었기 때문이다. 그리고 지금도 마찬가지로, 과학적 지식은 여전히 불완전하기에 부분적인 변화가 초래할 비일관성을 명확히 보여주지 못한다. 게다가, 우리가 모든 현상을 함께 설명하는 과학적 법칙들의 묶음을 갖게 되더라도, 이것이 유일한 묶음이라는 확신도 없을 것이다. 과학적 법칙들 전체의 논리적 일관성은, 심지어 하나의 논리 체계에서 그것들을 통합하는 연역적 순서로 정렬하더라도, 현상들을 동일하게 체계화할 수 있는 또 다른 공리 체계의 존재를 배제하기에는 불충분하다. 이것은 12장에서 다루어질 '과소결정'(underdetermination)의 문제이다.

흥미롭게도, 라이프니츠는 내부적으로 일관된 법칙들의 다중 묶음 문제를 목적론에 호소함으로써 해결했다. 그는 논리적으로 긴밀히 연결되어 있어 어느 한 법칙을 수정하려면 다른 모든 법칙까지 변경해야만 하는, 소위 완전한 법칙 체계들 중에서,

신이 그의 자비로움을 통해 실제 세계를 지배하기 위해 "최선의" 것을 선택했다고 주장했다. 그런 이유로 실제 세계의 현상을 지배하는 법칙들은 서로를 논리적으로 뒷받침할 뿐만 아니라, 전체 묶음이 유일하게 가능한 법칙들의 집합이다. 따라서 우리가 신의 자비에 대한 라이프니츠의 확신을 받아들인다면, 우리는 법칙적 설명이 그들의 설명항들에 매우 강력한 필연성을 부여한다는 것을 알게 될 것이다. 물론, 우리가 모든 올바른 과학적 설명을 보증하기 위해 신의 목적론을 이용할 준비가 되어 있지 않다면, 우리는 필연성이나 이해 가능성을 반영하는 것으로서 연역 법칙적 설명에 대한 라이프니츠의 확신을 공유할 수 없다.

라이프니츠와 대조적으로 칸트는 과학을 보증하기 위해 신의 의도에 호소하는 것을 꺼렸다. 그러나 그는 라이프니츠와 마찬가지로 과학적 설명이 그 설명항들의 필연성을 밝혀내야 한다는 견해뿐만 아니라, 뉴턴이 발견한 과학 법칙들이 물리학이 어쨌든 호소해야 하는 필연적 진리라는 주장을 강력히 고수했다. 칸트는 뉴턴 역학의 토대에 있는 필연적 진리를 밝히기 위한 논증을 구성하려고 시도했다. 그의 이론은 공간과 시간의 본성, 모든 물리적 사건에 대한 원인의 존재(인과적 결정론), 그리고 예를 들어, 뉴턴의 질량 보존 원리는 그것들이 우리와 같은 인지 주체가 우리의 경험을 조직할 수 있는 유일한 방식을 반영하기 때문에 필연적이라고 주장한다. 따라서 이러한 원리들은 우리의 마음이 지닌 힘('순수 이성')에 대한 성찰을 통해 경험, 관찰, 실험과 독립적으로, 즉 선험적으로 알려질 수 있다. 칸트의 위대한 저서의 제목 『순수 이성 비판』이 여기서 비롯되었다. 라이프니츠와 달리 칸트는 과학 법칙이 논리적 진리가 아님을 인식했다. "모든 총각은 미혼 남성이다"와 같이 논리학의 법칙이나 정의에 의해 참인 진술과 달리, 과학 법칙의 부정은 자기 모순적이지 않다.

2장에서 논의된 과학의 본성에 대한 칸트의 접근법을 상기하라. 칸트는 부정이 자기 모순적이지 않은 과학 법칙이 분석적 참과 대조되는 종합적 참이라고 주장했다. 칸트는 분석적 참을 그 주어가 "술어를 포함하는" 참으로 정의했다. 이것은 분명히 은유이지만, 그 아이디어는 분석적 참은 정의나 그 결과로 참이라는 것이다. 칸트가 논리실증주의자들보다 훨씬 이전에 주장했듯이, 분석적 참은 (정의 또는 그 연역적 결과로서) 내용이 없고, 세계에 대해 아무것도 주장하지 않으며, 단지 우리가 특정 소리와 기록을 어떻게 사용할지에 대한 우리의 규약과 관습을 나타낼 뿐이다. 예를 들어

"밀도는 질량과 부피의 몫과 같다"는 것은 세계에 대해 아무것도 주장하지 않는다. 그것은 질량, 부피, 밀도를 가진 어떤 것이 있다는 것을 함축하지 않는다. 그 정의는 세계에 대한 어떤 사실도 설명할 수 없으며, 아마도 우리가 특정 소리와 기록을 어떻게 사용하는지에 대한 사실만 설명할 수 있다. 만약 "특정 밀도를 가지는 것"이 어떤 것이 특정 질량-부피 비율을 가지는 이유를 설명할 수 있다면, 그것은 '자체 설명'의 경우, 즉 사건, 상태, 조건이 그 자체의 발생을 설명하는 경우가 될 것이다. 왜냐하면 특정 밀도를 가지는 것은 특정 질량-부피 비율을 가지는 것과 같기 때문이다. 만약 어떤 것도 그 자체를 설명할 수 없다면, 분석적 참은 설명력이 없다. 이와 대조적으로 종합적 참은 내용을 가지며, 세계의 서로 구별되는 사물이나 성질에 대해 주장하므로, 사물이 왜 현재의 모습인지 실제로 설명할 수 있다. 따라서 자연 법칙은 종합적 참이다.

칸트는 뉴턴의 법칙이 보편적 참이며 필연적이기도 하다는 것을 받아들였다. 그는 보편성과 필연성이 선험적 참의 특징이라고 보았기 때문에, 자연의 근본 법칙들이 어떻게 "선험적이고 종합적인 참"이 될 수 있는지 설명하고자 했다. 즉, 그들은, 우리가 "세계에 대한 관찰, 실험, 자료 수집, 또는 다른 감각 경험 없이도 그들과 세계에 대해 알 수 있다는 사실"을 알고 있음에도 불구하고, 실제 세계에 대한 설명적 주장을 할 수 있다. 만약 칸트가 물리학의 선험적이고 종합적이라는 특징을 확립하는 프로그램에 성공했더라면, 그것의 설명은 단순히 '여기 그리고 지금' 일어나는 일이 '다른 곳, 다른 때'에도 '여기 그리고 지금'과 같은 상황에서 동일한 종류의 사건들이 발생하기 때문에 일어난다고 말해주는 것을 넘어서는 특별한 힘을 가질 것이다. 칸트에 따르면, 그러한 법칙에 지배되는 설명이 지니는 특별한 힘은 그것들이 우리 마음이 그 본성상 이해할 수 있는 유일한 법칙들이라는 데 있으며, 그들의 참은 인간 사유 자체의 본성에 의해 우리에게 보장된다. 아주 분명히, 이러한 특징을 가진 설명은 다른 대안을 완전히 배제하고 모든 것을 설명한다고는 볼 수 없겠지만, 아주 확실히 만족스러울 것이다.

칸트는 그가 적어도 물리학의 선험적이고 종합적인 참을 확립할 수 없다면, 인간이 자연 법칙을 발견할 수 있다는 것을 부정하는 회의론적 도전에 직면하게 될 것이라고 믿었다. 특히 칸트는 흄이 제기했다고 생각된 논증을 반박하는 데 주력했다. 그 논증에 따르면, 만약 자연 법칙이 선험적으로 알려질 수 없다면, 그것들은 오직 우리의 경험에 기반해서만 알려질 수 있다. 그러나 경험은 한정된 양의 증거만을 법칙에 제공할 수 있다. 법칙은 (만약 참이라면) 언제 어디서나 참인 주장을 하므로, 그들의 주장은 우리가 제공할 수 있는 어떤 양의 증거보다도 더 많은 것을 포함한다. 결과적으로 과학 법칙은 기껏해야 불확실한 가설이며, 물리학의 주장들은 영원히 회의론적 의심에 직면할 것이다. 더욱이, 칸트는 (결과적으로 옳았음이 드러났듯이) 사변적인 형이상학이 필연적으로 이 회의적 공백을 채우려 할 것이라고 우려했다.

칸트는 자연 법칙이 종합적이라고 주장한 것에서 옳았다. 그러나 과학철학의 관점에서, 뉴턴 이론을 선험적으로 알려진 종합적 참으로 보는 칸트의 설명이 직면한 가장 중요한 문제는 그 이론이 전혀 참이 아니며, 따라서 선험적으로 알려질 수 없다는 것이다. 더욱이, 그 이론의 거짓은 실험과 관찰의 결과로 확립되었다. 그리고 이러한 실험과 관찰이 뉴턴의 이론과 양립할 수 없는 이론들, 특히 아인슈타인의 상대성 이론과 양자역학을 뒷받침하기 때문에, 뉴턴의 법칙도 그 후계 이론들도 사실 선험적으로 알려질 수 없었다. 철학자들은 우리가 선험적으로 알 수 있는 유일한 진술은 경험적 내용이 없는 것들, 즉 세계를 전혀 제약하지 않는 정의와 정의의 논리적 결론이며, 따라서 실제로 일어나는 일에 대한 설명적 관련성이 없다고 결론지었다. 경험, 관찰, 실험 등은 결코 어떤 명제의 필연성을 확립할 수 없으므로, 세계가 실제로 존재하는 방식에 어떤 설명적 유관성을 가진 과학적 주장들은 필연적 진리가 될 수 없다. 이 결론으로부터 두 가지 중요한 결과가 도출된다. 첫째, 사물이 존재하는 방식의 필연성이나 이해 가능성을 밝히는 인과적 설명의 대안을 찾는 것은 실수이다. 왜냐하면 필연적 참은 설명력이 없기 때문이다. 둘째, 어떤 명제가 설명력을 가진다면, 그것은 칸트의 용어로 종합적이며, 분석적이지 않은 내용을 가진 진술이어야 한다. 그러나 그러한 진술은 오직 관찰, 실험, 자료 수집에 의해서만 정당화될 수 있다.

하지만 이 결론은 우리를 칸트의 선배인 흄이 인식했던 회의론의 위협에 직면하게 만든다. 즉, 어떤 일반 법칙에 대한 경험적 증거는 항상 불완전할 것이기 때문에, 우리는 과학 법칙 중 어떤 것의 진리도 결코 확신할 수 없다. 흄의 논증은 적어도 과학이 필연적으로 오류 가능함을 보여주는 것으로 널리 받아들여진다. 흄이 옳다면, 과학적 탐구의 결론은 칸트, 라이프니츠, 그리고 확실성이나 필연성을 갈망했던 다른 사람들이 요구하는 종류의 필연성을 결코 획득할 수 없을 것이다. 그러나 이러한 오류 가능성은 세계가 어떻게 작동하는지에 대한 주장을 닫고 있는, 설명적 내용을 가진 어떤 과학적 법칙 체계에서도 피할 수 없을 것이다. 누구도 과학에서 논리적 필연성을 기대해서는 안 된다. 또한 그것을 원해서도 안 된다.

요약

과학적 설명은 자연 과정이 어떻게 발생했는지만 보여줄 뿐, 그 목적, 설계, 의미를 보여주지 못하기 때문에 전통적으로 불만족스럽게 여겨져 왔다. 목적인 또는 목적론적 설명에 대한 이러한 요구는 아리스토텔레스로 거슬러 올라간다. 생물학에서의 목적론적 설명에 대한 현대적 설명은 맹목적 변이와 자연선택이 어떻게 목적의 외양을 야기할 수 있는지에 대한 다윈의 발견을 활용한다. 다윈의 이론은 목적론적 설명이 단지 복잡하고 위장된 형태의 인과적 설명임을 이해하는 데 도움을 준다. 생명과학에서의 기능적 설명이 그렇게 이해되지 않는다면 그것은 그들이 완전히 다른 역할을 수행하고 있기 때문이다. 즉, 그들은 더 큰 체계의 일부가 복잡한 행동을 수행하는 데 기여하는 인과적 기여, 즉 기능을 식별함으로써 복잡한 과정을 명확히 하려고 노력한다.

우리가 인문학에서 그러한 겉보기 목적론적 설명을 유사한 방식으로 다룰 수 있는지는 사람들의 인지적, 정서적 태도가 그들의 행동을 인과적으로 설명하는지, 아니면 인문학을 자연과학의 방법으로부터 면제시키는 다른 방식으로 설명하는지에 달려 있다. 사회과학자들과 일부 철학자들은 오랫동안 그러한 면제를 추구해 왔는데, 이는 인간 행위에 대한 해석이 자연과학의 인과적 설명에는 없는 이해 가능성을 전달하는 것처럼 보이기 때문이다.

과학적 설명이 우연적 원인을 식별하는 것 이상으로, 그것을 더 설득력 있게 만드는 어떤 것을 기대하거나 요구할 근거가 있는가? 적어도 18세기 철학자 라이프니츠와 칸트로 거슬러 올라가는 전통이 있는데, 그들은 과학적 설명이 궁극적으로 과학이 실재를 기술하는 것이 단지 참일 뿐만 아니라 필연적으로 참임을, 즉 세계가 현재의 모습인 것이 유일한 방식이었음을 보여주어야 한다고 주장한다. 우리는 그러한 결론을 확립하려는 어떤 시도도 실패할 수밖에 없다고 생각할 충분한 이유를 가지고 있다. 실제로, 만약 그러한 시도가 성공한다면, 우리는 오류를 범하기도 하고 스스로를 수정해 나가는 과학적 지식의 특성을 설명하기 힘들 것이다.

학습 문제

1. 지지하거나 비판하라: "과학적 설명이 사물의 이해 가능성이나 필연성을 제공하지 못한다는 사실은 그것을 다른 곳에서 찾아야 할 충분한 이유가 된다."
2. 다윈의 자연선택 이론은 자연에 목적이 없음을 보여주는가, 아니면 목적이 존재하며 그것들이 전적으로 자연적이고 인과적인 과정임을 보여주는가?
3. 생물학적 기능에 대한 다윈의 자연선택적 접근과 커민스의 인과적 역할 접근을 결합할 수 있는 방법이 있는가?
4. 특수과학에서 모델과 부정확한 세테리스 파리부스 법칙 간 중요한 차이가 있는가?
5. 생물학, 그리고 모든 사회과학 및 행동 과학은 어떤 의미에서 역사적인가?

추천 도서

다윈 이론을 사용하여 목적과 목적론을 인과에 동화시키는 방식은 라이트(L. Wright)의 『목적론적 설명』(*Teleological Explanation*)에서 가장 영향력 있게 설명된다. 알렌, 베코프, 로더(C. Allen, M. Bekoff, and G. Lauder)가 편집한 『자연의 목적』(*Nature's Purposes*)은 생물철학의 핵심 주제에 관한 거의 모든 중요한 논문들을 한데 담고 있다. 커민스의 연구는 아리우, 커민스, 펄먼(Ariew, Cummins, and Perlman)이 편집한 『기능: 심리철학과 생물학의 새로운 논고』(*Functions: New Essays in the Philosophy of Psychology and Biology*)에서 다루어지고 다른 학자들에 의해 발전되었다.

브랜든과 맥셰이(R. Brandon and D. McShea)는 『생물학의 첫 번째 법칙』(*Biology's First Law*)에서 명확히 목적론적이지 않은 생물학의 근본적인 법칙을 주장한다.

사회과학에서 의도적 설명(intentional explanation)의 본질은 로젠버그(A. Rosenberg)의 『사회과학철학』(*Philosophy of Social Science*)에서 다루어진다.

새먼(W. Salmon)의 논문 "확률적 인과성"(Probabilistic Causality)은 랑의 선집에 재

수록되어 있으며, 카트라이트(N. Cartwright)의 논문 "인과적 법칙과 효과적인 전략"(Causal Laws and Effective Strategies) 도 거기에 실려있다.

특수 과학의 모델에 대한 더 자세한 내용은 9장에서 다룬다.

포더(J. Fodor)는 "특수과학: 또는 작업가설로서의 과학의 비통일성"(Special Sciences: Or the Disunity of Science as a Working Hypothesis)이라는 논문에서 처음으로 세테리스 파리부스 법칙을 지지했으며, 이 논문은 커드와 커버의 선집에 재수록되었다. 그는 "특수과학: 그 오랜 세월이 지난 후에도 여전히 자율적인가"(Special Sciences: Still Autonomous After All These Years)에서 자신의 주장을 재검토한다.

라이프니츠의 많은 저작은 여전히 번역되지 않았으며, 이용 가능한 것들도 매우 난해하다. 현재의 논의와 관련하여 읽을 가치가 가장 큰 것은 그의 『인간 오성 신론』(*New Essays on Human Understanding*)일 것이다. 칸트의 『순수 이성 비판』(*The Critique of Pure Reason*)은 가장 근본적인 과학 이론들이 선험적으로 알려진 종합적 참이라는 주장을 지지한다. 흄의 경험적 지식(empirical knowledge)에 대한 설명은 그의 『인간 오성에 관한 탐구』(*Inquiry Concerning Human Understanding*)에서 찾아볼 수 있으며, 이 책은 또한 인과에 대한 설명도 전개한다.

7장 과학 이론의 구조

개요

누군가의 의견이 "그건 그냥 이론일 뿐이야"라는 말 한마디로 묵살당하는 걸 얼마나 자주 보았는가? 왠지 모르게 일상 영어에서 '이론(theory)'이라는 용어는 단순한 추측, 혹은 기껏해야 여전히 심각한 의구심이 남아있거나 증거가 아직 불충분한 가설 정도를 의미하게 되었다. 이러한 용법은 과학자들이 사용하는 의미와는 상당히 다르다. 과학자들에게 이 용어는 잠정적이거나 불확실함을 의미하기는커녕, 광범위하게 수용된 법칙, 방법, 응용, 근본 원리를 포함하는 확고한 하위 분야를 설명하는 데 자주 사용된다. 예를 들어, 경제학자들은 '게임 이론'에 대해 이야기하고 물리학자들은 '양자 이론'에 대해 이야기하며, 생물학자들은 '진화론'이라는 용어를 진화생물학과 거의 같은 의미로 사용한다. 심리학자들에게 '학습 이론'은 잘 확립된 다양한 현상에 대한 여러 가설을 포함한다. 과학에서 '이론'은 전체 탐구 분야를 지칭하는 용어 외에도 강력한 경험적 증거에 의해 뒷받침되는 일련의 설명적 가설을 의미하기도 한다.

하지만 이론이 서로 다른 현상들을 어떻게 정확히 설명적으로 체계화하는지는 우리가 답해야 할 질문이다. 과학철학자들은 오랫동안 이론이 유클리드 기하학이나 뉴턴 역학처럼 연역적으로 조직된 체계이기 때문에 현상을 설명한다고 주장해 왔다. D-N 설명 모델의 지지자들이 이러한 견해에 끌리는 것은 놀라운 일이 아니다. 결국

D-N 모델에 따르면 설명은 곧 연역이며, 이론은 일반적인 과정에 관한 더 근본적인 설명이다. 그러나 수학의 연역 체계와 달리, 과학 이론은 관찰 가능한 결과들을 논리적으로 유도하여 시험되는 일련의 가설이다. 이 결과들이 실험이나 다른 자료 수집을 통해 관찰되면, 가설은 잠정적으로 수용된다. 과학적 이론화와 과학적 검사 사이의 이러한 관계에 대한 견해는 **'가설 연역주의'**(hypothetico-deductivism)라고 알려져 있다. 우리가 살펴보겠지만, 이는 이론을 연역 체계로 다루는 것과 밀접하게 연관되어 있다.

이론의 본질과 작동 방식을 다루는 논의는 특히 중요한 이론인 뉴턴 역학 연구를 통해 진행될 것이다. 우리는 이 이론을 일반적인 이론에 관한 질문들을 명확히 하는 데 활용할 것이다. 그러나 우리는 또한 왜 이 이론이 여러 면에서 우주와 그 속에서 우리의 위치에 대한 서구 문명의 개념에 혁명적 변화를 초래했는지를 살펴볼 것이다.

이론은 어떻게 작동하는가? 뉴턴 역학의 사례

이론이 독특한 이유는 특정 현상에 대한 설명을 넘어 보다 일반적인 현상을 설명하기 때문이다. 특정 현상이 경험적 일반화로 설명될 때, 이론은 그 일반화가 왜 성립하는지를, 그리고 일반화가 성립하지 않는 예외적인 경우들을 설명한다. 하나의 탐구 영역에서 현상에 대한 여러 일반화가 발견될 때, 다양한 일반화를 소수의 단일 과정 작용의 결과로 이해할 수 있게 해주는 이론이 나타날 수 있다. 간단히 말해, 이론은 현상들이 경험적으로 보여주는 규칙성 너머, 그 밑, 그리고 그 배후로 들어가 우리가 관찰하는 현상들을 설명하는 근원적인 과정들을 밝혀냄으로써 현상들을 통합한다. 설명을 과학적으로 만드는 것은 그것이 가져오는 '통합'이라는 생각은 아마도 여기서 유래했을 것이다. 왜냐하면 이론은 우리의 가장 강력한 설명 수단이며, 소수의 근본적인 가정 아래 다양한 현상들을 통합함으로써 작동하기 때문이다.

과학철학에서 이론에 대한 첫 번째 질문은 '이론이 어떻게 통합을 이루는가'이다. 즉, 이론의 각 부분은 어떻게 함께 작동하여 다양한 현상들을 설명하는가? 하나의 답은 유클리드 시대 이래 과학과 철학에서 전통적으로 내려온 것이다. 실제로 이는 유클리드가 기하학을 제시한 방식에 기초한다. 20세기 이전의 거의 모든 수학자와 과학자들처럼 유클리드는 기하학을 공간에 대한 과학으로 여겼고, 그의 저서 『원론』(*Ele-*

ments)이 공간의 점, 선, 면 사이의 관계에 대한 이론을 구성한다고 생각했다.

유클리드의 이론은 공리 체계이다. 즉, 그것은 공리 체계 내에서 증명되지 않고 참으로 가정되는 소수의 공준이나 공리들과, 논리학의 규칙에 따라 공리로부터 연역적으로 유도된 다수의 정리로 구성된다. 공리 외에도, (오늘날에는 보통 두 점 사이의 최단 거리로 정의되는) 직선이나 (주어진 점으로부터 등거리에 있는 점들의 자취인) 원과 같은 용어의 정의도 있다. 물론 정의는 공리 체계 내에서 정의되지 않는 '점'과 '거리'와 같은 용어들로 구성된다. 이론의 모든 용어가 정의된다면 정의의 수는 끝이 없을 것이므로, 일부 용어는 정의되지 않은 '원초적'(primitive) 용어로 남게 된다.

하나의 공리 체계에서 참으로 가정되는 공리가 다른 공리 체계에서는 다른 가정들로부터 유도된 정리가 될 수도 있고, 또는 다른 어떤 체계와도 독립적으로 정당화될 수 있다는 점을 염두에 두어야 한다. 실제로, 논리적으로 관련된 진술들의 특정 집합은 하나 이상의 공리 체계로 조직될 수 있으며, 동일한 진술이 한 체계에서는 공리이고 다른 체계에서는 정리가 될 수 있다. 따라서 이런 경우에 어떤 공리 체계를 선택할지는 논리적 고려로 결정될 수 없다. 유클리드의 다섯 가지 공리의 경우, 그 선택은 특정 중요 진술들을 정리로 편리하게 도출할 수 있도록 가장 단순한 진술을 채택하려는 욕구를 반영한다. 유클리드의 공리들은 항상 너무나 명백하게 참이라고 여겨져서 그것들로부터 기하학을 전개하는 것이 안전하다고 생각되었다. 하지만 엄밀히 말해, 어떤 진술을 공리라고 부르는 것은 그 진술의 진실성에 자신을 맡기는 것이 아니라 단순히 연역 체계에서 그 역할만 식별하는 것이다.

유클리드의 다섯 가지 공리가 무한히 많은 다양한 일반적 진리들을 논리적으로 유도된 정리로 체계화하는 방식은 명확하다. 예를 들어, 유클리드의 공리들이 주어지면, 두 평행선 사이의 선에 의해 형성된 엇각이 같다는 것을 증명할 수 있다. 그다음, 그 정리와 직선을 180° 각도로 정의하는 것을 함께 사용하여 삼각형의 내각의 합이 180°가 된다는 것을 증명할 수 있다. 직각삼각형의 빗변의 제곱이 다른 두 변의 제곱의 합과 같다는 피타고라스 정리도 다른 정리들을 이용하여 공리로부터 증명될 수 있다. 과거에는 많은 중고등학생이 유클리드의 공리로부터 정리들을 도출하는 데 꼬박 한 해를 보냈는데, 지금도 여전히 그런 학생들이 있을 것이다.

아마도 공리 체계로 제시된 물리학에서 가장 유명한 이론은 뉴턴 역학일 것이다.

이 이론은 원래 세 개의 공리로 구성되었고, 뉴턴은 나중에 네 번째의 매우 중요한 공리를 추가했다. 우리는 앞으로 반복해서 이들을 언급할 기회가 있을 것이므로, 지금 그들이 어떻게 관련되어 있고 따라서 어떻게 함께 작동할 수 있는지를 보여주는 방식으로 소개하는 것이 좋을 것이다.

뉴턴의 제1법칙은 처음 갈릴레오가 명확하게 설명했고, 실제로 뉴턴 자신도 그 발견의 공로를 갈릴레오에게 돌렸다. 이 법칙은 언뜻 보면 단순하지만 실제로는 그렇지 않고, 운동과 힘에 대해 올바른 방식으로 생각하면 사실 너무나 당연한 것이다. 그 법칙은 2,000년 동안 모든 물리학자의 눈앞에 있었지만, 갈릴레오와 데카르트에 이르러서야 비로소 발견되었다. 더 중요한 것은, 이것이 과학사에서 가장 심오한 단절을 일으켰다는 점이다. 이후 이것은 과학의 혁명적 변화를 위한 모델이 되었다. 이 법칙은 단순히 다음과 같이 진술한다.

1. 일정한 속도로 직선 운동하는 물체는 힘이 가해지지 않는 한 그렇게 계속 운동한다.

이 법칙에서 가장 먼저 주목할 점은, 물체를 계속 움직이게 하려면 지속적이거나 반복적인 힘이 필요하다는 일반적인 상식과 모순된다는 것이다. 이러한 생각은 우리의 경험에서 지속적으로 확인되는 상식일 뿐만 아니라, 아리스토텔레스부터 17세기까지 물리학의 초석이었다. 그러나 상식이 틀렸고 뉴턴의 제1법칙이 옳다는 것을 깨닫는 데 필요한 것은 갈릴레오의 간단한 사고 실험뿐이다. 경사면 아래로 공을 굴려보라. 공은 어떻게 되는가? 속도가 빨라진다. 경사면 위로 공을 굴려보라. 공은 속도가 느려진다. 이제 완벽하게 평평하고 마찰이 없는 표면에 공을 굴려보라. 공은 어떻게 될까? 속도는 느려질 수도, 빨라질 수도 없다. 다른 대안은 없다. 공은 일정한 속도로 계속 움직여야 한다. 우리는 상식을 바로잡을 필요가 있다. 특히, 우리의 경험에서는 마찰은 결코 0이 아니며, 이것이 우리가 물체를 계속 움직이게 하려면 힘을 가해야 하는 이유라는 것을 인식해야 한다.

왜 이 법칙이 혁명적인가? '정지' 상태에 대한 우리의 개념을 근본적으로 바꾸기 때문이다. 과학은 종종 정지 상태를 설명이 필요 없는 상태로 간주한다. 즉, 아무 일도 일어나지 않을 때는 설명할 것도 없다는 것이다. 뉴턴 이전의 물리학은 '정지'를 물체의 속도가 0인 상태로 취급했다. 따라서 물체가 움직일 때는 정지 상태가 아니며, 그 움직임은 설명되어야 했다. 그 설명은 어떤 힘이 물체에 작용하고 있기 때문이어야 했다. 이러한 사고방식에는 오류가 있었고, 이 오류 때문에 물리학은 행성의 운동을 포함한 모든 운동을 2,000년 동안 올바르게 설명하지 못했다. 뉴턴은 정지의 정의를 바꾸었다. 그의 이론에서 정지는 속도가 0인 상태가 아니라 가속도가 0인 상태로 정의된다. 이러한 미세한 개념적 변화는 움직이는 물체도 정지 상태일 수 있음을 의미한다. 따라서 그들의 움직임은 설명될 필요가 없으며, 특히 그 움직임을 야기하는 힘을 찾을 필요는 없다. 이것이 매우 중요하다. 만약 0이 아닌 속도로 움직이지만 가속도가 0인 물체에 아무런 힘도 작용하지 않는데, 당신의 이론이 힘이 작용한다고 주장한다면, 당신은 그 이론이 존재한다고 주장하는 힘을 결코 찾을 수 없을 것이다. 만약 정지 상태를 속도 0으로 정의한다면, 당신을 잘못된 길로 이끄는 물리학을 반증할 수조차 없을 것이다. 스스로에게 물어보라. 당신의 상식은 뉴턴적인가, 아니면 아리스토텔레스적인가? 대부분의 사람들은 상식이 아리스토텔레스적이라고 인정하는데, 이는 단지 뉴턴의 제1법칙을 위반하기 때문만은 아니다. 그 차이는 개념적인 것이며, 심지어 알아차리기 어려운 정의의 문제다. 움직이는 물체를 실제로 정지 상태로 보는 것은 어렵지만, 우리는 그렇게 해야만 한다. 다른 어떤 것도 과학의 발전을 방해하는 요소이기 때문이다.

뉴턴의 제1법칙이라는 개념적 돌파구를 이해하면 뉴턴의 제2법칙은 당연해 보일 수 있다. 만약 일정한 속도로 직선을 움직이는 물체가 정지 상태이고, 어떤 힘도 작용하지 않는다면, 그 물체의 속도가 변하거나 직선이 아닌 다른 경로로 움직일 때는 어떤 힘이 작용하고 있음이 틀림없다. 그렇지 않은가? 이것은 자연스러운 생각처럼 보이며, 그것이 바로 운동의 제2법칙이다.

2. 물체에 작용하는 힘은 물체의 질량과 가속도의 곱과 같다.

$F = ma$.

이 법칙에 따르면, 만약 어떤 물체가 일정한 속도로 곡선 경로를 따라 움직인다면,

어떤 힘이 그 물체에 작용하고 있음에 틀림없다. 만약 어떤 물체가 변하는 속도로 직선 경로를 따라 움직인다면, 어떤 힘이 그 물체에 작용하고 있음에 틀림없다. 이 두 가지 경우 모두 정지 상태에 해당하지 않으므로, 각각의 경우에 작용하는 힘을 밝혀냄으로써 설명되어야 한다. 이 법칙에서 뉴턴이 이전 물리학과 진정으로 달랐던 점은 질량이라는 개념이다. 질량은 부피나 무게가 아니고, 뉴턴은 질량을 "물질의 양"이며 힘에 비례한다는 것 이상으로 설명할 수 없었다. 뉴턴의 혁신은 그 방정식의 단순함 속에 숨겨져 있다.

뉴턴 이론의 세 번째 법칙은 17세기 철학자와 과학자들의 미세입자적 형이상학[1]을 가장 명백하게 떠올리게 한다. 그들은 물리적 과정이 비물리적 원인을 가질 수 있다거나 물리적 변화가 빈 공간을 가로질러 "원격으로" 그 효과를 가져올 수 있다는 생각을 거부했다. 뉴턴은 이러한 견해를 받아들여 다음 법칙으로 이를 명료하게 밝혔다.

3. 모든 작용, 즉 모든 힘의 적용에는 항상 크기가 같고 방향이 반대인 반작용, 즉 반대 방향으로 작용하는 힘이 있다.

따라서 한 물체가 다른 물체를 때려 힘을 가하면, 다른 물체는 저항하여 첫 번째 물체에 힘을 가한다. 같은 이유로, 정지해 있는 물체가 땅에서 떨어지려면 지구를 밀어내는 힘을 가해야 한다. 뉴턴의 모든 법칙 중에서 이 법칙은 상식에서 가장 벗어나지 않은 것으로 보인다. 그러나 이 법칙을 받아들이면 뉴턴의 네 번째 법칙인 중력 인력의 역제곱 법칙이 강력한 만큼이나 문제가 된다.

뉴턴의 첫 세 법칙에 담긴 핵심 아이디어들은 함께 작용하여 수많은 규칙성을 설명한다. 하지만 아마도 그 법칙들의 가장 인상적인 업적은 뉴턴을 물리학에 대해 가장

1 (옮긴이 주) 미세입자 이론(Corpuscularianism)은 17세기 과학혁명 시대에 보일(Robert Boyle)과 로크(John Locke) 등이 주장했던 이론이다. 그 이론에 따르면, 물질은 '미세입자'(corpuscle)로 구성되어 있으며, 1차 성질(형태, 크기, 운동 등)은 미세입자가 실제로 갖고 있는 객관적 성질이고, 2차 성질(색, 맛, 냄새 등)은 1차 성질이 우리의 감각 기관과 상호작용하여 나타나는 주관적 성질이다. 그 이론은 미세입자가 더 쪼개질 수 있다고 보았다는 점에서 고대 원자론과 구분되고 현대 입자론(Particle theory)과 비슷하지만, 현대적인 의미의 원자, 분자, 원소 등의 개념이 정립되지 않았고, 철학적 추론에 기반했다는 점에서 차이가 난다.

독보적인 기여, 즉 중력 개념과 그 특성을 설명하는 (독립적인) 법칙으로 이끌었다는 점일 것이다.

제2법칙은 물체가 곡선 경로를 따라 움직일 때 힘이 존재해야 한다고 요구한다는 점을 상기하라. 행성들은 명백히 태양 주위를 곡선 경로로 움직이며, 달은 지구 주위를 그러한 경로로 움직인다. 따라서 이들은 어떤 힘의 영향 아래에 있음에 틀림없다. 마찬가지로, 우리에게 감지되지 않더라도 지구도 달 주위를 움직이고 있으므로 힘의 작용을 받을 것이다. 설사 우리가 그 힘을 감지할 수 없더라도, 제3법칙은 지구가 달에 힘을 가하고 있다면 달도 지구에 힘을 가해야 한다고 말한다. 이 힘들은 제3법칙을 미세입자론적 철학에 매우 매력적으로 만드는 종류의 접촉력이 될 수는 없지만, 그럼에도 불구하고 힘인 것은 분명하다.

경험으로 우리가 알 수 있는 또 다른 사실은 질량이 더 큰 물체일수록 더 무겁고, 이를 들어올리려면 질량이 작은 물체보다 더 많은 힘을 가해 더 많은 일을 해야 한다는 것이다. 천문학에 따르면 행성들은 태양 주위를 타원 궤도로 공전한다. 태양에 더 가까운 타원 궤도는 더 작고, 더 좁으며, 곡률이 더 크다. 따라서 제2법칙을 다시 적용하면, 태양과 가까운 행성들 사이에 작용하는 힘은 태양과 더 멀리 떨어진 행성 사이에 작용하는 힘보다 더 강해야 한다. 이 모든 생각을 종합하면, 뉴턴이 운동의 첫 세 법칙을 내놓은 훨씬 후에 도입한 네 번째 법칙, 중력 인력의 역제곱 법칙이 나타난다.

4. 두 물체 사이의 힘은 질량의 곱에 정비례하고 거리의 제곱에 반비례한다.

$$F = Gm_1m_2/d^2.$$

(여기서 G는 중력 상수로, 약 $6.67 \times 10^{-11}\ m^3kg^{-1}s^{-2}$이다.)

우리가 살펴보게 될 이 방정식이 기술하는 힘, 즉 **중력**은 뉴턴의 제3법칙이 규정하는 '접촉력'과는 확연히 다른 특성을 지닌다. 하지만 뉴턴의 제1법칙과 특히 제2법칙을 고려할 때, 이러한 **'비접촉' 힘**이 존재해야 한다는 결론에 도달한다. 실제로 뉴턴의 제4법칙은 당시의 미세입자론적 철학이 물리학에서 배제하고자 했던 바로 그 종류의 힘을 받아들이게 했다. 결과적으로 뉴턴 역학은 훗날 일반 상대성 이론과 양자 역학이 등장하기 전까지 인류가 발견한 이론 중 가장 뛰어난 설명력과 강력한 예측력을 갖춘 이론이 되었다. 그러나 이 탁월한 설명력과 예측력은 뉴턴 자신을 포함해 그의 이론을 따르던 모든 물리학자들이 매우 불편해했던 전제를 동반했다. 그것은 바로 완전한 진공을 통해 **무한한 속도**로 이동하며 어떤 방패로도 막을 수 없는, 매우 '기묘한' 힘의 존재에 대한 가정이었다. 무한한 속도, 완전한 빈 공간을 통과하는 능력, 그리고 어떤 장벽도 관통하는 능력이라는 이 세 가지 특징은 당시 미세입자 이론을 기반으로 물리학자들이 이해했던 다른 모든 것들과 중력을 명확히 구분지었다. 이 미스터리는 미세입자 이론이 중력을 제외한 모든 현상에 대한 올바른 견해로 강력하게 자리 잡은 이후에도 20세기까지 물리학계를 계속 괴롭혔다. 이 문제는 다음 장에서 더 깊이 다룰 것이다.

뉴턴 물리학의 법칙들은 단지 질량, 속도, 가속도, 힘이라는 동일한 대상을 다루기 때문이 아니라 각각의 법칙에 대해 사고하는 것이 우리에게, 그리고 아마 뉴턴에게도, 다른 법칙들을 정립하는 데 도움을 주었기 때문에 "함께 작용한다." 위에서 언급된 사고의 흐름 외에, 뉴턴의 법칙들 사이에 언급할 만한 또 다른 흥미로운 관계가 있는데, 이는 법칙 일반에 대해 시사하는 바가 있기 때문이다. 만유인력의 역제곱 법칙을 고려하면, 우주의 모든 물체는 다른 모든 물체로부터 중력의 영향을 받고 있다는 결론이 나온다. 이것이 뉴턴의 제1법칙에 시사하는 바를 생각해 보라. 즉, 이 법칙에 대한 긍정적 사례나 예가 없다. 우주에는 어떤 힘도 작용하지 않는 상태로 움직이는 단 하나의 물체도 없다. 그러나 이것은 여전히 법칙이다. 제1법칙은, 제4법칙이 참인 한, 어떤 사례도 가질 수 없으므로 '공허하게' 참임에도 불구하고, 여전히 어떤 종류의 법칙적 필연성을 표현하고 있다. 뉴턴의 제1법칙에 관한 이 사실이 법칙의 본질과 물리적 필연성 일반에 대해 어떤 함의를 갖는지, 만약 있다면, 고려해 볼 가치가 있다. 또한 제1법칙이 물체에 작용하는 '순수한' 힘이 서로 상쇄될 때 물체가 어떻게 행동하는지에 대한 법칙으로 더 잘 표현될 수 있는지 고려해 볼 가치가 있다. 그렇게 해석된다면, 결국 많은 사례를 가질 수 있고 공허하게 참이 아닐 수도 있다.

더욱 중요한 점은 이 네 가지 법칙이 하나의 이론을 구성하며, 그 결과로 방대한 현상을 설명할 수 있다는 것이다. 이 현상들 중 일부는 뉴턴 시대에 이미 알려져 있었고, 일부는 그 이후에 발견되었으며, 상당수는 뉴턴의 법칙들을 발견의 도구로 활용함으로써 비로소 발견되었다.

뉴턴이 그 법칙들의 직접적인 결과로 가장 먼저 설명할 수 있었던 것은 행성 운동에 관한 케플러의 법칙이었다. 즉, 행성들이 타원 궤도를 따라 이동하고, 같은 시간 동안 같은 면적의 호를 쓸고 지나간다는 것이다. 그는 또한 자유낙하 중인 물체가 (거의) 일정한 가속도를 갖는다는 사실, 포탄의 궤적, 그리고 진자, 경사면, 지레, 받침점, 도르래 등의 행동을 포함한 갈릴레오의 역학적 발견 대부분을 설명할 수 있었다. 이 모든 것을 뉴턴은 자신의 네 가지 공리로부터 수학적 증명, 즉 연역을 통해 해냈다. 그 뒤를 이은 물리학자들은 뉴턴의 업적을 바탕으로 혜성, 별, 그리고 궁극적으로는 은하의 움직임, 일과 에너지 및 그 보존, 고체와 액체의 움직임, 부력과 유체역학 전반, 공기역학에 관한 규칙성을 설명할 수 있게 되었다. 더 나아가 우리가 살펴보겠지만, 이는 결국 열역학의 많은 부분을 아우르게 되었다. 19세기 말에 이르러 뉴턴의 설명 범위를 벗어난 것처럼 보였던 유일한 물리적 과정은 빛, 자기, 전기의 상호 관련된 현상들이었다. 그리고 이 모든 설명력은 뉴턴 이론의 유도되지 않은 네 가지 공리로부터 방대한 범위의 규칙성을 수학적으로 연역함으로써 드러났다.

설명자로서의 이론: 가설 연역 모델

뉴턴의 네 가지 법칙이 자연의 수많은 다른 규칙성을 연역할 수 있는 공리라는 사실만으로는 그것들을 하나의 이론으로 만들기에 충분하지 않다. 여러 개별 법칙을 하나의 이론으로 만드는 것은 단순히 그들 간의 논리적 관계나, 혹은 그들이 단독으로는 함축할 수 없는 규칙성을 공동으로 함축한다는 사실에만 국한되지 않는다. 단순히 정리들을 도출할 수 있는 공리적 구조를 갖는 것 이상으로 이론이 되기 위해서는 그 이상의 무언가가 더 있어야 한다.

이 문제를 이해하기 위해, "함께 작용하는" 두 개의 공리와 그로부터 연역된 정리로 구성된 다음의 '이론'을 고려해 보라.

이상 기체 법칙: $PV = nRT$

(여기서 P는 압력, T는 온도, V는 부피이며, R은 보편기체 상수이다.)

화폐수량설: MV=PT
(여기서 M은 화폐의 양, V는 화폐의 유통 속도, P는 평균 가격, T는 총거래량이다.)

이 두 법칙을 결합하면 단순한 원칙, 즉 "A 그리고 B"이면 "A"라는 원칙에 따라 두 법칙 중 하나가 논리적으로 도출된다. 그러나 다른 일반화들도 마찬가지다. 예를 들어, PV=nRT와 몇 가지 다른 정의로부터 풍선 외부의 압력이 일정할 때 온도가 증가하면 부피가 증가한다는 사실이 도출된다. 화폐 수량설로부터 다른 조건이 동일하다면, 유통되는 화폐의 양이 증가하면 인플레이션이 발생한다는 사실이 도출된다. 이제 우리는 이 두 결과를 합쳐서 촛불을 풍선 밑에 놓아 풍선을 뜨겁게 하고, 화폐 공급을 늘려 경제를 뜨겁게 하면 풍선의 부피와 경제의 물가 수준이 상승한다는 어리석은 규칙성을 만들 수 있다. 이 마지막 규칙성을 도출하기 위해서는 이상 기체 법칙과 화폐 수량설 모두가 필요하다는 점에 주목해야 한다. 그러나 아무도 이 두 "법칙"으로 구성된 이론이 있다고 생각하지 않는다.

이론에서 각 부분은 함께 작용하여 설명해야 한다. 그러나 '함께 작용한다'는 개념은 논리적 연역이라는 개념만으로는 포착될 수 없다. 그럼에도 불구하고, 여러 개의 법칙이 결합된 것이 아니라 하나의 이론을 이루게 만드는 이론 구성 요소들의 특징이 정확히 무엇인지 말하는 것은 또 다른 오랜 철학적 난제의 시작이다. 과학철학자에게 이론이란 설명하기 위해 함께 작용하는 법칙들의 집합이라고 말하는 것만으로는 충분하지 않다. '함께 작용한다'는 너무 모호하고, 우리가 보겠지만 '정리로서의 법칙들을 논리적으로 함축한다'는 너무 정밀하다. 더 중요한 것은, 과학철학자들은 이론이 하는 과학적 역할, 즉 방대한 수의 경험적 규칙성과 그 예외들을 설명하고, 이론이 포괄하는 개별 법칙들보다 더 높은 정밀도로 결과를 예측할 수 있게 하는 이론의 특징이 무엇인지 명확히 하려고 한다는 점이다.

이전 장들의 결론에서 한 가지 자연스러운 제안이 나올 수 있다. 즉, 이론의 근본적이고 유도되지 않은 일반 법칙들은 기저 과정의 ***인과적 구조***를 드러냄으로써 함께 작용한다. 이러한 구조를 지배하는 법칙들이 이론이 체계화하고 설명하는 법칙들로 부상한다. 따라서 이상 기체 법칙과 화폐수량설로 구성된 이론이 잘못된 이유는 기체와 화폐의 행동에 공통되는 단일한 기저 구조가 없어서 이에 대한 이론이 있을 수 없기 때문이다. 이것을 어떻게 알 수 있을까? 아마도 우리는 기체와 화폐에 대해 충분히 알아서 이 둘이 직접적으로는 서로 관련이 없다는 것을 알기 때문일 것이다.

그러나 기저 인과 구조나 메커니즘과 같은 개념조차 우리가 추구하는 정도의 명확성을 제공하지 못할 수 있다. 이전 논의에서 우리는 철학자들이 인과 개념에 너무 많은 비중을 두는 것을 꺼리는 몇 가지 심각한 이유를 발견했다. 더욱 심각한 문제는, 기저 메커니즘이라는 개념 자체가 불편하게 느껴질 수 있다는 점이다. 인과란 규칙적인 연속성 외에는 아무것도 아니라는 경험주의자들의 주장 때문이다. 즉, 사건들을 연결하여 사물의 흐름을 필연적이거나 이해 가능하게 만드는 자연의 어떤 접착제, 메커니즘, 비밀스러운 힘 또는 필연성은 없다는 것이다. 이러한 앞뒤의 어려움에 대한 상기에도 불구하고, 우리는 이론이 현상에 기저 인과 구조 또는 메커니즘을 귀속시킴으로써 현상을 설명하기 위해 함께 작용하는 법칙들의 집합이라는 개념을 탐구해야 한다. 많은 이론이 분명히 이런 식으로 작동하기 때문에 우리는 그렇게 해야만 한다.

뉴턴 이론과 그 발전은 이론의 기본 법칙들이 어떻게 함께 작용하여 경험적 규칙성을 설명하는지에 대한 명쾌한 예를 제공한다. 18세기 후반에 이르러 뉴턴의 법칙들이 고체 물체의 움직임을 설명하지 못하는 것처럼 보였다. 이론의 예측에서 벗어나는 이러한 현상은 마찰의 결과로 치부될 수 없었다. 그러나 위대한 수학자이자 물리학자인 오일러(Euler)는 뉴턴의 이론이 사실 변형과 기타 '실제 세계'의 영향을 받는 3차원 고체들의 행동을 설명하고 예측할 수 있다는 것을 보여주었다. 이를 위해, 그러한 물체들이 스스로 변형될 수는 없지만 뉴턴의 법칙에 정확히 부합되게 움직이는 뉴턴식 미세입자들로 구성되어 있다고 가정한다. 구성 요소에 작용하는 뉴턴의 법칙으로부터 유도될 수 있는 연장된 물체들의 실제 움직임을 지배하는 법칙들은 놀랍지 않게도 오일러의 법칙들(Euler's laws)으로 알려져 있다. 이것이 18세기와 19세기에 뉴턴 이론에 대한 신뢰를 점점 더 확고하게 만든 발전의 한 종류이다.

또 다른, 그리고 아마도 철학자들이 가장 좋아하는, 뉴턴의 공리들이 하나의 이론으로 어떻게 함께 작용하는지에 대한 예는 기체 분자 운동론(kinetic theory of gases)이 제공한다. 이 이론의 발전은 과학에서의 이론적 진보의 여러 다른 측면들을 매우 잘 보여준다. 18세기 이전에는 열과 냉기가 무엇인지에 대한 만족스러운 설명이 없었다.

당시 가장 좋은 이론은 (여기서 '좋은 이론'은 '단순한 이론'이라는 의미로 사용된다) 열이 극도로 가볍고 비압축적인 유체로서, 물체의 밀도에 따라 다른 속도로 더 뜨거운 물체에서 더 차가운 물체로 흐른다고 제안했다. 기체 분자 운동론은 열이 별개의 물질이 아니라, 17세기 뉴턴 시대 이래 이미 잘 이해되어온 현상인 운동의 또 다른 발현이라는 화학자들과 물리학자들의 깨달음을 반영한다.

19세기 들어, 화학자들과 물리학자들은 기체가 상상할 수 없을 만큼 많은 수의 입자들, 즉 다양한 크기와 질량의 분자들로 구성되어 있음을 깨닫게 되었다. 이 분자들은 관찰할 수는 없지만, 관찰 가능한 물체와 동일한 뉴턴적 성질을 가질 수 있다. 따라서 기체를 가열하고 냉각하는 것이, 기체를 구성하는 분자들이 서로, 그리고 용기 벽에 충돌하면서, 분자들의 뉴턴적 성질들의 평균값에 변화를 주는 문제라는 개념이 생겨났다. 만약 당구공 하나가 당구대 고무 레일을 아주 미세하게라도 변형시킬 수 있다면, 풍선 내부를 치는 수억 개의 분자들 또한 그렇게 할 가능성이 높다. 따라서 풍선이 유연하다면 팽창하게 된다. 그러나 용기가 단단해서 팽창할 수 없다면, 분자들의 에너지는 다른 효과를 일으킬 것이다. 예를 들어, 저항받는 운동으로 생성되는 것으로 이미 알고 있는. 바퀴 브레이크에서의 마찰처럼, 분자들이 단단한 표면에 부딪히는 충돌의 효과는 열의 증가이다. 물론 분자들이 서로 자주 충돌하는 것만으로도 열이 증가할 수 있다.

이러한 아이디어의 발전으로 기체 분자 운동론이 탄생했다. (a) 기체는 서로 또는 용기 벽과 충돌할 때까지 직선 경로로 움직이는 분자들로 이루어져 있으며, (b) 관찰 가능한 물체와 마찬가지로 분자들의 운동은 뉴턴의 운동 법칙들의 지배를 받는다. 단, (c) 분자들은 완전 탄성체이며, 부피를 차지하지 않고, 충돌할 때를 제외하고는 서로에게 중력이나 다른 힘을 가하지 않는다. 이러한 가정들을 바탕으로 뉴턴의 법칙들로부터 다음의 이상 기체 법칙(ideal gas law)을 유도하기는 비교적 쉽다,

$$PV = nRT$$

(여기서 P는 용기 벽에 가해지는 압력, V는 용기의 부피, R은 상수, T는 켈빈 온도로 나타낸 온도이다.)

이상 기체 법칙을 도출하는 핵심은 기저 구조(당구공 같은 분자들의 행동)와 우리가 측정하는 기체의 온도, 압력, 부피를 연결하는 것이다. 19세기 열역학의 중요한 발견 중 하나는 이 연결을 이뤄낸 것이다. 즉, 평형 상태에 있는 기체의 절대 온도(열의 양)가 $1/2mv^2$에 의존한다는 것을 보여준 것이다. 여기서 m은 개별 분자의 질량이고 v는 용기 내 기체를 구성하는 분자들의 평균 속도이다. $1/2mv^2$은 뉴턴 역학에서 모든 분자의 평균 운동 에너지로 인식된다.

이 진술을 항등식으로 만들려면, 우변의 절대 온도에 열역학의 중요한 창시자 중 한 명인 볼츠만(Boltzmann)의 이름을 딴 상수, 3k/2를 곱하면 된다. 이 상수 k는 양변의 단위를 일치시켜 준다.

$$3k/2\ [\text{켈빈 온도 } T] = (1/2mv^2)$$

여기서, $1/2mv^2$은 뉴턴 역학에서 운동 에너지를 표준적으로 표현한 것이다. 그것은 관찰할 수 없는 분자들의 운동 에너지를 나타내며, 이 분자들은 마치 완전한 탄성 구체, 즉 완벽한 작은 당구공처럼 취급되어 서로 충돌하는 것으로 간주된다.

열과 압력이 분자 운동의 거시적 반영이라는 발견으로 물리학자들은 기체 법칙을 설명할 수 있었다. 이 법칙들은 17세기 보일(Boyle)과 샤를(Charles), 그리고 뉴턴 시대에 이미 알려져 있었다. 온도를 기체 분자들의 평균 운동 에너지(특정 상수를 곱한 값)와 같다고 설정하고, 압력을 분자들이 용기 벽에 충돌할 때 단위 면적($1cm^2$) 당 전달하는 운동량과 같다고 설정하면, 분자들에 적용된 뉴턴의 법칙으로부터 이상 기체 법칙, 그리고 이 법칙에 포함되는 보일의 법칙(Boyle's law), 샤를의 법칙(Charles's law), 게이-뤼삭의 법칙(Guy Lussac's law)을 도출할 수 있다. 우리는 또한 그레이엄의 법칙(Graham's law: "각기 다른 기체들이 용기 밖으로 확산되는 속도는 해당 기체 분자 질량의 비율에 따라 다르다")과 달턴의 법칙(Dalton's law: "한 기체가 용기 벽에 가하는 압력은 용기 내 다른 기체가 가하는 압력에 영향을 받지 않는다")도 도출할 수 있다. 우리는 심지어 브라운 운동까지 설명할 수 있다. 브라운 운동은 공기 중의 먼지 티끌이 중력에 의해 땅으로 떨어지지 않고 계속 공중에서 무작위로 움직이는 현상이다. 이는 공기를 구성하는 기체 분자들과의 충돌로 인해 무작위 경로로 밀려나기 때문이다. 이처럼 기체 분자 운동론을 활용하면 다양한 종류, 양, 혼합 기체에 대한 규칙성들을 원칙적으로 무한히 유도하고 설명할 수 있다.

이 사례를 좀 더 일반화해 보자. 기체 분자 운동론은 뉴턴의 운동 법칙들뿐만 아니라 기체는 뉴턴의 법칙을 따르는 완벽하게 탄력적인 점 질량(분자)으로 구성되어 있다는 법칙, 기체의 온도(켈빈 온도)가 이 점 질량들의 평균 운동 에너지와 같다는 법칙, 기체의 압력과 부피에 대한 다른 법칙들로 이루어져 있다.

따라서 이 이론은 관찰 가능한 현상을 설명한다. 예를 들어, 부피를 일정하게 유지한 채 기체의 온도와 압력의 변화를 측정하거나, 온도를 일정하게 유지한 채 압력과 부피의 변화를 측정할 때 얻는 계기판 수치들을 설명한다. 이 이론은 기체의 보이지 않고, 관찰할 수 없으며, 감지할 수 없는 구성 요소들과 그와 마찬가지로 관찰 불가능한 속성들에 대한 일련의 주장들을 통해 이를 설명한다. 이론은 이러한 구성 요소들과 속성들이 당구공은 물론이고 포탄, 경사면, 진자와 같은 관찰 가능한 대상에 적용된다고 독립적으로 확인된 법칙들의 지배를 받는다고 말한다. 이처럼 기체 분자 운동론은 한 이론의 구성 요소들이 관찰과 실험을 설명하기 위해 함께 작용하는 한 가지 방식을 제공한다.

기체 분자 운동론은 3장에서 상세히 설명했던 연역 법칙적 접근 또는 포괄 법칙 접근으로부터 자연스럽게 발전한, 이론의 본질에 대한 특정 접근의 몇 가지 추가 구성 요소들을 보여줄 수 있다. 이 접근은 오늘날 보통 과학 이론에 대한 공리적 또는 **구문론적**(syntactic) 접근으로 알려져 있다. 이는 가설 연역주의(hypothetico-deductivism)라고 알려진 이론이 시험된 방식에 관한 관점과 관련이 있다. 이 견해에 따르면, 과학자는 가설을 세우지만, 대부분 이론이 우리가 직접 관찰할 수 없는 과정에 관한 것이므로 그것들을 직접적으로 시험하지 않는다. 대신 과학자는 이러한 가설로부터 시험 가능한 결과를 연역한다. 만약 그 결과가 관찰을 통해 입증되면, 가설은 (간접적으로) 입증된다. 따라서 이론에 대한 이러한 공리적 접근은 때때로 이론에 대한 '가설 연역' 또는 H-D 설명이라고 불린다.

우리가 제안했듯이, 이 공리적 접근은 이론이 공리 체계이며, 경험적 일반화에 대한 설명이 공리들로부터의 유도 또는 논리적 연역을 통해 이루어진다는 개념에서 출발한다. 공리들은 이론의 근본이 되는, 유도되지 않은 법칙들로서, 보통 관찰 불가능한 기저 메커니즘(점 질량 당구공 같은 기체 분자들)을 설명하기 때문에 어떤 관찰이나 실험으로도 직접적으로 시험될 수 없다. 이러한 유도되지 않은 공리들은 그들로부터 연역될 수 있고, 실험과 관찰, 또는 그 둘 하나를 통해 직접 시험될 수 있는 경험 법칙들에 의해 간접적으로 입증되는 가설로 취급되어야 한다. 이론의 토대가 그것들로부터 연역된 결과들에 의해 뒷받침되는 가설이라는 이 두 가지 아이디어에서 가설 연역 모델이라는 이름이 유래했다.

물론, 한 이론의 유도되지 않은 공리가 다른 이론의 설명된 정리가 될 수 있다. 모든 이론은 무언가를 설명하지 않고 남겨둔다. 그것은 바로 그 설명을 위해 동원하는 과정들이다. 그러나 한 이론에서 설명되지 않은 과정들은 아마도 다른 이론에서 설명될 것이다. 예를 들어, 화학 양론의 방정식(예: $2H_2 + O_2 = 2H_2O$)은 수소 원자와 산소 원자 사이의 전자 공유에 대한 화학자들의 가정에 의해 설명된다. 그러나 화학에서 유도되지 않은 이러한 법칙들은 원자론에서 유도되고 설명된 일반화된 법칙이다. 그리고 화학 결합을 초래하는 전자의 행동에 대한 원자론의 가정은 양자론에서 미세입자들의 요소에 대한 더 근본적인 일반화로부터 유도된다. 누구도 과학자들이 실제로 이론을 공리 체계로 제시한다고 주장하지 않으며(뉴턴은 그렇게 했지만), 덜 근본적인 법칙들을 더 근본적인 법칙들로부터 명시적으로 유도하려 한다고도 주장하지 않는다. 포괄 법칙 모델과 마찬가지로, 이론에 대한 공리적 설명은 과학적 관행의 근본적 논리를 드러내기 위해 고안된 '합리적 재구성'이라는 점을 기억하는 것이 중요하다. 그럼에도 불구하고 이 설명은 과학의 오랜 역사와 최근 과학의 중요한 이론적 돌파구 모두에서 그 정당성이 입증되었다고 주장한다.

마지막 사례를 하나 더 살펴보자. 분자생물학자 왓슨과 크릭(Watson and Crick)은 염색체의 화학적 구조, 즉 염색체를 구성하는 DNA 분자 사슬이 어떻게 한 세대에서 다음 세대로 유전 형질에 대한 정보를 전달하는지 발견했다. 유전자의 분자 구조에 대한 왓슨과 크릭의 이론 덕분에 유전학자들은 멘델 유전학이라는 또 다른 이론의 법칙들(눈 색깔과 같은 유전 형질이 세대에서 세대로 어떻게 분포되는지에 대한 법칙들)을 설명함으로써 유전을 설명할 수 있다. 어떻게 이런 일이 가능했을까? 원칙적으로 이 상황은 기체 분자 운동론으로부터 이상 기체 법칙 $PV = nRT$를 유도하는 것과 크게 다르지 않을 것이다. 유전자를 일정 양의 DNA와 동일시하면, 유전자의 분리와 독립을 지배하는 멘델의 법칙들(Mendelian laws)은 DNA 분자의 행동을 지배하는 일련의 법칙들로부터 논리적으로 유도될 것이다. 이렇게 되어야 하는 한 가지 이유는 물론 유전자가 DNA 가닥에 불과하다는 것인데, 이것이 바로 왓슨과 크릭이 발견한 것이다. 따라서 만약 멘델이 유전자에 대한 법칙들을 발견했다면, 이 법칙들이 DNA 분자에 대한 법칙들의 작동 덕분에 성립한다고 추론하는 것이 합리적이다. 그렇다면, 멘델의 법칙들이 다른 일련의 법칙들의 작동 덕분에 성립함을 보여주는 것보다 더 명확하게 그것들을 설명하는 다른 방법이 있을까? 그리고 분자생물학의 법칙들로부터 멘델의 법칙들을 논리적으로 유도하는 것보다 이것을 더 명확한 방법이 있을까?

안타깝게도 상황은 그렇게 간단하지 않다. 멘델의 법칙들과 집단유전학 이론은 적어도 부분적으로는 DNA의 행동을 지배하는 규칙성이나 법칙들로 설명되지만, 멘델의 법칙들을 분자생물학으로부터 유도하려는 시도는 몇 가지 이유로 실패할 수밖에 없다는 것이 밝혀졌다(이 중 일부는 13장에서 다루어진다). 이 사실은 생물학에서 더 근본적인 이론이 덜 근본적인 이론을 어떻게 설명하는지에 대해 의문을 남긴다. 이 때문에 일부 과학철학자들(과 생물학자들)은 심지어 멘델의 법칙들이 분자생물학에서 발견될 더 근본적인 법칙들로부터 유도된 것이 아니라고 주장하기도 한다. 이러한 점에서 멘델의 법칙들은 더 기본적인 이론으로부터 유도될 수 있는 이상 기체 법칙과는 상당히 다를 것이다. 이 철학자들과 생물학자들은 그들의 분야에서 더 높은 수준의 이론이 유도에 의해 설명되지 않거나, 어쩌면 더 낮은 수준의 이론에 의해 전혀 설명되지 않는다고 주장한다. 이를 근거로 그들은 생물학과 다른 특수 과학들이 물리학 이론과 독립적이고 다르다고 주장한다. 이는 중요한 문제이며, 다음 장에서 다룰 환원주의에 대한 논의에서 상당한 형이상학적 및 방법론적 함의를 갖는다.

뉴턴 역학과 이론의 철학적 의미

더 근본적인 이론이 덜 일반적인 이론을 설명하고, 개선하며, 예외를 다루고, 과학적 지식을 통합하는 과정은 많은 과학철학자들에게 뉴턴 시대 이후 과학사를 정의하는 특징으로 여겨져 왔다. 뉴턴 시대부터 아인슈타인 시대까지 250년 동안, 뉴턴 이론은 독립적으로 발견되던 다양한 현상을 설명하고, 수학적 공식을 논리적으로 유도함으로써 이를 수행한 능력은 철학에 심오한 영향을 미쳤다.

철학자들은 기꺼이 뉴턴의 이론을 다른 과학적 성취를 측정하는 지적 이상에 가까울 것으로 받아들였다. 이로 인해 예측력과 수학적 표현은 과학적 성취의 특징이 되었다. 철학자들과 과학자들은 뉴턴의 이론이 결정론적(deterministic)이라는 것을 인식했다. 폐쇄계의 법칙과 그 안에 있는 물체들의 위치 및 운동량(질량과 속도의 곱)에 대한 설명이 주어지면, 그 물체들의 과거 위치뿐만 아니라 미래의 위치도 결정된다. 만약 모든 물질의 입자가 뉴턴의 법칙들을 따르기 때문에 세상이 근본적으로 뉴턴적이라면, 어쩌면 인간의 행동을 포함하여 세상의 모든 행동이 결정론적이라고 생각되었다. 자유 의지에 대한 많은 논의가 있었지만, 일부 철학자들은 그렇게 생각했다. 그러나 뉴턴 이론의 문화적 중요성은 이보다 훨씬 더 컸다. 그의 이론은 물리학뿐만 아니라 철학, 서구 사상, 문명 전체에 혁명을 불러왔다.

뉴턴 이전 수천 년 동안, 과학자와 과학자가 아닌 사람 모두 천체, 즉 행성과 별의 운동은 한 세트의 고정된 법칙에 따라 지배되고, 지구상과 그 주변 사물들의 운동은 법칙이 없거나 천체의 운동을 지배하는 법칙과는 전혀 다른 법칙에 의해 지배된다고 널리 믿었다. 이 믿음은 천상의 영역은 완전하고, 불변하며, 부패하지 않고, 지구의 영역과는 물질 구성이 완전히 다르다는 훨씬 더 근본적인 신념을 반영했다. 지구에서는 물건이 부서지고 무질서가 끊임없이 위협하며, 만물은 성장하고 결국은 죽는 등 불규칙한 방식으로 일이 일어나 거의 패턴을 보이지 않는다고 생각되었다. 요컨대, 지구는 천상보다 훨씬 덜 완벽한 세계로 여겨졌다.

뉴턴 이전의 이 지배적인 세계관에는 또 다른 중요한 특징이 있었다. 세상의 모든 것, 심지어 가장 단순한 무생물의 행동까지도 모두 목표 지향적이고, 목적적이고, 어떤 목적을 향해 움직인다고 생각되었다. 그리고 각기 다른 종류의 사물은 그 본성이나 정체성을 부여하는 본질적인 성질을 반영하는 다른 목적, 목표, 최종목적을 가지고 있었다. 노래 가사처럼, "물고기는 헤엄쳐야 하고, 새는 날아야 한다"는 그들이 추구하는 어떤 목표로 인해 그래야 한다는 뜻이다. 지난 장의 용어로 말하자면, 모든 과학은 그들의 법칙, 이론, 그리고 이들이 제공하는 설명에서 철저히 목적론적이었다.

뉴턴 이전의 이런 과학적 세계관과 과학혁명 이전의 지배적인 종교들 사이의 연관성은 명백하다. 천상은 그 완벽함과 불변성에서 지구와 다르다. 그리고 태양 아래 모든 것은 설계하는 신에 의해 정해진 목적을 가지고 있었다. 일단 그 목적을 파악하면,

우리는 사물들의 움직임을 설명하고 그 실패를 진단할 수 있었다.

17세기 초, 케플러와 갈릴레오의 업적은 이 세계관을 근본적으로 흔들었다. 16세기 덴마크 천문학자 튀코 브라헤(Tycho Brahe)가 수집한 자료를 활용하여, 케플러는 행성들이 태양 주위를 타원 궤도로 이동하고 그 속도가 태양으로부터의 거리에 대한 특정한 수학적 함수라고 가정함으로써 밤하늘의 행성 위치를 예측할 수 있음을 보여주었다. 우리가 이 행성들 중 하나인 지구에 '탑승'하고 있기 때문에, 우리의 실제 움직임과 태양 주위를 도는 다른 행성들의 움직임은 우리에게서 감춰져 있다. 게다가, 브라헤가 수집한 밤하늘의 행성 겉보기 위치에 대한 자료는 타원 궤도에 대한 케플러의 가설을 입증했다. 케플러 법칙의 수학적 정확성은 천상의 과정이 완벽하다는 고대 개념에 약간의 신뢰성을 부여했을 수 있다. 그러나 이 개념들은 갈릴레오가 달의 분화구와 다른 불규칙성, 그리고 이전에 감지되지 않았던 흑점을 망원경으로 관찰함으로써 거의 치명적으로 무너졌다. 흑점의 불완전성과 달의 지형이 지구의 특징과 인지할 만큼 유사하다는 점은 천상의 완벽함과 불변성, 그리고 지구 과정의 생성과 소멸 사이에 근본적인 차이가 있다는 개념과 양립할 수 없었다.

갈릴레오의 실험들(전설에 따르면 피사의 사탑에서 대포알을 떨어뜨린 실험, 경사면 아래로 포탄을 굴린 실험, 진자의 길이가 변할 때 주기를 측정한 실험 등)은 모두 지구와 가까운 물체의 운동 법칙을 발견하는 데 기여했다. 발사체는 항상 포물선 경로를 따르고, 진자의 주기는 줄의 길이에 따라 달라지며 추의 무게와는 무관하고, 어떤 질량이든 자유낙하하는 물체는 일정한 가속도를 갖는다. 데카르트와 같은 16, 17세기의 물리학자들이 이런 법칙들의 수학적 표현에 영감을 받아 자연 현상을 수학적으로 공식화해 설명하려고 했고, 목적론적 설명을 공허하며 예측이나 기술에 정량적으로 적용할 수 없다고 거부하게 되었다. 이 모든 것이 마침내 뉴턴이 자연과학자의 실재 개념을 완전히 바꾸는 토대가 되었다. 이러한 변화는 두 가지 방식으로 이루어졌다. 첫째, 과학이 세계에 대한 상식적 견해에서 벗어나게 된 결정적이고 심오한 계기였다. 둘째, 기원전 4세기 그리스의 아리스토텔레스 이전부터 정설이었던 물리적 우주에 대한 목적론적 견해를 전복시켰고, 과학과 일상생활의 다른 모든 영역에 있는 목적론에 치명적인 도전을 제기했다.

뉴턴의 위대한 과학적 업적은 행성 운동에 대한 케플러의 법칙과 지상 운동에 대한 갈릴레오의 법칙을 비롯해, 직선 및 곡선 운동, 진자, 경사면, 부력에 대한 수많은 다른 일반화들이 목적, 목표, 최종목적, 본질 또는 본성에 대해 언급하지 않는 네 가지 단일 법칙들로부터 도출될 수 있다는 것을 보여준 것이다. 이 법칙들은 사물의 질량, 속도, 가속도, 그리고 서로 간의 거리를 포함한 완전히 '불활성적인' 물리적 성질들과 그들의 중력 인력만을 언급한다. 뉴턴은 인류 역사상 가장 위대한 과학적 설명을 통합하고 유도해 냈다.

모든 단순성에도 불구하고 뉴턴의 제1법칙은 뉴턴 이전의 과학과 상식으로부터 급진적인 단절을 이루었다. 그 영향이 너무 커서, 이 법칙을 아는 많은 사람들도 여전히 그 중요성을 깨닫지 못하고 있다. 위에서 언급했듯이, 제1법칙은 어떤 물체가 정지 상태인지 여부가 그 물체가 움직이고 있는지 아닌지의 문제가 아니라고 말한다. 어떤 속도로 움직이든, 그 속도가 변하지 않는 한 물체는 정지 상태에 있다. 뉴턴의 이론은 물체가 가속하거나 감속하지 않을 때 정지 상태에 있다고 말한다. 이것은 즉시 과학의 전체적인 설명 의제를 바꾸었다. 일정한 속도로의 직선 운동을 설명할 필요가 더 이상 없게 되었다. 여기에는 설명이 필요한 것이 아무것도 없다. 이러한 변화는 눈에 띄지 않으면서도 매우 심오하다.

더욱이, 뉴턴과 그에 앞선 갈릴레오가 정립한 이론의 디딤돌로서, 그 전까지 가장 좋은 과학 이론이었던 임페투스 이론(impetus theory)을 다루는 방법은 없어 보인다. 움직이는 물체가 어떤 힘을 받거나 포함하고 있다는 이전의 임페투스 이론은 뉴턴 역학이 옳다면 전혀 근사적으로조차 정확하지 않다. 이전 이론과의 이러한 완전한 단절은 17세기를 과학혁명의 시대로 만든 특징이다. 뉴턴 이전의 물리학(그리고 오늘날에도 대다수 사람이 받아들이는 '통속 물리학')은 어떤 물체가 움직일 때는 정지 상태가 아니며, 물체가 움직이려면 힘이 작용해야 한다는 두 가지에 동의한다. 이것이 바로 임페투스 이론이 우리에게 말하는 바이다. 이를 뉴턴의 제2법칙은 정확히 부정한다. 물체에 작용하는 힘은 가속도에 질량을 곱한 것과 같다. F=ma. 속도가 아무리 높아도 일정하면 가속도는 0이므로, 뉴턴의 제2법칙에 따라 물체에 작용하는 힘도 0이어야 한다. 아무런 힘도 작용하지 않는 물체는 정지 상태이며(즉, 가속도가 0), 0이 아닌 속도로 움직이지만 가속도가 0인 경우에는 직선으로 움직인다. 따라서 뉴턴의 법칙에 따르면, 어떤 물체가 곡선 경로를 따라 이동할 때는 반드시 힘이 작용하고 있다는 뜻이다. 즉, 적어도 한 방향으로의 움직임이 느려지거나 빨라지고 있다는 것이다.

뉴턴의 제3법칙은 사람들이 가장 잘 알고 있으며, 가장 직관적으로 보이는 법칙이다. 흔히 '모든 작용에는 항상 크기가 같고 방향이 반대인 반작용이 있다'는 말로 표현된다. 물론 이 표현에서 '작용'(action)은 기만적인 용어이며, 물리학과 무관하게 상식만으로도 제3법칙이 어떤 통찰을 표현한다고 확신하게 만드는 원인일 것이다. 뉴턴 역학의 맥락에서 작용은 속도의 변화, 즉 힘이 물체에 작용하는 것을 반영하는 사건이다. 움직이는 물체는 운동량(질량과 속도의 곱)을 가지고 있는데, 우리는 물체와 부딪힐 때 이를 느낄 수 있다. 뉴턴은 제3법칙을 사용하여 운동량 보존을 도출했다. 즉, 한 세트의 물체들이 서로 충돌할 때 그들이 가진 총 운동량의 양은 그대로 유지된다는 것이다. 각 물체는 충돌하는 물체에 운동량의 일부 또는 전부를 전달한다. 물체의 질량이 일정하게 유지된다면(부서지거나 흩어지지 않는다면), 충돌할 때마다 운동량을 잃거나 얻으므로 그 속도는 변해야 한다. 만약 한 세트의 물체들이 부서지지 않고 계속 충돌한다면, 제3법칙에 따라 어떤 두 시점에서 운동량, 또는 단순히 속도의 총합은 일정하게 유지되어야 한다.

물론 우리가 지구 표면이나 그 근처의 일반적인 대기 온도와 압력에서 축구공이나 깃털과 같은 것에 이 세 가지 법칙을 적용할 때는, 공기 분자의 간섭, 공과 지면 사이의 마찰, 기타 조건들을 고려해야 한다. 이들은 각각 매우 미미하지만, 모두 합쳐지면 뉴턴의 법칙을 설명하기 어렵게 만들기에 충분하다. 가장 매끄러운 얼음 호수 위의 하키 퍽조차 결국 멈출 것이다. 이것이 뉴턴의 제1법칙이 거짓이라는 것을 보여주지는 않는다. 이는 우리에게 감지되지 않더라도 퍽에 힘이 작용하고 있음을 보여준다. 이 경우, 마찰은 퍽에 있는 분자들의 분자 운동으로 인해 얼음을 가열하고 녹여서 퍽의 속도를 늦춘다. (퍽을 얼려서 얼마나 더 멀리 가는지 시험해 보라.)

뉴턴이 공식화한 법칙들 중 (달과 지구, 행성과 태양, 두 개의 쌍성 등에 의해) 매우 높은 정밀도로 눈에 띄게 입증된 유일한 법칙은 중력 인력의 역제곱 법칙이다. 위에서 언급했듯이, 역제곱 법칙은 중요한 측면에서 다른 세 법칙과 다르다. 뉴턴의 첫 세 법칙들은 물체 사이의 공간적 접촉을 통해 작동하는 것처럼 보인다. 물체가 정지해 있다면 속도를 바꾸기 위해 밀거나 당겨야 한다. 밀고 당기는 것이 물체에 힘이 가해지는 방식이다. 직선으로 가속하는 물체가 더 빨라지거나, 느려지거나, 방향을 바꾸게 하려면, 다시 힘을 가하여 원래 경로에서 밀거나 당겨서 그 운동량에 간섭해야 한다. 이러한 법칙들은 과학혁명 시기에 물리학에서 목적론을 부정한 것과 함께 진행되었던 미세입자 이론을 반영하는 것처럼 보인다. 이러한 이유로 미세입자 이론을 신봉하는 과학자들과 철학자들(17세기에는 동일인이었다)은 중력 현상에 대한 미세입자론적 이론을 찾으려 했다. 이 중 가장 유명한 것은 데카르트의 '소용돌이'(vortex) 이론이었다. 이 이론은 태양과 행성 사이의 겉보기 빈 공간이 회전하는 입자들로 채워져 있고, 이 입자들이 행성들을 태양 주위 궤도로 움직이게 하는 힘을 전달한다고 주장했다. 뉴턴은 이 이론에 대해 여러 가지 반론을 제기했다. 그러나 그는 처음에는 중력에 대한 미세입자론적 접근을 시도했지만, 결국 '신비한' 힘으로 취급되어야 했던 힘의 존재를 마지못해 인정했다. 위에서 언급했듯이, 중력은 진공의 빈 공간을 통해서도 "원거리에서" 작용하므로 어떤 미세입자도 관여할 수 없다. 중력은 모든 곳에서 "느껴지기" 때문에 무한한 속도로 이동해야 하는데, 이는 뉴턴의 다른 법칙들에 따르면, 물리적으로 실재하는 것에는 질량이 있어야 한다는 미세입자 이론이 요구하는 것처럼, 중력에 조금이라도 질량이 있다면 무한한 운동량이 필요하다. 마지막으로, 어떤 미세입자에 의해 전달되는 힘이 어떻게든 모든 장벽을 뚫고 다시 무한한 속도로 통과할 수 있는지 이해하기 어렵다. 따라서 모든 면에서 중력은 뉴턴에게 문제가 되는 개념이다. 중력은 물리학과 과학에 있어 주요한 형이상학적이고 인식론적인 당혹함을 주었어야 했다.

그러나 중력이 미세입자 이론을 무너뜨리기는커녕, 뉴턴과 미세입자 이론가들은 중력을 단순히 구획화하고, 해결할 수 없지만 언젠가 해결될 문제로 치부했다. 자신의 미세입자 이론과 역제곱 법칙 사이의 명백한 긴장에 대한 답변으로 뉴턴은 유명하게도 "나는 가설을 세우지 않는다"로 응수했다. 이 말은 역제곱 법칙으로 기술된 물리적 근거에 대한 실험 자료가 없는 한 추측하지 않겠다는 의미이다. 실험이 없는 상태에서 과학적 추론을 거부하고 모순을 인정하지 않는 태도는 아인슈타인이 1912년경 이 문제를 해결하기 전까지 물리학이 중력의 본질에 대해 성급하고 비생산적인 논의에 빠지는 것을 성공적으로 막아주었다.

한편, 뉴턴 역학의 설명력과 예측력 때문에 그것은 엄청난 인식론적이고 형이상학적인 중요성을 갖게 되었다. 뉴턴의 네 가지 법칙은 과학적 법칙이 어떠해야 하는지에 대한 전형적인 사례가 되었다. 이 법칙들은 보편적인 형태를 띠고, (정전기력이 발견될 때까지는) 세테리스 파리부스 구절에 의해 방해받지 않는 것처럼 보였으며, 점점 더 넓은 범위의 현상에 지속적으로 적용되었다. 이 법칙들은 너무나 강력해서 칸트는 뉴턴의 법칙들이 왜 필연적으로 참인지 설명해야 한다고 느꼈다. 뉴턴의 법칙들을 우연적인 것으로 여기는 사람들조차도 이 법칙들을 우주의 근본적인 진리로 간주했다. 그들은 또한 이 법칙들에 나타나는 성질들, 즉 질량, 속도, 가속도, 힘, 그리고 에너지와 운동량처럼 이들로 정의될 수 있는 성질들이 세계, 자연 또는 실재의 근본적인 특징이며, 사물의 다른 모든 성질은 결국 이 성질들을 다른 양과 배열로 가진 입자들로 구성되어 있다고 설명될 것이라고 믿었다. 이 과학자들과 철학자들에게 큰 도전은 뉴턴의 과정이 어떻게 생물학적 현상, 그리고 궁극적으로 인간의 사고와 행동을 만들어낼 수 있는지 발견하는 것이었다. 뉴턴의 법칙들을 생물학 영역으로 확장한 결과인 기계론적 세계관에 반대하는 사람들에게는 그 반대를 보여주는 것이 도전이었다. 그들은 그러한 이론의 확장이 불가능하며, 생물학적 영역은 그저 더 복잡하지만 궁극적으로 순전히 물리적인 운동 중인 물질로 만들어진 물리학의 하위 분류가 아니라는 것을 보여줄 필요가 있었다.

또한, 뉴턴 역학은 자연의 모든 것에 대한 결정론에 강력한 근거를 제공했다. (크든 작든 상관없이) 물체의 위치와 운동량만 주어지면, 뉴턴의 법칙들은 그것의 시공간을 통한 전체 미래와 과거 궤적을 지배했다. 만약 이 법칙들이 모든 물리적 대상, 즉 (인간을 포함하여) 모든 생명체에 적용된다면, 우리의 행동은 태양 주위 궤도를 도는 행성들의 행동만큼 엄격하게 결정되어야 한다. 우리에게 일어나는 모든 일이 우리 몸 안의 입자들의 상호작용으로 이루어지는 한, 우리의 모든 행동도 결정된다. 인간의 자유 의지를 지지하는 사람들은 이 주장과 씨름해야 했다. 뉴턴 역학의 설명력을 지지하는 사람들은 자유의지가 없다고 부정하거나, 아니면 뉴턴의 이론이 강요하는 결정론과 자유의지의 존재를 양립시킬 방법을 찾아야 했다. 뉴턴의 법칙이 참이라는 주장이 인간의 자유의지를 박탈한다는 주장을 반박할 수 있는 여러 가지 가능한 논증 방식들이 있다. 그러나 이들 각각은 상당한 철학적 독창성을 필요로 한다. 이러한 문제들은 실제로 과학철학이 직면하는 문제들은 아니지만, 지적 생활에서 그 중요성은 뉴턴 역학의 문화적 중요성을 증명한다.

요약

이론이란 경험적 규칙성들을 그 규칙성들로부터 연역적으로 설명함으로써, 그리고 종종 그 규칙성들이 직면하는 예외와 반례들을 설명함으로써 함께 작용하는 법칙들의 집합이다. 그러나 이론을 구성하는 법칙들이 어떻게 이러한 역할을 하는지 정확하게 설명하는 것은 쉽지 않으며, 거의 확실히 인과성 문제와 관찰 불가능한 현상에 관한 논의가 반드시 필요하다. 이러한 피할 수 없는 주제들은 경험론자들이 다루기 어려운 것들이다. 경험론이 과학의 '기본적' 또는 공식적인 인식론인 만큼, 이론의 본질과 과학 전반에서 이론의 중심 역할은 과학철학에 여러 난제를 제기한다.

한편, 이론의 본질이 철학에 제기하는 인식론적 문제들과는 별개로, 일부 과학 이론들, 특히 뉴턴 역학의 더 넓은 개념적, 역사적 중요성을 강조하는 것이 중요하다. 뉴턴 역학이 수 세기 동안 물리학 전반에 걸쳐 지식을 설명하고 체계화한 성과는 서구 사상의 지형을 혁명적으로 바꾸었다. 이러한 이유로 뉴턴 역학의 핵심 사상들을 상세히 살펴보고, 그것들이 어떻게 최소한 2,000년 동안 과학과 문명을 지배해 온 세계관을 뒤집었는지 개괄적으로 살펴보는 것은 가치 있는 일이다.

학습 문제

1. 유클리드 기하학은 과학 이론인가, 아니면 수학 체계인가?
2. 모든 이론은 뉴턴의 『프린키피아』처럼 공리 체계로 표현되어야 하는가? 이렇게 표현할 때의 장단점은 무엇인가?
3. 아리스토텔레스의 임페투스 이론은 많은 지구 현상을 정확하게 예측했다. 정지와 힘의 본질에 대한 완전한 오해에 기반했는데도 어떻게 그럴 수 있었는가?
4. 뉴턴의 제4법칙인 역제곱 법칙은 왜 나머지 세 법칙에서 유도될 수 있는 정리가 아닌가? 이 법칙은 나머지 세 법칙이 언급하지 않는 자연에 대한 어떤 내용을 추가하는가?
5. 뉴턴의 이론처럼 무생물에 관한 이론이 왜 동물이나 사람과 같은 생명체에 영향을 미친다고 생각하는가?

6. 뉴턴은 자신의 가장 위대한 과학적 발견이자 이론적 혁신인 중력에 대해 왜 불안해했는가?

추천 도서

과학 이론에 대한 철학적 분석의 역사는 수피(F. Suppe)의 『과학 이론의 구조』(*The Structure of Scientific Theories*)에 기술되어 있다. 공리적 접근은 아마도 브레이스웨이트(R. Braithwaite)의 『과학적 설명』(*Scientific Explanation*)에서 처음으로 완전히 명료화되었을 것이다. 논리경험주의 시대에 나온 이론과 과학 전반에 대한 가장 영향력 있고 광범위한 설명은 네이글(E. Nagel)이 1961년에 처음 출판한 『과학의 구조』(*The Structure of Science*)일 것이다. 이 대작은 과학철학의 모든 주제에 대해 신중하게 연구할 가치가 있다. 이론의 본질에 대한 그의 설명, 예의 전개, 철학적 문제들의 식별은 여전히 타의 추종을 불허한다. 이론의 구조, 환원주의, 실재론-반실재론 문제에 대한 네이글의 논의는 다음 수십 년간의 의제를 설정했다. 이 저서의 두 발췌문은 이론과 그들이 설명하는 일반화 사이의 관계를 논의하는 발라쇼프와 로젠버그(Balashov and Rosenberg)의 『실험 법칙과 이론』(*Experimental Laws and Theory*)에서 찾아볼 수 있다.

쿤의 『코페르니쿠스 혁명』(*The Copernican Revolution*)은 브라헤, 케플러, 코페르니쿠스, 갈릴레오가 시작한 과학혁명의 세부 사항에 대한 훌륭한 입문서이다. 섀핀(S. Shapin)의 『과학혁명』(*The Scientific Revolution*)은 17세기와 18세기 과학사에 대한 좋은 입문서이다. 웨스트폴(R. Westfall)의 『결코 멈추지 않는』(*Never at Rest*)은 뉴턴의 상세한 과학적 전기이다. 자니악(A. Janiak)은 『철학자로서의 뉴턴』(*Newton as Philosopher*)에서 뉴턴의 과학철학과 그의 과학과의 관계를 다룬다. 자니악의 『뉴턴: 철학적 저술』(*Newton: Philosophical Writings*)은 뉴턴이 자신의 과학적 방법에 대해 직접 생각한 바를 담고 있어 편리한 자료이다.

17세기 과학혁명에서 뉴턴과 다른 이들의 작업이 갖는 철학적 함의에 대한 두 가지 고전적인 텍스트는 버트(E. A. Burtt)의 『근대 과학의 형이상학적 토대』(*The Metaphysical Foundations of Modern Science*)와 화이트헤드(A. N. Whitehead)의 『과학과 근대 세계』(*Science and the Modern World*)이다. 이 주제에 대한 더 많은 참고도서 목록은 12장 끝에서 찾을 수 있다.

8장 과학 이론에 관한 인식적 · 형이상학적 주제들

개요

이론은 과학적 이해, 과학적 지식의 통합, 설명의 심화, 예측의 정확성 향상, 그리고 기술적 적용을 확장하기 위해 필수적이다. 또한 지난 장에서 보았듯이, 일부 이론은 그 함의가 너무 광범위하여 과학과 더 넓은 문화 전반에 혁명을 일으킨다.

그러나 동시에 과학 이론에는 그것에 기반한 세계에 관한 지식을 다루는 주장들의 본질, 범위, 정당성에 대해 심오한 의문을 제기하는 특징들이 있다. 이러한 인식론적 질문들이 다루어지지 않거나 해답을 얻지 못할 경우, 이론의 근거와 함의는 논쟁의 대상이 될 수 있다. 과학 이론이 심지어 과학자들, 일부 철학자들, 그리고 많은 일반인 사이에서 논쟁의 대상으로 남아 있는 것은 부분적으로 이러한 이론들이 인간의 지식에 대해 제기하는 문제점들 때문이다.

이 장과 다음 장에서는 이러한 인식론적 문제들을 탐구하기 시작한다. 이 문제들은 이 책의 나머지 부분에서도 계속해서 등장할 것이다. 먼저, 과학적 진보의 본질을 살펴볼 것인데, 이는 전통적으로 과학 이론의 통합을 통해 자연이 어떻게 이해되는지를 보여주는 것으로 기술된다. 그러나 특히 물리학에서 이론들이 통합된 방식은 과학 이론을 받아들이는 데 있어 경험론에 난점을 제기한다. 만약 경험론이 이론화와 양립할 수 없다면, 문제는 아마도 경험론에 있을 것이다. 인식론적 우려만을 이유로 과학 이론을 거부하려는 과학철학자는 거의 없다. 반면에 과학자들은 경험적으로 이론들을 결정할 것을 주장한다. 증거에 이론을 근거시키는 이러한 접근들은 우리를 인식론에서 과학의 형이상학에 대한 피할 수 없는 질문, 즉 존재에 대한 과학의 주장을 참 또는 심지어 근사적으로 참으로 다루어야 하는지에 대한 질문으로 이끈다.

환원, 대체, 그리고 과학의 진보

케플러와 갈릴레오의 법칙이 언제 어디서나 통용되는 더 일반적인 법칙의 특수한 경우에 불과함을 보여줌으로써, 뉴턴은 이 법칙들이 왜 성립하는지 설명했을 뿐만 아니라, 천상의 영역이 지상의 영역과 어딘가 다르다는 근본적인 형이상학적 확신을 흔들었다. 7장에서 간략히 설명했듯이, 갈릴레오가 망원경으로 달과 태양의 분화구 및 다른 불완전한 부분들을 발견한 것과 함께, 뉴턴의 혁명은 단순히 물리 이론을 통합하기 위해 그가 제공한 형식적인 연역을 훨씬 뛰어넘는 심오한 지적 영향을 미쳤다. 뉴턴의 통합이 지닌 힘은 이후 200년 동안 점점 더 많은 현상이 그의 이론으로 설명되거나(또는 더 정량적으로 설명되면서) 더욱 커졌다. 일식, 핼리 혜성의 주기, 지구의 편구체 모양, 조수, 춘분점의 세차운동, 부력과 공기역학, 열역학의 일부 등 이 모든 현상을 설명하는 법칙들이 뉴턴의 네 가지 기본 법칙에서 유도됨으로써, 이 모든 것들이 '동일한 근본적인 과정'의 일부임이 밝혀지고 통합되었다.

더욱이, 이 법칙들 중 어느 것도 미래의 목적, 목표, 최종목적에 의존하지 않았다. 대신, 모든 법칙은 이전 또는 현재의 원인(위치와 운동량)을 규명했으며, 역제곱 법칙을 제외하고는 모두 물리적 접촉을 통해 작용하는 힘이 물리적 과정을 설명하는 데 충분하다고 보았다. 이로써 뉴턴 역학은 뉴턴 이전의 과학이 물리적 시스템의 행동을 설명하기 위해 사용했던 성질인 목적, 목표, 최종목적 등을 완전히 배제할 수 있게 했다. 따라서 뉴턴 역학의 성공은 물리적 우주가 6장에서 논의했던 목적론이 없는 거대한 '시계 장치' 메커니즘에 불과하다는 세계관을 장려했다.

물론 뉴턴의 이론은 생명체의 행동을 설명할 수 없었지만, 일부 과학자와 철학자 중 '기계론자들'은 결국 모든 것을 위치, 운동량, 중력에 대한 결정론적 법칙으로 설명할 수 있으리라는 희망을 품었다. 그러나 생물학은 물리 과학에서 목적론적 설명이 사라진 후에도 오랫동안 그 안식처로 남았다. 2장에서 보았듯이, 뉴턴 역학이 물리적 세계에 대해 필연적으로 참이라고 주장했던 칸트는 물리적 세계에 대한 순수 기계론적 그림이 생물학적 영역을 설명하는 데까지는 확장될 수 없다고 보았다. 칸트가 "풀잎 한 줄기를 위한 뉴턴은 결코 존재하지 않을 것이다"라고 한 말을 떠올려보라. 뉴턴의 법칙에 대한 필연성 주장과 마찬가지로, 칸트의 이 주장 역시 시대의 흐름에 따라 뒤바뀌었다.

뉴턴은 갈릴레오와 케플러의 법칙이 어떻게 자신의 이론의 특수한 경우로 유도될 수 있는지 보여주었다. 과학철학자들은 한 이론의 법칙을 다른 이론의 법칙에서 끌어내는 것을 '이론 간 환원' 또는 간단히 '**환원**'(reduction)이라고 부른다. 환원은 환원되는 이론의 법칙이 환원하는 이론으로부터 유도되어야 한다고 요구한다. 만약 설명이 일종의 유도라면, 한 이론을 다른 이론으로 환원하는 것은 환원되는 이론을 설명하는 것이다. 사실상, 이는 덜 근본적인 이론의 공리가 더 근본적인 이론의 정리임을 보여주는 것이다.

17세기 과학혁명은 갈릴레오와 케플러의 법칙을 발견하고 뉴턴의 법칙으로 환원하는 과정으로 보인다. 더욱이, 16세기 이후 물리학의 진보는 덜 일반적인 이론들이 점진적으로 더 일반적인 이론들로 환원되는 역사처럼 보였다. 그러다 20세기에 들어서 뉴턴의 이론보다 훨씬 더 일반적인 이론들, 즉 (특수 및 일반) 상대성 이론과 양자역학이 갑작스럽게 등장하여 뉴턴 역학을 유도를 통해 환원시켰다. 뉴턴의 법칙은 이들 이론의 법칙에서 몇 가지 이상적인 가정을 하면 유도될 수 있다. 대표적 가정으로는 빛의 속도가 무한하거나 적어도 도달 가능한 다른 모든 속도가 빛의 속도보다 훨씬 느리며, 에너지가 연속적인 양으로 존재하고 아주 작지만 불연속적인 단위, 즉 '양자'로는 존재하지 않는다는 가정들이 있다.

뉴턴의 이론이 아인슈타인의 특수 상대성 이론의 특수한 경우임을 보여주는 흔한 예 중 하나는 잘 알려진 로렌츠 수축 방정식(Lorenz contraction equation)을 사용한다.

$$\text{Length}_{\text{measured by observer in motion}} = \text{Length}_{\text{at rest}}\sqrt{1-{}^{v^2}\!/_{c^2}}$$

이 방정식은 물체에 대해 움직이는 관찰자가 측정한 물체의 길이가 물체에 대해 정지해 있을 때 측정한 길이보다 짧다는 특수 상대성 이론의 결과를 표현한다. 이 차이는 '1에서 속도 제곱을 빛의 속도 제곱으로 나눈 값을 뺀 값의 제곱근'으로 주어진다.

이 값은 보통 1에 매우 가깝기 때문에 길이 수축은 감지할 수 없다. 뉴턴의 이론은 길이는 측정하는 사람의 움직임에 따라 변하지 않는다고 주장한다. 비슷한 방정식이 상대론적 질량과 뉴턴 질량(정지 질량)에도 적용된다. 우리는 측정자의 속도가 빛의 속도에 비해 매우 작은 (거의 항상 그렇다) 특수한 경우, 아인슈타인의 이론에서 뉴턴의 법칙을 도출할 수 있다. 이 특수한 경우, 뉴턴 이론의 법칙들은 운동에 관한 상대론적 법칙들로 환원된다.

과학철학에서 한 전통적 견해에 따르면, 덜 근본적인 이론들을 더 근본적인 이론들로 환원하는 것은 과학이 설명의 범위와 깊이를 점진적으로 넓혀가고 있다는 사실을 반영한다. 이는 처음에는 분리되어 있던 더 많은 이론이 점점 더 적은 수의 더 근본적인 이론들로부터 유도되는 특수한 경우로 드러나기 때문이다. 과학적 변화는 과학적 진보이며, 그 진보는 상당 부분 환원을 통해 이루어진다. 사실, 환원은 또한 여러 학문 분야가 과학의 지위를 획득했을 때 그들 사이의 특징적인 관계로 간주된다.

이러한 과학 이론 및 학문 분야 간의 관계에 대한 견해는 '과학의 통일성'(unity of science)이라는 명칭으로 불린다. 때로는 이 주장이 과학이 모두 동일한 지식 습득 방법을 공유한다는 더 제한적인 인식론적 주장으로 이해되기도 한다. 넓게 말해, 과학들은 모두 관찰, 실험, 자료 수집 및 기타 논쟁의 여지가 없는 경험적 수단에 의한 탐구 통제에 대한 약속을 채택한다. 그러나 이 주장의 더 강력한 버전은 형이상학적 요소를 추가한다. 즉, 과학이 탐구하는 실재 또한 통일되어 있으며, 그것은 오직 물리적 사물과 과정, 그리고 그것들의 조합 및 집합체로만 구성된다는 것이다. 과학의 통일성 논제 중 이 더 강력한 버전이 일반적으로 이해되며 널리 논쟁이 되고 있는 것이다.

이 견해에 따르면 물리학은 모든 사물의 행동을 다루고 물질과 장(fields)의 근본적인 구성 요소를 통해 이를 설명하기 때문에 가장 근본적인 과학이다. 그다음으로는 개별 원자보다 더 복잡한 모든 것을 설명하는 화학이 있고, 생물학은 유기 분자와 그 집합체를 설명하는 등 점점 덜 근본적인 과학들의 위계가 이어진다. 이 위계 내의 과학들은 유도 또는 환원을 통해 통합된다. 따라서 원칙적으로 화학은 원자 이론을 통해 물리학으로 환원될 수 있어야 하고, 생물학은 분자생물학을 통해 화학으로 환원될 수 있어야 한다. 마찬가지로 우리는 신경과학(생물학의 한 분야)의 법칙으로 환원될 수 있는 법칙들로 구성된 심리학을 추구해야 한다. 물론 사회과학은 심리학적 법칙으로 환원되어 자연과학의 법칙들로 환원될 수 있는 법칙들을 아직 (그리고 결코) 발견하지 못했다. 따라서 과학의 통일성 논제를 지지하는 사람들은 이러한 학문들이 과학 이론에 공통으로 나타나는 중요한 특징, 즉 가장 근본적이고 예측력이 뛰어난 과학인 물리학으로의 환원을 통한 연결이 부족하다고 주장한다. 만약 인문과학이나 그 안의 일부 이론들이 자연과학의 정립된 이론 중 하나로 환원될 수 없다면, 과학의 통일성 주장에 따라 그것들은 방법론적 오류를 범하고 있으며 아직 과학적 이론이나 학문 분야로 간주될 수 없다. 과학의 통일성 논제는 적어도 일부 논리실증주의자들과 그들의 추종자들이 지지했다. 이 주장은 뉴턴 시대부터 20세기까지 과학사적 발전 과정에 의해 입증되는 것처럼 보였다. 저명한 물리학자들은 여전히 이 견해나 이에 가까운 견해들을 지지한다.

과학의 통일성 논제는 이론이 덜 일반적인 메커니즘들을 체계화하고 설명하는 더 일반적인 근본적인 메커니즘들을 밝혀냄으로써 어떻게 설명하는지에 대한 설명으로 공리화가 매력적이라고 주장한다. 만약 우주가 복잡한 인과 법칙들의 깔끔한 층들로 이루어져 있고, 각각의 층이 그 아래에 있는 더 근본적인 법칙들(논리적으로 덜 근본적인 법칙들을 함축하는)에 의존하며, 우주가 소수의 기본 종류의 것들로 구성되어 일관된 방식으로 행동한다면(다른 모든 것들이 이것들로 구성된다면), 자연에 대한 유일하게 올바른 기술이 존재해야 한다. 실재란 복잡한 것이 단순한 것으로부터 일반 법칙들의 작용에 따라 구축되는 문제이기 때문에 이러한 기술은 공리적인 형태를 취한다. 이론의 구조와 이론 간의 관계를 제공하는 수단으로서 공리화에 대한 이러한 믿음은 실재의 본질에 대한 형이상학적 주장을 뒷받침한다. 즉, 실재는 근본적으로 구성과 작동이 단순하며, 더 복잡하고 복합적인 모든 것들의 복잡성과 다양성은 가장 기본적인 구조에 대한 물질적 의존의 결과라는 것이다.

물론, 이것은 실제로는 훨씬 더 복잡하다. 우선, 한 이론의 법칙이 다른 이론의 법칙에서 직접 유도될 수 있다는 개념은 너무 단순하다. 과학적 진보는 한 이론의 예측과 설명을 후속 이론이 수정하고 개선하는 것을 포함한다. 만약 후속 이론이 단순히 원래 환원된 이론을 논리적 결과로 '포함'한다면, 이는 선행 이론의 오류를 그대로 받아들이게 될 것이다. 예를 들어, 갈릴레오의 지상 운동 법칙은 지구로 떨어지는 물체의 가속도가 일정하다고 주장하지만, 뉴턴의 법칙은 지구와 접근하는 물체 사이의 중력으로 인해 가속도가 증가해야 함을 인식한다. 예측을 위해서는 가속도의 미미한 증가를 무시할 수 있지만, 뉴턴의 법칙에서 갈릴레오의 법칙이 유도되게 하려면 중력을 추가하여 갈릴레오의 지상 역학을 수정해야 한다. 마찬가지로, 멘델의 유전 법칙은 현대 분자유전학의 법칙에서 직접 유도될 수 없다. 왜냐하면 우리는 멘델의 법칙이 틀렸다는 것을 알기 때문이다. 유전자 연관 및 유전자 교차와 같은 현상들이 이 법칙들을 반증한다. 따라서 멘델의 법칙을 분자유전학의 더 근본적인 법칙으로 환원할 때 우리가 원하는 것은 멘델의 법칙이 작동하는 부분뿐만 아니라 잘못된 부분, 즉 예외에 대한 설명도 포함하는 것이다. 이는 환원이 보통 환원될 이론의 "수정된" 버전을 더 근본적인 환원하는 이론으로부터 유도하는 것을 포함한다는 것을 시사한다.

그러나 환원될 이론이 때때로 '수정'되어야 한다는 요구는 이론 변화에 대한 공리적 견해에 문제를 제기한다. 때로는 한 이론이 다른 이론을 환원하는 것이 아니라 대체함으로써 그 자리를 대신한다. 7장에서 언급했듯이, 아리스토텔레스 물리학에서 정지를 '제로 속도'로 다루던 것에서 뉴턴의 이론에서 '제로 가속도'로 다루게 된 변화가 바로 이러한 대체에 해당한다. 실제로, 이러한 대체는 한 학문 분야가 '진정한' 과학이 되는 특징처럼 보인다. 예를 들어, 18세기 후반 라부아지에의 연구 이전에는 연소가 '플로지스톤'(phlogiston) 이론으로 설명되었다. 플로지스톤은 물질이 탈 때 빠져나오는 물질로 가정되었지만, 그 특성 때문에 직접 관찰할 수는 없었다. 플로지스톤 이론의 한 가지 문제점은 정밀한 측정 결과 물질을 태우면 무게가 증가한다는 점이었다. 따라서 만약 연소 과정에서 플로지스톤이 방출된다면, 그것은 음의 무게를 가져야만 한다. 무게는 질량과 지구의 중력에 의존하는데, 물질이 탈 때 중력은 변하지 않는다고 가정하면, 플로지스톤은 음의 질량을 가져야 할 것이다. 이는 뉴턴 물리학과 양립하기 어렵다. 이러한 이유와 다른 이유들로 인해, 화학자들은 연소 실험에 대한 일부 만족스러운 설명에도 불구하고 플로지스톤 이론에 불만을 품었다. 라부아지에는 연소 시 물질에 흡수되어 음의 질량을 가질 필요가 없는, '산소'(oxygen)라고 명명한 완전히 다른, 관찰 불가능한 물질을 가정한 새로운 이론을 내놓았다.

따라서 라부아지에의 산소 이론은 기존의 플로지스톤 연소 이론을 환원하지 않았다. 대신 그것은 플로지스톤, 탈플로지스톤화 공기 등 플로지스톤 이론이 다루었던 '존재론', 즉 사물의 종류와 그 주장된 법칙들을 대체했다. 라부아지에의 이론은 플로지스톤 개념이 존속할 수 있는 방식으로 연결될 수 없는 완전히 다른 종류의 물질인 산소를 제시했다. 라부아지에의 연소 이론의 개념으로 플로지스톤을 정의하려는 시도는 라부아지에의 이론으로부터 플로지스톤 이론을 도출하는 것을 불가능하게 만든다. 그래서 라부아지에의 이론은 현대 화학의 시작이다. 따라서 과학자들은 플로지스톤 같은 것은 존재하지 않았다고 말한다. 이처럼 환원적 또는 다른 방식으로 연결될 수 없는 이론들 간의 단절은 아리스토텔레스의 임페투스 이론과 뉴턴의 관성 이론 사이의 단절과 유사하다. 라부아지에가 화학을 과학으로 확립한 업적은 150년 후 산소 이론이 원자 물리학으로 환원됨으로써 확인되었다.

플로지스톤과 산소의 경우와 달리, 한 이론이 더 넓거나 더 근본적인 이론으로 환원될 때, 환원되는 이론의 '존재론', 즉 그것이 주장하는 사물의 종류는 보존된다. 그 이유는 분명하다. 환원이 환원되는 이론의 법칙을 환원하는 이론의 법칙에서 연역하는 문제라면, 그러한 유도는 두 이론의 용어가 연결될 때만 가능하다. 멘델 유전학의 법칙들을 분자유전학의 법칙들에서 유도하려면 먼저 멘델 유전자를 핵산의 용어로 정의해야 한다. 왜냐하면 분자유전학은 DNA 집합체를 다루고 멘델의 법칙은 멘델 유전자를 다루기 때문이다.

일반적으로 모든 A가 F라는 법칙은, 모든 B가 C와 동일하고 모든 C가 F와 동일할 때에만, 모든 A가 B라는 법칙에서 도출될 수 있다. 사실 이러한 동일성의 정립이 환원이라는 성과에서 큰 부분을 차지한다. 예를 들어, 기체 열역학을 통계 역학으로 환원하는 것은 7장에서 언급했던 다음의 동일성을 기반으로 한다.

3k/2 [캘빈으로 나타낸 온도 T] = $(1/2mv^2)$

우리가 이 동일성을 온도를 운동 에너지와 연결하는 정의로 보든 일반 법칙으로 보든, 이 동일성을 정립한 것이 물리학자들이 기체의 행동을 그것을 구성하는 분자들의 행동으로 환원할 수 있게 한 결정적인 돌파구였다.

뉴턴 시대부터 현재까지 과학적 진보에 대한 설명으로서의 환원이 안고 있는 문제는, 이러한 이론 간의 동일성 정립이 점점 더 어려워졌다는 것이다. 열역학에 등장하는 성질들을 뉴턴 역학의 어휘로 정의하는 것은 대단한 성취였지만, 명백히 실현 가능한 일이었다. 그러나 물리학이 발전함에 따라 그러한 통일적인 동일성을 확립하는 것이 더욱 어려워졌다. 예를 들어, 열역학 제2법칙은 엔트로피가 증가할 가능성이 높다고 말한다. 그러나 그 누구도 엔트로피를 뉴턴 역학의 더 근본적인 개념들인 질량, 속도, 힘의 용어로 정의하는 데 성공하지 못했다. 그럼에도 불구하고 과학이 진보하면서 플로지스톤과 임페투스가 버려졌던 것과는 달리, 아무도 엔트로피를 폐기할 준비가 되어 있지 않다.

생물학에서는 상황이 훨씬 더 심각하다. 여기에는 유전자, 염색체, 핵, 세포소기관, 세포, 조직, 기관, 유기체와 같은 매우 많은 개념이 있는데, 이들 중 어느 것도 그들의 화학적 구성 요소, 더 나아가 물리적 구성 요소(원자, 전자, 양성자, 쿼크 등)의 용어로 정의될 수 없다. 7장에서 언급했듯이, 왓슨과 크릭은 유전자가 무엇으로 만들어졌는지(바로 DNA)를 발견한 것으로 여겨지며, 그들의 발견은 멘델의 법칙이 요구하는 방식으로 유전자가 유전 정보를 어떻게 전달하는지를 즉각적으로 시사했다. 그러나 멘델의 법칙을 분자생물학의 규칙성에서 유도할 수 있었던 사람은 없으며, 누구도 그렇게 할 필요성을 느끼는 것 같지 않다. 그렇게 할 수 없는 이유는 왓슨과 크릭의 발견에도 불구하고, 멘델 유전자가 원칙적으로도 DNA 염기서열의 용어로 완전히 정의될 수 없기 때문이다. 이는 단일 유전자 또는 전체 유전자 계열을 구성하는 DNA 구조의 복잡성, 중복성 및 이질성 때문이다. 따라서 유전학의 법칙이 화학이나 물리학의 법칙에서 어떻게 유도될 수 있는지 알기 어렵다. 그러나 누구도 이 법칙들이나 다른 생물학 이론들을 비과학적이라고 하여 폐기할 준비는 되어 있지 않다. (멘델의 법칙과 그것의 환원에 대해서는 13장에서 더 자세히 다룬다.)

논리실증주의가 쇠퇴한 후, 환원주의는 과학철학에서 인기 없는 교리가 되었다. 한 가지 이유는 많은 학문 분야, 특히 생명과학과 행동과학에서는 예외 없는 법칙이나 보편적인 규칙성을 찾기 어렵다는 점이 분명해졌기 때문이다. 이들 분야에서 이론들은 훨씬 더 제한된 범위의 사례들을 기술하는 모델들로 구성되어 있었다. 이 과학들에는 더 근본적인 과학의 법칙들로부터 '유도'될 만한 것이 없었다. 특히 생명과학에 대한 연구가 과학철학자들의 전통적인 관심사인 물리학으로부터 주목을 끌기 시작하면서, 환원주의의 이러한 문제는 더욱 심각해졌다. 21세기 초에 '환원주의'(reductionism)라는 용어는 방법론이나 연구 전략을 지칭하는 데 있어 '기계론'(mechanism)이라는 용어로 대체되었다. 기계론은 과학, 특히 생물학이 메커니즘(궁극적으로는 분자, 물리적 메커니즘)을 밝혀내야 하며, 생물학적 시스템 및 과정의 모델이 그들이 모델링하는 것을 구성하는 화학적, 물리적 메커니즘을 식별함으로써 설명되어야 한다고 요청한다.

기계론의 지지자들은 특히 생명과학과 사회과학의 목표는 보편적인 법칙들로 구성된 일반적인 이론이 아니라 특정 과정에 대한 제한적인 모델을 구축하는 것임을 명시적으로 인정했다. 따라서 그들은 이러한 과학에서 성공적인 설명 모델은 어떤 설명 모델에 있는 변수들이 모델에 기술된 과정을 구성하고 인과적으로 초래하는 구성 요소와 부분의 활동에 '대응'함을 보여주어야 한다고 주장했다. 따라서 기계론은 법칙을 더 근본적인 법칙으로 환원하는 대신, 전체를 부분으로 환원할 것을 요구한다. 기계론자들은 이러한 근본적인 메커니즘에 대한 세부 정보를 제공하지 않고서는, 심지어 종속 변수와 독립 변수를 정확하게 연결하는 방정식들의 집합인 예측적으로 성공적인 수학적 모델조차도 과학자가 정확하게 예측할 수 있도록 하는 현상을 설명할 수 없다고 주장했다. 사실상, 기계론자들은 설명에 대한 강력한 인과적 설명을 채택하고, 인과는 과학자가 밝혀내야 하는 메커니즘 내에서 함께 작동하는 시스템의 구성 부분들의 상호작용의 문제라고 주장했다. 따라서 기계론자들은 생명과학의 영역을 연역적으로 조직된 이론의 위계가 아니라, 일련의 중첩된 '블랙박스'로 보며, 각각의 블랙박스는 열어서 그 작동 방식을 설명하고 부분들을 식별함으로써 투명하게 들여다보여야 한다고 본다. 그리고 이 부분들은 차례로 다음으로 밝혀내야 할 블랙박스들의 집합이 된다.

9장과 10장에서 보게 되겠지만, 환원주의와 마찬가지로 기계론에 대한 가장 심각한 우려는 고차원적 설명의 자율성에 대해 그것이 갖는 함의이다. 기계론은 생명과학과 특수과학의 설명이 환원적이어야 한다는 요구사항을 환원주의와 공유한다. 즉, 고차원적 모델, 특히 기능적 능력을 포함하는 모델은 저차원적 구성 요소 메커니즘과, 모델을 실현하는 인과적 과정을 제공하는 그들의 조직으로 '현금화'되어야 한다는 것이다. 이는 생물학에 ***자율적인*** 인과적 설명이 존재한다는 견해, 즉 고차원 과학의 설명이 '저차원' 과학이 제공할 수 있는 메커니즘을 식별하지 않고도 해당 학문 분야의 현상을 조명한다는 견해를 위협한다.

그 결과는 심각하다. 과학사가 진보적이고 이론의 환원을 통해 진행되는 것이거나(이 경우 논리적 유도에 의한 이론적 설명으로 취급하지 않는, 환원에 대한 매우 다른 설명이 필요하다), 아니면 과학사는 진보적이지만 이 진보가 환원의 문제가 전혀 아니거나이다. 오히려 그것은 점점 더 정확해지지만 근본적으로 다른 이론들로 대체되는 문제이다. 또는 더 급진적으로, 겉보기와 달리 과학사는 전혀 진보적이지 않으며, 오히려 훨씬 더 복잡한 이론들의 연속을 반영한다고 결론 내릴 수도 있다. 1970년대 이전에는 이러한 세 번째 대안을 고려한 과학철학자는 거의 없었다. 우리는 12장에서 쿤(Kuhn)의 연구를 논의할 때 이 견해에 상당한 지면을 할애할 것이다. 한편, 덜 근본적인 이론의 특징적인 개념들을 더 근본적인 이론의 개념들로 정의하는 문제는 훨씬 더 골치 아픈 문제를 제기한다. 이 개념들, 특히 가장 근본적인 개념들은 애초에 어떻게 그 의미를 획득하는가?

환원주의는 증거와 설명 사이의 관계를 신비롭게 만든다. 환원주의의 특징은 관찰 가능한 현상이나 적어도 그것들을 보고하는 일반화들을 점점 더 근본적이고, 점점 더 정확하며, 점점 더 관찰하기 어려운 규칙성들로 통합한다는 점이다. 포탄과 행성으로 시작했던 물리학은 마침내 탐지 불가능한 미립자들과 그 성질을 통해 모든 것을 설명하는 데 성공한다. 따라서 이는 인식론적으로 가장 문제가 되는 것을 설명의 기본으로 삼는 것처럼 보인다. 과학의 공식적인 인식론은 우리의 지식이 경험, 즉 실험과 관찰에 의해서만 정당화된다는 경험론이지만, 그 설명적 기능은 우리와 같은 존재가 직접 경험할 수 없는 종류의 것들에 의해 충족된다. 실제로 현대 고에너지 물리학의 미립자들은 우리와 같은 존재가 결코 알 수 없는 것들이다. 그리고 이러한 사실은 과학 이론의 본질에 대해 가장 골치 아픈 질문들을 제기한다.

이론 용어의 문제

과학적 설명은 시험 가능해야 하고, '경험적 내용'을 가져야 하며, 그 구성 법칙들은 세상의 사물들이 존재하는 방식을 기술해야 하고, 우리의 경험에 함의를 지녀야 한다. 그러나 과학은 거의 처음부터 관찰 불가능하고 탐지 불가능한 이론적 실체, 과정, 사물, 사건, 성질들에 의존하여 설명해 왔다. 뉴턴 시절부터 물리학자와 철학자들은 그러한 것들이 설명에 필수적이면서도 동시에 알 수 없다는 사실에 불편함을 느꼈다.

알 수 없는 것은 관찰 불가능하기 때문이고, 필수적인 것은 그것들에 의존하지 않고서는 가장 강력한 설명이 제공하는 광범위한 관찰의 통합을 이론이 달성할 수 없기 때문이다. 중력이 이 문제의 좋은 예이다.

뉴턴 역학은 질량을 가진 물체들 사이의 접촉 결과로 발생하는 광범위한 물리적 과정을 이해할 수 있게 한다. 예를 들어, 우리는 톱니바퀴, 바퀴, 추, 시침, 분침, 종, 지저귀는 새들로 이루어진 인과적 사슬을 추적함으로써 태엽 시계의 작동을 설명할 수 있다. 이 사슬에서 우리가 감지하는 밀고 당기는 힘은 서로 접촉하는 사물들 사이의 운동량 교환 및 에너지 보존으로 정량화되고 체계화된다. 그리고 이 기계적 설명은 그 자체로 톱니바퀴와 바퀴의 구성 부분들의 기계적 성질, 그리고 다시 그 부분들의 기계적 성질들에 대한 더 기본적인 설명으로 이어질 것이다. 마침내 우리는 시계를 구성하는 분자와 원자들의 행동으로 시계의 작동을 설명하게 될 것이다. 적어도 환원주의자들의 설명에 대한 기대는 이렇다.

이와 대조적으로, 우리가 보았듯이 뉴턴의 중력은 '접촉' 힘이 아니다. 그것은 겉보기에는 아무 에너지 소모 없이 무한한 속도로 모든 거리를 가로질러 전달되는 힘이다. 그것은 아무것도 운반할 것이 없는 완전한 진공을 끊임없이 통과한다. 다른 어떤 것과도 달리, 그것은 그 무엇으로도 우리를 보호할 수 없는 힘이다. 그러면서도 중력은 우리가 질량을 가진 물체를 더 큰 중력(지구와 같은)이 있는 지역에서 더 작은 중력(달과 같은)이 있는 지역으로 옮길 때 나타나는 효과를 제외하고는 완전히 탐지할 수 없는 힘이다. 종합적으로 볼 때, 중력은 우리가 관찰에서 마주치는 다른 어떤 것과도 너무 다른 이론적 실재여서, 이러한 관찰은 우리가 그것이 무엇인지 이해하는 데 크게 도움이 되지 않는다. 중력은 다른 인과적 변수들과 너무 달라서 그 존재를 의심하거나, 적어도 그것을 이용하여 무언가를 설명하는 데 불편함을 느끼는 것이 당연할 수도 있다. 수세기 동안 중력이 어떻게 작동하는지에 대한 어떤 '기계적' 설명을, 혹은 그보다 더 나은 덜 신비로운 대체물을 찾으려는 노력이 이어졌다는 사실에 놀랄 사람은 없을 것이다.

뉴턴의 동시대인 대부분은 중력이라는 개념에 대해 불편함을 느꼈다. 그러나 그들도, 후대의 물리학자들도 그 개념을 버릴 생각은 하지 않았다. 중력을 버린다는 것은 중력의 역제곱 법칙을 포기하는 것을 의미하는데, 그 누구도 그럴 준비가 되어 있지 않기 때문이다. 따라서 중력은 '신비한' 힘처럼 보이며, 그 작용은 우리의 호기심을 달래기 위해 점성술의 운세와 같은 비과학적 설명이 동원하는 힘만큼이나 불가사의하다. 그리고 다른 관찰 불가능한 개념들에 대해서도 마찬가지로 말할 수 있다. 예를 들어, 기체를 구성하는 분자들은 작은 당구공과 같은 성질을 가진 것으로 가정되는데, 이는 그들의 당구공과 같은 행동이 이상 기체 법칙을 설명하기 때문이다. 그러나 기체 분자들이 작은 질량을 가진다면, 공간을 차지하지 않고는 질량을 가질 수 없으며, 어떤 색을 가지지 않고는 공간을 차지할 수 없으므로, 분명히 색을 가져야 한다. 하지만 개별 분자는 색이 없다. 그렇다면 어떤 의미에서 그것들이 작은 질량일 수 있는가? 명백한 답은 관찰 불가능한 것들이 단지 관찰 가능한 것들의 작은 버전이 아니라는 것이다. 그것들은 전하, 양자화된 각운동량, 자기 모멘트 등 자신만의 독특한 성질을 가지고 있다. 하지만 우리의 지식이 우리가 감각을 통해 경험할 수 있는 것에 의해서만 정당화된다면, 우리는 어떻게 이것을 알 수 있는가? 그리고 위에서 언급했듯이, 이러한 이론적 실재와 성질을 끌어들이는 이론들이 우리가 그것들을 경험할 수 없을 때 어떻게 진정한 설명을 제공한다고 주장할 수 있는가? 우리가 보고, 만지고, 냄새 맡고, 맛보고, 느낄 수 없는 전자나 유전자에 대한 이론이 점성술, 뉴에이지 신비주의, 미신 또는 동화보다 더 훌륭하다고 주장할 수 있는 근거는 무엇인가?

우리는 정당화 문제를 단어의 의미와 언어 학습 가능성에 대한 문제로 표현할 수 있다. 우리의 경험을 묘사하기 위해 사용하는 용어들, 즉 사물의 관찰 가능한 성질들(색, 모양, 질감, 냄새, 맛, 소리)에 대한 이름들을 생각해 보자. 우리는 이 용어들이 우리의 경험에 이름을 붙이기 때문에 이해한다. 그리고 이러한 성질들을 가진 물체들, 예를 들어 테이블과 의자, 구름과 시계, 호수와 나무, 개와 고양이 등을 묘사하는 용어들이 있다. 우리는 이 용어들의 의미에 대해서도 동의할 수 있다. 더욱이, 우리의 나머지 모든 언어가 감각적 성질들의 이름과 일상적인 물체들의 명칭들로 어떻게든 구성되었다고 가정하고 싶은 유혹을 느낀다. 그렇지 않다면 우리는 어떻게 언어를 배울 수 있었을까? 어떤 단어들이 다른 단어들에 의존하지 않고, 우리가 직접 경험할 수 있는 사물에 이름을 붙인다는 사실에 의해 정의되지 않는다면, 우리는 결코 어떤 언어도 배울 수 없을 것이다. 그러한 언어 외적으로 정의된 용어들이 없다면, 우리는 한 단어를 다른 단어에 의해 정의하고, 그 단어를 또 다른 단어에 의해 정의하는 끝없는 순환이나 퇴행에서 벗어날 수 없을 것이다. 우리는 언어를 배우기 위해 이미 언어를 알고 있어야만 할 것이다.

게다가, 언어는 무한한 능력을 가진다. 우리는 무한히 많은 다양한 문장을 생성하고 이해할 수 있다. 그러나 우리는 유한한 시간 동안 언어 학습을 한 유한한 뇌를 기반으로 이 일을 해낸다. 언어가 선천적이거나, 모든 언어가 구축되는 어떤 기본적인 어휘가 있지 않다면, 우리가 이 위업을 어떻게 해냈는지 이해하기 어렵다. 이제 언어가 (단순한 언어 학습 장치와 대비되는) 선천적이라는 가설은 경험론자들과 대부분의 과학자가 진지하게 받아들인 적이 없다. 우리는 어떤 언어를 알고 태어나지 않았다. 만약 그렇다면 어떤 인간 아이라도 태어날 때부터 모든 인간 언어를 똑같이 쉽게 배울 수 있다는 사실을 설명하기 어려울 것이다. 남은 가설은 우리가 한 언어의 유한한 기본 단어들을 배웠고, 이것들이 조합 규칙과 함께 그 언어의 무한한 수의 문장을 생성하고 이해하는 능력을 구축할 수 있게 한다는 것이다. 이 유한한 기본 어휘가 우리가 유아기에 배운 기본 어휘 외에 무엇이 될 수 있을까? 그리고 이 어휘는 물론 '뜨거운', '차가운', '단', '빨간', '매끄러운', '부드러운' 등과 같은 감각적 경험의 이름들과 '엄마' '아빠'와 같은 단어들이다.

하지만 이것이 언어의 기초라면, 우리 언어에서 의미를 가진 모든 단어는 궁극적으로 감각적 성질과 일상적인 사물의 이름을 붙이는 단어들로 정의될 수 있어야 한다. 그리고 이 요구는 현대 과학의 이론 용어들을 포함해야 한다. 이 단어들이 의미를 가진다면, 그것들은 인간 경험의 근본적인 어휘에 의존하여 어떻게든 정의될 수 있어야 한다. 이 주장은 18세기 영국의 경험론 철학자 버클리와 흄으로 거슬러 올라간다. 이 철학자들은 17세기 물리학에서 사용된 '중력'과 같은 '비밀스러운 힘'과 '미세입자'와 같은 관찰 불가능한 것들에 대해 불편함을 느꼈다. '중력'이라는 단어는 사람들이 경험하는 어떤 것의 이름도 아니기 때문에 의미가 결여되어 있다. 이론적 실재에 대한 경험론자들의 이러한 불안감은 20세기 말 이후까지도 과학철학에 지속적인 영향을 미쳤다.

2장에서 보았듯이, 20세기 영국 경험론자들의 후예들은 스스로를 실증주의자와 논리경험주의자라고 불렀다. 논리경험주의자들은 언어 학습 가능성에 대한 논증으로부터, 과학의 이론적 어휘는 궁극적으로 우리가 관찰할 수 있는 것에 대한 주장으로 '현금화' 되어야 하며, 그렇지 않을 경우 단순히 공허하고 무의미한 소리와 기호에 불과하다고 추론했다. 이 철학자들은 더 나아가 19세기와 20세기에 과학 이론으로 통용되던 많은 것들이 무의미한 허튼소리임이 드러날 수 있다고 주장했다. 왜냐하면 그들의 이론 용어들이 평범한 감각 경험의 용어로 번역될 수 없었기 때문이다. 따라서 헤겔의 물리학(2장에서 인용), 마르크스의 변증법적 유물론, 프로이트의 정신역학 이론은 그들의 설명적 개념들(잉여 가치, 오이디푸스 콤플렉스 등)이 경험적 의미를 부여받을 수 없었기 때문에 사이비 과학으로 낙인찍혔다. 마찬가지로, 이 철학자들은 '생명력'을 가정하는 많은 생물학 이론은 관찰에 의존하여 정의될 수 없는 실체, 과정, 힘을 동원하기 때문에 설명력이 없다고 보았다. 그러나 이 경험주의 철학자들이 공격한 것은 사이비 과학뿐만이 아니었다. 우리가 보았듯이, '중력'과 같은 필수적인 용어조차 '경험적 내용'이 부족하다는 비판을 받았다. 일부 논리실증주의자들과 그들에게 영향을 준 19세기 물리학자들은 '분자'와 '원자'와 같은 개념들의 의미조차 부정했다. 이러한 경험주의자들에게 있어 개념, 용어, 또는 단어는 우리가 감각적으로 인식할 수 있는 어떤 것이나 어떤 성질의 이름일 때만 경험적 내용을 가진다.

물론, 경험주의자들은 우리가 이론적 실재의 이름을 붙이는 데 사용하는 용어들이 관찰 가능한 사물과 그 성질을 통해 정의될 수 있다면, 이론적 실재를 동원하는 데 문제가 없을 것이라고 보았다. 왜냐하면 그런 경우 우리는 이론 용어의 의미를 이해할 수 있을 뿐만 아니라, 의심이 제기될 때마다 관찰 불가능한 것에 대한 진술을 관찰 가능한 것에 대한 진술로 항상 대체할 수 있기 때문이다. 예를 들어, 밀도라는 이론적 개념을 생각해 보자. 모든 종류의 물질은 특정한 밀도를 가지고 있으며, 우리는 밀도에 의존하여 어떤 물체가 물에 뜨고 어떤 물체가 뜨지 않는지 설명할 수 있다. 그러나 물체의 밀도는 그 질량을 부피로 나눈 값과 같다. 만약 우리가 저울, 접시 저울, 또는 다른 방식으로 물체의 질량을 측정할 수 있고, 자로 그 치수를 측정할 수 있다면, 우리는 밀도를 계산할 수 있다. 이는 우리가 밀도를 질량과 부피의 용어로 '명시적으로 정의'할 수 있다는 것을 의미한다. 사실상 '밀도'는 질량과 부피의 비율에 대한 '약어'일 뿐이다. 우리가 밀도에 대해 말하는 모든 것을 질량과 부피의 용어로 말할 수 있다. 좀 더 장황하게 말하자면, 한 물체의 질량을 부피로 나눈 값에 대한 주장의 경험적 내용은 그 물체의 밀도에 대한 어떤 주장의 경험적 내용과 동일할 것이다. 따라서 우리가 이론 용어들을 관찰 가능한 용어들로 명시적으로 정의할 수 있다면, 관찰 가능한 용어들이 무엇을 의미하는지 이해하는 것보다 더 큰 어려움은 없을 것이다. 이론이 겉보기의 설명력만 제공하는 사이비 과학적 용어를 비과학적 이론에 도입할 가능성은 없을 것이다. 무엇보다도, 우리는 우리의 관찰적으로 정의된 용어들이 명명하는 것들이 어떤 관찰 가능한 조건 하에서 존재하거나 존재하지 않는지 정확히 알게 될 것이다.

불행하게도, 관찰 불가능한 성질, 과정, 사물, 상태, 사건의 이름을 붙이는 용어들 중 관찰 가능한 성질들의 용어로 명시적으로 정의될 수 있는 것은 거의 없다. 실제로, 이론의 설명력은 그들의 이론 용어들이 단지 관찰 용어들의 약어가 아니라는 사실에 달려 있다. 만약 그렇지 않다면, 이론적 진술들은 단순히 관찰 진술들을 축약할 뿐일 것이다. 그리고 만약 그렇다면, 이론적 진술들은 관찰 진술들을 요약할 수는 있지만, 설명할 수는 없을 것이다. 밀도는 정의상 질량을 부피로 나눈 값과 동일하기 때문에, 우리는 부피가 같은 두 물체의 질량이 왜 다른지를 설명하기 위해 그들의 다른 밀도를 동원할 수 없을 것이다. 우리는 단순히 그들의 질량 대 부피의 비율이 같지 않다는 사실을 되풀이하는 것에 불과할 것이다. 더 중요한 것은 '밀도'와 달리, 몇몇 이론 용어들은 어떤 유한한 관찰 가능한 특성이나 성질의 집합과 동일하게 설정될 수 있다는 것이다.

물리학에서 온도를 예로 들면, 온도는 밀폐된 유리관 속 수은 기둥의 길이 변화만으로 정의될 수 없다. 온도는 밀폐된 유리관 속 물기둥의 길이 변화, 저항계의 저항 변화, 바이메탈 막대의 모양 변화, 또는 가열된 물체의 색 변화 등 다양한 요인에 따라 변하기 때문이다. 게다가, 수은이나 물 기둥의 높이에 가시적인 변화가 없더라도 온도 변화는 발생할 수 있다. 예를 들어, 재래식 온도계로는 섭씨 0.1도보다 작은 온도 변화를 측정할 수 없으며, 유리의 녹는점보다 높거나 수은이나 물, 알코올 등의 어는점보다 낮은 온도를 측정할 수도 없다. 사실, 우리가 현재 설계할 수 있는 어떤 온도계로도 기록할 수 없는 방식으로 온도가 변하는 물질도 있다. 따라서 일부 물리적 성질이나 그 변화는 관찰을 통해 감지할 수 없는 것처럼 보인다. 온도보다 더 이론적인 성질들의 상황은 더 모호하다. 만약 '산'은 '양성자 공여자'로 정의되는데, 우리가 양성자를 만지거나, 맛보거나, 보거나, 느끼거나, 듣거나, 냄새 맡을 수 없기 때문에

'양성자 공여자'라는 개념에 '경험적 내용'을 부여할 수 있는 관찰이 없다면, '산'이라는 용어는 의미가 없는 용어가 된다. 반면, 만약 우리가 산을 '푸른 리트머스 종이를 붉게 변색시키는 물질'이라고 정의한다면, 우리는 왜 일부 액체는 그렇게 하고 다른 액체는 그렇지 않은지 설명할 수 없게 된다.

개별 이론 용어를 특정 관찰 용어와 연결하는 대신, 완전한 이론적 진술 전체를 관찰 가능한 진술 전체와 연결함으로써 과학의 이론적 주장들에 경험적 의미를 부여할 수 있지 않을까? 안타깝게도, 그럴 수 없다. 특정 가스 용기 내 분자의 평균 운동 에너지가 압력 증가에 따라 증가한다는 진술은, 우리가 온도를 측정할 때 관찰할 수 있는 어떤 특정한 진술과도 동등하지 않다. 이는 온도를 관찰적으로 측정하는 방법이 매우 다양하고, 그 중 어떤 방법을 사용하든 온도계의 작동에 대한 상당한 추가 이론적 가정을 포함하기 때문이다. 특히 평형 상태의 절대 온도가 평균 운동 에너지와 같다는 이론적 진술이 그 예이다.

우리가 직면한 질문은 과학의 본질에 대한 문제의 핵심을 관통한다. 결국 과학의 '공식적인 인식론'은 모든 지식이 경험에 의해 정당화된다는 경험론의 한 형태이다. 그렇지 않다면 과학에서 실험, 관찰, 자료 수집이 차지하는 중심적인 역할을 설명하고 정당화하기 어려울 것이다. 궁극적으로, 과학적 이론화는 경험에 의해 통제된다. 과학의 진보는 궁극적으로 경험적 실험의 결과가 들어옴에 따라 오래된 가설보다 더 강력하게 입증되는 새로운 가설의 문제이다. 과학은 어떤 식으로든 경험의 시험을 거칠 수 없는 것을 지식으로 받아들이지 않는다. 하지만 동시에, 우리의 경험을 설명해야 하는 과학의 의무는 이러한 설명을 제공하기 위해 경험을 넘어서고 그 밑에 있는 사물, 성질, 과정, 사건들을 이용해야 한다. 경험론의 요구와 설명의 요구를 어떻게 조화시킬 것인지는 과학철학, 나아가 철학 전체의 가장 어려운 문제이다. 왜냐하면 우리가 설명과 경험론을 조화시킬 수 없다면, 포기되어야 할 것은 경험론이라는 것이 상당히 명확하기 때문이다.

과학의 방법이 어떤 철학적 이론과 양립할 수 없다고 해서 과학을 포기하는 사람은 없을 것이다. 우리는 경험론을 포기하고 합리론으로 나아가야 할 수도 있다. 합리론은 적어도 일부 지식이 경험적 검사 없이 정당화된다는 인식론이다. 그러나 만약 일부 과학적 지식이 실험과 관찰이 아닌, 예를 들어 합리적 사유만으로 유도된다면, 현실을 설명하기 위해 과학과 경쟁한다고 주장하는 대체 세계관, 신화, 계시 종교 또한 같은 방식으로 정당화된다고 주장하지 않으리라는 보장이 없다.

논리경험주의자들은 이론 용어가 관찰을 기술하는 용어의 약어가 아니더라도 어떻게 경험적 내용을 가질 수 있는지에 대한 더 정교한 이해를 통해 경험론과 설명을 조화시킬 수 있다고 주장한다. 양전하와 음전하의 개념을 생각해 보자. 전자는 음전하를 가지고 있고 양성자는 양전하를 가지고 있다. 이제, 어떤 사람이 전자가 결여하고 있고 양전자가 가지고 있는 무엇 때문에 전자가 음전하를 띠고 양성자가 양전하를 띤다고 하는지 묻는다고 가정해 보자.

물론 답은 "아무것도 없다"이다. 이 맥락에서 사용된 '양성'과 '음성'이라는 용어는 어떤 것의 존재와 부재를 나타내지 않는다. 우리는 전자의 전하를 양성, 양성자의 전하를 음성이라고 불렀을 수도 있다. 이 두 용어는 우리가 관찰할 수 있는 사물들로 수행하는 실험에서 스스로를 드러내는 양성자와 전자 사이의 차이를 기술하는 데 이론 내에서 기능한다. 전자는 전기적으로 대전된 판의 양극에 끌리고 양성자는 음극에 끌린다. 우리는 안개상자의 눈에 보이는 자취나 화학적 전기 분해 장치에서 물을 뚫고 기포가 올라오는 것을 보며 이 행동의 효과를 '볼' 수 있다. '양성'과 '음성'이라는 용어는 그것들이 속한 이론에 체계적인 기여를 하며, 이는 원자 구조에 대한 이론의 가정이 조직화하고 설명하는 관찰적 일반화에 의해 '현금화'된다. '음성'이라는 용어의 '경험적 의미'는 전자가 음전하를 띤다는 이론의 가정으로부터 유도되는, 우리가 관찰할 수 있는 것에 대한 일반화에 그 용어가 체계적으로 기여하는 바에 의해 주어진다. 이 용어를 이론에서 제거하면, 그 이론이 많은 일반화를 함축하는 힘이 무너지고, 그것이 체계화하고 설명할 수 있는 관찰들도 줄어들 것이다. 설명력 감소의 정도가 곧 '음성'이라는 용어의 경험적 의미를 구성한다.

우리는 이와 같은 전략을 사용하여 '전자', '유전자', '전하' 또는 이론의 총체에서 관찰 불가능한 사물이나 성질을 지칭하는 다른 어떤 용어의 경험적 내용을 식별할 수 있다. 각각의 용어는 그것이 속한 이론의 예측력과 설명력에 어떤 기여를 해야 한다. 이 기여를 식별하려면, 단순히 이론에서 해당 용어를 삭제하고 삭제가 이론의 능력에 미치는 영향을 추적하면 된다. 사실상 '전하'는 원자 이론에서 '전하'라는 용어를 삭제할 때 잃게 되는 관찰 가능한 효과들을 가진 어떤 것으로 '암묵적으로' 정의된다. 이는 모든 이론에 등장하는 다른 모든 이론적 용어의 경우에도 마찬가지다.

이것이 사실상 가설 연역주의라고 불리는 이론에 대한 공리적 접근 방식에서 이론 용어들을 다루는 방식이며, 우리는 7장에서 이를 간략하게 설명했다. 논리실증주의자들은 적법한 이론 용어들이 **'부분적 해석'**을 통해 관찰과 연결되어야 한다고 요구함으로써, 과학의 이론적 장치가 가진 설명력과 관찰이 과학에 부과하는 제약을 조화시키고자 했다. 해석은 이러한 용어들에 경험적 내용을 부여하는 것이며, 이는 과학자들이 그것들을 도입하기 위해 사용하는 단어들과는 상당히 다를 수 있다. 해석이 부분적인 이유는 관찰이 이 용어들의 경험적 내용을 모두 담아낼 수 없기 때문이다. 만약 그렇게 된다면, 이 용어들은 설명력을 잃게 될 것이다.

또 다른 예가 도움이 될 수 있다. '질량'이라는 용어를 생각해 보자. 뉴턴은 이 용어를 '물질의 양'이라는 정의로 도입했지만, 이 정의는 도움이 되지 않는다. 왜냐하면 물질 역시 질량만큼이나 '이론적' 개념이기 때문이다. 오히려 우리는 질량 개념에 의존하여 물질이 무엇인지 설명하려는 경향이 있으며, 물질이란 어떤 양이든 질량을 가진 모든 것이다. 질량은 뉴턴의 이론에서 명시적으로 전혀 정의되지 않은 용어이다. 이론 내에서 질량이 정의되는 대신, 질량 개념에 의존하여 다른 개념들이 정의된다. 예를 들어, 운동량은 질량과 속도의 곱으로 정의된다. 그러나 질량의 경험적 내용은 그것이 포함된 법칙들과 관찰을 체계화하는 그 법칙들의 역할에 의해 주어진다. 따라서 질량은 물체를 올려놓았을 때 접시저울의 팔이 떨어지게 하는 사물들의 성질로 부분적으로 해석된다. 우리는 질량을 가진 물체가 접시저울에 수직으로 접촉하면 저울 팔이 움직일 것이라고 예측할 수 있다. 왜냐하면 운동은 힘의 결과이고, 힘은 질량과 가속도의 곱이며, 질량을 가진 물체를 접시저울에 올리면 저울 접시에 0이 아닌 가속도가 발생하기 때문이다.

우리는 물론 용어의 '경험적 의미'와 사전적 정의 또는 의미론적 의미를 구별해야 한다. '질량'은 영어 사전적 정의를 가진 용어임이 분명하지만, 그 경험적 의미는 상당히 다르며 실제로 뉴턴 역학에서는 정의되지 않은 상태이다.

따라서 질량의 부분적 해석은 우리가 그것을 측정하는 수단에 의해 제공된다. 그러나 이 수단이 질량을 정의하지는 않는다. 첫째, 접시저울 팔의 움직임과 같이 질량의 효과를 측정하는 방식은 질량이 인과적으로 설명하는 대상이다. 둘째, 질량의 효과를 측정하는 다양한 방법이 존재하며, 여기에는 우리가 아직 발견하지 못한 방법도 포함된다. 만약 그러한 발견되지 않은 질량 측정 방법이 존재한다면, '질량'에 대한 우리의 해석은 완전할 수 없고 부분적이어야 한다. 다시 말해, 관찰에 기반한 완전한 해석은 '질량'을 일부 관찰 용어들의 약어로 변환하여 그 설명력을 박탈할 것이다.

논리실증주의자들은 과학의 관찰 불가능한 용어들이 관찰 가능한 용어들과 의미적으로 연결되어야 한다고 주장했다. 이는 과학의 진정한 설명적 장치를 과학이라는 명예로운 칭호를 이용하려는 사이비 설명과 구분하기 위함이었다. 2장에서 논의한 구획 문제를 해결하려는 그들의 관심을 상기해 보라. 아이러니하게도, 논리실증주의자들은 이러한 요구를 자신들의 철학적 분석 기준이 요구하는 정밀도로 표현할 수 없다는 것을 처음으로 인식한 사람들이기도 했다. 실증주의의 역사는 상당 부분 '검증 원리'(principle of verification)라는 과학의 적법한 이론 용어와 적법하지 못한 용어를 명확하게 구분할 수 있는 리트머스 시험지를 고안하는 데 할애되었다. 이 원리의 강력한 버전은 이론 용어를 완전히 관찰 용어로 변환할 것을 요구했다. 우리가 보았듯이, 이 요구는 과학적 설명에서 사용되는 대부분의 용어들이 충족할 수 없다. 더 나아가, 우리는 이론 용어들이 이 요구를 충족하기를 원하지도 않는다. 만약 그렇게 된다면, 그것들은 관찰에 대한 설명력을 잃게 될 것이기 때문이다.

문제는 검증 원리의 약한 버전들이 금과 찌꺼기를 함께 보존한다는 점이었다. 이들은 모두가 사이비 과학적이라고 인식하는 용어를 무의미한 것으로 배제하는 데 실패했고, 진정한 과학과 뉴에이지 심리학, 점성술, 또는 종교적 계시를 구별하지 못한다. 부분적 해석의 요구사항은 만족시키기 너무 쉽다. 어떤 사이비 과학 용어든 가져와서, 이미 잘 정립된 이론에 그것을 포함하는 일반적인 진술을 추가하면, 그 용어는 의미 있는 것으로 간주될 것이다. 예를 들어, 평형 상태에서 기체의 절대 온도가 분자의 평균 운동 에너지와 같을 때 그 기체는 '마법에 걸린' 상태라는 가설을 생각해 보라. 이 가설을 기체 분자 운동론에 추가하면, '마법에 걸린'이라는 성질은 부분적으로 해석된 이론 용어가 된다. 그리고 어떤 사람이 '마법에 걸린'이라는 용어와 추가된 '법칙'이 이론의 예측력을 떨어뜨리지 않고 제거될 수 있으므로 이론에 아무 기여도 하지 않는다고 반박할 때, 적법한 이론 용어들도, 특히 처음 도입되었을 때는 마찬가지였다는 답변을 듣게 될 것이다. 결국, '유전자'라는 개념이, 최종적으로 염색체에 위치한 것으로 규명되기 전 수십 년 동안, 우리가 이미 관찰하고 있던 유전적 특징들의 분포를 이해하는 데 과연 어떤 의미 있는 기여를 했을까?

이론 용어가 예측에 차이를 가져오는 방식으로 관찰과 연결되어야 한다는 요구는 너무 강한 요구이다. 일부 이론 용어들, 특히 새로운 용어들은 이 시험을 통과하지 못할 것이다. 또한 이 요구는 너무 약한 요구이기도 하다. 순전히 허구적인 실체, 예를 들어 생명력과 같은 것들이 우리가 관찰할 수 있는 것에 대한 일반화의 유도에서 필수적인 역할을 하는 이론을 '꾸며내기'가 쉽기 때문이다. 만약 부분적 해석이 너무 약하다면, 우리는 이론의 관찰 불가능한 용어들이 어떻게 의미를 가지고 참이 되거나 잘 정당화되는지, 심지어 이 용어들이 명명하는 관찰 불가능한 것들이 실제로 존재한다는 주장을 어떻게 일관성 있게 만드는지에 대한 접근 전체를 재고해야 한다. 우리가 필요한 것은 18세기부터 물려받은 경험론적 이론을 대체할 완전히 새로운 의미 이론이다.

과학적 실재론 대 반실재론

논리경험론자들이 이론 용어의 의미와 이론적 지식의 범위라는 이 전체 문제를 다룬 방식에는 인위적인 면이 있다고 생각할 수 있다. 결국, 우리는 전자, 유전자, 퀘이사, 중성자별 또는 그 성질을 듣거나, 맛보거나, 냄새 맡거나, 만지거나, 볼 수 없을지 몰라도, 그것들이 존재한다고 생각할 충분한 이유가 있다. 왜냐하면 우리의 과학 이론이 그렇게 말해주고, 이 이론들은 엄청난 예측력과 설명력을 가지고 있기 때문이다. 만약 물질의 본질에 대한 가장 잘 입증된 이론이 분자, 원자, 렙톤, 보손, 쿼크에 대한 법칙을 포함한다면, 그러한 것들은 분명히 존재할 것이다. 만약 우리의 가장 잘 입증된 이론이 이들 사물에 전하, 각운동량, 스핀, 반데르발스 힘을 부여한다면, 그러한 성질들은 분명히 존재할 것이다. 이 견해에 따르면, 이론은 문자 그대로 해석되어야 한다. 그 의미가 관찰에 연결된 주장으로 여겨지는 것이 아니라, 사물과 그 성질에 대해 직접 이야기하는 것으로 여겨져야 한다. 여기서 사물과 그 성질의 이름을 나타내는 용어들의 의미는 태양과 같이 관찰 가능한 사물과 그 성질의 이름을 나타내는 용어들의 의미와 다를 바 없이 명확하다. 그리고 만약 이 결론이, 언어의 가장 기본적인 수준에 관찰 용어를 두고 다른 모든 용어들이 그로부터 구성되어야 한다고 명시하는 앞에서 언급된 언어 이론과 양립할 수 없다면, 그 언어 이론은 그만큼 더 문제가 있다. 그리고 그에 따르는 엄격한 경험론적 인식론 역시 그만큼 더 문제가 있다.

이론 용어 문제에 대한 이러한 접근은 '과학적 실재론'(scientific realism)으로 널리 알려져 있다. 이는 과학의 이론적 주장을 실재하는 것으로 받아들이고, 단지 관찰 주장에 대한 (숨겨진) 약어이거나 이러한 관찰을 조직하기 위해 우리가 만든 유용한 허구가 아니라고 보기 때문이다. (이러한 '실재론'의 용법은 '플라톤적 실재론'과는 대조된다. 플라톤적 실재론은 추상적 대상이 존재한다는 주장으로, '과학적 실재론'과는 매우 다른 의미이다.)

과학적 실재론은 실증주의가 쇠퇴할 때까지 제대로 출발하지 못했다. 이는 논리실증주의자들이 무의미하다고 배척했을 질문을 반영하기 때문이다. 즉, 물리학의 관찰 불가능한 대상들은 실재하는가, 그렇지 않은가? 그것들이 관찰 불가능하므로 어떤 관찰적 검사도 이 질문에 답할 수 없으며, 따라서 이 질문에 대한 어떤 대답도 단순한 형이상학일 뿐이었다. 그러나 실증주의의 검증 기준을 포기하면 그 질문은 의미를 갖게 된다. 그리고 그 답은 명백해질 것이라고 생각될 것이다. 물론 분자, 단백질, 유전자 등은 말할 것도 없고, 원자, 양성자, 중성자, 전자, 광자, 쿼크 등이 존재한다. 그러나 놀랍게도 이 질문은 논쟁의 여지가 있으며 명백한 답이 없다.

논리실증주의자들의 출발점이 경험론적 인식론이라는 철학적 이론인 반면, 과학적 실재론자(줄여서 실재론자)는 과학에 대한 명백한 사실, 즉 과학이 가진 위대하고 끊임없이 증가하는 예측력에서 출발한다. 시간이 지남에 따라 우리의 이론들은 예측의 범위와 정밀도 면에서 모두 발전했다. 우리는 점점 더 다양한 종류의 현상을 예측할 수 있을 뿐만 아니라, 예측의 정밀도, 즉 과학적으로 도출된 기대치가 실제 계기판 수치와 일치하는 소수점 자리 수나 유효 숫자를 높일 수 있었다. 이러한 장기적 개선은 우리가 점점 더 의존하는 기술적 응용으로 이어지며, 실제로 우리는 매일 그 기술에 문자 그대로 목숨을 걸고 있다. 과학의 이러한 소위 '도구적 성공'은 설명이 필요하다. 적어도 실재론자는 그렇게 주장한다. 어떻게 이것을 설명할 수 있을까? 과학이 '작동하는' 이유에 대한 가장 좋은 설명은 무엇인가? 실재론자에게 답은 명백해 보인다. 과학은 (근사적으로) 참이기 때문에 그렇게 잘 작동한다. 과학의 예측적 성공과 기술적 응용이 단지 운 좋은 추측이었다면, 그것은 우주적 규모의 기적일 것이다.

과학적 실재론자들의 논증 구조는 일반적으로 다음과 같은 형태를 띤다.

1. P.
2. P에 대한 최선의 설명은 Q가 참이라는 것이다.
3. 그러므로, Q는 참이다.

실재론자들은 P에 대해 과학이 예측적으로 성공적이라는 진술이나, 점점 더 성공적이라는 진술, 또는 그 기술적 응용이 점점 더 강력하고 신뢰할 수 있다는 진술로 다양하게 대체한다. Q에 대해서는 과학 이론이 상정하는 관찰 불가능한 것들이 존재하고 과학이 그들에게 귀속시키는 성질들을 가지고 있다는 진술을 대체하거나, 혹은 실재론자는 "과학이 상정하는 관찰 불가능한 실체와 유사한 어떤 것들이 존재하고 과학이 그들에게 귀속시키는 성질과 유사한 어떤 성질들을 가지고 있으며, 과학은 이 사물들과 그 성질에 대한 진실에 점점 더 근접해 가고 있다"와 같은 다소 약한 주장을 한다. P의 참으로부터 Q의 참을 도출하는 논증의 구조는 '최선의 설명으로의 추론'(inference to the best explanation)에 해당한다. (이러한 종류의 논증은 '귀추법'(abduction) 또는 '귀추 논증'으로도 알려져 있다.)

이 논증은 독자에게 논쟁의 여지 없이 설득력 있게 다가올 수 있다. 이는 많은 과학자들에게도 분명 매력적이다. 그들 역시 실재론자 철학자가 사용하는 최선의 설명으로의 추론이라는 추론 형식을 과학에서 자신들이 사용하는 것으로 인식할 것이기 때문이다. 예를 들어, 우리가 전자가 존재하고 음전하를 띤다는 것을 어떻게 아는가? 그것들을 가정하는 것이 밀리컨의 기름방울 실험과 윌슨 안개 상자의 궤적을 설명하기 때문이다.

하지만 이 논증 형식이 과학자뿐만 아니라 철학자들에 의해 과학을 정당화하는 데 사용된다는 사실이 바로 그것의 아킬레스건이다. 위 1-3에서 제시된 추론 형식에 대한 정당화를 요구함으로써 실재론에 대한 논증에 이의를 제기한다고 가정해 보자. 실재론자의 논증은 과학 이론이 문자 그대로 참이거나 점점 더 진실에 근접해 가고 있다는 것을 입증하는 것을 목표로 한다. 만약 실재론자가 그 추론 형식이 과학에서 성공적으로 사용되어 왔기 때문에 신뢰할 수 있다고 주장한다면, 그 논증은 선결 문제의 오류(question-begging)에 빠질 가능성이 있다. 논증 형식이 과거에 성공했다는 사실을 미래에 대한 확신을 뒷받침하는 데 사용할 수 없다. 왜냐하면 바로 논쟁의 핵심은 과거에 성공했던 논증 형식이 미래에도 성공할 것이라는 생각 그 자체이기 때문이다. 사실상 실재론자는 최선의 설명으로의 추론이 과학 이론이 진실을 산출한다는 결론을 내리는 것이 정당하다고 주장한다. 그 이유는 과학이 바로 문제의 추론 형식을 사용함으로써 진실을 산출하기 때문이다. 이전에 사용했던 비유를 들자면, 이것은 마치 대출금을 갚겠다는 약속을 지키기 위해, 그 약속을 지키겠다는 약속을 보증으로 내세우는 것과 같다.

더욱이, 과학사는 많은 성공적인 과학 이론들이 왜 이론이 성공하는지에 대한 과학적 실재론자들의 그림을 완전히 입증하지 못했음을 우리에게 가르쳐 준다. 케플러 이전부터, 그리고 그의 시대 이후에도, 과학 이론들이 거짓이었을 뿐만 아니라(그리고 개선될 여지가 있었을 뿐만 아니라), 만약 현재의 과학이 어떤 지침이 된다면, 예측력은 꾸준히 증가했음에도 불구하고 때로는 그것들이 무엇이 존재하고 사물의 성질이 무엇인지에 대한 주장에 있어서 근본적으로 틀렸던 경우도 있었다.

한 가지 고전적인 예는 18세기 플로지스톤 이론이다. 이 이론은 이전의 연소 이론에 비해 예측력을 크게 향상시켰지만, 중심적인 설명 대상인 플로지스톤은 오늘날 조롱의 대상이 된다. 또 다른 예로는 빛을 파동 현상으로 설명한 프레넬의 이론(Fresnel's theory)이 있다. 이 이론은 빛과 그 성질에 대한 우리의 예측력(및 설명력)을 상당히 증가시켰다. 그러나 이 이론은 빛이 '에테르'라는 매질을 통해 전파된다고 주장했다. 이러한 에테르 가정은 위에서 언급한 중력 개념의 어려움을 고려할 때 예상할 수 있는 것이다. 중력은 전파를 위해 어떤 물질도 필요로 하지 않는 것처럼 보이기 때문에 신비로운 힘이었다. 매질이 없다면, 빛 파동 역시 19세기 물리학의 기계론적 유물론자들에게 중력만큼이나 의심스러운 현상이 될 것이다. 하지만 이후의 물리학은 프레넬 이론의 위대한 예측력 향상에도 불구하고, 그 중심적인 이론적 가정인 에테르가 존재하지 않는다는 것을 밝혀냈다. 빛의 행태에 대한 더 적절한 설명에는 에테르가 필요하지 않았다. 에테르를 가정했다는 사실은 프레넬 이론이 '비실재론적'이라는 비난을 받게 된 원인이 되었다. 적어도 현대 과학 이론의 관점에서 볼 때 이것은 올바른 판단일 것이다.

그러나 과거에 예측적으로 성공적이었던 이론들이 거짓이었다는 사실(때로는 근본적으로 거짓이었다는 사실)로부터 유도된 비관적 귀납(pessimistic induction)에 의하면, 현재 우리의 '최선의 추정치' 이론들 역시 비슷한 운명에 처할 수 있다고 가정하는 것이 안전할 것이다. 과학은 오류 가능성이 있으므로, 과학이 예측력과 기술적 응용 면에서 진보함에 따라 이론의 가정들이 실재에서 너무 크게 달라져서, 과학적 실재론이 주장하는 해석에 대한 직접적인 추론을 약화하는 이야기가 계속해서 나올 수 있다고 예상할 수 있다.

더욱이, 과학적 실재론은 과학적 지식에서 관찰을 필수적인 요소로 간주하는 경험론적 인식론과, 관찰 불가능한 실재들에 대한 이론의 (근사적) 참에 대해 주장하는 지식을 어떻게 조화시킬지에 대해서는 침묵하고 있다. 어떤 의미에서 과학적 실재론은 과학적 지식이 어떻게 가능한가에 대한 문제의 일부이지, 해결책의 일부가 아니다.

일부 실재론자들은 이론이 지칭하는 관찰 불가능한 실재에 대한 우리의 지식이 가진 문제와, 비관적 귀납의 근간이 되는 지칭 실패의 역사를 인식하고 있다. 이들은 이 두 가지 문제를 피하기 위해 '구조적 실재론'(structural realism)이라고 불리는 견해를 채택할 것을 제안한다. 예측적으로 성공적인 과학을 특징짓는 이론들의 계승은 입자나 장과 같은 세계 속 사물에 대한 참에 점진적으로 더 가까워지는 근사치가 아니다. 오히려, 그들이 접근하는 것은 실재의 진정한 수학적 구조이다. 이 철학자들은 관찰을 넘어선 참에 접근하는 명확한 예로 뉴턴 역학과 그 후계 이론들인 양자 역학 및 일반 상대성 이론의 수학적 공식화에서 나타나는 유사성을 든다. 실제로 뉴턴의 법칙은 양자 이론과 상대성 이론에서 특수한 경우로 연역적으로 유도될 수 있다. (이 장의 초반에 나온 로렌츠 방정식을 상기하라.) 그 이유는 이 이론들 모두가 핵심적인 수학적 구조, 예를 들어 역제곱 방정식과 같은 것을 공유하기 때문이다.

구조적 실재론은 시간이 지남에 따라 점점 더 정확한 예측과 설명을 제공하는 이론들에 공통된 구조를 부여하는 이러한 수학적 공식에 따라 행동하는 사물의 본질에 대해 어떤 주장도 하지 않는다. 그러나 그들은 과학 이론이 관찰되지 않는 영역에서도 제대로 파악하는 것은 실재의 수학적 구조이며, 그들이 제시한 실재론적 버전의 명칭도 여기에서 비롯된다고 주장한다.

과학적 실재론의 대안으로서 구조적 실재론은 관찰되지 않는 사물에 대한 지식이라는 논쟁적인 주장을 피한다. 그러나 그것은 몇 가지 명백한 문제에 직면한다. 이론의 수학적 구조나 형태를 그 내용 및 특정 사물에 대한 주장과 어떻게 구별할 것인가를 문제이다. 여기서 그 주장은 이론이 일반적으로 하는 것처럼, (구조적) 성질과 관계를 통해 그것들을 식별하는 진술로 표현된다. 수학적 형식과 사실적 내용 사이의 명확한 구분이 없다면, 구조적 실재론이 과학적 실재론과 어떻게 다른지 알기 어렵다. 더욱이, 관찰되지 않는 구조에 대한 지식이 관찰 불가능한 사물에 대한 지식보다 습득하기 더 쉽거나 경험론적 인식론과 더 쉽게 조화될 수 있는지에 대한 의문이 제기될 수밖에 없다. 이 두 가지 반론을 예시하기 위해 다음을 생각해 보자. 뉴턴 역학, 정전기학, 일반 상대성 이론은 모두 실재가 그들의 영역에서 작동하는 역제곱 관계(이론의 형식)로 근사적으로 기술되고 있다는 점에서 옳다는 것을, 이 영역들이 무엇인지 전혀 이해하지 못한 채 어떻게 알 수 있을까? 게다가, 구조적 실재론은 이론의 수학적 형식이 무엇인지에 대한 독립적인 기준을 제공해야 한다. 이는 이론이 하나 이상의 형식을 가지거나, 아직 수학적 형식이 없거나, 또는 폐기되거나 대체된 이론들이 근사적으로 참인 이론들과 최소한의 형식을 공유하는 경우 문제가 될 수 있다. 방정식으로 표현될 수 있는 모든 이론은 어떤 추상화 수준에서든 형식을 공유할 것이다. 그렇다면 구조적 실재론이 연속적인 이론들에서 형식의 보존이 관찰되지 않는 실재의 본질을 드러낸다고 주장하는 수준은 어느 수준인가?

과학적 실재론의 대안으로, 경험론에 훨씬 더 우호적이며 오랫동안 일부 철학자와 과학자들의 관심을 끌어온 또 다른 견해가 있는데, 그것은 바로 **'도구주의'**(instrumentalism)다. 이 명칭은 과학 이론을 유용한 도구, 경험을 조직하기 위해 우리가 사용하는 발견적 장치나 수단으로 보지만, 세계에 대한 문자 그대로의 참 또는 거짓 주장은 아니라고 주장하는 견해를 지칭한다.

도구주의는 적어도 18세기 영국 경험론 철학자 버클리에게서 비롯되었으며, 또한 지구의 태양 주위 공전에 대한 갈릴레오의 이단적 주장을 성경과 교황의 선언과 조화시키려 했던 종교 재판소의 주요 인물들에게도 귀속된다. 일부 이야기에 따르면, 이 박식한 성직자들은 갈릴레오의 태양 중심설이 태양과 행성들이 지구 주위를 돈다고 보는 프톨레마이오스 이론만큼이나 예측력이 뛰어나다는 것을 인정했다. 그들은 태양 중심설이 밤하늘에서 행성의 겉보기 위치를 계산하는 데 더 간단하고 유용할 수 있다는 점을 받아들였다. 그러나 지구가 움직인다는 주장은 관찰에 의해 감지할 수 없었다. 우리는 지구가 움직이고 있다고 느끼지 않는다. 갈릴레오의 이론은 우리가 관찰의 증거를 무시하거나, 그것을 심하게 재해석할 것을 요구했다. 따라서 종교 재판소의 관리들은 갈릴레오에게 그의 개선된 이론을 문자 그대로의 진실로 주장하지 말고, 전통적인 이론보다 천문학적 예측을 위한 더 유용하고, 편리하며, 효과적인 도구라고 주장하라고 촉구했다. 만약 갈릴레오가 자신의 이론을 그렇게 취급하고, 그것이 진실인지에 대해서는 침묵을 지켰다면, 그는 교황청 종교 재판소의 분노를 피할 수 있었을 것이다. 갈릴레오는 처음에는 철회했지만, 결국 태양 중심설에 대한 도구주의적 견해를 채택하기를 거부하고 남은 생을 가택 연금 상태로 보냈다.

이후의 도구주의 철학자들과 과학사가들은, 비록 모든 이론에 대해 그렇다고는 하지만, 교회의 견해가 갈릴레오의 견해보다 더 합리적이었다고 제안했다. 그리고 버클리는 이 문제에 대해 어느 편도 들지 않았지만, (위에서 간략하게 설명한) 언어의 본질에 대한 그의 논증으로부터 비롯된 그의 논증들은 실재론(그리고 뉴턴 이론 일부에 대한 실재론적 해석)이 이해 불가능하다는 것을 보여주어 도구주의를 더욱 매력적으로 만들었다. 버클리는 과학 이론의 기능이 설명하는 것이 아니라 단순히 우리의 경험을 편리한 꾸러미로 조직하는 것이라고 주장했다. 이 견해에서 이론 용어는 관찰 용어의 약어가 아니라, 암기 보조 도구, 머리글자, 경험적 또는 문자 그대로의 의미가 없는 해석되지 않은 기호에 가깝다. 그리고 과학의 목표는 이 도구들을 문자 그대로 해석했을 때 현실과 일치하는지에 대해 걱정하지 않고, 끊임없이 그 신뢰성을 개선하는 것이다.

뉴턴 시대 이후 물리학의 역사를 살펴보면, 과학자들 사이에서 실재론과 도구주의가 주기적으로 번갈아 나타나는 패턴을 발견할 수 있다. 기계론, 미세입자 이론, 원자론이 지배했던 17세기 실재론의 시대는 18세기에 도구주의적 접근이 득세하면서 막을 내렸다. 이는 부분적으로 도구주의가 뉴턴의 신비로운 중력이라는 문제를 편리하게 다룰 수 있었기 때문이다. 중력 이론을 단순히 물체의 운동을 계산하는 유용한 도구로 취급함으로써, 중력이 실제로 무엇인지에 관한 질문을 무시할 수 있었다. 19세기에 들어서 원자 화학, 전기, 자기 분야의 발전과 함께 관찰 불가능한 실재를 가정하는 것이 다시 과학자들 사이에서 인기를 얻었다. 그러나 20세기 초, 세계에 대한 문자 그대로의 진정한 기술로서 양자 역학에 대한 실재론적 해석에 문제가 쌓이기 시작하면서 다시 유행이 지났다. 양자 역학에 대한 표준적인 이해에 따르면, 전자와 광자는 동시에 파동과 입자의 성질을 가지는 등 양립할 수 없는 성질을 가지는 것처럼 보이며, 관찰되기 전까지는 물리적 위치도 없는 것처럼 보인다. 그리고 이러한 해석적 문제를 해결하는 것은 이미 경이로울 정도로 뛰어난 예측력에 아무런 기여도 하지 못할 것이다. 이것이 우리가 양자역학을 원자 물리학 실험실에서 우리의 경험을 조직화하는 유용한 도구로 취급하고 싶은 강한 이유이며, 그것을 우리의 관찰과 독립적인 세계에 대한 참된 주장들의 집합으로 보지 않는 이유이다.

그렇다면 도구주의는 오직 실재론만이 과학의 성공을 설명할 수 있다는 실재론자의 주장에 어떻게 대응할까? 도구주의자는 다음과 같은 논증으로 일관되게 대답한다. 과학의 성공을 설명하면서 이론적 주장의 참에 호소하는 어떤 설명이든 우리의 경험에 대한 예측력을 향상시키거나 그렇지 않거나 둘 중 하나이다. 만약 그것이 예측력을 향상시키지 않는다면, 우리는 그 설명과 그 설명이 답하고자 하는 질문을 경험적 의미가 없는 것으로 간주하고 무시할 수 있다. 반면에, 그 설명이 경험을 체계화하고 예측하는 데 있어 과학적 도구의 유용성을 향상시킨다면, 도구주의는 그것을 자연에 대한 기술이 아닌 유용한 도구로서 이론을 다루는 그들의 입장을 입증하는 것으로 받아들일 수 있다.

일부 철학자들은 도구주의와 실재론 사이에서 절충안을 모색했다. 이 절충안은 과학 이론을 액면 그대로 받아들이면서도 경험론이 문제 삼는 주장을 피하려는 시도이다. 이는 '두 마리 토끼를 모두 잡으려는 것'과 같은 시도다. 우리는 과학 이론이 세계, 특히 관찰을 설명하는 관찰 불가능한 근본 메커니즘에 대해 주장한다고 보는 과학자에게 동의할 수 있다. 그리고 동시에 그러한 주장에 대한 지식은 불가능하다고 보는 도구주의자에게도 동의할 수 있다. 하지만 우리는 과학의 목표가 경험을 체계화하는 것 이상도 이하도 아니라고 주장할 수 있다. 따라서 과학 이론이 현상을 제어하고 예측할 수 있게 하는 한, 그것이 참인지, 근사적으로 참인지, 거짓인지, 편리한 허구인지에 대해 불가지론적 입장을 취할 수 있다. 우리는 과학 이론을 받아들일 수 있고 받아들여야 하지만, 물론 그것을 믿을 필요는 없다. (그것을 믿는 것은 그것의 참에 대한 입장을 취하는 것이기 때문이다.) 과학은 점점 더 넓은 범위의 경험을 점점 더 정밀하게 예측하는 것으로 만족해야 한다. 즉, 과학자들은 도구주의자들이 그렇게 하는 이유를 받아들이지 않으면서도 그들이 권장하는 것을 목표로 해야 한다. 과학은 분명 도구이다. 다만 그것이 도구 이상인지 아닌지는 우리가 알 수 없을 뿐이다. 그리고 모든 목적을 위해 과학 이론이 '경험적으로 충분하다'는 것으로 충분하다. 17세기 자연철학자들의 말을 빌리자면, 이 견해에서 우리가 과학에 요구해야 하는 것은 단지 '현상을 구제'(save the phenomena)하는 것이다.

이처럼 이론 과학의 주장에 대한 실재론적 해석과 도구주의적 인식론의 결합을 그 창시자인 반 프라센(Bas van Fraassen)은 **'구성적 경험론'**(constructive empiricism)이라고 불렀다. 그러나 과학철학에서 구성적 경험론을 지속적으로 안정적인 평형 상태로 생각하는 철학자는 거의 없으며, 과학자 중에는 더욱 드물다. 결국, 과학이 세계에 대한 표상에 있어 (점점 더 근사적으로) 참이거나 (꾸준히) 거짓이더라도 우리가 어느 쪽인지 결코 알 수 없다면, 과학을 실재에 대한 기술로 취급하는 것은 지적 문제에서 중요하지 않게 된다. 만약 우리가 이 두 가지 상호 배타적인 대안 중 어느 것이 적용되는지 알 수 없다면, 어느 쪽이든 도구주의자들이 주장하듯이 무의미할 것이다. 반면에, 우리가 공식화할 수 있는 가장 예측력이 뛰어나고 기술적으로 성공적인 가설 집합의 참에 대해 영원히 판단을 보류해야 한다면, 우리가 과학적 지식을 가질 수 있는지에 대한 인식론적 질문은 내가 지금 꿈을 꾸고 있는지 아닌지에 대한 회의론자의 질문만큼이나 과학과 무관해진다.

실재론, 도구주의, 구성적 경험론은 이론적 실재와 그것을 명명하는 용어의 문제에 접근할 때 두 가지 공통된 가정을 전제로 한다. 첫째, 그들은 과학적 법칙과 이론이 표현되는 용어들을 관찰 가능하거나 관찰 불가능한 (이론적) 것으로 나눌 수 있다고 가정한다. 둘째, 이 세 가지 견해 모두 관찰 가능한 사물과 그 성질의 행동에 대한 우리의 지식이 우리의 이론을 시험하고, 입증하며, 반입증한다고 동의한다. 이 세 견해 모두에게 궁극적인 인식론적 심판대는 관찰이다. 하지만 아래에서 보겠지만, 단 하나의 관찰이라도 이론적이든 아니든 과학의 어떤 부분을 어떻게 시험하는지를 정확히 이해하는 것은 결코 쉬운 일이 아니다.

논리실증주의자들은 과학 이론에 대한 실재론-도구주의 논쟁에 대해 참을성이 없었다. 왜냐하면 그것은 경험적 시험이 불가능한 문제였기 때문이다. 다른 철학자들은 이 논쟁이 과학, 진실, 지식에 대한 심각한 오해를 반영한다고 비난했다. 예를 들어, 파인(Arthur Fine)에 따르면, 과학 이론에 대해 자연적 존재론적 태도(Natural Ontological Attitude)를 취함으로써 논쟁 전체를 피할 수 있다. 일상생활에서 우리는 많은 명제들을 그것의 참이 우리에게 어떤 존재론적 주장을 요구하는지 깊이 파고들지 않고 참이라고 여긴다. 우리는 "2는 유일한 짝수 소수다"와 같은 진술에 자연스럽게 동의한다. 그러나 누군가 우리에게 '2'라는 숫자로 지칭되는 것이 존재하는지, 그것이 그 진술의 참을 위해 존재해야 하는지 묻는다면, 많은 사람들은 주저할 것이다. 만약 수가 구체적인 존재를 가진 특정 사물이 아니라면 도대체 그것이 무엇인지 묻는다면, 답을 내놓을 수 있는 사람은 거의 없을 것이다. 수 2가 마음속의 관념이라고 답하는 사람들은 곧 이 가설의 불만족스러운 특성을 깨닫게 될 것이다. 그러나 이 모든 것이 "2는 유일한 짝수 소수다"라는 진술의 참에 대한 우리의 믿음을 약화시키는 않는다. 이 모든 것은 아주 자연스러운 일이다.

마찬가지로 과학에서도 우리는 과학적 실재론과 **반실재론**의 지지자들 사이의 논쟁에서 어느 편에 서지 않고, '최선의 설명으로의 추론'이나 '기적 불가 논증'(no-miracles argument)[1], 혹은 비관적 귀납의 정당성을 받아들이거나 거부하지 않고 우리가 채택하는 이론의 진실을 수용할 수 있고, 실제로 그렇게 해야 하며, 그래야만 한다. 특히 자연적 존재론적 태도는 과학의 장기적인 진보, 뉴턴 역학과 특수 상대성 이론이 질량에 대해 동일한 것을 의미하는지 여부, 17세기의 미세입자 이론이 20세기의 원자 이론에 의해 입증되었는지 여부에 대해 불가지론적인 입장을 유지할 수 있다. 일상생활에서 우리는 최선의 설명이 참이 아닐 수 있지만 여전히 설명력이 있다는 것을 받아들인다. 심지어 실재론이 과학의 예측적 개선에 대한 최선의 설명이라고 할지라도, 우리는 그것이 참이라고 결론 내릴 필요는 없으며, 또한 과학의 연속적인 이론들이 진실에 점점 더 가까이 다가서는 근사치라고 결론 내릴 필요도 없다.

실재론자와 반실재론자 모두 자연적 존재론적 태도가 문제의 핵심을 비껴가고 있는 것은 아닌가라고 생각하는 것도 무리는 아니다. 과학자들이 자신의 이론에 대해

---

1 (옮긴이 주) 기적 불가 논증은 과학적 실재론을 지지하기 위해 퍼트넘(Hilary Putnam)이 주장한 것으로, 현재 성공적인 과학 이론들이 대략적으로라도 참이 아니라면, 그 성공은 기적이나 다름없다고 주장한다.

어떻게 논의하고 어떤 입장을 취하는지에 대한 보고로 본다면, 파인의 접근은 특별한 점이 없어 보인다. 하지만 철학자들은 논리적으로 양립 불가능한 주장들 사이에서 완전히 중립적인 과학자들의 행태에 대한 묘사를 당연히 거부할 것이다. 우리는 과학적 주장을 세계에 대한 참을 주장하는 것으로 취급할 것인지, 아니면 묘사하기에 편리한 유용한 도구로 취급할 것인지 사이에서 중립적일 수 없다. 일단 우리가 참과 지칭과 같은 용어의 의미를 고정하면, 실재론자와 반실재론자가 과학에 대해 논쟁하는 질문들은 실제적이며 피할 수 없다. 사실, "2는 유일한 짝수 소수다"라는 말에도 똑같이 적용되어야 한다. 수학자들은 그 질문을 철학에 남겨두고 수가 무엇인지에 대해 신경 쓰지 않을 수 있다. 하지만 그 질문은 여전히 답을 필요로 한다. 관찰 불가능한 구체적 대상의 존재에 대해 우리가 어떻게 아는지에 대해서도 마찬가지다.

요약

과학 이론에 대한 공리적 설명은 이론을 연역적으로 조직된 체계로 다룸으로써, 이론의 법칙들이 어떻게 함께 작용하여 수많은 경험적 또는 관찰 가능한 규칙성을 설명하는지 보여준다. 이 체계에서 가정들은 그로부터 유도된 일반화에 대한 관찰에 의해 입증된 가설이다. 결과로부터 추론된 결론에 의해 시험되는 가설로서의 법칙에 대한 이러한 개념은 '가설 연역주의'라고 알려져 있으며, 이는 이론과 경험이 어떻게 결합되는지에 대한 잘 정립된 설명이다.

과학 이론은 종종 관찰 가능한 현상을 야기하는, 기저에 놓인 관찰 불가능한 과정이나 메커니즘을 밝혀냄으로써 현상을 설명한다. 환원주의는 과학 이론들의 관계에 대한 오랜 견해를 나타낸다. 환원주의에 따르면, 과학이 세계에 대한 이해를 심화함에 따라, 더 좁고, 덜 정확하고, 더 특수한 이론들은 더 넓고, 더 완전하며, 더 정확한 이론으로부터 특수한 경우이거나 파생적으로 설명될 수 있는 것으로 밝혀진다. 이러한 파생은 더 넓은 이론의 공리로부터 더 좁은 이론의 공리를 논리적으로 연역하는 것을 필요로 하며, 종종 연역이 이루어지기 전에 더 좁은 이론을 수정하는 것을 수반한다. 환원주의자들은 뉴턴 혁명 이후 과학의 진보를 이러한 이론 간의 관계에 의존하여 설명하고자 한다. 수세기에 걸친 과학 이론의 환원은 그 성공을 보존하면서도 (수정을 통해) 실패를 설명하는 것처럼 보여, 과학 이론에 대한 공리적 견해에서 이해하기 쉽다.

하지만 이론에 대한 공리적 설명의 가설 연역주의(그리고 관찰과 실험에 기반한 과학의 일반적인 인식론적 견해)는 세포핵, 유전자, 분자, 원자, 쿼크와 같은 이론적이고 관찰 불가능한 실재를 식별하는 이론 속 용어들의 필수 불가결성을 설명하려 할 때 심각한 어려움에 직면한다. 한편으로는 이 용어들이 명명하는 이론적 실재의 존재에 대한 직접적인 증거가 없으며, 다른 한편으로는 그것들 없이는 이론이 설명 기능을 수행할 수 없다. 중력과 같은 일부 이론적 실재는 실로 골치 아픈 존재이지만, 동시에 우리는 경험적 증거를 제공할 수 없는 모든 신비롭고 오컬트적인 힘을 과학에서 배제해야 한다. 의미 있는 단어는 궁극적으로 경험에 의해 의미가 부여되어야 한다는 생각은 매력적이다. 그러나 통제되지 않은 사변을 무의미한 것으로 배제하면서, 이론적 언어가 이 시험을 통과할 수 있는 방법을 찾는 것은 과학 이론에 대한 어떤 설명이든 직면해야 하는 도전 과제다.

이론적 실재를 가설화하는 것이 설명에 필수적이면서도 경험에 의해 통제되지 않는다는 난제는 때때로 과학 이론이 관찰 가능한 일반화를 체계화하고 설명하는 기저 실재를 기술하고자 한다는 것을 부정함으로써 해결된다. 이러한 견해는 도구주의로 알려져 있으며, 이론을 예측만을 위한 계산 도구, 즉 발견적 장치로 취급한다. 이와 대조적으로, 실재론은 과학 이론을 관찰 불가능한 현상에 대한 문자 그대로의 참 또는 거짓 기술로 보아야 한다는 견해로, 이론이 근사적으로 참이라는 결론만이 그 장기적인 예측 성공을 설명할 수 있다고 주장한다. 도구주의자들은 이러한 설명을 반박한다.

학습 문제

1. 지지하거나 비판하라: "이론이 수학적으로 표현될 수 없는 경우 환원은 불가능하다."
2. 왜 다음과 같은 견해를 갖는가?: "진정한 지식은 참을 요구한다. 이는 우리가 과학에서 과학적 설명과 지식 사이에서 선택해야 한다는 것을 의미한다."
3. '구성적 경험론'은 진정으로 도구주의와 실재론 사이의 실행 가능한 중도인가?
4. 실재론을 위한 다음 주장을 평가하라: "기술이 발전함에 따라, 어제의 이론적

실재는 오늘의 관찰 가능한 실체가 된다. 오늘날 우리는 세포, 유전자, 분자를 감지할 수 있다. 미래에는 광자, 쿼크 등을 관찰할 수 있을 것이다. 이는 실재론을 입증할 것이다."

5. 도구주의는 과학의 성공에 대한 설명을 제공해야 할 의무가 있는가? 만약 그렇다면, 그 설명은 무엇인가? 그렇지 않다면, 왜 그런가?
6. '구조적 실재론'은 실재론의 한 버전인가? 그것은 추상적 구조에 구체적인 실재를 부여하는가?

추천 도서

네이글(A. Nagel)의 포스트 실증주의적 환원론에 대한 진술은 커드와 커버(Curd and Cover)의 선집에서 찾을 수 있으며, 이 책에는 니클스(Nickles)의 "이론 간 환원의 두 가지 개념"(Two Concepts of Intertheoretical Reduction)의 서론과 키처(Kitcher)의 생물학 환원론에 관한 에세이 "1953년과 그 외 모든 것: 두 과학의 이야기"(1953 and All That: A Tale of Two Sciences)가 함께 실려 있다.

환원의 실증주의적 개념에 반영된 과학적 진보에 대한 견해는 뉴턴스미스(W. Newton-Smith)의 『과학의 합리성』(*The Rationality of Science*), 스펙터(M. Spector)의 『물리학에서의 환원 개념』(*Concepts of Reduction in Physical Science*), 로젠버그(A. Rosenberg)의 『생물과학의 구조』(*The Structure of Biological Science*)에서 다루어진다. 하지만 이 문제에 대해서는 특히 과학철학 분야의 대표적인 두 개의 저널, 즉 *Philosophy of Science*와 *British Journal for Philosophy of Science*에 계속해서 많은 논문이 게재되고 있다. 발라쇼프와 로젠버그(Balashov and Rosenberg)의 책에 재수록된 파이어아벤트(P. Feyerabend)의 "설명, 환원, 그리고 경험론"(Explanation, Reduction, and Empiricism)은 환원을 진보로 보는 안일한 시각에 대한 맹렬한 공격으로, 쿤의 일부 해석과 결합되면서 매우 큰 영향을 미쳤다. 이 내용은 12장에서 살펴볼 것이다. 파이어아벤트의 또 다른 환원 관련 논문은 커드와 커버의 선집에 실려 있다. 키처의 "이론, 이론가, 그리고 이론적 변화"(Theories, Theorists, and Theoretical Change)는 특히 플로지스톤과 산소의 사례를 언급하며, 이론 교체를 통한 이론적 연속성에 대한 정교한 논의를 제공한다.

이 논문 또한 발라쇼프와 로젠버그의 책에 재수록되어 있으며, 6장에서 다루는 내용들을 다루고 있다.

헴펠(Hempel)의 논문 "이론가의 딜레마"(The Theoretician's Dilemma)는 『과학적 설명의 측면들』(*Aspects of Scientific Explanation*)에 수록되어 있으며, 설명을 위해 이론적 실재가 필수적인 것과 그 실재의 이름을 지칭하는 용어가 관찰 가능해야 한다는 경험론적 요구를 조화시키는 문제를 다룬다. 『과학적 설명의 측면들』에 수록된 다른 논문들, 예를 들어 "경험론적 유의미성 기준: 문제와 변화"(Empiricist Criteria of Significance: Problems and Changes) 역시 이러한 문제들을 반영한다. 이 두 논문은 모두 랑(Lange)의 선집에 재수록되어 있다.

가장 초기의 강력한 포스트-실증주의적 실재론 지지 논증 중 하나는 스마트(J. J. C. Smart)의 『과학과 철학 사이』(*Between Science and Philosophy*)에 있다. 반 프라센(Van Fraassen)의 『과학적 이미지』(*The Scientific Image*)는 구성적 경험론을 지지한다. 실재론, 반실재론, 도구주의 사이의 논쟁은 레프린(J. Leplin)이 편집한 『과학적 실재론』(*Scientific Realism*)에서 잘 다루어지고 있는데, 이 책에는 보이드와 맥멀린(R. Boyd and E. McMullin)의 실재론 지지 논문들, 과학사에서 실재론 부정을 이끌어낸 '비관적 귀납'을 발전시킨 라우든(L. Laudan)의 논문, 반 프라센의 '구성적 경험론'에 대한 논문, 그리고 파인(Arthur Fine)이 실재론과 반실재론 모두를 비판하며 제안한 "자연적 존재론적 태도"(The Natural Ontological Attitude)가 포함되어 있다. 반 프라센의 견해는 『과학적 이미지』에서 더 자세히 전개된다. 래플린의 『과학적 실재론을 위한 새로운 논증』(*A Novel Argument for Scientific Realism*)은 반 프라센과 다른 이들에 맞서 최근에 실재론을 지지한다. 처칠랜드와 후커(P. Churchland and C. A. Hooker)가 편집한 『과학의 이미지: 실재론과 경험론에 대한 에세이들』(*Images of Science: Essays on Realism and Empiricism*)은 '구성적 경험론'을 논의하는 논문들을 수록하고 있다. 라우든의 실재론 반대 논증은 발라쇼프와 로젠버그의 책에 재수록된 "수렴 실재론에 대한 반박"(A Confutation of Convergent Realism)에서 강하게 전개된다. 이 책에는 또한 반 프라센의 견해와 실재론을 명쾌하게 논의하는 구팅(Gutting)의 논문, "과학적 실재론 대 구성적 경험론: 대화"(Scientific Realism vs. Constructive Empiricism: A Dialogue), 실재론에 대해 역사적으로 근거 있는 지지를 펴고 있는 맥멀린의 논문, "과학적 실재론에 대한 사례"(A

Case for Scientific Realism)"가 실려 있다. 커드와 쿠퍼의 책 또한 맥스웰(Grover Maxwell)의 초기 논문을 포함하여 반 프라센, 라우든, 파인의 논문들을 포함한 실재론-반실재론 논쟁에 대한 여러 중요한 논문들을 재수록했다. 랑의 선집은 워럴(John Worral)의 중요한 논문 "구조적 실재론: 두 세계의 최선"(Structural Realism: The Best of Both Worlds)과 반 프라센의 구성적 경험론에 대한 설명이 재수록되어 있다. 레디먼과 로스(Ladyman and Ross)는 『모든 것은 사라져야 한다』(*Everything Must Go*)에서 급진적인 존재론적 구조적 실재론에 대한 논증을 제시한다. 스탠포드(P. Kyle Stanford)의 『우리가 미치지 못하는 곳: 과학, 역사, 그리고 구상되지 않은 대안들의 문제』(*Exceeding Our Grasp: Science, History, and the Problem of Unconceived Alternatives*)는 실재론에 비판하는 새로운 논증들을 제시한다.

카트라이트와 와드(Nancy Cartwright and Keith Ward)의 『질서 다시 생각하기: 자연법칙 이후』(*Rethinking Order: After the Laws of Nature*)는 이론과 세계의 관계에 대한 실재론과 도구주의 모두에 대한 급진적인 대안을 제시한다.

이론의 증거에 의한 과소결정 문제는 많은 철학자들이 상충하는 다수의 이론과 그에 의해 도출되는 설명의 중요성을 과학의 지속적인 특징으로 언급하게 고무했다. 이러한 과학철학자들은 자신들의 견해에 '다원주의'(pluralism)라는 명칭을 사용한다. 다원주의자들은 과소결정이 하나의 설명 패러다임이나 이론적 전통만 존재하는 분야는 종종 대안적 접근법의 사회적, 정치적 배제로 방해받는다는 것을 드러낸다고 주장한다. 그들은 더 많은 수의 경쟁 모델과 이론이 장려되고 비판적으로 평가되는 분야가, 비록 과소결정이 대안을 상당히 좁히는 것을 방해하더라도, 그 영역에 대한 이해를 더 효과적으로 발전시킨다고 주장한다. 다원주의자들은 과소결정이라는 그늘 속에서도 과학의 객관성에 대한 논쟁에 중요한 기여를 했다. 그들은 연구 의제와 그를 이끄는 가정을 형성하는 사회적 힘을 인식하는 분야가 상충하는 모델, 이론, 그리고 설명을 이끄는 이러한 요인들을 식별함으로써 더 객관적으로 유지될 가능성이 높다는 것을 보여주었다. 이러한 종류의 과학적 다원주의에 대한 가장 강력한 주장은 론지노(Helen Longino)의 『사회적 지식으로서의 과학: 과학적 탐구에서의 가치와 객관성』(*Science as Social Knowledge: Values and Objectivity in Scientific Inquiry*)과 『지식의 운명』(*The Fate of Knowledge*)에서 찾을 수 있다.

9장 이론 구성 대 모델 구축

개요

많은 학문 분야에서 과학자들이 그들의 연구 결과를 이론이 아닌 모델이라고 기술하는 경우가 늘고 있다. 일부 분야에서는 일련의 모델을 구축하는 과정이 거대한 이론이거나 아니면 적어도 더 일반적인 이론으로 귀결될 것으로 기대된다. 다른 분야에서는 연구의 목표는 바로 모델이며, 이론은 사실상 모델들의 집합이다. 더구나, 과학에서의 이론은 과학자들이 자연법칙이 될 가능성이 높은, 설명력과 예측력을 지닌 일반적인 과학적 가설로 생각하는 반면, 이 중 어느 것도 일반적으로 모델에 적용될 수 없다. 모델은 반드시 과학자들이 자연법칙에 대해 최선이라고 추측하는 가설로 제시되지도 않으며, 심지어 실제 실험적이거나 관찰 가능한 어떤 과정을 설명하거나 예측하려는 의도를 반드시 갖는 것도 아니다.

이 모든 것은 논리실증주의와 포스트실증주의가 법칙과 규칙성으로 구성된 공리적 체계로서 이론에 몰두하는 것이 과학자들의 이론적 활동에 대한 묘사나 합리적 재구성으로서 적합하지 않을 수 있음을 시사한다. 이는 또한 과학 이론의 본질에서 발생하는 철학적 문제 중 일부 또는 전부가 과학 연구의 단위로서 모델에 초점을 맞추는 접근을 통해 회피될 수 있다는 것을 의미할 수도 있다.

이 장에서는 이러한 문제 중 일부를 탐구한다. 생물학은 효소부터 개체군까지 생물학적 조직의 모든 수준에서 나타나는 현상에 대한 수많은 모델과 함께, 많아야 단 하나의 이론(다윈의 자연선택론)만이 존재하는 것처럼 보이는 학문이다. 따라서 생물학에서 나타나는 이론과 모델 간의 관계를 몇 가지 상세한 예와 함께 탐구하기에 편리하다.

이론과 모델

이론에 대한 포스트실증주의의 견해, 즉 가설 연역주의는 모든 과학 분야의 이론을 일련의 가정적이거나 증명되지 않은 공리로 취급하며, 이 공리들로부터 정리가 도출된다고 보았다. 이론의 기본 법칙인 공리들은 대개 관찰과 무관한 용어로 표현되므로 직접적으로 시험할 수 없다. 그러나 논리적으로 도출된 정리들은 과학자들이 직접 시험할 수 있도록 관찰 가능한 용어로 되어 있으며, 체계적으로 공리와 연결되고 공리에 포함된 이론 용어와도 연결되어 그 용어들에 의미를 부여한다. 8장에서 우리는 이러한 공리적 접근의 몇 가지 문제를 지적했다. 그 한 가지는 더 넓고 기본적인 이론에서 더 좁은 이론을 도출하거나, 더 후대의 근본적 이론에서 더 이전의 이론을 도출하기 어렵다는 점이었다. 또 다른 문제는 이론 용어의 의미(충실성)를 만족스럽게 설명하기 어렵다는 것이었다. 이론 용어의 의미가 관찰 가능한 용어와의 간접적인 연결, 즉 부분적 해석으로 주어진다는 경험론적 견해를 일단 받아들이고 나면 과학적 실재론의 문제가 중요해진다.

그럼에도 불구하고 공리화는 이론의 체계적인 설명력을 제공하는 강력한 개념이다. 공리화는 과학자들이 실제로 자신의 이론을 제시하는 방식은 아니다. 이론의 구조를 제공한다고 주장한 대부분의 철학자들도 그렇게 생각하지 않았다. 그들은 공리화를 과학 이론의 이상적이거나 본질적인 특성을 합리적으로 재구성한 것으로 보았으며, 이것이 이론이 그 기능을 어떻게 수행하는지 설명한다고 여겼다. 그러나 공리적 모델은 두 가지 즉각적이고 상호 관련된 문제에 직면한다.

첫 번째는 과학에서 실제로 나타나는 모델이 공리적 설명에서는 아무런 역할을 하지 못하지만, 이론 과학의 가장 특징적인 점은 모델의 역할에 의존한다는 것이다. 실증주의 및 포스트실증주의 철학자들은 수학자들처럼 '모델'이라는 단어를 추상적인 공리 체계의 한 가지 해석이라는 의미로 사용했다. 이는 과학에서 사용되는 '모델'의

의미와는 거의 무관하다. 예를 들어, 원자의 행성 모델, 기체의 당구공 모델, 멘델의 유전 모델, 케인스 거시경제 모델을 생각해 보라. 실제로 많은 과학 연구 분야에서 '모델'이라는 용어가 '이론'이라는 단어를 대체했다. 특히 특수과학 분야에서 이러한 경향이 두드러지는데, 여기서는 모델이 세테리스 파리부스 법칙을 대체했다. 이 용어의 사용은 비과학적 맥락에서 "그냥 하나의 이론일 뿐"이라는 표현이 전달하는 일종의 잠정성을 암시하는 경우가 많다. 하지만 일부 과학 분야에서는 모델 외에 아무것도 존재하지 않는 것처럼 보이며, 모델 자체가 이론을 구성하거나, 이론이라고 불릴 만한 별도의 것이 전혀 존재하지 않는 것처럼 보인다. 이것이 공리적 접근이 설명하거나, 혹은 모순이 없도록 해명해야 하는 과학의 한 특징이다.

공리적 접근의 두 번째 문제는 이론이 형식화된 수학적 언어로 구성된 공리화된 문장들의 집합이라는 생각에 있다. 이론이 공리적 체계라는 주장은 위에서 언급했듯이, 동일한 문장 집합을 공리화하는 방식이 여러 가지라는 점에서 이미 어려움에 직면한다. 그러나 더 나아가, 특정한 공리화는 본질적으로 언어적인 것이다. 즉, 정의된 용어와 정의되지 않은 용어의 특정 어휘와 특정 구문 또는 문법을 가진 특정 언어로 진술된다. 그렇다면 유클리드 기하학이 비로마 문자를 사용하는 그리스어, 고딕체 글자와 문장 끝에 동사, 형태 변화하는 명사를 사용하는 19세기 독일어, 영어 또는 한자 표의문자로 정확하게 공리화될 수 있는가? 이에 대한 답은 유클리드 기하학은 어떤 언어로든 무관하게 공리화될 수 있다는 것이다. 그 이유는 유클리드 기하학이 특정 언어의 문장 집합이 아니라, 무수히 많은 언어로 동일한 수의 무수한 다른 공리화로 표현될 수 있는 명제 집합이기 때문이다. 이론을 언어에 있는 공리화와 혼동하는 것은 추상적인 대상인 숫자 2를 스페인어 'dos', 로마 숫자 'II', 독일어 'zwei', '10'(2진법)와 같이 우리가 그 이름을 부르기 위해 사용하는 구체적인 표기와 혼동하는 것과 같다.

이론을 공리화와 혼동하는 것은 명제(추상적 대상)를 그것을 표현하는 데 사용되는 특정 언어의 문장(구체적 대상)과 착각하는 것이다. 독일어 "Es regnet"는 프랑스어 "Il pleut"와 마찬가지로 "비가 온다"라는 명제가 아니다. "It's raining" 역시 그것을 표현하는 올바른 방식이 아니다. 이 세 가지 표기는 모두 날씨에 관한 동일한 명제를 표현하며, 그 명제 자체는 어떤 언어에도 속하지 않는다. 마찬가지로, 우리는 이론을 특정 언어에서의 공리화와 동일시하고 싶지 않을 수 있다. 심지어 완벽하고, 수학적으로 강력하며, 논리적으로 명확한 언어일지라도 마찬가지다. 만약 우리가 이렇게 동일시하고 싶지 않다면, 공리적 설명은 적어도 약간의 어려움을 겪게 된다.

그렇다면 대안은 무엇일까? 과학자들이 실제로 개발한 현상에 대한 모델부터 시작해 보자. 예를 들어 유전적 형질 전달에 대한 멘델 모델이 있다. 생물학자들은 멘델이 1860년대에 발견한 두 가지 규칙성(유전 형질에 대한 유전자의 독립적 분리 법칙과 감수 분열 시 유전자의 분리 법칙)을 멘델 모델의 구성 요소로 본다. 이 두 법칙은 예외가 있는 것으로 알려져 있으며, 다른 특수과학의 법칙들처럼 암묵적이거나 명시적인 세테리스 파리부스 구절을 포함하는 것으로 취급되어야 한다. 그러나 이 법칙들은 충분히 잘 확립되어 있고 실용적으로 유용하여 생물학자들은 이 법칙들을 멘델 모델을 정의하는 것으로 간주할 수 있다.

이러한 관행은 사회과학에서도 흔히 볼 수 있다. 1936년 케인스는 『고용, 이자 및 화폐에 관한 일반 이론』(The General Theory of Employment, Interest and Money)을 출판했다. 이 두꺼운 책은 논란의 여지가 있는 해석에 부딪혔고, 점차 양적으로 변모하던 경제학이라는 학문에서 소수의 방정식만을 담고 있었다. 10년도 채 되지 않아 많은 경제학자들은 소위 케인스 모델이라고 불리는 세 개의 선형 방정식을 통해 이 이론의 핵심 내용을 표현하는 데 합의했다. 어떤 경제가 이 방정식들을 만족하는 한, 그것은 케인스적 경제로 간주되었으며, 이 방정식들은 특정 경제가 케인스적이라는 것을 보여주는 데 있어 개별적으로 필요하고 공동으로 충분하다고 여겨졌다.

$Y = C + I + g$ (총소득 = 소비 + 투자 + 정부 지출)
$C = f(Y)$ (소비는 소득의 함수이다)
$I = E(R)$ (투자는 "자본의 한계효율"의 함수이다)

이 모델에서 첫 번째 방정식은 정의상 참이며, 두 번째는 자명하며 함수 f의 값이 주어질 경우에만 의미가 있다. 반면 세 번째는 완전 경쟁적 자본시장에서만 성립한다. 따라서 케인스 모델의 어떤 구성 요소도 과학 이론을 표방하는 논리 체계의 공리처럼 강건한 우연적 진리로 이해되어서는 안 된다.

마찬가지로, 우리는 뉴턴 역학계의 모델을 다음과 같이 표현할 수 있다. 뉴턴 역학계는 중력 법칙, 자유낙하 법칙($F = ma$), 직선운동 법칙, 작용 반작용 법칙(또는 더 근본적인 운동량 보존 법칙)에 따라 움직이는 물체들의 집합이다. 이 네 가지 특징은 뉴턴 역학계를 정의한다. 그렇다면 세상에 있는 어떤 것들이 이 정의를 만족할까? 태양과 행성들이 뉴턴 역학계라고 가정하면, 우리는 모든 행성의 위치를 미래와 과거로 아주 먼 시점까지 매우 정확하게 계산할 수 있다. 따라서 태양계는 뉴턴 역학계의 정의를 만족한다. 마찬가지로 태양, 지구, 달에 대해 동일한 가정을 하면 일식과 월식을 계산할 수 있다. 물론 포탄과 지구, 빗면과 공, 진자, 그리고 혜성, 쌍성, 은하 등 더 많은 물체의 집합에 대해서도 이를 적용할 수 있다. 사실 기체 분자들이 뉴턴 역학계의 정의를 만족한다고 가정하면 그 성질 또한 예측할 수 있다.

위에서 제시된 뉴턴 역학계에 대한 정의가 우리가 내릴 수 있는 유일한 정의는 아니다. 만약 다른 정의가 뉴턴 이론의 교과서 버전이 직면한 몇 가지 문제, 특히, 역제곱 법칙에서 무한한 속도로 완벽한 진공을 통해 전달될 수 있고, 어떤 것도 차단할 수 없는 힘, 즉 중력에 대한 언급과 관련된 문제를 해결할 수 있다면, 그 정의를 채택하는 것이 더 바람직할 수도 있다.

매우 창의적인 노벨상 수상 물리학자 파인만은 뉴턴 이론에 대한 대안적인 공식화를 제시했다. 이는 역제곱 법칙을 대체하여 특정 공간 지점에서의 중력이 그 지점을 둘러싼 다른 점들의 중력의 평균 함수로 주어지는 공식이다. $\Phi = \text{average } \Phi - Gm/2a$.[1] 여기서 Φ는 임의의 주어진 점에서의 중력 포텐셜 또는 중력이고, a는 평균 중력(average Φ)이 계산되는 주변 구의 반지름이며, G는 중력 상수이고, m은 중력이 가해지는 지점의 물체 질량이다.

파인만은 이 공식을 일반적인 공식($F = Gm_1m_2/d^2$)보다 더 선호할 수도 있다고 말했다. 왜냐하면 그 일반적 공식은 중력이 먼 거리에서도 즉각적으로 작용하는 것처럼 보이지만, 자신의 덜 알려진 공식은 중력이 한 지점에서 작용하는 값을 원하는 만큼

1 (옮긴이 주) 이것은 파인만이 유도한 중력 공식인 '파인만 역학'의 일부이다. 파인만은 1960년대 초 캘리포니아 공과대학(Caltech)에서 진행된 물리학 강의에서 중력 포텐셜을 구하는 방법을 설명하면서, 주어진 점에서의 중력 포텐셜이 주변 구면 위의 평균 중력 포텐셜과 그 점에 있는 물체에 의해 생성되는 중력 포텐셜의 차이라는 것을 보여주었다.

가까이 있는 다른 지점들의 값으로 구할 수 있기 때문이다. 하지만 어떤 정의를 사용하든 뉴턴 중력 역학계를 특징짓는 데에는 효과적이다.

이제 우리가 이러한 정의들을 모델이라고 부르는 이유는, 이들이 일부 자연 과정에 다른 것들보다 더 정확하게 '부합하기' 때문이다. 모델은 우리가 존재한다고 알지만 모델이 언급하는 변수들에 비해 작은 인과 변수들을 무시하는 의도적인 단순화이다. 게다가 세상의 것들이 모델에 전혀 부합하지 않는다는 것을 알더라도, 모델은 여전히 유용한 계산 도구나 주제를 소개하는 교육적 도구로 활용될 수 있다. 따라서 태양계의 뉴턴 모델은 마찰, 혜성, 위성, 소행성과 같은 작은 천체, 전기장 등을 의도적으로 무시한 단순화이다. 실제로 우리는 이 모델의 정확한 적용 가능성이 예를 들어 수성의 궤도에 관한 천문학적 자료에 의해 반박된다는 것을 알고 있다. 그리고 우리는 이 모델의 인과 변수가 실제로 존재하지 않는다는 것을 안다(원격 작용하는 뉴턴 중력 같은 것은 없으며, 공간은 휘어져 있다). 그럼에도 불구하고, 이 모델은 물리학도들에게 역학을 소개하고 가장 가까운 행성으로 인공위성을 보내는 데 여전히 좋은 모델이다. (아인슈타인의 모델이 뉴턴의 모델을 거의 60년 전에 대체했음에도 불구하고, 1969년 아폴로 11호 달 착륙 임무는 전적으로 뉴턴식 계산을 사용하여 수행되었다.) 더 나아가, 갈릴레오와 케플러에서 뉴턴과 아인슈타인으로 이어진 역학의 발전은 모델의 연속이며, 각 모델은 더 넓은 범위의 현상에 적용 가능하거나 현상의 행동을 더 정확하게 예측한다.

과학자가 제시한 모델은 정의상 참인 경우가 많다. 그렇지 않다면, 대개 과학자가 모델의 일반적인 참 또는 거짓에 관심이 없기 때문이다. 오히려 흥미로운 점은 어떤 시스템에 대해 이 모델이 참인지, 그리고 어떤 일반적인 조건에서 적용되지 않는지이다. 예를 들어, 이상 기체는 정의상 이상 기체 법칙에 따라 움직이는 존재이다. 모델에 관한 경험적 또는 사실적 질문은 과학적으로 유용할 만큼, 즉 행동을 설명하고 예측할 만큼 어떤 대상에 적용되는지를 묻는다. 따라서 뉴턴 모델이 태양계에 충분히 잘 적용되거나 충분히 잘 충족된다는 것은 하나의 가설이다. 여기서 '충분히 잘'이 무엇을 의미하는지 일단 구체화하고 나면, 이 가설은 대개 참인 것으로 밝혀진다. 태양계가 뉴턴 역학계라는 무조건적인 주장은 엄밀히 말해 거짓이라는 것을 우리는 알고 있다. 그러나 이는 일반 상대성 이론에서 아인슈타인이 제시한 모델을 태양계가 만족한다는 가설을 제외하고는 태양계에 관한 다른 어떤 가설보다 진실에 가깝다.

그렇다면 이론은 무엇인가? 이론은 특정 사물들의 집합이 어떤 유사성이나 통일성을 반영하는 모델 집합에 다양한 정도로 충족된다고 주장하는 가설들의 집합이다. 이것은 대개 점차적으로 더 복잡해지는 모델들의 집합이 될 것이다. 예를 들어, 기체 분자 운동론은 이전에 보았던 이상 기체 법칙($PV = nRT$)에서 시작하는 모델들의 집합이다. 이 모델은 분자를 분자 간 상호 작용이 없는 당구공으로 취급하고 수학적 점이라고 가정한다. 이 이론에는 이후 반데르발스(Van der Waals)에 의해 개선된 "$(P + a/V^2)(V - b) = rT$"[2]가 포함된다. 여기서 'a'는 분자 간 상호 작용을 나타내고 'b'는 분자가 차지하는 부피를 나타내며, 이 둘은 이상 기체 법칙에서 무시되었다. 그리고 클라우시우스 모델(Clausius' model)과 양자역학적 사항을 도입하는 다른 모델들도 있다.

이론과 모델에 대한 의미론적 접근 대 구문론적 접근

이론이 (형식적 정의와 세상의 어떤 것들이 이 정의를 충족한다는 주장을 포함하는) 모델 집합이라고 보는 이 접근의 지지자들은 자신들의 분석을 과학 이론에 대한 의미론적 설명이라고 부르며, 이를 구문론적 설명이라고 부르는 공리적 설명과 대비시킨다. 여기에는 두 가지 관련 이유가 있다. (1) 이론이 진술된 언어의 구문론인 논리 규칙에 따라 공리로부터 경험적 일반화를 유도해야 한다. (2) 논리 규칙이 허용하는 유도는 공리의 순수 형식적 특징, 즉 구문론에 따라 작동하며, 그 용어의 의미에 따라 작동하지 않는다. **의미론적** 견해에서는 모델이 언어적 요인으로 식별되겠지만, 정의, 가설, 이론은 언어적 요인이 아니다. 그것들은 세상 또는 그 일부가 하나 이상의 모델을 어느 정도 충족한다는 내용의 (추상적인) 명제들이며, 이들은 그렇게 하기에 편리한 어떤 언어로든 무차별하게 표현될 수 있다.

하지만 이것이 의미론적 견해의 주요 장점은 아닐 것이다. 결국, 공리적 설명은 이론이 공리나 정리로서 동일한 명제들을 모두 표현하는 어떤 언어의 공리 체계 집합이거나, 이러한 명제들을 보고하는 데 있어 표현의 단순성과 경제성, 힘 사이의 균형을

2 (옮긴이 주) 반데르발스 방정식(Van der Waals equation)은 실제 기체의 상태를 설명하는 방정식이다. 이 방정식은 이상기체 법칙이 무시하는 분자의 크기(b)와 분자 간 상호작용(a)을 포함하여 실제 기체의 행동을 더 정확하게 예측할 수 있다.

가장 잘 맞추는 모든 공리 체계의 집합이라는 주장으로 이해될 수 있기 때문이다. 이론의 언어적 또는 비언어적 특성이 문제라면, 그것은 철학자들에게 다소 기술적인 문제이며 과학 이론에 대한 우리의 이해에는 거의 영향을 미치지 않을 것이다. 이론에 대한 구문론적 접근 방식에 비해 의미론적 접근 방식의 장점은 다른 곳에 있다.

의미론적 접근이 가지는 한 가지 장점은 공리적 설명이 못하는 방식으로 과학에서 모델의 역할과 중요성에 초점을 맞춘다는 것이다. 특히, 공리적 분석은 처음부터 거짓이지만 유용한 이상화라는 것을 알고 있는 모델의 공식화를 수용하기 어렵다. 단순히 PV=nRT를 이상기체에 대한 정의가 아닌, 실재하는 물체에 대한 경험적 일반화로 해석하고 이를 기체 분자 운동론의 공리로부터 유도하는 것만으로는 충분하지 않다. 왜냐하면 우리는 그 명제가 참일 수 없다는 것을 알기 때문이다. 우리는 그러한 거짓을 공리적 체계에서 직접 유도할 수 없기를 바란다. 왜냐하면 그러한 유도는 하나 이상의 공리가 거짓임을 의미하기 때문이다. 우리가 바랄 수 있는 것은 공리적 접근 안에서 모델을 위한 자리를 찾는 것이다.

의미론적 접근의 다른 장점도 자주 언급된다. 일부 과학 분야에서는 관련 법칙을 공리화하는 것이 불가능하거나, 아직 발전 중인 아이디어의 발전을 저해할 만큼 시기상조일 수 있다고 여겨지기도 한다. 따라서 특정 학문 분야의 사고방식을 공리적으로 재구성해야 한다는 제안은 오히려 불리할 수 있다. 생물학의 진화론이 종종 이러한 예로 제시된다. 진화론은 그 내용이 하나의 공식적인 표현으로 담아내기에는 여전히 너무 유동적인 주제라는 것이다. 실제로 자연선택 이론을 공리적 체계로 만들려는 시도는 진화생물학자들로부터 다윈 이론과 그 후속 확장 이론의 풍부함을 제대로 담아내지 못했다는 이유로 종종 거부당한다. 이러한 문제들은 다음 장에서 더 자세히 살펴볼 것이다.

한편, 특정 과학 분야나 하위 분야가 자기 분야에 있는 모델들이 향하고 있는 근본적 이론이 있는지에 대해 정말로 불가지론적인 태도를 유지할 수 있을까? 만약 하위 수준의 규칙성과 그 예외를 설명하는 상위 수준의 일반 법칙이 단순히 존재하지 않는다면, 그들은 그렇게 해야만 한다. 공리적 접근의 형이상학적 매력 중 하나, 즉 근본 메커니즘을 밝혀내어 이론이 어떻게 설명하는지에 대한 설명으로서의 공리화를 강조하는 것을 상기하라. 우주가 근본적으로 구성과 작동에서 단순하며, 더 복잡하고 복합적인 모든 다양성은 근본적인 단순성의 결과라는 형이상학적 논제를 고려해 보자. 이 논제는 인과 법칙의 층위에 대한 참된 이론이 있다고 제안한다. 각 층은 더 적은 수의 법칙과 더 단순한 대상에 관한 더 근본적인 층위에 기초하며, 이 근본적인 층위가 덜 근본적인 법칙을 함축한다. 이는 실재의 구조를 반영하는 유일하게 올바른 이론의 공리화가 있어야 한다는 결론으로 이어지는 필연적 단계이다. 공리적 설명을 처음 제안한 논리실증주의자들은 논란의 여지가 있는 형이상학적 논쟁을 피하려는 바람 때문에 그러한 견해를 표현하지 않았을 것이다. 형이상학에 덜 반감을 가진 철학자들은 확실히 이 견해가 이론의 구문론적 모델을 채택하는 동기임을 알게 될 것이다. 반대로, 이런 형이상학적 그림을 거부하는 철학자들은 이론에 대한 의미론적 접근을 채택할 타당한 이유를 갖게 된다. 이 접근은 어떤 근본적인 단순성이나 덜 근본적인 이론(즉, 모델들의 집합)을 더 근본적인 이론(즉, 더 근본적인 모델들의 집합)으로 환원할 수 있다는 것에 대해 어떠한 약속도 하지 않는다. 만약 자연이 그저 단순하지 않다면, 과학의 구조는 수많은 모델의 집합과 공리적 체계의 부족으로 이러한 사실을 반영할 것이다. 그리고 이는 이론들의 특성 및 실재에 대한 이론적 주장들에 대한 도구주의를 장려할 것이다.

도구주의자들은 이론이 실재를 기술하는지에 관한 이러한 논쟁에 참여하기를 거부할 수 있다는 점에 주목해야 한다. 왜냐하면 도구주의자는 모델이 왜 작동하는지를 설명하는 일련의 법칙이 있는지에 대한 질문에 무관심해야 하기 때문이다. 사실, 도구주의에 관한 한, 과학의 발전에서 모델이 이론을 완전히 대체하는 것도 괜찮다. 이론이 그것이 설명하는 모델의 성공보다 더 큰 경험적 적절성을 제공할 수 없다면, 누가 이론을 필요로 하겠는가? 이러한 이유로 이론에 대한 의미론적 견해가 구문론적 또는 공리적 접근보다 도구주의적 과학철학에 더 적합하다고 여겨지기도 한다. 도구주의자들은 실재론을 둘러싼 논쟁에 대한 의미론적 접근의 무관심에 공감할 뿐만 아니라, 모델의 구축을 과학의 근본적인 과제로 삼음으로써 과학철학자들이 법칙의 본질과 존재, 인과의 '진정한' 특성, 그리고 인과적, 법칙적, 자연적 또는 물리적 필연성이 무엇으로 구성되는지에 대한 순전히 형이상학적인 문제를 피할 수 있게 될 것이다.

이와 대조적으로 실재론자들은 이러한 문제들을 피할 수 없고 피하고자 하지도 않는다. 그들은 이러한 하위 분야에서 모델의 성공과 특히 모델의 연속적인 정확성 증가가 설명을 요구한다고 주장한다. 물론, 어떤 사람들은 예를 들어 진화생물학의 모델 집합이 상당한 예측력을 제공하고 실제로 정확성을 높일 수 있지만, 생물학의 유일한 일반 이론은 분자생물학 수준에서만 발견될 수 있다고 주장할 수 있다. 예를 들어, 우리가 공식화하는 생물학적 모델이 우리의 특이한 인지적, 계산적 한계 및 화용론적 관심사를 가진 생물에 대해서는 작동하지만, 실제로 유기체와 그 개체군의 조직 수준에서 실제 법칙의 작동을 반영하지는 않는 것으로 판명될 수도 있다. 이것은 효과적인 모델이 있는 일부 조직 수준에서 법칙이 부재하는 것에 대한 실재론적 설명이 될 것이다. 그러나 실재론자들은 물리학이나 화학에서 모델의 성공을 설명할 수 있는 법칙의 부재를 해명하기 위해 그러한 전략을 채택할 수는 없다.

게다가 실재론자는 의미론적 접근 방식이 공리적 설명 방식과 마찬가지로, 모델과는 별개이고 다른 이론의 존재에 대한 믿음을 공유한다고 주장할 것이다. 의미론적 접근 방식은 이론이 공통된 특징을 공유하는 일련의 모델들이 세계 사물에 의해 충족된다는 실질적인 주장이라고 말한다. 이론은 모델을 구성하는 정의들의 집합 및 (관찰 가능하든 관찰 불가능하든) 행동을 어느 정도의 정확도로 예측할 수 있을 만큼 이 정의들을 충분히 잘 실현하고, 충족시키고, 구체화하고, 예시한다는 사물들이 존재한다는 것이다. 모델을 실제 과정에 적용하는 것은 실질적인 주장의 참에 대한 당연한 믿음이다. 그러나 그러한 주장은 우리의 경험을 정리할 수 있게 해주는 단순한 도구나 유용한 도구 그 이상이다. 따라서 공리적 설명처럼 의미론적 접근은 과학의 일반적인 주장의 참을 믿는다. 그리고 이론에 대한 의미론적 견해는 이론이 왜 참이거나 근사적으로 참인지, 또는 적어도 점진적으로 진실에 더 가까워지고 있는지를 설명해야 하는 공리적 설명 방식과 동일한 지적 의무를 지닌다.

또한, 이론에 대한 의미론적 견해는 지난 장의 마지막 부분에서 공리적 설명이 가지고 있던 문제들과 동일한 문제에 직면할 수 있다. 과학에서 많은 모델은 보어의 원자 모델과 같이 관찰되지 않는 이론적 체계에 대한 정의이다. 따라서 이론에 대한 의미론적 견해는 공리적 설명과 마찬가지로, 경험론과 이론 용어의 필수불가결성을, 또는 이와 동등하게 이론적 대상에 대한 믿음을 조화시키는 문제에 직면한다. 모델을 세상에 적용하려면, 우리는 그것을 관찰하거나 경험할 수 있는 것과 연결해야 한다. 심지어 관찰되는 것이 우리가 아원자 입자 충돌이나 쌍성, 또는 DNA 분자의 반보존적 복제를 나타내는 것으로 해석하는 사진일지라도 연결해야 한다. 실재론자가 주장하듯이 이론(또는 모델)이 자료를 설명하든, 도구주의자가 주장하듯이 단지 자료를 정리할 뿐이든, 이론은 경험론적 인식론이 문제 삼는 이 관찰 불가능한 사물, 사건, 과정 또는 성질의 영역에 대한 주장에 의존하지 않고는 이 두 가지 중 어느 것도 할 수 없다. 그러나 과학에 대한 최종적인 인식론적 판단 기준은 관찰이다. 그럼에도 불구하고, 아래에서 보게 되겠지만, 관찰이 과학의 어떤 부분, 즉 이론적인 것이든 아니든, 어떻게 시험하는지를 이해하는 것은 결코 쉬운 일이 아니다.

이론이 없는 과학이 모델만으로 과학의 기술적 또는 표상적 과제를 제대로 수행할 수 있는지에 대한 논쟁과는 별개로, 모델의 중요성을 주장하는 사람들은 과학과 과학자의 목표에는 세상에 대한 유일하게 올바른, 또는 여러 올바른 것 중 하나인 기술을 제공하는 것 이상의 것이 있다는 점을 올바르게 지적한다. 과학자들이 원하는 것이나 필요한 것은 언어적 기술이 아니라 물리적 모델인 경우가 많다. 왓슨과 크릭의 DNA 모델이 그 예인데, 이는 언어적 기술보다 유전학 이해에 훨씬 더 많은 시사점을 주었다. 때로는 물리학자들은 어떤 언어로도 일관되게 해석되거나 표현될 수 없는 수학적 모델을 선호하기도 한다. 이는 양자역학에서 널리 퍼져 있는 태도로 보인다. 그들의 관심사는 순수하게 예측에 있으며, 그들의 모델은 실재의 표상으로 평가되지 않는다. 다른 경우에는 과학자들이 완전히 가상의 상황에 대한 모델을 구축하여, 이후 개별적인 설명에 적용하거나, 법칙적이거나 실용적인 가능성을 고려하기 전에 논리적 가능성만 배제하거나 포함하기도 한다.

과학적 실재론자와 반실재론자가 우려하는 형이상학적 및 인식론적 문제와는 별개로, 과학에서 모델의 본질에 대해 배울 것이 많으며, 이 논쟁의 어느 당사자도 이를 부정하지 않는다.

사례 연구: 다윈의 자연선택 이론

2장과 6장에서 다윈의 자연선택 이론은 철학적 함의를 위해 여러 번 언급되었다. 2장에서는 이 이론이 일부 생물학자들에게 지금까지는 철학의 영역이었던 인간의 본성, 심지어 생물학적 현상에 반영된 신의 창조주 존재와 같은 질문들을 다루도록 격려했다는 주장이 다루어졌다. 6장은 순전히 인과적 과정의 결과로서의 적응에 대한 다윈의 설명이 자연에서 목적이 어떻게 가능한지를 제공하는지, 혹은 대안적으로 생물학적 영역에는 진정한 목적, 목표 또는 종말이 없으며 그러한 모든 기술은 잘못되고 환상적이라는 것을 보여주었는지에 대한 질문을 제기했다.

다윈의 업적은 과학에 대한 혁명적 영향력 측면에서 뉴턴 다음으로 꼽히기도 한다. 이러한 이유와 그것이 물리학 밖의 이론이라는 이유로, 지난 세 장에서 제기된 이론과 모델에 대한 주장들을 설명하고 시험하는 데 이를 활용하는 것은 가치가 있다. 게다가 이 이론은 10장에서 더 일반적으로 다룰, 시험 가능성과 입증에 관한 몇 가지 철학적 문제들을 제기한다.

『종의 기원』을 저술하면서 다윈은 자연선택 이론을, 관찰 가능한 현상에 대한 광범위한 일반화가 연역적으로 유도될 수 있는 근본적인 메커니즘에 대한 일련의 가정으로 제시하지 않았다. 그리고 오늘날까지도 생물학자, 과학사학자, 과학철학자들은 그의 이론의 정확한 구조에 대해 논쟁하고 있다. 일부 생물학자와 과학철학자들은 이 저술이나 그로부터 파생된 진화생물학이라는 하위 분야에서 자연선택에 대한 단일한 법칙 집합을 추출하는 것을 꺼려왔다. 이 철학자들과 생물학자들은 대신 이론이 어떻게 작동하는지에 대한 다양한 사례를 제공함으로써 이론을 설명하는 것을 주저하지 않는다. 이러한 사례는 이론을 소개하는 효과적인 방법이다.

오늘날 살아있는 모든 정상적인 기린이 왜 목이 긴지에 대한 다윈의 설명을 살펴보자. 모든 유전적 형질과 마찬가지로, 기린 목의 길이에는 항상 변이가 있었다. 먼 과거의 어느 시점에, 무작위적인 우연으로 인해 특히 목이 긴 변이 개체가 소수의 기린들 사이에서 나타났다. 변이, 즉 돌연변이나 유전자 재조합은 환경 변화와 무관하게, 상관관계 없이 항상 존재한다. 이것이 다윈의 위대한 발견 중 하나이다. 이 소수의 목이 더 긴 기린들은 목이 더 짧은 기린들보다, 자원을 놓고 기린들과 경쟁하는 다른 포유류들보다 먹이를 더 잘 먹었고, 그래서 더 오래 살아남았으며, 목 길이가 대부분 유전되기 때문에 더 많은 목이 긴 새끼를 낳았다. 환경이 지탱할 수 있는 전체 기린 개체수는 한정되어 있었기 때문에, 목이 더 긴 기린들이 한정된 자원(기린만 도달할 수 있을 만큼 나무 꼭대기에 있는 잎)을 놓고 목이 더 짧은 기린들과 경쟁하여 이기면서 전체 개체수에서 목이 더 긴 기린들의 비율이 증가했다. 결과적으로, 긴 목은 결국 전체 기린 개체군에서 보편적인 특성이 되었다.

다윈은 자신의 이론을 다음과 같이 더 일반적인 방식으로 제시했다. 그는 두 가지 전제로 시작했다.

1. 번식하는 개체군은 기하급수적으로 증가한다.
2. 어떤 지역이든 번식하는 개체군을 수용할 수 있는 능력은 유한하다.

이로부터 그는 다음을 추론했다.

3. 경쟁하는 개체군들 사이에서는 항상 생존과 번식을 위한 투쟁이 있을 것이다.

또한 다음은 관찰을 통해 자명하다.

4. 이 개체군 구성원들의 적응도에는 변이가 있으며, 이 변이 중 일부는 유전 가능하다.

이에 따라 다윈은 다음과 같이 결론 내렸다.

5. 생존과 번식을 위한 투쟁에서 가장 적합한 변이 개체들이 선택될 것이고, 따라서
6. 적응 진화가 일어날 것이다.

우리는 전제 1, 2, 4를 공리로, 3, 5, 6을 정리로 생각할 수 있다.

진술 1은 다윈이 19세기 경제학자 맬서스(Thomas Malthus)에게서 차용했다고 밝힌 전제이다. 맬서스는 인간 인구가 기하급수적으로 증가하는 반면 식량 공급은 산술적으로만 증가하기 때문에 "가난한 사람들은 언제나 존재할 것이다"라고 주장했다. 이 통찰에서 다윈의 이론으로 이어지는 사고 흐름은, 돌이켜보면 쉽게 찾아볼 수 있었지만, 자연선택 이론은 그에 비해 훨씬 더 중대한 성과였다.

다윈의 독특한 발견은 바로 진술 4에 담겨 있다. 이는 예를 들어 화학 분야와 달리 생물학적 영역에서는 변이가 정상이라는 점이다. 화학 원소와 비교해 보자. 어떤 원

소의 정제된 샘플을 보면 모든 특징이 동일하다. 이는 개별 원자 수준에서 같은 원소의 모든 원자는 동일하기 때문이며, 가끔 원자의 화학 반응에 영향을 미치지 않는 중성자 수가 다른 동위 원소가 예외적으로 존재할 뿐이다. 반대로, 한 종의 모든 구성원은 어떤 식으로든 다른 구성원과 다르다. 심지어 일란성 쌍둥이조차 DNA 복제 오류로 인해 정확히 동일한 DNA 염기 서열을 가지지 않는다. 다윈은 변이가 '맹목적'이라는 사실을 깨달았다. 즉, 변이는 유기체에 필요하거나 유용할 수 있는 결과가 아니다. 그는 자연에 변이를 유도하는 어떤 예지도 없다는 것을 깨달았다. 다윈은 환경의 역할을 '자연선택'이라고 표현했다. 하지만 '자연선택'은 부적절한 은유이다. 환경은 결코 '선택'하지 않기 때문이다. 환경의 역할은 순전히 수동적이다. 그것은 서로 경쟁하는 생식 계통의 구성원 중 덜 적합한 개체들을 걸러내는 필터 역할을 할 뿐이다. 다윈의 견해에서 환경은 적응을 창조하지 않고, 심지어 적극적으로 형성하지도 않는다. 환경은 단지 다음 번의 여과를 생식자로서 살아남기에 최소한으로 적합한 변이들을 통과시킬 뿐이다. 자연은 자신이 불러내고 그 사이에서 선택하는 새로운 변이의 능동적인 선택자가 아니다.

자연선택 이론의 일반성을 포착하기 위해 우리는 이 이론을 기린, 포유류, 동물, 심지어 유기체에 대한 것으로 표현할 수 없다. 왜냐하면 이 이론은 우주의 어느 곳에서든 언제든지 발생할 수 있는 진화 메커니즘에 대한 일반적인 주장(과학적 법칙의 집합이 되기 위해 필요한 것)이므로, 지구에만 국한된 것들을 언급해서는 안 되기 때문이다. 우리는 이 이론을 (번식하는) 모든 계통의 번식하는 구성원들에 대한 주장으로 표현해야 한다. 그렇게 진술된 이 이론은 지구상의 동식물 생명체의 진화에만 국한된 주장으로 해석되어서는 안 된다. 게다가, 지구상에서 번식하는 구성원의 계통은 동식물보다 훨씬 더 많은 것을 포함한다. 즉, 유전자, 유전체(예: 동일한 염색체에 있는 유전자 집합), 단세포 무성 생물, 가족, 집단 및 개체군과 함께 개별 유기체인 동식물을 포함할 것이다. 이 모든 항목은 번식하고, 유전 가능한 특성과 그 변이를 보여주며, 따라서 다양한 생물학적 조직 수준에서 적응으로 이어지는 뚜렷한 진화 과정에 참여할 것이다. 긴 목을 가지는 것이 기린의 적응이고 이론이 그 분포를 설명하는 것처럼, 끓는 물에서 생존할 수 있는 것은 특정 박테리아의 적응이며, 이는 이론이 전 세계 온천에서 그들의 지속성을 설명할 수 있게 해준다. 사실, 생물학이 밝혀낸 어떤 적응이든, 아무리 복잡하고 정교하더라도, 그 근원은 맹목적이고 순전히 수동적인 무작위 변이와 환경적 여과 과정에 있다.

이제 우리는 왜 일부 자연과학자와 과학철학자들이, 목적과 목적론을 위한 여지가 없는 순전히 인과적 이론인 다윈의 이론이 "풀잎 한 줄기를 위한 뉴턴은 결코 존재하지 않을 것이다"라는 칸트의 격언을 뒤집었다고 주장했는지 알 수 있다. 그들의 주장이 옳다면, 다윈의 맹목적 변이와 자연선택 메커니즘은 (유전과 변이를 순전히 물리적, 화학적 용어로 설명하는) 20세기의 확장과 함께 뉴턴에서 시작된 기계론의 과학적 프로그램이 정당했음을 입증하는 것이다. 이는 뉴턴의 이론과 관련된 순수 기계론적 자연관이 생명과학 전반에 걸쳐 확장될 수 있으며, 자연의 어떤 부분에 대한 목적론적 또는 목적지향적 견해를 위한 여지를 남기지 않는다는 것을 보여준다.

자연선택 이론은 다른 법칙 집합과 마찬가지로 여러 가지 가설적 주장을 한다는 점에 주목해야 한다. 즉, 유전 가능한 형질에 변이가 있고 이 변이체들의 적응도가 다르다면, 적응적 변화가 일어날 것이다. 기체 분자 운동론이 기체가 존재한다면 어떻게 행동하는지 알려주지만, 기체가 존재한다는 것을 말해주지 않는 것처럼, 다윈의 일반 이론은 적응적 진화가 일어난다고 단정하지 않는다. 그 결론을 내기 위해서는 초기 조건이 필요하다. 즉, 어떤 것들이 번식하고, 자손의 형질이 부모로부터 유전되며, 이 형질이 항상 정확한 복제본은 아니지만 부모와 자손 사이, 그리고 자손들 사이에서 실제로 변이한다는 주장이다. 『종의 기원』은 물론 1859년 출판 당시 다윈이 30년 동안 연구해 온 수많은 동식물의 계통에 대해 그러한 주장을 했다. 다른 대부분의 생물학 저서와 마찬가지로, 이 책은 이 특정 행성에서의 진화에 대해 많은 것을 기술하는 동시에, 유전 가능한 변이가 환경에 대한 적응도에 따라 나타나는 한, 우리가 동식물로 인식하는 것과 전혀 닮지 않은 우주의 다른 곳에 있는 것들에 의해 실현될 수 있는 진화에 대한 일반 이론을 제시한다.

다윈의 이론에서 또 다른 점은, 자연선택에 의한 진화는 유전 가능한 변이와 함께 번식을 필요로 하지만, 번식이 어떻게 일어나는지에 대해서는 침묵하고 유전의 메커니즘에 대해서는 아무것도 말해주지 않는다는 것이다. 이 이론은 유전 메커니즘이 존재한다는 것을 전제하지만, 지구상의 유전적 전달 메커니즘인 유전학에 대해서는 침묵한다. 그것은 또한 끊임없이 세대에서 세대로 나타나고, 환경이 덜 적합한 것을 걸러냄으로써 '선택'하는 변이의 근원에 대해서도 침묵했다. 20세기 생물학의 많은 부분이 지난 35억 년 동안 이 행성에서 일어난 진화의 방향과 속도를 자세히 설명하기 위해 다윈의 자연선택 이론을 적용하는 데 필요한 유전적 변이가 지구상에서 어떻게 발생하는지에 대한 이론을 제공하는 데 전념해 왔다. 이 이론은 물론 분자 및 집단 유전학이다.

진화생물학에서의 모델과 이론

뉴턴과 달리 다윈은 자신의 이론이 지닌 핵심 특징들을 법칙으로 규정하지 않았으며, 그가 발견한 맹목적 변이와 환경적 여과 과정을 일련의 보편적 일반화로 표현하지도 않았다. 그는 『종의 기원』에서 '법칙'이라는 단어를 종종 사용했지만, 자신이 발견한 진화적 적응을 일으키는 힘의 작동 방식을 지칭하는 데 사용하지는 않았다. 또한 다윈 자신의 방식 외에 그의 이론을 진술하거나 표현하는 여러 가지 다른 방식들이 있다. 그중 일부는 뉴턴식의 공리화가 가진 경제성과 단순성을 지니고 있다. 문제는 이러한 각각의 제시가 진화생물학자들이 다윈적 진화라고 설명할 과정 중 하나 또는 다른 것을 포착하기에 다소 부적절하다는 점이다.

자연선택 이론의 핵심 가정, 공리, 또는 도출되지 않은 법칙에 대한 가장 매력적인 제시 중 하나는 르원틴(Richard Lewontin)의 것이다. 그의 제시는 세 가지 주장으로 이루어져 있으며, 각 주장은 적응의 진화에 필수적이고, 모두 함께 충분하다.

1. 복제하거나 번식하는 모든 것의 형질에는 항상 변이가 있다.
2. 이러한 변이 형질들은 적응도가 다르다.
3. 일부 형질들 간의 적응도 차이는 유전될 수 있다.

우리는 이러한 제시가 변이의 맹목성이나 적응도 차이를 결정하는 환경의 수동적 역할에 대해서는 침묵한다는 점에 주목해야 한다. 비록 다윈 이론에 대한 이런 표현이 적절하더라도(그리고 이에 대해서는 여러 면에서 논란이 있어왔지만), 진화적 과정이나 결과를 설명하는 데 적용하기에는 너무 추상적이며, 그 핵심 개념들(형질, 적응도, 복제·번식, 유전 가능성)은 어떤 경우에는 이론을 거짓으로 만들고, 다른 경우에는 진화와 무관하게 만드는 해석의 여지가 있다. 이는 물론 이론을 모든 경우에 적용되는 것이 아닌 수많은 모델로 구성된 것으로 다루는 의미론적 접근에서 예상할 수 있는 것이다. 르원틴이 분명히 밝힌 세 가지 조건은 너무 추상적이어서 '스키마'에 불과하다. 스키마들은 어떤 내용이라도 가지려면 채워져야 하는 매우 느슨하고 개방적인 틀이지만, 의미론적 이론의 지지자들이 주장하는 방식으로 이론으로서 이 원칙들을 설명하거나 구현하는 모델을 만드는 데 채워질 수 있다. 이들은 채워진 후 다양한 생물학적 과정의 세부 사항들과 함께 어떻게 출현했고 왜 시간이 지나도 지속되는지를 설명하는 데 활용될 수 있다.

진화생물학의 가장 유명한 통찰 중 일부는 자연선택에 의해 구동되는 모델들이지만, 그 모델들 속에서 자연선택의 역할이 명백하게 나타나지 않는 경우들이다. 선택압력의 균형을 맞추는 국지적 또는 전체적 평형의 결과로 동식물의 현재 분포를 설명하는 어떤 모델이라도 진화생물학에서 모델의 중요성을 보여준다. 가장 명확한 예로는 포식자와 피식자, 기생충과 숙주 개체군 사이의 순환 관계를 모델링하는 두 개의 간단한 로트카-볼테라 방정식(Lotka-Volterra equations)이 있다.

$$dx/dt = x(a-by)$$
$$dy/dt = -y(g-dx)$$

여기서 y는 피식자 개체수이고 x는 포식자 개체수이며, dy/dt와 dx/dt는 각각 두 개체군의 성장률, a, b, g, d는 두 개체군의 상호 작용율을 나타내는 매개변수이다. 포식자 수가 증가하면 방정식에 나타난 일정 시간 지연을 두고 피식자 수는 감소한다. 피식자 개체수가 줄어들면 이번에는 포식자 개체수도 다시 시차를 두고 감소하여, 두 개체군 모두 평형값 주변에서 순환하게 된다. 이 두 방정식을 적용하려면 시간적 지연의 길이와 실제 개체수 수준을 추정하기 위한 많은 경험적 연구가 필요하며, 이는 포식자와 피식자의 모든 쌍마다 다를 것이다. 물론, 잘 알려진 이유들로 인해 평형이 깨지는 경우도 있다. 이는 모델이 작동하지 않는 영역이다. 이러한 경우는 모델이 다른 적용 영역에서 갖는 설명적 또는 예측적 역할을 훼손하지 않으며, 의미론적 접근이 제안하듯이 생태학자들은 이 모델들이 근사하는 더 일반적인 법칙의 집합을 찾지 않는다.

이러한 평형 모델링의 또 다른 예는 진화생물학에서 모델의 중요성을 특징적으로 보여주며 훨씬 더 유명하다. '피셔의 성비 모델'(Fisher sex-ratio model)은 거의 모든 유성 생식 종에서 수컷 대 암컷의 비율이 거의 정확히 1대 1인 이유를 설명한다. 이는 모든 개체가 한 명의 짝을 기대할 수 있도록 충분한 수이다. 이 모델은 암컷이 주로 수컷 자손 또는 주로 암컷 자손을 낳는 성향을 유전 가능한 형질로 취급한다. 그리고 르원틴의 가정을 사용하여, 전자의 형질(수컷 자손을 낳는 성향)이 암컷이 압도적으로 많은 환경에서 더 적합할 것이라는 결론을 도출하며, 그 반대도 마찬가지이다. 만약 적응도가 더 많은 자손을 낳는 것이라면, 다음 세대에는 더 많은 수컷을 낳는 경향이 있는 암컷이 더 적합해질 것이고, 따라서 수컷이 더 많아져 암컷의 불균형이 줄어들 것이다. 이 과정은 수컷이 압도적으로 많아질 때까지 계속되고, 이후 다시 순환하여 항상 수컷과 암컷의 수가 거의 같게 유지된다. 이 모델의 역할은 편리한 기적으로 보이는 잘 확립된 규칙성이 사실은 다윈적 과정의 자연스러운 결과임을 보여주는 것이다.

생물학자들이 유성 종 대 무성 종, 식물 대 동물, 유전자 대 개체 대 개체군 등 유전적 전달에서 서로 다른 메커니즘과 변이율을 가진 다양한 대상을 특정할 때, 그들은 자연선택에 의한 진화의 다양한 모델을 생성한다. 이 견해에 따르면, 이론의 (유전적인 것이 아닌) 일반적 진술은 너무 추상적이고 내용이 불충분하여 생물학자들이 인정할 자연선택 이론으로 간주되지 않는다. 그러나 이 광범위한 모델들은 의미론적 이론이 제안하는 것처럼, 모델들의 집합을 구성할 만큼 충분한 공통된 구조를 갖고 있다.

진화론에 대한 의미론적 견해가 매력적인 또 다른 강력한 이유가 있다. 이 문제는 자연선택 이론이 직면한 가장 오래되었고 동시에 가장 골치 아픈 문제에서 비롯된다. 19세기 철학자 스펜서(Herbert Spencer)는 다윈주의를 '적자생존'(the survival of the fittest) 이론으로 규정했는데, 이는 가장 적합한 개체가 살아남아 덜 적합한 개체보다 더 많이 번식하고, 이러한 반복을 통해 진화를 일으킨다는 의미이다. 그리고 '적자생존'이라는 명칭은 지금까지도 사용되고 있다. 실제로 이 명칭은 부적절하지 않다. 왜냐하면 그 이론의 핵심 주장 중 하나가 다음과 같이 표현될 수 있기 때문이다. 그것은 바로 자연선택의 원리(the principle of natural selection, PNS)이다.

자연선택의 원리(PNS): 두 개의 경쟁하는 개체군 x와 y가 주어졌을 때, 만약 x가 y보다 더 적합하다면, 장기적으로 x가 y보다 더 많은 자손을 남길 것이다.

자연선택의 원리는 르원틴의 공식에는 명시적으로 표현되어 있지 않지만, 이 원리 또는 이와 매우 유사한 것이 필요하다는 것을 쉽게 알 수 있다. 번식하는 개체들 사이의 적응도에서 유전 가능한 변이가 번식률에 차이를 만들지 않는다면, 형질 분포의 변화로 이어지지 않을 것이다.

하지만 "~보다 더 적합하다"는 것이 무엇을 의미하는지 물을 때 문제가 발생한다. 만약 자연선택의 원리가 우연적인 경험적 법칙이라면, 우리가 배제해야 할 것은 적응도 차이가 장기적으로 남긴 자손의 수 차이로 정의되는 것이다. 왜냐하면 그렇게 되면 자연선택의 원리가 "만약 x가 장기적으로 y보다 더 많은 자손을 남긴다면, 장기적으로 x는 y보다 더 많은 자손을 남길 것이다."라는 설명적으로 무의미한 필연적 진리로 변하기 때문이다. 논리적으로 필연적인 참은 과학적 법칙이 될 수 없으며, 어떤 우연적인 경험적 사실도 설명할 수 없다. 자연선택의 원리는 이러한 적응도의 의미에서 자손 수의 차이를 설명할 수 있는데, 이는 (더 많은 자손을 남기는 것과 같은) 사건들이 그 자체로 설명을 제공할 수 있는 경우에만 가능하며, 우리는 이 가능성을 2장에서 배제했다.

우리는 물론 적응도를 정의하는 것을 거부할 수 있다. 그 대신 우리는 이론적 실재에 대한 실재론자들과 함께 '적응도'가 '양전하' 또는 '원자 질량'과 같은 이론 용어라고 주장할 수 있다. 그러나 그것은 설득력이 없고 만족스럽지 않다. 결국, 우리는 간접적인 관찰 도구의 도움 없이도 키가 더 큰 기린과 더 빠른 얼룩말이 더 적합하다는 것을 안다. 우리는 적응도가 무엇인지 안다. 그것은 포식자를 피하고, 먹이를 확보하고, (물고기가 아닌 한) 몸을 충분히 따뜻하고 건조하게 유지하는 등 환경이 제시하는 문제들을 유기체가 해결하는 능력이다. 하지만 왜 이것들이 유기체가 적응하기 위해 해결해야 하는 문제들인가? 이 문제들이 전체적인 적응도로 어떻게 결합되는가? 이러한 문제들을 해결하는 능력이 서로 다른 유기체들의 적응도를 어떻게 비교하는가? 이 질문들에 대한 가장 합리적인 답변은 다음과 같다. (a) 환경이 유기체에 제시하는 문제들은 유기체의 생존과 번식 가능성을 높이는 것들이다. (b) 우리는 유기체가 낳는 자손의 수를 측정함으로써 이러한 다양한 문제들을 해결하는 정도를 계산할 수 있다. (c) 두 유기체가 환경 문제를 다루는 방식이 아무리 다르더라도, 자손 수가 같다면 적응도도 동일하다. 이러한 답변들이 지닌 유일한 문제는 적응도를 번식과 관련하여 정의하려는 유혹이 거의 불가피하며, 이로 인해 자연선택의 원리 자체가 정의로 변하게 된다는 것을 보여준다는 점이다.

이론에 대한 의미론적 접근의 지지자들은 이러한 결과에 대해 거의 어려움을 느끼지 않는다. 의미론적 이론은 자연선택의 원리가 정의라는 것을 받아들일 수 있다. 이론은 자연선택의 원리와 같은 정의들과 함께, 이 정의를 충족시키는 세상의 다양한 사물들에 대한 주장들로 구성되기 때문이다. 다른 은하계의 다른 행성들은 말할 것도 없고, 지구상에만 해도, 진화 과정을 구현하거나 사례화할 수 있는 대상들(유전자, 유기체, 집단, 문화)의 다양성은 다윈주의에 대한 의미론적 접근을 강력히 요구하는 것으로 보인다. 지구상에서 진화에 필요한 유전과 유전적 형질의 변이를 제공하는 상세한 메커니즘인 핵산과 그 돌연변이에 대해 이론이 침묵하는 것은 아마도 우주의 다른 곳에서 발견할 수 있는 것과는 상당히 다른 메커니즘일 것이다. 이것이 다윈 이론을 많은 다른 시스템에 의해 다양한 방식으로 실현될 수 있는 일련의 모델로 다루어야 하는 또 다른 이유이다.

그럼에도 불구하고, 자연선택 이론에 대한 의미론적 접근에는 여전히 문제가 남아 있다. 의미론적 접근에 따르면 과학 이론은 단순히 그 이름을 가진 모델들의 집합 그 이상이다. 그것은 모델들의 집합과 함께, 세계의 사물들이 이 정의들을 충분히 잘 실현하고, 충족시키고, 구체화하고, 예시하여 (관찰 가능하든 관찰 불가능하든) 그들의 행동을 어느 정도의 정확도로 설명하고 예측할 수 있게 한다는 주장이다. 이 추가적인 주장이 없다면, 과학 이론은 순수한 집합론의 한 부분과 다르지 않을 것이다. 따라서 의미론적 이론의 지지자조차도 이론을 주장하는 것은 세계에 대한 실질적 주장을 하는 것, 특히 동일한 인과적 과정이 작용하여 이 모든 다양한 현상들이 동일한 정의를 충족하게 만든다고 말하는 것임을 인정해야 한다. 그러므로 결국, 공리적 설명과 마찬가지로 의미론적 접근은 그 자체로 설명이 필요한 몇몇 일반적인 주장의 참을 믿는다. 공통된 구조를 공유하고 다양한 경험적 현상에 적용 가능한 일련의 모델들을 식별하는 것만으로는 충분하지 않으며, 왜 그렇게 되는지 설명하지 못하기 때문이다.

자연의 근본 법칙에 대한 더 이상의 설명이 불가능한 탐구의 끝에 다다르지 않는 한, 동일한 집합론적 정의를 실현하는 모든 다른 것들 사이에 공유되는 어떤 근본적인 메커니즘이나 과정이 있어야 할 것이다. 이는 우리가 모델을 사용하여 만든 예측이 왜 입증되는지를 설명하는 근본 메커니즘이다. 따라서 이론에 대한 의미론적 견해는 이론이 왜 참이거나 근사적으로 참인지, 또는 적어도 점진적으로 진실에 더 가까워지고 있는지를 설명해야 하는 공리적 설명과 동일한 지적 의무를 모두 지닌다. 즉, 이 견해 또한 자연선택에 관한 법칙들을 포함하여 세상의 사물이 존재하는 방식에 대한 몇몇 실질적인 일반 법칙의 참을 믿는 것이다. 그러므로 결국, 다윈 이론에서 핵심적인 설명 변수로서 "적응도"가 수행하는 역할에 의해 제기된 문제들에 직면해야 할 것이다.

요약

이론에 대한 공리적 접근은 과학에서 모델의 역할을 수용하는 데 어려움을 겪는다. 반면 도구주의는 그렇지 않으며, 모델이 과학적 이론화의 중심적 특징이 될수록 공리적 접근과 실재론에 대한 문제들이 증가하고 있다. 이 문제의 핵심은 과학이 보여주는 설명 및 예측의 성공 패턴이 과학자들이 개발한 모델의 성공을 정리하고 설명하는 이론들의 진실성과 실재론을 통해서만 설명될 수 있는지에 달려 있다.

다윈의 자연선택 이론은 이 장에서 제시된 경쟁적인 과학 이론 개념들의 적절성을 적용하고 평가하는 데 유용한 '시험대'를 제공한다. 다윈의 이론이 뉴턴의 이론과 매우 유사하게 거의 모든 분야를 조직하는 역할을 하지만, 두 가지 이유로 다윈의 이론은 뉴턴의 것과 상당히 다르다고 볼 수 있다. 첫째, 다윈의 자연선택에 관한 법칙이나 실제로 생물학의 어떤 엄격한 법칙도 진술하기 어렵다. 둘째, 자연선택 이론의 거의 모든 설명적 적용은 모델의 구축을 통해 이루어진다. 그리고 이러한 모델들 대부분은 생물학적 체계의 복잡성 때문에 예측 성공 여부로 명확하게 판단되지 않는다.

생물학과 특수과학 모두에서, 과학적 이해를 진전시키는 모델의 역할은 과학철학자들이 전통적으로 물리학에서 이론이 작동한다고 묘사했던 방식보다 훨씬 더 미묘하고 다양해 보인다. 이는 과학철학에서 광범위한 연구 영역을 열어주었다.

학습 문제

1. 모델을 강조하는 의미론적 접근이 실재론보다는 도구주의에 더 적합한 이유는 무엇인가?
2. 다음 주장을 방어하거나 비판하라: "모델을 구축하는 동기가 무엇이든, 모든 모델은 궁극적으로 예측에서의 역할을 기준으로 판단되어야 한다."
3. 일반적인 이론들이 물리학에서 더 많이 사용되는 것처럼 보인다는 이유만으로, 물리학은 생물학과 모델 활용 방식이 다른가?
4. 한 유명한 생물학자[3]는 모델링에 있어 실재성, 보편성, 정확성 사이에 피할 수 없는 상충 관계가 존재한다고 주장했다. 이 주장은 모든 학문에 적용될까, 아니면 생물학에만 해당되는가?
5. 다윈이 발견한 변이와 선택의 인과적 메커니즘은 해부학과 같이 순수하게 생물학자들의 관심사를 넘어선 현상들의 목적론적 특성을 설명하는 데 적용될 수 있는가? 예를 들어, 그것은 인간의 행동과 사회적 직관을 개인이나 집단의 의식적인 선택이 아닌, 변이와 환경적 선택의 결과로 설명하는 데 사용될 수 있는가?

추천 도서

이론의 의미론적 견해는 수피(F. Suppe)의 『과학 이론의 구조』(*The Structure of Scientific Theories*)와 반 프라센의 『과학적 이미지』에 상세히 설명되어 있다. 기어리(R. Giere)는 『과학 설명하기』(*Explaining Science*)와 『법칙 없는 과학』(*Science without Laws*)에서 과학에 대한 모델 기반 설명을 발전시켰다. 이를 생물학에 적용한 사례는 톰슨(P. Thompson)의 『생물학 이론의 구조』(*The Structure of Biological Theories*)와 로이드(E. Lloyd)의 『진화론의 구조』(*The Structure of Evolutionary Theory*)에서 다루어진다.

모건(M. S. Morgan)과 모리슨(M. Morrison)의 『중재자로서의 모델: 자연과학과 사

3 (옮긴이 주) 이렇게 주장한 생물학자는 레빈스(Richard Levins, 1966)이다.

회과학에 대한 관점들』(*Models as Mediators: Perspectives on Natural and Social Science*)은 모델과 과학에서의 모델의 역할에 대한 또 다른 견해를 제시한다. 이 책에서는 모델을 단지 설명력과 예측력만으로 판단하는 것이 아니라 표현 수단, 도구, 시험대로 간주한다.

『종의 기원』을 직접 읽는 것만큼 좋은 것은 없지만, 도킨스(Dawkins)의 『눈먼 시계공』(*The Blind Watchmaker*)이라면 그에 버금가는 통찰을 줄 것이다. 다윈 이론의 본질에 대한 일반적인 입문서는 소버(E. Sober)의 『생물철학』(*Philosophy of Biology*)과 『선택의 본질』(*The Nature of Selection*), 맥시(Daniel McShea)와 로젠버그(A. Rosenberg)의 『생물철학: 현대적 접근』(*Philosophy of Biology: A Contemporary Approach*), 그리고 스테렐니(K. Sterelny)와 그리피스(P. Griffiths)의 『섹스와 죽음』(*Sex and Death*)에서 찾아볼 수 있다.

랑의 선집은 생물학에 엄격한 법칙이 부재한다고 강력히 주장하는 비티(John Beatty)의 "진화적 우연성 논제"(The Evolutionary Contingency Thesis)를 재수록하고 있다.

10장 귀납과 확률

개요

실재론과 도구주의 간 논쟁이 해결됐다고 가정해 보자. 그래도 여전히 관찰, 증거, 자료 수집 등이 어떻게 정확히 과학 이론을 선택하는 데 도움을 주는가라는 문제는 남는다. 한편으로는, 지난 수 세기 동안 과학과 과학철학에서 이것이 당연하게 여겨져 왔다. 다른 한편으로는, 아무도 그것이 어떻게 가능한지 온전히 설명하지 못했으며, 이번 세기에 들어 증거가 어떻게 정확히 이론을 통제하는지에 대한 설명이 직면한 난제들은 더욱 커졌다.

영국 경험론의 역사를 간략히 살펴보면, 과학이 경험으로 정당화되는 지식을 어떻게 산출하는가에 대한 설명의 방향이 정해지고, 18세기 흄이 제기한 귀납 문제가 소개된다. 만약 우리가 귀납 문제를 해결할 수 없다면, 그것이 사이비 문제임을 보여줄 수도 있다. 설령 그것이 불가능하더라도, 과학자들은 이 문제의 해결을 기다리며 작업을 중단하지 않을 것이다. 게다가 그들은 철학자들의 도움 없이도 귀납적으로 어떻게 나아가야 하는지 알고 있다고 주장할 수도 있다. 많은 과학자들은 흄과 동시대 인물인 18세기 베이즈(Thomas Bayes)가 도출한 확률 계산의 정리가 우리가 정말로 필요로 하는 전부라고 주장할 것이다. 일부 철학자들도 이 판단에 동의할 것이다. 그러므로 우리는 이 정리와, 실험적·관찰적 추론에서 이 정리를 사용할 때 제기되는 해석적 쟁점들을 이해해야 한다.

귀납 문제

7장에서 언급했듯이, 과학혁명은 코페르니쿠스, 티코 브라헤, 케플러와 함께 중앙 유럽에서 시작되어, 갈릴레오가 있던 이탈리아로, 데카르트가 있던 프랑스로 이동했으며, 이후 뉴턴이 있던 영국 케임브리지에 이르렀다. 과학혁명은 우리가 언급했던 이유들로 인해 철학 혁명이기도 했다. 17세기에 과학은 '자연철학'이었고, 역사적으로 철학 또는 과학 중 한 분야에만 속하는 것으로 여겨졌던 인물들도 두 분야 모두에 기여했다. 일례로 뉴턴은 과학철학에 관한 많은 글을 썼고, 데카르트는 물리학에 기여했다. 그러나 이들 과학자들이 지지한 지식 이론이 뉴턴, 보일, 하비, 그리고 당대의 다른 실험 과학자들이 인류 지식의 지평을 크게 확장하기 위해 사용했던 방법들을 정당화할 수 있는지 스스로 의식하며 탐구하려 했던 이들은 바로 영국 경험론자들이었다.

17세기 후반부터 18세기 후반에 걸쳐, 로크, 버클리, 흄은 감각 경험에 기반한 지식의 본질, 범위, 정당성을 명확히 하려 했으며, 그러한 지식이 당대의 과학적 발견을 지식으로 인정하고 회의론으로부터 보호할 수 있는지 고찰했다. 칸트가 열성적으로 지적했듯이 그들의 결과는 엇갈렸다. 그러나 경험론이 올바른 인식론이라는 그들의 확신, 그리고 대부분의 과학자들의 확신은 무엇으로도 흔들리지 않았다.

로크는 지식에 대한 경험론을 발전시키려 했으며, 데카르트 같은 합리론자들에 맞서 선험적 관념은 없다고 주장한 것으로 유명하다. "감각에 먼저 없었던 것은 마음에 없다." 그러나 로크는 17세기 과학이 발견하고 있던 이론적 실재들에 대해 단호한 과학적 실재론자였다. 2장에서 언급했듯이, 그는 물질이 눈에 보이지 않는 원자, 즉 '미세입자'로 구성되어 있다는 견해를 수용했다. 그러면서 그는 물질 자체와 그 본질적 성질(제1성질)을 구별하고, 물질이 우리에게 일으키는 색, 질감, 냄새, 맛 등의 감각(제2성질)과 구분했다. 로크에 따르면 물질의 실제 성질은 뉴턴 역학이 말하는 질량, 공간적 연장, 속도 등이다. 사물의 감각적 성질은 사물이 우리에게 유발하는 머릿속 관념이다. 우리가 감각적 결과로부터 물리적 원인으로 거슬러 올라가는 추론을 통해 세계에 대한 지식을 획득하고, 이 지식은 과학에 의해 체계화된다.

로크의 실재론과 경험론이 필연적으로 회의론을 낳는다는 점을 그 자신은 인식하지 못했다. 경험론이 우리가 직접 관찰하지 않는 사물에 대한 믿음을 의심스럽게 만든다는 사실을 파악한 사람은 바로 다음 세대 철학자인 버클리였다. 로크가 오직 마음속에만 존재하는 감각적 성질들만을 인지할 수 있다면, 어떻게 그가 물질의 존재나 그 특징들에 대한 확실한 지식을 주장할 수 있었는가? 우리는 색이나 질감 같은 감각적 특성과 그 원인을 비교하여 이 원인들이 무색인지 아닌지를 알 수 없다. 왜냐하면 우리는 이 원인들에 접근할 수 없고, 따라서 그것들을 비교할 수 없기 때문이다. 무색인 것은 상상할 수 있지만, 연장이나 질량이 없는 물질적 대상을 상상할 수 없다는 주장에 대해 버클리는 감각적 성질과 비감각적 성질은 이 점에 있어 동일하다고 반박했다. 색이 없는 것을 상상해 보라. 만약 당신이 그것을 투명하다고 생각한다면, 당신은 배경색을 추가하는 것이므로 이는 반칙이다.[1] 사물이 우리에게 경험하게 하는 다른 주관적인 성질들도 마찬가지이다.

버클리의 견해로는, 경험론이 없으면 우리는 언어의 의미를 이해할 수 없다. 버클리는 8장에서 간략히 설명된, 언어가 감각적 성질에 이름을 붙인다는 언어 이론을 거의 그대로 채택했다. 단어가 감각적 관념에 이름을 붙인다는 논제를 고려할 때, 과학이 우리가 감각 경험을 할 수 없는 사물에 대한 참을 발견한다는 실재론은 거짓이 된다. 왜냐하면 이러한 사물에 이름을 붙이는 단어들은 무의미해져야 하기 때문이다. 버클리는 실재론 대신 강력한 형태의 도구주의를 지지했으며, 경험을 체계화하기 위해 우리가 사용하는 발견적 장치, 계산 규칙, 그리고 편리한 허구들의 집합으로서 뉴턴 역학을 포함한 17세기와 18세기 과학을 해석하려고 매우 공을 들였다. 버클리는 이렇게 하면 과학을 회의론으로부터 구할 수 있다고 생각했다. 경험론과 도구주의의 조합에 대한 또 다른 대안이 합리론과 실재론이라는 생각은 그에게 떠오르지 않았다. 그 이유는 18세기에 이르러 과학에서 실험의 역할이 워낙 확고하게 자리 잡았기 때문에, 과학을 위한 인식론으로서 경험론의 대안은 전혀 그럴듯해 보이지 않았기 때문이다. 1장에서 언급했듯이, 심지어 합리론조차도 일부 과학적 지식은 비경험적 정당화를 갖는다고 주장할 뿐이다.

1 (옮긴이 주) 버클리는 1차 성질과 2차 성질 모두 우리의 지각(마음) 안에서만 존재한다고 보았다. 따라서 둘 다 물질과 분리해서는 상상할 수 없다는 점에서 동일하다.

흄의 의도는 그가 과학적 탐구의 경험적 방법이라고 생각한 것을 철학에 적용하는 것이었다. 로크나 버클리처럼 그는 지식, 특히 과학적 지식이 어떻게 경험론의 엄격함을 충족하는지 보이려 했다. 버클리의 급진적인 도구주의를 받아들일 수 없었던 흄은, 실재론과 도구주의 사이에서 어느 한쪽 편을 들지 않고도 왜 우리가 과학과 일상적인 믿음에 대해 실재론적 해석을 채택하는지를 설명하려 했다. 그러나 흄은 경험론이라는 프로그램을 추구하면서 그는 실재론과 경험론의 충돌로 인해 제기된 문제와는 다른 문제에 직면하게 되었다. 이것이 바로 귀납 문제이다. 즉, 현재의 감각 경험을 고려할 때, 우리는 어떻게 그 경험과 과거의 기록으로부터 미래와 우리가 추구하는 종류의 과학적 법칙 및 이론으로의 추론을 정당화할 수 있는가?

흄의 주장은 흔히 다음과 같이 재구성된다. 결론을 정당화하는 방법은 두 가지뿐이다. 첫째는 결론이 전제로부터 논리적으로 유도되는 연역 논증이고, 둘째는 전제가 결론을 지지하지만 보장하지는 않는 귀납 논증이다. 연역 논증은 일상적으로 전제가 결론을 '포함'한다고 설명되는 반면, 귀납 논증은 100마리의 흰 백조를 관찰하고 모든 백조가 희다고 결론 내리는 것처럼, 특수한 사례에서 일반적 사례로 나아가는 것으로 종종 설명된다. 이제 귀납 논증, 즉 특수에서 일반으로, 또는 과거에서 미래로 나아가는 논증이 미래에도 신뢰할 수 있다는 주장을 정당화하라고 요구받는다면, 우리는 오직 연역 논증이나 귀납 논증을 사용해서만 그렇게 할 수 있다.

이 결론에 대한 연역 논증의 문제점은 전제 중 적어도 하나가 귀납의 신뢰성을 요구한다는 것이다. 예를 들어, 아래의 연역 논증을 생각해 보자.

1. 만약 어떤 관행이 과거에 신뢰할 수 있었다면, 미래에도 신뢰할 수 있을 것이다.
2. 과거에 귀납 논증은 신뢰할 수 있었다.
3. 그러므로, 미래에 귀납 논증은 신뢰할 수 있을 것이다.

이 논증은 연역적으로 타당하지만, 그 첫 번째 전제는 정당화가 필요하다. 그리고 이 전제에 대한 유일하게 만족스러운 정당화는 바로 논증이 확립하고자 하는 귀납의 신뢰성일 것이다. 따라서 귀납의 신뢰성에 대한 어떤 연역 논증이라도 적어도 하나의 선결문제를 요구하는 전제를 포함하게 된다.

이렇게 되면 귀납을 정당화하기 위해 남는 것은 귀납 논증뿐이다. 하지만 귀납에 대한 귀납 논증이 그 신뢰성을 뒷받침하지 못하는 것은 분명하다. 왜냐하면 그러한 논증들 역시 선결문제 요구의 오류를 범하기 때문이다. 우리가 이전에 언급했듯이, 모든 선결문제를 요구하는 논증과 마찬가지로 귀납의 신뢰성에 대한 귀납 논증은 마치 대출금을 갚겠다는 약속을 지키겠다는 약속으로 보증하는 것과 같다. 당신이 약속을 지키는 사람으로서의 신뢰성이 의문시될 때, 첫 번째 약속을 보장하기 위해 두 번째 약속을 제공하는 것은 무의미하다. 지난 250년 동안 흄의 논증은 경험 과학에 대한 회의론을 주장하는 논증으로 다루어져 왔다. 이 논증에 따르면 과학적 법칙에 대한 모든 주장과 과학이 미래 사건에 대해 내리는 모든 예측이 귀납에 의존하기 때문에 근본적으로 보증되지 않았다. 그리고 이는 특정 사례에서 일반 사례로, 또는 과거에서 미래로 나아가는 추론에만 국한되지 않는다. 유비 논증과 과학 전반에서 관찰 불가능한 실재의 존재를 추론하는 데 사용되는 최선의 설명으로의 추론을 포함하여, 이 두 가지 형태를 취하지 않으면서도 명백히 귀납적인 다른 형태의 논증들이 있다. 결론이 전제의 주장을 초월하는 주장을 담도록 의도된 모든 확장적 논증은 귀납적이며 흄의 도전에 직면할 것이다. 많은 확장적 추론은 연역을 사용하거나 활용하지만 그럼에도 불구하고 귀납적이다. 예를 들어, 가설 연역 추론은 가설로부터 관찰적 결과를 연역하지만, 그것들을 직접적으로 시험하는 것은 여전히 귀납적이다. 만약 입증된다면, 그러한 연역적 결과들은 그것들이 연역된 가설을 입증한다고 말해진다. 전체 추론은 명백히 귀납적이다. 즉, 일반 가설에 대한 신뢰도가 더 좁은 관찰 증거에 의해 강화된다는 결론은 그 증거를 넘어선다.

흄의 도전은 이론적이다. 그는 세상에서 행위하는 한 사람으로서, 귀납 논증이 합리적이라는 것에 만족한다고 언급했다. 그가 생각하기에 이 논증이 보여주는 것은 우리가 아직 귀납에 대한 올바른 정당화를 찾지 못했다는 것이지, 귀납에 대한 정당화가 아예 없다는 것은 아니었다.

흄이 귀납 문제를 제기한 후 놀랍게도 처음 150년 동안 이 문제는 거의 주목받지 못했다. 19세기 가장 위대한 경험론적 인식론자이자 과학철학자인 밀(John Stuart Mill)은 귀납을 과학의 핵심 방법으로 여기며 많은 관심을 기울였음에도 불구하고 이 문제를 전혀 인식하지 못했다. 밀에 따르면, 상대적으로 적은 수의 사례로부터 일반 법칙을 추론하는 것이 바로 과학이 진행되는 방식이다. 밀은 오늘날에도 과학자들이 그러한 추론을 할 때 지침이 되는 몇 가지 실험 설계 규칙들을 명확하게 설명한 것으로 유명하다. 현재 의학에서 흔히 사용되는 이중 맹검 통제 실험(double-blind controlled experiments)은 밀이 제시한 규칙들과 그에 대한 그의 주장들에 크게 의존하고 있다.

그러나 밀은 귀납 추론이라는 관행 전체가 독립적인 정당화를 필요로 한다는 문제를 깨닫지 못했다. 밀은 귀납 추론이 자연의 균일성, 즉 미래가 과거와 같을 것이라는 믿음에 근거한다고 어느 정도 정당하게 믿었다. 우리가 이 원칙을 믿는 것이 정당하다면, 적어도 일부 귀납 추론은 보증될 것이다. 하지만 자연의 균일성에 대해 어떤 종류의 논증을 제시할 수 있을까? 미래가 과거와 같을 것이라는 사실적 결론을 담고 있는 연역 논증은 그 전제에 적어도 그만큼 강력한 사실적 주장을 포함해야 하며, 이는 다시 정당화를 요구하는 식으로 무한 퇴행에 빠질 것이다. 자연의 균일성에 대한 귀납 논증은 다음과 같은 방식으로 진행될 것이다. "최근 과거에는 그 가까운 미래가 더 먼 과거와 같았고, 더 먼 과거에는 그 가까운 미래가 훨씬 더 먼 과거와 같았다. 따라서 앞으로는 미래가 최근 과거, 더 먼 과거, 그리고 아주 먼 과거와 같을 것이다." 그러나 이러한 형태의 논증 자체는 귀납적이므로 순환 논증의 오류를 범한다. 우리는 귀납 추론의 신뢰성을 확립하려 했지만, 결국 귀납 추론으로 이를 수행한 것이다. 우리가 보았듯이, 이것은 내가 약속을 지킨다고 약속함으로써 누군가에게 내가 약속을 지키는 사람이라고 확신시키려는 시도와 같은 수준의 신뢰성을 갖는다.

논리실증주의자들이 수학적이고 기호적인 논리학의 원리들이 정의와 그 결과라고 확신하던 시기에, 흄의 문제를 이와 유사한 방식으로 해결하려는 시도가 있었다. 카르납(Rudolph Carnap)과 헴펠(Carl G. Hempel) 같은 철학자들은 수리논리학의 법칙들처럼 정의와 그 함축을 토대로 정당화될 수 있는 귀납 추론의 규칙을 만들고자 했다. 과학적 설명의 개념을 합리적으로 재구성하기 위해 제안된 연역 법칙적 모델처럼, 그들의 목표는 귀납 추론의 개념을 공식화하고 명료화하며 흄의 문제까지 해결할 '입증 이론'을 제공하는 것이었다. 이 전략은 귀납 논증이 결론의 참을 보장하지 않으면서도 (결론의 진리성을 보증하는 연역 논리의 법칙들과는 다르게) 결론에 정당성을 부여하는 특별한 규칙을 사용하는 연역 논증임이 밝혀진다는 것을 보이고자 한다. 이러한 규칙들은 논리적 참 또는 정의의 집합인 확률론의 공리들과 정리들을 반영할 것이다. 이 규칙들이 귀납 추론을 체계화하기 위해서는 과학자들이 자료나 증거를 묘사하는 데 사용하는 진술들이 엄격한 논리적 구조와 완전히 관찰 가능한 어휘를 갖추어야 했다. 이것은 실제 과학적 추론의 패턴을 합리적으로 수용할 수 없었다. 게다가 순전히 형식적 또는 논리적인 확률 이론을 발전시키려는 전체 노력은, 우리가 11장에서 보게 되겠지만, 흄이 인식했던 것보다 문제를 훨씬 더 심각하게 만들었을 뿐이었다.

다른 철학자들은 귀납 문제가 사이비 문제이며, 언어에 의해 우리의 이해력이 현혹되는 고전적인 사례라고 주장하려 했다. 따라서 미래에 대한 기대를 형성하기 위해 귀납적 원리를 사용하는 것은 그저 상식이며, 대다수 사람이 합리적이라고 여기는 것과 동일하다고 거듭 주장되어 왔다. 만약 귀납 추론을 사용하는 것이 정의상 합리적인 방식으로 행동하기 위한 필수 조건이라면, 그것에 대한 정당화를 요구하는 것은 무의미하다. 또는 적어도 귀납이 합리적임을 보여달라고 요구하는 것은 합리적임 자체가 합리적임을 보여달라고 요구하는 것보다 더 의미 있지 않다. 따라서 관찰되지 않은 것에 대한 믿음을 형성할 때 합리적이라는 것이 무엇을 의미하는지에 대한 올바른 이해는 귀납 문제를 해결하거나, 오히려 언어에 대한 오해를 반영하는 사이비 문제임을 보여준다. 그렇다면 어떤 오해인가? 한 가지 가능성은 귀납에 연역적 기준을 잘못 적용한 다음, 그 기준을 충족할 수 없을 때 불평하는 경향이다. 타당성은 올바른 연역 논증의 특징이다. 연역 논증은 항상 진리를 보존한다. 귀납 논증은 본질적으로 진리를 보존하지 않으며(또한 그렇게 의도되거나 기대되지도 않으며), 따라서 그것들을 부당하다고 기술하고 정당화를 요구하는 것은 쉽지만 잘못된 것이다. 귀납 논증에 타당성-부당성 구분을 적용하고 타당성을 대체할 것을 요구하는 것 자체가 잘못된 것이다.

흄의 문제를 이런 식으로 일축하는 것을 진지하게 받아들일 수 있는 과학철학자는 거의 없었다. 그들은 자신들이 귀납 문제를 해소하려 하는 사람들이 지목하는 미숙한 실수를 저지르는 것은 아니라고 주장했다. 귀납 문제는 귀납 추론이 보편적으로 타당함이 아니라 일반적으로 신뢰할 수 있음을 보여주는 문제임이 매우 분명하다. 그리고 이 문제는 귀납적이라는 것이 합리적이라는 생각에 부합하도록 구성될 수 있다. 즉, 합리적이라는 것, 다시 말해 귀납적 방법을 사용하는 것이 삶을 살아가는 데 신뢰할 수 있는 방법인지 묻는 것은 완벽하게 이해 가능한 질문이다. 합리적인 것이 신뢰할 수 있는지에 대한 질문은 우리 모두 긍정적으로 답하고 싶은 질문이다. 흄은 사실상 우리가 순환 논증의 오류를 범하지 않는 방식으로 질문하도록 우리를 유도한다.

흄의 문제를 이러한 방식으로 이해하고 대응한 한 가지 방법은 논리실증주의 철학자 라이헨바흐(Hans Reichenbach. 그는 '논리경험주의자'라는 명칭을 선호했다)에게서 비롯되었다. 그는 미래를 예측하는 어떤 방법이라도 효과가 있다면, 귀납도 효과가 있을 수밖에 없다는 것을 보이려 했다. 델포이의 신탁이 정확한 예측 장치인지 확인하고 싶다고 가정해 보자. 이를 위한 유일한 방법은 신탁을 일련의 시험에 부치는 것이다. 즉, 일련의 예측을 요청하고 그것들이 검증되는지 확인하는 것이다. 만약 검증된다면, 신탁은 정확한 예측자로 받아들여질 수 있다. 그렇지 않다면, 신탁의 미래 정확성은 신뢰할 수 없다. 하지만 이 논증의 형태가 귀납적이라는 점에 주목하라. 만약 어떤 방법이 (과거에) 효과가 있다면, 오직 귀납만이 그것이 (미래에도) 효과가 있다는 것을 말해줄 수 있다. 이로부터 우리는 귀납의 '정당화'를 확보하게 된다.

이 논증은 두 가지 난관에 봉착한다. 첫째, 그것은 기껏해야 어떤 방법이 효과가 있다면 귀납이 효과가 있다는 것을 증명할 뿐이다. 그러나 이것은 우리가 원하는 결론, 즉 실제로 효과가 있는 방법이 있다는 결론과는 거리가 멀다. 둘째, 이 논증은 신탁 숭배자들을 설득하지 못할 것이다. 신탁을 믿는 사람들은 우리의 논증을 받아들일 이유가 없을 것이다. 그들은 귀납이 효과가 있는지 신탁에게 물어보고 그 선언을 받아들일 것이다. 신탁 숭배자들에게 귀납이 그들의 미래 예측 방법이나 다른 어떤 방법도 지지한다는 것을 납득시키려는 어떤 시도도 그들에게는 아무런 무게를 가질 수 없다. 어떤 방법이 효과가 있다면 귀납이 효과가 있다는 논증 또한 순환 논증의 오류를 범하는 것이다.

통계와 확률이 해법이 될 수 있는가?

결국 귀납 문제들은 일부 과학자와 철학자들이 과학철학에 대해 인내심을 잃게 만들 것이다. 왜 귀납을 정당화하는 문제에 대해 걱정해야 하는가? 그 대신 더 심각하지만 어쩌면 더 해결 가능한 문제인 경험적 입증으로 나아가면 안 되는가? 우리는 과학의 오류 가능성과 과학적 법칙의 진위 여부를 단번에 확립하는 것이 불가능하다는 것을 인정할 수 있다. 그럼에도 불구하고 우리는 통계 이론과 확률의 개념을 통해 관찰, 자료 수집, 실험이 과학 이론을 어떻게 시험하는지 여전히 설명할 수 있을 것이다.

하지만 그렇게 하는 것이 겉보기처럼 간단한 문제는 아닌 것으로 드러난다. 우선, 확률과 경험적 또는 귀납적 증거라는 개념들은 우리가 바라는 만큼 깔끔하게 맞아떨어지지 않는다.

첫째, 어떤 자료가 가설의 확률을 높인다는 사실이 과연 그 자료를 가설에 대한 증거로 만드는지에 대한 문제가 있다. 이 질문은 답하기 아주 쉬운 것처럼 들릴 수 있지만, 그렇지 않다. p(h, b)를 배경 정보 b가 주어졌을 대 가설 h의 확률이라고 정의하고, p(h, e and b)를 배경 정보 b와 몇 가지 실험적 관찰 e가 주어졌을 때 h의 확률이라고 정의해 보자. 그리고 이제 우리는 다음과 같은 원칙을 채택한다고 가정해 보자.

> e가 h에 대한 긍정적 증거라는 것은 p(h, e and b) > p(h, b)이라는 것이다.

따라서 자료가 가설의 확률을 높일 때, 그것은 해당 가설에 대한 긍정적 증거가 된다.

이 경우, (가설 h를 시험하는 데 필요한 배경 정보가 주어졌을 때) e가 h의 확률을 높인다면, e는 h에 대한 증거로 간주되는 '새로운' 자료이다. 예를 들어, 시신 옆에서 발견된 총이 집사의 것이 아니라는 배경 정보 b가 주어졌을 때 집사가 범인이라는 가설 h의 확률보다, 총에서 그의 지문이 발견되었다는 새로운 증거 e가 주어졌을 때 집사가 범인이라는 가설 h의 확률이 더 높다. 집사 h의 확률을 높이는 것은 바로 지문이다. 그래서 지문은 집사가 범인이라는 증거가 된다.

확률을 높이는 것만으로는 관찰에 대한 어떤 진술이 가설을 입증하는 데 충분하거나 필요하지 않음을 보여주는 반례를 쉽게 구성할 수 있다. 다음 두 가지를 살펴보자.

이 책이 출판되면 나이틀리(Keira Knightley)가 주연을 맡은 블록버스터 영화로 만들어질 확률이 높아진다. 어쨌든 이 책이 출판되지 않는다면 영화로 만들어질 가능성은 훨씬 더 낮을 것이다. 그러나 이 책의 실제 출판이 이 책이 나이틀리가 주연을 맡은 블록버스터 영화로 만들어질 것이라는 가설에 대한 긍정적 증거인지는 분명하지 않다. 어떤 사실이 단순히 가설의 확률을 높인다고 해서 그것이 가설에 대한 긍정적 증거가 되는지는 확실히 분명하지 않다.

비슷한 결론은 확률에 대한 문제를 탐구할 때 유용한 개념인 복권을 이용한 다음 반례로부터 도출될 수 있다. 1,000장의 복권이 있고, 그중 9장을 철수가, 1장을 영희가 구입했다고 가정하자. h는 영희가 복권에 당첨될 것이라는 가설이다. e는 추첨 전에 철수와 영희의 것을 제외한 모든 복권이 파기되었다는 관찰이다. e는 h의 확률을 0.001에서 0.1로 높인다. 그러나 e가 h가 참이라는 긍정적인 증거인지는 명확하지 않다. 사실, e는 h가 거짓이고 철수가 당첨될 것이라는 긍정적인 증거라고 말하는 것이 더 합리적으로 보인다. 철수가 당첨될 확률은 0.01에서 0.9로 높아졌기 때문이다. 또 다른 복권 사례는 확률을 높이는 것이 긍정적 증거가 되기 위한 필요조건이 아니라는 것을 시사한다. 실제로 긍정적 증거는 그것이 입증하는 가설의 확률을 낮출 수도 있다. 월요일에 팔린 1,000장의 복권 중 999장을 철수가 구입했다고 가정하자. e가 화요일까지 1,001장의 복권이 팔렸고 그중 999장을 철수가 구매했다는 증거라고 가정하자. 이 e는 철수가 복권에 당첨될 확률을 0.999에서 0.998…로 낮춘다. 그러나 e는 여전히 철수가 결국 당첨될 것이라는 증거임이 분명하다.

이 두 가지 반례를 다루는 한 가지 방법은, e가 h의 확률을 높여 0.5를 넘게 만들 때만 e가 h에 대한 긍정적 증거라고 요구하는 것이다. 이렇게 하면 첫 번째 사례에서 증거는 영희가 당첨될 확률을 0.5 근처까지 높이지 못하고, 두 번째 사례에서 증거는 철수가 당첨될 확률을 0.999보다 훨씬 낮추지 않으므로, 이렇게 수정된 정의는 긍정적 증거의 정의를 훼손하지 않는다. 하지만 물론, 가설을 매우 높은 확률로 만드는 증거를 긍정적 증거로 정의하는 이 새로운 정의에 대한 반례를 제시하기는 쉽다. 다음은 유명한 사례이다. h는 철수가 임신하지 않았다는 가설이고, e는 철수가 '위타빅스'라는 아침 식사용 시리얼을 먹는다는 진술이다. h의 확률은 극도로 높기 때문에, e가 주어졌을 때 h의 확률, 즉 p(h, e) 또한 극도로 높다. 그러나 e는 h에 대한 어떤 증거도 되지 않는다. 물론 우리는 정의에 내재된 배경 정보 b를 간과했다. 만약 우리가 어떤 남자도 임신한 적이 없다는 배경 정보 b를 추가한다면, e와 b가 주어졌을 때 h의 확률, 즉 p(h, e & b)는 p(h, e)와 같아질 것이고, 따라서 반례는 해결될 것이다. 그러나 만약 b가 어떤 남자도 임신한 적이 없다는 진술이고, e가 철수가 위타빅스를 먹었다는 진술이고, h가 철수가 임신하지 않았다는 진술이라면, p(h, e & b)는 매우 높을 것이며, 사실상 확률이 도달할 수 있는 한 1에 근접할 것이다. 따라서 e 자체가 h에 대한 긍정적 증거가 아닐지라도, e와 b가 함께 증거가 되는데, 이는 b 자체가 h에 대한 긍정적 증거이기 때문이다. 우리는 e와 b가 함께 증거일 때, e가 그 자체로는 h의 확률에 영향을 미치지 않는다는 이유만으로 e를 긍정적 증거에서 배제할 수 없다. 때로는 긍정적 증거가 다른 자료와 결합될 때만 가설의 확률을 높이는 경우도 있기 때문이다. 물론 우리는 이 경우, h의 확률을 낮추지 않고도 e를 제거할 수 있다고 말하고 싶을 것이다. e는 확률적으로 무관하며, 그것이 바로 e가 긍정적 증거가 아닌 이유이다. 하지만 확률적 무관성에 대한 명확한 기준을 제공하는 것은 쉬운 일이 아니다. 이는 긍정적 사례를 정의하는 것만큼이나 어려울 수 있다. 어쨌든, 여기서 우리는 확률 개념을 사용하여 증거의 개념을 설명하는 것의 어려움을 접하게 된다.

자료가 가설을 어떻게 시험하는지 이해하는 데 확률론만으로 충분하다고 주장하는 과학철학자들은 이러한 문제들이 확률과 우리의 상식적인 증거 개념 사이의 부적합성을 반영한다고 대응할 것이다. 우리의 일상적인 개념들은 정성적이고, 부정확하며, 그 함의에 대한 신중한 연구의 결과물이 아니다. 반면 확률은 확고한 논리적 토대를 갖춘 정량적인 수학적 개념이다. 이것은 일상적인 개념이 구분할 수 없는 것들을 우리가 구분하고 설명할 수 있도록 해준다. 개념의 불명확성과 모호함 대신에 필요충분조건을 제공하는 설명과 같은 개념의 합리적 재구성 또는 분석적 해명을 추구했던 논리경험주의자들을 상기해 보라. 이와 마찬가지로, 입증 문제를 연구하는 많은 현대 학자들은 일상적인 증거 개념을 정량화할 수 있는 확률 개념으로 대체하려 한다. 그들에게 위와 같은 반례들은 두 개념이 동일하지 않다는 사실을 단순히 반영할 뿐이다. 이러한 반례들은 자료가 이론을 어떻게 시험하는지에 대한 우리의 탐구에서 '증거' 대신 '확률'을 대체해서는 안 될 이유가 되지 않는다. 이러한 철학자들 중 일부는 더 나아가, 그 자체로 가설을 입증하거나 반입증하는 증거 같은 것은 아예 없다고 주장한다. 과학에서 가설 시험은 항상 비교적 문제이다. 어떤 절대적인 의미에서 h_1이 e에 의해 입증된다고 말하는 것이 아니라, h_1이 h_2보다 증거에 의해 더 잘 입증되거나 덜 입증된다고 말하는 것만이 의미가 있다.

이 철학자들은 확률의 수학적 이론이 과학 이론의 입증을 이해하는 열쇠를 쥐고 있다고 본다. 그리고 이 수학적 이론은 매우 간단하다. 그것은 단지 세 가지 매우 명확한 가정만을 포함하고 있다.

1. 확률은 0에서 1까지의 숫자로 측정된다.
2. ('4는 짝수이다'와 같은) 필연적 진리의 확률은 1이다.
3. 만약 가설 h와 j가 양립할 수 없다면, p(h or j) = p(h) + p(j)이다.

이 공리들은 일반적인 카드 한 벌로 쉽게 설명할 수 있다. 완벽한 카드 한 벌에서 어떤 카드가 뽑힐 확률은 0과 1 사이이다. 실제로는 1/52이다. 카드가 빨간색이거나 검은색일(두 가지 가능성만 있으므로) 확률은 1(확실하다)이고, 하트 에이스를 뽑는 것이 스페이드 잭을 뽑는 것과 양립할 수 없다면, 둘 중 하나를 뽑을 확률은 1/52 + 1/52, 즉 1/26, 약 0.038461…이 된다.

이처럼 간단하고 명료한 가정들(그리고 몇 가지 정의)로부터, 확률의 나머지 수학적 이론은 오로지 논리적 연역만으로 유도될 수 있다. 특히, 확률론의 이 세 가지 공리로부터 18세기 영국 신학자이자 아마추어 수학자였던 베이즈(Thomas Bayes)가 처음 증명한 정리가 도출되는데, 이 정리는 현대 입증 논의에서 매우 중요하게 취급된다. 이 정리를 소개하기 전에, 우리는 한 가지 개념을 더 정의해야 하는 데 그것은 바로 다른 진술의 참을 가정할 때, 특정 진술의 조건부 확률이다. 자료 e에 대한 가설 h의 조건부 확률은 p(h/e)로 표현되며, 이는 h와 e가 모두 참일 확률과 e만 참일 확률의 비율로 정의된다.

$$p(h/e) = \frac{p(h \text{ and } c)}{p(e)}$$

대략적으로 말해, "e에 대한 h의 조건부 확률"은 e가 참일 확률 중 h도 참일 확률이 차지하는 비율을 측정한다. 커드와 커버(Martin Curd and Jan Cover)의 설명 방식을 활용하여, 몇 가지 다이어그램으로 이 정의를 명확히 할 수 있다. 두 개의 겹치는 원이 벤 다이어그램 형태로 그려진 판에 다트를 던진다고 가정해 보자(그림 10.1).

만약 다트가 원 e에 맞는다면, 그것이 원 h에도 맞을 확률, 즉 e에 맞는다는 조건에서 h에 맞을 조건부 확률 p(h/e)은 얼마일까? 이는 두 가지에 달려있다. 원 e와 원 h

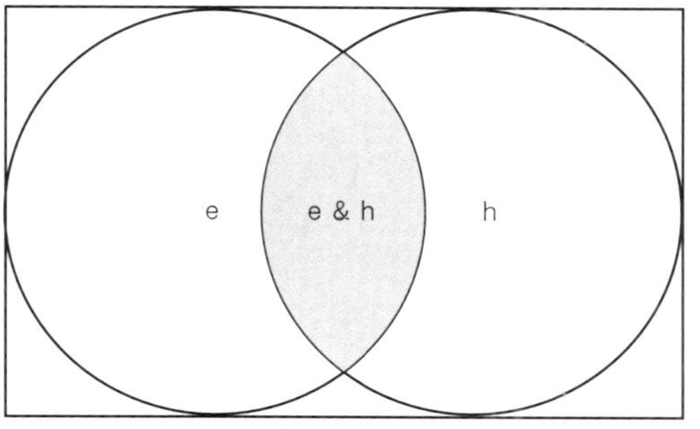

그림 10.1 원 e와 h는 크기가 같고, 사각형의 대부분을 차지한다. 이는 다트가 둘 중 하나에 (다른 하나가 아닌) 맞을 확률이 높고 비슷하다는 것을 보여준다.

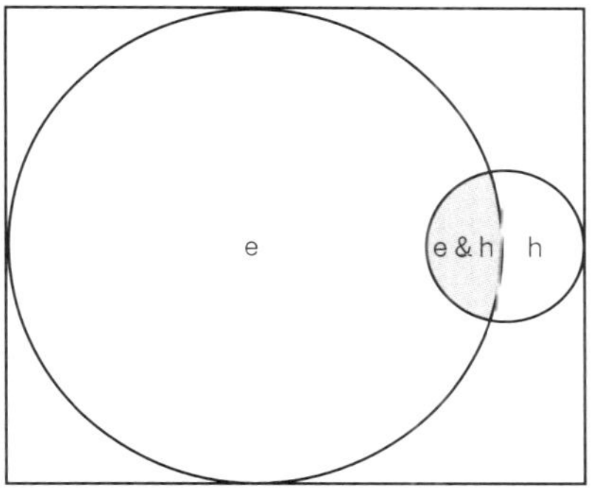

그림 10.2 원 e가 원 h보다 훨씬 크기 때문에 다트가 e에 맞을 확률은 h에 맞을 확률보다 훨씬 높다. 교집합 e∩h는 e에 비해 훨씬 작고, h에 비해서는 상대적으로 큰 부분을 차지한다. 따라서 p(h|e)는 낮고, p(e|h)는 p(h|e)보다 훨씬 높다.

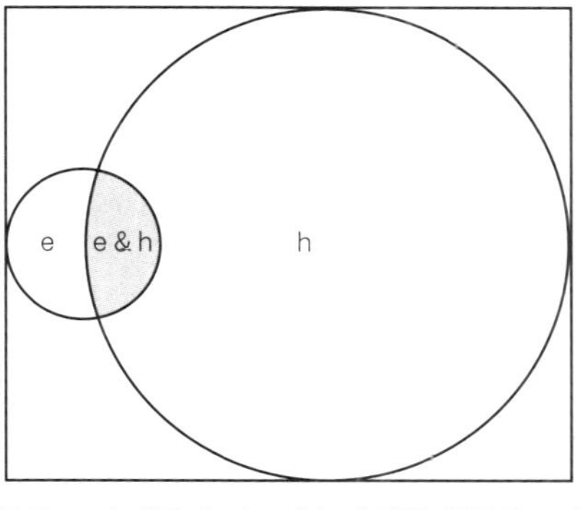

그림 10.3 원 h가 원 e보다 훨씬 크기 때문에 다트가 h에 맞을 확률은 e에 맞을 확률보다 훨씬 높다. 교집합(e∩h)은 h에 비해 훨씬 작고, e에 비해서는 상대적으로 큰 비중을 차지한다. 따라서 p(h|e)는 높고, p(e|h)는 p(h|e)보다 훨씬 낮다.

사이의 겹치는 부분(교집합 e & h)의 면적이 e의 면적에 비해 얼마나 큰지와, h의 크기와 비교했을 때 e의 크기가 얼마나 되는지에 의존한다. 이를 확인하기 위해 다음 두 다이어그램을 비교해 보자. 그림 10.2에서 e는 h의 크기에 비해 매우 크므로, e 내부에 던져진 다트가 h에도 맞을 확률은 낮다. 그러나 h의 더 많은 부분이 e 내부에 있다면 확률은 더 높아질 것이다. 반면에, h에 맞은 다트가 e에도 맞을 확률은 훨씬 더 높으며, e 안에 있는 h의 비율이 커질수록 증가한다.

이와 달리, 그림 10.3을 고려해 보자. 여기서는 e가 작고 h가 크다. 이 경우, e에 착지한 다트가 h에도 착지할 확률은 이전 경우보다 더 높으며, e의 더 많은 부분이 h 내부에 있을수록 더욱 높아진다. 다시 말해, h에 대한 e의 조건부 확률은 h 원이 작을수록, 그리고 겹치는 부분이 적을수록 당연히 훨씬 더 낮아진다.

조건부 확률의 정의는 조건부 확률이 의존하는 이 두 가지 요소를 포함하고 있다. 분자는 e와 h의 겹치는 부분의 크기를 e와 h의 크기에 비해 나타내며, 분모는 e의 크기 단위로 그 크기를 측정한다.

이제 h가 가설이고 e가 자료에 대한 보고라고 할 때, 베이즈 정리는 e에 대한 h의 조건부 확률인 p(h/e)를 계산할 수 있게 해준다. 다시 말해, 베이즈 정리는 어떤 증거 e가 어떤 가설 h를 얼마나 더 또는 덜 그럴듯하게 만드는지 계산하는 수학적 공식을 제공한다. 그 공식은 다음과 같다.

$$p(h/e) = \frac{p(e/h) \times p(h)}{p(e)}$$

베이즈 정리에 따르면, 어떤 자료 e를 얻으면, 우리는 e가 h의 확률을 얼마나 높이거나 낮추는지 계산할 수 있다. 단, 그러기 위해서는 이미 다른 세 가지 값을 알고 있어야 한다.

- p(e/h): h가 참이라고 가정했을 때 e가 참일 확률.[2] (위에서 언급했듯이, 이는

2 (옮긴이 주) 가능도 또는 우도(likelihood)라고 한다. 확률이 모델의 매개변수가 고정된 상태에서 자료(결과)가 얼마나 나올 가능성이 높은지 나타내는 반면에, 가능도는 관찰된 자료가 고정된 상태에서, 이 자료를 가장 잘 설명할 수 있는 모델의 매개변수가 얼마나 그럴듯한지 나타낸다. (예) 공정한 동

우리가 계산하고자 하는 e가 주어졌을 때 h가 참일 확률인 p(h/e)와 혼동해서는 안 된다.) 이 값은 가설이 수집한 자료를 얼마나 예상하게 하는지를 반영한다. 만약 자료가 가설이 정확히 예측한 바와 같다면, p(e/h)는 매우 높을 것이다. 만약 자료가 가설이 예측한 것과 전혀 다르다면, p(e/h)는 낮을 것이다.

- p(h): e로 기술된 자료가 제공하는 시험과 독립적인 가설의 확률. e가 새로운 실험 자료를 보고하는 것이라면, p(h)는 그 실험이 수행되기 전에 과학자가 h에 부여했던 확률이다.

- p(e): h의 진위와 독립적으로 자료를 기술하는 진술이 참일 확률. e가 기존의 이론과 (h와 독립적인) 증거가 예상하지 못했던 놀라운 결과라면, p(e)는 낮을 것이다.

베이즈 정리가 확률의 공리와 조건부 확률의 정의로부터 얼마나 쉽게 도출되는지 이해하기 위해, 위에 있는 다트판 다이어그램 중 하나로 돌아가 보자. 원들의 상대적 크기와 그 교집합의 크기와 원 크기 간의 비율을 비교하여 p(e/h)를 계산할 수 있다면, 우리는 같은 방식으로 p(h/e)도 계산할 수 있다. 물론 (각 다이어그램이 보여주듯이) 각 조건부 확률에 대한 수치는 다를 것이다.

원 e와 원 h를 그리고 그들의 교집합을 다양한 크기로 그려보면, e에 맞은 다트가 h에도 맞을 확률, 즉 조건부 확률 p(h/e)가 두 원의 교집합과 e의 크기 간의 비율에 정비례하고, e와 h의 크기 간의 비율에 반비례한다는 것을 쉽게 알 수 있다. 그리고 이것이 바로 베이즈 정리가 말하는 바이다. 즉, p(h/e)는 p(e/h)에 분수 p(h)/p(e)를 곱한 값이다. 여기서 p(e/h)는 e와 h의 교집합과 h의 크기 간의 비율이고, p(h)/p(e)는 h의 크기와 e의 크기 간의 비율이다.

두 가지 간단한 예를 통해 베이즈 정리가 어떻게 작동하는지 이해할 수 있다. 핼리 혜성의 관측된 위치에 대한 자료가 뉴턴의 법칙을 어떻게 시험하는지 생각해 보자.

전(p=0.5)을 10번 던졌을 때, "앞면이 7번 나올" 확률은 얼마인가? 어떤 동전을 10번 던졌더니 앞면이 7번 나왔을 때 이 동전이 "공정한 동전(p=0.5)"일 가능도는 얼마인가?

사전 관찰에 비추어 볼 때, 핼리 혜성이 밤하늘의 특정 위치에서 관측될 확률인 p(e)를 0.8이라고 가정하자. 이는 망원경의 불완전성, 대기 불규칙성, 그리고 천문학자들이 별과 행성의 사진을 여러 장 찍고 그 위치를 평균하여 예상 위치를 추정하게 만든 모든 요인을 고려한 것이다. p(e/h)도 높다. 핼리 혜성의 밤하늘 예상 위치는 뉴턴 이론이 예측한 바와 매우 가깝다. p(e/h)를 0.95로 설정해 보자. 핼리 혜성에 대한 새로운 자료 e를 얻기 전, 뉴턴의 법칙이 참일 확률 p(h)를 0.8이라고 가정하자. 따라서 핼리 혜성이 예상 위치에 나타나면, p(h/e) = (0.95) × (0.8)/(0.8) = 0.95가 된다. 즉, e로 기술된 증거가 뉴턴의 법칙의 확률을 0.8에서 0.95로 높인 것이다.

그러나 이제 수성의 근일점 세차(perihelion precession)에 대한 새로운 자료를 얻었다고 가정해 보자. 즉, 그 자료는 태양 주위를 도는 수성의 타원 궤도가 그 자체로 흔들려서 수성과 태양 사이의 가장 가까운 지점이 계속 이동한다는 것을 보여준다. 실제로 그랬던 것처럼, 그 값이 뉴턴의 법칙(및 그것을 적용하는 데 사용된 보조 가설들)이 예상하는 것보다 훨씬 더 높아서 p(e/h)가 낮아졌다고 가정해 보자. 예를 들어 0.3이라고 하자. 뉴턴의 법칙이 이 자료를 예상하게 하지 않았기 때문에, e의 **사전 확률** p(e)는 낮아야 한다. 따라서 p(e)를 0.2라고 하고, 뉴턴의 법칙에 보조 가설들을 더했을 때 그러한 예상치 못한 자료의 사전 확률 p(e/h)도 꽤 낮을 것이다. 예를 들어 0.1이라고 하자. 뉴턴의 법칙과 보조 가설에 대한 p(h)가 0.95라면, 베이즈 정리에 따르면 새로운 e, 즉 수성의 근일점 세차 자료에 대해, p(h/e) = (0.1) × (0.95)/(0.2) = 0.475가 되어 0.95에서 크게 하락한다. 물론, 뉴턴의 법칙이 해왕성과 천왕성의 존재를 밝혀낸 이전의 성공을 상기하며, 이 하락에 대한 초기 비난은 보조 가설들로 돌아갔다. 베이즈 정리는 심지어 그 이유를 우리에게 보여줄 수 있다. 비록 우리의 예에서 수치들이 임의로 만들어진 것이지만, 이 경우 보조 가정들은 결국 정당화되었고, 예상보다 훨씬 큰 수성의 근일점 세차에 대한 자료는 뉴턴의 이론을 훼손했으며, (베이즈 정리의 또 다른 적용이 보여주듯이) 아인슈타인의 대안 이론인 상대성 이론의 확률을 높였다.

철학자들과 많은 통계학자들은 과학자들이 가설을 시험하기 위해 사용하는 추론이 베이즈 정리에 따라 추론하는 것으로 재구성될 수 있다고 주장한다. 이 이론가들은 베이즈주의자들(Bayesians)이라고 불리며, 과학에서 이론의 수용과 거부의 역사가 베이즈 정리를 따른다는 것을 보여줌으로써, 실제로 이론 시험이 처음부터 확고한 기반 위에 있었다는 것을 증명하려고 한다. 다른 철학자들과 통계 이론가들은 자료를 얻기 어렵거나, 신뢰할 수 없거나, 시험 중인 가설과 간접적으로만 관련이 있을 때 과학적 가설의 확률을 결정하기 위해 베이즈 정리를 적용하려고 시도한다. 예를 들어, 그들은 현재 살아있는 종들의 유전자에 있는 폴리뉴클레오티드 서열의 차이에 대한 자료에 베이즈 정리를 적용하여, 조상 종이 서로 분화하는 것과 같은 진화적 사건에 대한 다양한 가설들의 확률을 결정하려 한다.

베이즈 정리가 정말 얼마나 도움이 되는가?

베이즈주의는 경험적 시험의 본질에 대해 실제로 얼마나 많은 이해를 제공할까? 그것은 과학의 경험론적 인식론과 관찰 가능한 사건들을 설명하는 관찰 불가능한 사건 및 과정에 대한 과학의 신념을 조화시킬 수 있을까? 흄이 제기한 귀납 문제를 해결할 수 있을까? 이 질문들에 답하기 위해, 우리는 먼저 이 모든 'p'들이 상징하는 확률이 무엇이고 어디에서 유래하는지를 이해해야 한다. 우리는 특정 가설 h가 참일 확률인 p(h)의 의미를 파악해야 한다. 우리가 답해야 할 질문은 적어도 두 가지가 있다. 첫째, 어떤 가설 h에 대한 특정 확률값 p(h)를 참이거나 올바른 값으로 만드는 세계에 대한 사실은 무엇인지에 대한 '형이상학적' 질문이 있다. 둘째, 이러한 확률값에 대한 우리의 추정치를 정당화하는 인식론적 질문이 있다. 첫 번째 질문은 확률 진술의 의미에 대한 질문으로도 이해될 수 있으며, 두 번째 질문은 그것들이 일반적인 이론과 미래의 사건에 대한 귀납적 결론을 어떻게 정당화하는지에 대한 질문이다.

과학철학에서 베이즈주의가 등장하기 훨씬 전부터 확률 진술의 의미는 이미 논란이 되는 문제였다. 베이즈 정리의 적용에 부적합하다고 배제할 수 있는 몇 가지 전통적인 확률 해석들이 있다. 그중 하나는 룰렛이나 블랙잭과 같은 공정한 찬스 게임(fair games of chance)에서 나타난다고 여겨지는 확률 해석이다. 공정한 룰렛 게임에서 공이 특정 구멍에 들어갈 확률은 정확히 1/37이거나 1/38이다. 왜냐하면 공이 들어갈 수 있는 구멍이 37개(유럽에서는 38개) 있기 때문이다. 룰렛 휠이 공정하다고 가정할 때, 공이 8번 칸에 착지할 것이라는 가설의 확률은 정확히 1/37 또는 1/38이며, 우리는 이것을 선험적으로 알 수 있다. 즉, 우리는 경험 없이도 얼마나 많은 가능성이 있는지, 그리고 각각이 동일하게 확률적이라는 것을 선험적으로 알기 때문이다(물론 룰렛 휠이 공정하다는 지식은 어쨌든 선험적으로 얻을 수 없다!). 그러나 유한한 양의 자료를 설명할 수 있는 가설에 관해서는 가능성의 수에 제한이 없고, 각각이 동일한 확률을 가진다고 생각할 이유도 없다. 따라서 인간 세포의 핵에 있는 염색체 수와 같은 가설의 확률은 가능성을 세어 1을 가능성의 수로 나누는 방식으로 선험적으로 결정될 수 없다.

확률에 대한 또 다른 해석은 경험적 관찰을 포함하는데, 예를 들어 동전 던지기가 있다. 동전 앞면이 나올 빈도를 확인하기 위해 동전을 여러 번 던지고, 앞면이 나온 횟수를 던진 횟수로 나눈다. 이 빈도가 앞면이 나올 확률의 좋은 추정치가 될까? 던진 횟수가 많고, 우리가 유한한 횟수의 동전 던지기로 계산한 빈도가 특정 값으로 수렴하여 계속해서 아무리 많이 던져도 그 값 근처에 머무를 때 그러할 것이다. 만약 그러한 값이 있다면, 우리는 이를 **장기 상대 빈도**(long-run relative frequency)라고 부를 수 있다. 그리고 우리는 이를 동전의 앞면이 나올 확률의 척도로 취급한다.

그러나 앞면의 장기 상대 빈도가 앞면이 나올 확률과 동일한 것일까? 이 질문은 다음 던지기에서 앞면이 나올 가능성과 장기 상대 빈도가 0.5라는 사실 사이에 어떤 연관이 있는지 묻기 전까지는 어리석게 들린다. 장기 상대 빈도가 0.5라는 것은 총 던진 횟수가 매우 많아서 100만이라는 수가 총 던진 횟수에 비해 작은 수일 경우, 연속으로 10번, 100번, 또는 100만 번 앞면이 나오는 것과 양립할 수 있다는 점에 주목하라. 만약 이것이 맞다면, 장기 상대 빈도는 모든 앞면 또는 모든 뒷면이 나오는 어떤 유한한 연속 결과와도 양립할 수 있으며, 당연히 다음 던지기에서 뒷면이 나오는 것과도 완벽하게 양립할 수 있다. 이제 다음 던지기에서 동전의 앞면이 나올 확률이 얼마인지 알고 싶다고 가정해 보자. 만약 다음 던지기에서 앞면이 나올 확률이 그 특정 던지기의 성질이라면, 이는 장기 상대 빈도와는 다른 것이다(장기 상대 빈도는 다음 234,382번의 던지기가 모두 뒷면이 되는 것과 완벽하게 양립할 수 있다). 우리는 장기 결과를 다음 던지기와 연결하는 어떤 원칙이 필요하다. 장기 상대 빈도에서 다음 던지기에서 앞면이 나올 확률로 우리를 이끄는 한 가지 원칙은, 동전이 어떤 유한한 연속 결과에서도 장기적으로 하는 일을 할 것이라고 가정하는 것이다. 그러나 이 원칙은 단순히 거짓이다. 장기 상대 빈도를 다음 발생 확률과 연결하는 더 나은 원칙은 다음과 같다. 만약 당신이 장기 상대 빈도를 안다면, 동전의 앞면이 나올지 뒷면이 나올지에 어떻게 베팅해야 하는지 알고 있다면, 동전의 앞면이 나올지 뒷면이 나올지에 어떻게 돈을 걸어야 할지 알게 된다. 그리고 만약 앞면에 반대하는 모든 내기에 1:1 이상의 배당률로 돈을 건다면, 당신은 결국 이길 것이다. 그러나 이것은 도박사로서 당신이 무엇을 해야 하는지에 대한 결론이지, 동전이 실제로 무엇을 할 것인지에 대한 결론이 아니라는 점에 주목하라. 우리는 이 통찰을 다시 다룰 것이다.

장기 상대 빈도가 기록이 없는 가설에 대한 확률값을 제공할 수 있을까? 어떻게 그럴 수 있을지 이해하기 어렵다. 새로운 가설을 막 던지려는 새 동전에 비유해 보자. 장기 상대 빈도 자료는 새 동전의 앞면이 나올 가능성에 0.5의 확률을 부여할 만한 근거를 제공한다. 그렇다면 새로운 가설과 관련된 기존 가설들의 기록이 있을까? 우리가 새 동전을 옛 동전들과 비교할 수 있는 것처럼, 유사한 가설들의 적절한 부류와 비교할 수 있어야만 가능하다. 하지만 가설들은 동전과 같지 않다. 동전과 달리, 가설들은 서로에 대한 유사성을 측정하기 위해 등급을 매겨야 하는 방식으로는 정량화할 수 없는 방식으로 서로 다르다. 지난 과학사 동안 정립된 유사한 가설들의 참과 거짓에 대한 기록을 우리가 식별할 수 있다고 하더라도, 우리는 (a) 유한하고 실제적인 연속으로부터 장기 상대 빈도로 추론을 정당화하는 문제와 (b) 장기 상대 빈도로부터 다음 사례, 즉 새로운 가설로의 추론을 정당화하는 문제에 직면하게 될 것이다. 동전 던지기의 경우, 장기 상대 빈도는 다음 던지기에 대해 어떻게 베팅해야 하는지에 대한 최선의 지침일 뿐이라는 점을 상기하라. 아마도 이론 시험이 요구하는 확률의 종류는 도박사의 확률, 즉 '주관적 확률'(subjective probability)이라고 불리게 된 그것일 것이다. 그것이 '주관적'이라고 불리는 이유는 그것이 도박사, 그리고 도박사가 과거와 미래에 대해 믿는 것에 대한 사실을 반영하기 때문이며, '확률'이라고 불리는 이유는 도박사가 거는 베팅이 확률 공리를 따라야 하기 때문이다.

과학적 시험에서 적절한 확률이 주관적 확률, 즉 도박사의 배당률이라는 주장이 바로 베이즈주의의 특징이다. 베이즈주의자는 우리가 p(h/e)를 계산하는 데 필요한 세 가지 확률 중 적어도 두 가지는 단지 베팅 배당률의 문제이며, 그것들은 특정한 약한 제약 조건에서 어떤 값이라도 가질 수 있다고 주장한다. 당신과 나는 최선의 베팅 배당률이 실제 빈도나 장기 상대 빈도에 대한 우리의 이전 경험을 반영하는 것이라고 생각하기 쉽지만, 베이즈주의는 이와 다른 관점을 취한다. 베이즈주의자들은 장기적으로 어떤 값으로 시작하든 상관없이, 베이즈 정리가 과학자를 증거에 의해 가장 잘 뒷받침되는 (사용 가능한) 가설로 확실하게 이끌 것이라고 주장한다. 이 놀라운 주장은 설명과 정당화를 요구한다.

p(e/h)의 값을 계산하는 것은 h가 참일 경우 e가 얻어질 확률에 값을 부여하는 문제이다. 이는 보통 쉽게 할 수 있다. 만약 h가 e나 e에 가까운 자료를 예상하게 한다면, p(e/h)는 매우 높을 것이다. 문제는 베이즈 정리를 사용하려면 '사전 확률', 즉 p(h)와 p(e)라는 입력값도 계산해야 한다는 것이다. 특히 p(h)는 문제가 된다. 결국 h가 아무도 생각해 본 적 없는 새로운 이론이라면, 그 이론이 참일 확률에 대해 왜 어떤 특정한 정답이 있어야 할까? 그리고 우리의 자료 보고가 옳을 확률인 p(e)에 값을 할당하는 것은 너무나 많은 보조 가정을 포함할 수 있어서, 설령 올바른 값이 있다고 해도 그것이 무엇인지 알아내기 어렵다. 베이즈주의자는 이것이 문제가 되지 않는다고 주장한다. p(h)와 p(e)(그리고 p(e/h)도)는 단순히 믿음의 정도이며, 믿음의 정도는 과학자가 자신의 믿음이 옳은지에 대해 어떤 베팅 배당률을 받아들이거나 거부할지에 대한 문제일 뿐이다. 받아들이는 배당률이 높을수록 믿음의 정도는 강하다. 여기서 베이즈주의자는 불확실성하에서의 합리적 선택 이론을 발전시킨 경제학자들과 다른 이들의 방식을 차용한다. 믿음의 정도를 측정하는 방법은 믿는 사람에게 그 믿음의 참에 반하는 내기를 제안하는 것이다. 다른 조건이 같다면, 당신이 합리적이고 h가 참이라는 내기에 4:1의 배당률로 기꺼이 내기를 건다면, h가 참이라는 당신의 믿음의 정도는 0.8이다. 5:1의 배당률을 기꺼이 받아들인다면 당신의 믿음의 정도는 0.9에 약간 못 미친다. 확률은 믿음의 정도와 동일하다. 이러한 방식으로 당신의 믿음의 강도를 측정하기 위해 동일해야 하는 다른 조건들은 (a) 당신이 충분한 돈을 가지고 있어서 잃는 것에 대한 두려움이 얻을 것에 대한 기대감을 압도할 정도로 위험을 꺼리지는 않는다. 그리고 (b) 당신이 자신의 믿음에 할당하는 믿음의 정도가 논리학의 규칙들과 위의 세 가지 확률 법칙들을 따른다는 것이다. 당신의 믿음의 정도, 즉 확률 할당이 이 두 가지 가정을 따르는 한, 베이즈주의자는 당신이 할당하는 초기값 또는 '사전 확률'이 완벽하게 임의적일 수 있지만, 그것은 사실 중요하지 않다고 말한다. 베이즈주의적 용어로, 점점 더 많은 자료가 들어옴에 따라 사전 확률은 '사라질'

것이다. 즉, 베이즈 정리를 사용하여 사전 확률을 '갱신'할 때, 즉 새로운 p(e)들을 최신 p(e/h)에 대입할 때, p(h/e)의 연속적 값들은 우리가 어떤 초기값으로 시작하든 상관없이 올바른 값으로 수렴할 것이다! 사전 확률은 베이즈 정리를 적용하기 전 개별 과학자의 순전히 주관적인 믿음의 정도에 대한 척도일 뿐이다. 확률이 어떤 세계에 대한 사실을 보고하는지에 대한 우리의 형이상학적 질문에 답하자면, 사전 확률은 세계에 대한 사실을 보고하지 않으며, 적어도 우리의 믿음과 독립적인 세계에 대한 사실은 보고하지 않는다. 확률에 대한 우리의 추정치를 정당화하는 것이 무엇인지에 대한 인식론적 질문에 답하자면, 사전 확률에 관해서는 우리의 추정치가 확률의 공리를 따른다는 것 외에는 더 이상의 정당화가 필요하지도 가능하지도 않다.

사전 확률인 p(h)나 p(e)에 대해서는 옳고 그른 답이 없으며, 이 확률들의 값이 확률의 규칙과 베팅에 대한 논리적 일관성을 따르는 한 문제가 되지 않는다. 논리적 일관성이란 간단히 말해 도박업자들이 당신을 '머니 펌프'(Money Pump)로 이용할 수 없도록 내기해야 한다는 의미다. 도박업자들에게 '머니 펌프'란 비합리적인 방식으로 내기를 걸도록 유도된 사람을 말한다(예를 들어, A팀이 B팀을 이길 것, B팀이 C팀을 이길 것, C팀이 A팀을 이길 것이라고 내기하는 것). 어떤 사람이 이런 일련의 내기를 하면, 어떤 팀이 이기든 도박업자들은 돈을 벌게 되어 있다. 당신이 머니 펌프가 되지 않기 위해 해야 할 한 가지는 확률론의 공리에 따라 내기를 배분하는 것이다.

확률론의 또 다른 정리는 새로운 증거가 들어올 때 베이즈 정리를 끊임없이 적용하여 우리의 사전 확률을 '갱신'하면, 모든 과학자가 할당하는 p(h)의 값이 각 과학자가 원래 사전 확률을 할당할 때 어디서 시작했는지와 상관없이 단일 값으로 수렴할 것이라는 것을 보여준다. 따라서 사전 확률은 임의적일 뿐만 아니라, 임의적이라는 사실 자체가 중요하지 않다! 일부 과학자들은 가정의 단순성 또는 경제성, 이미 증명된 가설과의 유사성, 가설을 표현하는 방정식의 대칭성과 같은 고려 사항을 바탕으로 사전 확률을 할당할 수 있다. 다른 과학자들은 미신, 미적 선호, 수 숭배, 또는 모자에서 표를 뽑는 방식으로 사전 확률을 할당할 수도 있다. 그들이 모두 베이즈 정리를 통해 새로운 증거에 조건화하는 한, 그것은 중요하지 않다.

과학자들이 실제로 사전 확률을 할당하는 방법에 대해 좋은 이유를 제시한다는 것이 과학적 시험에 대한 이런 설명에 대한 큰 반론은 되지 않는다. 우선, 베이즈주의는 이러한 근거들을 비난하지 않는다. 최악의 경우라도 그저 그것에 대해 침묵할 뿐이다. 그러나 만약 가설의 단순성이나 형식의 대칭성과 같은 특징들이 실제로 사전 확률을 높인다면, 이는 그러한 특징을 가진 가설이 베이즈 정리를 통해, 그 특징이 없는 경쟁 가설들보다 더 높은 사후 확률을 얻게 되기 때문이다. 더 중요한 것은, 경제성, 단순성, 대칭성, 불변성, 가설의 다른 형식적 특징에 대한 고려에 호소하는 과학자들의 추론을 지지하려는 시도들은 그러한 특징들이 가설의 객관적 확률을 높인다고 주장함으로써, 과학적 시험에 의미 있는 유일한 확률은 베이즈주의적 주관적 확률이라는 문제에 직면하게 된다는 점이다. 더욱이, 이러한 방식으로 이해될 때, 일부 베이즈주의자들은 확률이 결국 입증의 전통적인 문제들 중 일부를 다룰 수 있다고 주장한다.

베이즈주의와, 어쩌면 증거가 이론을 입증하는 방법에 대한 다른 설명들이 직면한 주요 문제 중 하나는 '오래된 증거의 문제'(problem of old evidence)이다. 과학에서는 어떤 가설이 공식화되기 훨씬 전부터 이미 잘 알려진 자료에 의해 그 가설이 강력하게 입증되는 경우가 드물지 않다. 사실, 14장에서 보겠지만, 이것은 과학혁명이 일어나는 상황의 중요한 특징이다. 뉴턴 이론은 갈릴레오와 케플러의 이론이 기반으로 했던 자료를 설명해 냄으로써 강력하게 입증되었다. 아인슈타인의 일반 상대성 이론은 빛의 속도 불변성과 수성의 근일점 세차와 같이 이전에 인식되었지만 매우 예상치 못했던 자료를 설명했다. 이 두 경우, $p(e) = 1$이고 $p(e/h)$는 매우 높다. 이 값들을 베이즈 정리에 대입하면 다음과 같은 결과를 얻는다.

$$p(h/e) = \frac{1 \times p(h)}{1} = p(h)$$

다시 말해, 베이즈 정리에 따르면 오래된 증거는 가설(이 경우 뉴턴의 법칙이나 일반 상대성 이론)의 사후 확률을 전혀 높이지 않는다. 베이즈주의자들은 이 문제를 해결하기 위해 많은 노력을 기울여 왔다. 한 가지 전략은 '고통을 감수하고' 오래된 증거는 사실 새로운 가설을 입증하지 않는다고 주장하는 것이다. 이러한 접근은 이용가능한 증거에 맞춰 의도적으로 설계된 가설에 대한 기존의 비판과 맥을 같이 한다. 의도적으로 '곡선 맞추기'를 통해 가설을 구성하는 과학자들은 정당하게 비판받으며, 그들의 가설은 종종 임시방편적(ad hoc)이라는 이유로 설명력을 부정당한다. 이 전략의 문제는 오래된 증거가 새로운 가설을 입증하지 않는다는 원래의 베이즈주의적 문제를 해결하기보다는, 오히려 오래된 증거가 가설에 맞춰졌기 때문에 입증하지 않는 경우와 뉴턴의 이론 및 아인슈타인의 이론이 오래된 증거에 의해 입증된 경우를 어떻게 구별할지에 대한 또 다른 문제를 낳는다는 것이다.

오래된 증거 문제에 대한 대안적인 접근은 베이즈 정리에 p(e)에 1과 다른 값을 부여하는 규칙을 보충하는 것이다. 예를 들어, e가 실제로 과거에 관찰되기 전에 p(e)가 가졌을 값을 부여하거나, 혹은 현재의 과학적 믿음에서 e와 e가 그럴듯하게 만드는 모든 것을 삭제한 다음 다시 돌아가 p(e)에 (아마도 1보다 낮을) 값을 할당하는 것이다. 이 전략은 채택하기에 극도로 어렵다는 것이 명백하다. 그리고 어떤 과학자라도 의식적으로 이런 식으로 생각할 가능성은 (주관적으로) 희박하다. 베이즈주의에 반대하는 많은 철학자들과 과학자들은 베이즈주의를 과학적 시험의 실제 특성을 설명하는 프로그램으로 발전시키는 데 직면하는 어려움 때문이 아니라, 이 접근이 주관주의를 고수하기 때문에 반대한다. 과학자가 가설에 주관적인 사전 확률을 할당하더라도, 그들의 주관적 확률이 단일 값으로 수렴할 것이라는 베이즈주의의 주장은 반대자들에게 충분한 위안이 되지 않는다. 일단, p(h)의 값은 우리가 완전하고 상호 배타적인 경쟁 가설들의 집합으로 시작하지 않는 한 수렴하지 않을 것이다. 과학에서는 결코 그런 경우가 없는 것처럼 보인다. 게다가, 반대자들은 베이즈주의 조건화를 통해 모든 과학자가 수렴하게 될 값이 p(h)에 대한 '올바른' 값이라고 주장할 근거가 없다고 주장한다. 이 반론은 물론 올바른, 즉 객관적으로 정확한 확률이라는 것이 존재한다고 가정하므로, 베이즈주의자에 맞서 선결문제 요구의 오류를 범한다. 그러나 이것은 베이즈주의가 일부 철학자들이 바랐던 것처럼 흄의 귀납 문제에 대한 해결책이 아님을 보여준다.

다른 확률 해석들도 거의 마찬가지이다. 만약 일련의 사건들이 어떤 확률값으로 수렴하고 영원히 그 근처에 머무르는 장기 상대 빈도를 보여준다면, 우리는 적어도 베팅 배당률을 위해 그것들에 의존할 수 있을 것이다. 그러나 장기 상대 빈도가 어떤 값으로 수렴할 것이라고 말하는 것은 단순히 자연이 균일하다는 것, 즉 미래가 과거와 같을 것이라고 단언하는 것이므로 흄의 문제를 순환적으로 요구한다. 마찬가지로, 시간과 공간에 걸쳐 균일하게 작동하는 확률적 성향(probabilistic propensities)을 가설로 세우는 것 역시 흄의 주장에 대해 선결문제 요구의 오류를 범한다. 일반적으로 확률은 귀납이 정당화될 때만 유용하며, 그 반대는 아니다.

베이즈주의가 직면한 더 심각한 문제가 있다. 이는 경험론과 이론 과학에서의 설명을 조화시키는 방법을 논의할 때 우리가 부딪혔던 문제와 동일하다. 경험론은 지식이 관찰로 정당화된다는 학설이므로, 일반적으로 관찰을 기술하는 진술에 가장 높은 확률을 부여하고, 이론적 실재에 대해 주장하는 진술에는 더 낮은 확률을 부여해야 한다.

이론이 관찰을 설명하므로, 우리는 이론과 관찰 사이의 관계를 (t and t → h)로 표현할 수 있다. 여기서 t는 이론이고, t → h는 이론 t의 이론적 주장들과 이론이 예상하게 하는 자료를 기술하는 관찰적 일반화 h 사이의 설명적 관계이다. t와 h 사이의 관계는 논리적으로 연역적이거나 혹은 더 복잡한 관계일 수 있다. 그러나 p(h)는 결코 p(t and t → h)보다 낮아서는 안 된다. 후자의 전건은 관찰 불가능한 것에 대한 진술이고, 그 유일한 관찰적 결과가 h이기 때문이다. 증거에 대한 베이즈주의 조건화는 결코 우리가 h 단독보다 (t and t → h)를 더 선호하도록 이끌지 못할 것이다. 그러나 이것은 베이즈주의가 왜 과학자들이 이론으로부터 유도되는 관찰적 일반화에만 높은 주관적 확률을 부여하지 않고, 이론 그 자체를 받아들이는지 설명할 수 없다는 것을 의미한다.

물론, 어떤 이론의 설명력이 높은 사전 확률을 부여하는 이유가 된다면, 과학자들이 이론을 받아들이는 행위는 베이즈주의 관점에서 합리적일 것이다. 그러나 믿음의 정도를 강화하는 데 설명력에 그러한 역할을 부여하려면, 설명에 대한 상세한 규명이 필요하다. 그것도 아무 설명이나 되는 것은 아니다. 예를 들어, 설명 현상이 적어도 높은 확률로 예상될 수 있음을 보여주는 것이 주요 장점인 연역 법칙적 모델로는 충분하지 않다. 다시 말해, 연역 법칙적 모델은 설명력을 확률 강화에 기반을 두기 때문에, 이론에 대한 확신의 원천으로서 확률을 대체할 수 없다. 베이즈주의자는 이론이 주로 관찰을 넘어 그 이면의 근본 메커니즘까지 파고들기 때문에 설명력이 있다는 매력적인 주장을 할 수 없다.

요약

경험론은 과학적 지식의 정당화에서 관찰의 역할을 이해하려 했던 인식론이다. 17세기부터, 또는 그 이전부터, 홉스, 로크, 버클리, 흄, 밀과 같은 영어권 철학자들의 전통은 과학의 성공에서 영감을 얻었고, 경험적 문제에서 과학의 특별한 권위를 뒷받침하는 철학적 논증을 찾았다. 그렇게 함으로써, 이 철학자들과 그들의 후계자들은 과학철학의 의제를 설정했고, 겉보기에는 단순하고 명확한 이론과 증거 사이의 관계가 얼마나 복잡한지를 드러냈다.

그러나 경험론자들이 과학적 방법과 그 주장의 인식론적 근거에 대한 평가에 비판적이지 않았던 적은 없었다. 우리는 이전 장들에서 이론 용어의 의미와 과학적 실재론과 관련하여 이러한 문제 중 일부를 보았다. 여기서는 과학의 공식적인 인식론으로서 경험론이 직면하는 또 다른 문제, 즉 흄으로 거슬러 올라가는 귀납 문제를 탐구했으며, 이는 경험론자와 합리론자 모두 직면하는 또 다른 문제이다.

20세기에 영국 경험론자들의 후예인 논리실증주의자들 (혹은 그들 중 일부가 선호했던 논리경험주의자들)은 선배들의 경험론적 인식론을 논리, 확률론, 통계적 추론의 발전과 결합하여 로크, 버클리, 흄이 시작한 프로젝트를 완성하려 했다. 특히, 철학자들은 흄이 귀납 문제를 제기한 시점에 제시된 결과물인 베이즈 정리를 사용하여 증거가 과학에서 가설을 어떻게 뒷받침하는지 이해하려 했다. 그러나 우리는 확률에 의존하는 것이 결코 문제가 없는 일이 아니라는 것을 알게 되었다. 사실 확률은 해결할 수 있는 문제들과 함께 그 자체의 문제들을 야기한다. 다음 장에서 우리는 이러한 문제들을 더 많이 접하게 될 것이다. 과학의 인식론을 밝히는 데 경험론이 직면하는 문제들은 그럴듯한 대안이 줄어드는 와중에도 계속해서 쌓여가고 있다.

학습 문제

1. 다음 주장을 비판적으로 검토하라: "많은 과학자가 인식론에 전혀 개의치 않고 과학을 성공적으로 수행한다. 과학에 '공식적인 인식론'이 있고, 그것이 경험론이라는 생각은 잘못되었다."
2. 로크를 현대 과학적 실재론의 아버지라고 부르고, 버클리를 도구주의의 창시자라고 부르는 것이 왜 옳은가? 버클리는 과학의 성공에 대한 최선의 설명으로의 추론으로서의 실재론 논증에 어떻게 대응하겠는가?

3. 법정에서 사용되는 증거에 대한 일상적인 개념과, 과학자가 일반 이론을 시험할 때 사용하는 용어 사이에는 어떠한 관계가 성립해야 하는가?
4. 과학에서 '확률'이라는 단어에는 여러 가지 다른, 그러나 양립 가능한 의미가 있다는 주장을 지지하라. 그중 하나가 다른 것들보다 더 근본적인가?
5. 귀납 문제를 해결하기 위해 베이즈 정리에 무엇을 추가해야 하는가?

추천 도서

존슨(G. Johnson)의 『논증과 추론』(*Argument and Inference*)은 학생들을 위한 연습문제를 포함하여 귀납 논리(및 연역 추론)를 설명하는 최근 저서이다. 좀 더 고전적인 교재로는 해킹(I. Hacking)의 『확률과 귀납 논리 입문』(*Introduction to Probability and Inductive Logic*)이 있다.

경험론은 로크의 『인간 오성론』(*Essay on Human Understanding*)에서 공식적으로 시작된 것으로 흔히 여겨진다. 버클리의 『인간 지식의 원리』(*Principles of Human Knowledge*)은 짧지만 강력하다. 책의 마지막 3분의 1은 로크의 실재론과 대비되는, 과학에 대한 명시적인 도구주의적 개념을 발전시킨다. 버클리는 관념론, 즉 지각되는 것만이 존재하고 우리가 지각하는 유일한 것은 관념이므로 오직 관념만이 존재한다는 논제를 주장했다. 그의 주장은 논리실증주의자들이 처음 채택했던 것과 동일한 언어 이론에 기반한다. 즉, 모든 용어의 의미는 그것이 명명하는 감각적 관념에 의해 주어진다. 버클리의 저서에 대해 흄은 『인간 오성에 관한 탐구』(*Enquiry Concerning Human Understanding*)에서 "반박의 여지가 없지만, 설득력도 없다"라고 썼다. 이 책에서 그는 2장에서 논의된 인과 이론, 버클리부터 논리실증주의자에 이르기까지 경험론자들에게 공통된 언어 이론, 귀납 문제를 발전시킨다. 러셀(B. Russell)의 유명한 논문 "귀납에 관하여"(On Induction)는 발라쇼프와 로젠버그의 책에 재수록되어 20세기 분석철학에서 흄의 논증을 중심 무대로 가져왔다.

밀(J. S. Mill)의 『논리 체계』(*A System of Logic*)는 19세기에 경험론 전통을 이어갔으며, 오늘날에도 '밀의 귀납법'이라는 이름으로 널리 사용되는 실험 과학의 규범을 제안했다. 물리학자 마흐(Ernst Mach)는 『감각의 분석』(*The Analysis of Sensation*)에서 볼

츠만(Ludwig Boltzmann)의 원자론에 맞서 경험적으로 근거가 없는 이론에 대한 버클리의 공격을 수용했다. 이 저서는 아인슈타인에게 큰 영향을 주었다. 20세기 전반에는 카르납(R. Carnap)의 『귀납적 방법의 연속』(*The Continuum of Inductive Methods*)과 라이헨바흐(H. Reichenbach)의 『경험과 예측』(*Experience and Prediction*)과 같은 중요한 입증 이론들이 논리경험론자들에 의해 발전되었다. 그들의 젊은 동료들과 학생들은 이 이론들과 그 문제들을 해결하기 위해 고군분투했다.

새먼(W. Salmon)의 『과학적 추론의 기초』(*Foundations of Scientific Inference*)는 흄부터 실증주의자 및 그 후계자들에 이르는 입증 이론의 역사에 대한 유용한 입문서이다. 스토브(D. C. Stove)의 『흄, 확률, 그리고 귀납』(*Hume, Probability, and Induction*)은 확률적으로 귀납 문제를 해결하려고 시도한다.

새비지(L. Savage)의 『통계학의 기초』(*Foundations of Statistics*)는 제프리(R. Jeffrey)의 『의사결정의 논리』(*The Logic of Decision*)처럼 베이즈주의에 대한 엄밀한 설명을 제공한다. 철학적으로 정교한 설명은 호르위치(P. Horwich)의 『확률과 증거』(*Probability and Evidence*)에 실려 있다. 베이즈주의에 대한 입문은 새먼의 『과학적 추론의 기초』에서 찾을 수 있다. 새먼은 "베이즈 정리와 과학사"(Bayes' Theorem and the History of Science)라는 논문에서 역사적 사례에 대한 베이즈 정리의 적용을 지지하며, 이 논문은 발라쇼프와 로젠버그의 책에 재수록되어 있다. 스윈번(R. Swinburne)의 『베이즈 정리』(*Bayes' Theorem*)는 베이즈 정리와 그 결과를 다룬 최근 논문들을 모아 놓았다. 새먼의 베이즈 정리와 과학적 변화에 관한 중요한 논문들은 랭의 선집과 커드 및 커버의 선집에 재수록되어 있다.

오래된 증거의 문제 등이 원인이 되어, 글리무어(C. Glymour)는 『이론과 증거』(*Theory and Evidence*)에서 베이즈주의에 반대 의견을 표했다. 그의 관련 논문 중 "설명, 시험, 통일성, 그리고 필연성"(Explanation, Tests, Unity and Necessity)은 랭의 선집에, "왜 나는 베이지안이 아닌가"(Why I Am Not a Bayesian)는 커드와 커버의 선집에 재수록되어 있다.

과학철학자 메이요(Debora Mayo)는 가설이 "엄격한 시험"을 거쳐야 한다는 주장을 지지하며 베이즈주의적 가설 시험 접근에 오랫동안 반대해 왔다. 메이요의 『오류와 실험적 지식의 성장』(*Error and the Growth of Experimental Knowledge*)을 참고하라.

애친슈타인(P. Achinstein)의 『증거의 개념』(*The Concept of Evidence*)은 증거로부터 이론으로의 추론의 복잡성과 증거의 개념과 확률 개념의 관계를 반영하는 논문들을 모아놓은 선집이다.

스킴스(B. Skyrms)의 『제논에서 차익거래까지: 양, 정합성, 그리고 귀납에 관한 에세이』(*From Zeno to Arbitrage: Essays on Quantity, Coherence, and Induction*)는 귀납 문제에 대한 최근의 고급 논문이다.

11장 입증, 반증, 과소결정

개요

흄의 귀납 문제에 만족하지 못한 20세기 철학자들은 현대 과학의 주요 특징인 일반 법칙과 이론의 토대를 제공하는 경험론적 인식론이 극복해야 할 몇 가지 더 근본적인 개념적 문제들을 만들어냈다. 여기에는 헴펠의 귀납의 역설과 굿맨의 '새로운 귀납의 수수께끼'가 포함된다. 이 두 가지 모두 가설 시험이 얼마나 깊이 이론적으로 얽혀 있는지를 보여준다.

20세기 주요 철학자 중 한 명인 포퍼는 귀납 문제를 해결할 방법을 찾았다고 생각했다. 사실 그는 이론에 대한 증거를 쌓아 올리는 전체 과정이 과학의 본질과 진행 방식에 대한 깊은 오해라고 생각했다. 아이러니하게도, 이론 시험에 대한 그의 접근을 추구한 결과는 문제를 해결하는 데 실패했을 뿐만 아니라, 경험론에 매우 강력한 도전을 제기하여, 과학이 경험에 의해 통제된다는 사실 자체를 부정하고 심지어 과학의 객관성 전체를 위협하는 움직임을 낳았다.

가설 시험의 인식론적 문제

모든 과학자와 마찬가지로, 우리가 귀납 문제를 해결할 수 있거나, (많은 철학자들이 제안했듯이) 아예 문제가 되지 않는다고 가정해 보자. 경험을 통해 미래와 법칙에 대한 지식을 얻을 수 있다는 것을 받아들이자. 이것은 경험론자의 주장이라는 점을 기억해야 한다. 이는 미래와 법칙에 대한 우리의 믿음을 무엇이 야기하는지에 대한 주장이 아니다. 누구나 경험이 그런 역할을 한다는 것을 인정할 것이다. 더 이상 세계가 어떻게 작동하는지에 대한 지식이 선천적이라고 여기는 사람은 없다. 경험론은 (단순히) 인과에 대한 논제가 아니라 정당화에 대한 논제다. 경험은 지식으로 간주되는 믿음들을 야기할 뿐만 아니라 정당화하기도 한다.

과학 법칙은 비록 우리가 관찰할 수 있는 것에만 국한된다 하더라도, 이용 가능한 데이터를 넘어선다. 왜냐하면 과학 법칙이 사실이라면, 그것은 그 법칙을 만든 과학자의 경험 속에서만이 아니라 모든 곳에서 항상 참이기 때문이다. 물론 이 때문에 과학은 오류 가능성을 갖는다. 과학 법칙, 즉 우리가 현재 가장 최선이라고 추정하는 가설은 틀린 것으로 판명될 수 있다(사실 대부분 그렇게 된다). 그러나 우리는 실험을 통해 이를 발견하고, 실험을 통해 이를 개선하며, 아마도 우리가 발견하고자 하는 자연 법칙에 더 가까워질 것이다.

과학자들이 축적하는 증거와 그 증거가 시험하는 가설 사이의 논리적 관계를 명시하는 것은 간단한 문제처럼 보일 수 있다. 하지만 과학철학자들은 가설 시험이 결코 쉽게 이해될 수 있는 문제가 아니라는 것을 발견했다. 처음부터 "모든 A는 B다"라는 형식의 일반 가설, 예를 들어 "모든 구리 표본은 전기 전도체다"와 같은 가설은 결정적으로 입증될 수 없다는 점이 인식되었다. 왜냐하면 가설은 무한한 수의 A에 대한 것일 수 있고, 경험은 유한한 수의 A에 대한 증거만을 제공할 수 있기 때문이다. 잠재적으로 무한한 수의 구리 표본에 대한 가설에 대해, 유한한 수의 관찰(매우 많은 수일지라도)은 극히 미미한 양의 증거일 수 있다. 기껏해야 경험적 증거는 가설을 어느 정도 뒷받침할 뿐이다. 그러나 앞으로 보게 되겠지만, 이는 같은 정도로 다른 많은 가설도 뒷받침할 수 있다. 게다가, 우리가 이미 보았듯이, 과학자들은 극히 적은 수의 실험이나 관찰을 바탕으로 엄격한 자연 법칙을 표현하는 가설을 정당하게 받아들이는 경우가 종종 있는데, 이는 매우 당혹스러운 일이다. 긍정적 증거와 그것이 입증하는 가설의 관계는 분명히 복잡하다.

반면에, 그러한 가설들은 최소한 반증될 수 있는 것처럼 보일 수 있다. 결국, "모든 A는 B다"라는 주장이 틀렸음을 증명하기 위해서는 B가 아닌 A 하나만 찾으면 된다.

한 마리의 검은 백조는 "모든 백조는 희다"라는 주장을 반박한다. 그리고 과학은 오류 가능성이 있으므로, **반증**의 논리를 이해하는 것은 특히 중요하다. 과학은 가설이 반증될 때까지 점점 더 엄격한 시험을 거쳐 발전하며, 이를 통해 가설은 수정되거나, 개선되거나, 더 나은 가설에게 자리를 내어줄 수 있다. 진리에 대한 과학의 점진적인 접근은 반증적 시험과 이에 대한 과학자들의 반응에 결정적으로 의존한다. 그렇다면 우리는 일반 가설이 완전히 입증될 수는 없지만, 완전히 또는 '엄격하게' 반증될 수는 있다고 주장할 수 있을까? 그러나 일반 가설은 엄격하게 반증 불가능하다는 것이 밝혀졌으며, 이는 과학을 이해하는 데 있어 가장 중요한 사실이다.

엄격한 반증은 불가능하다. 왜냐하면 일반 법칙만으로는 어떤 것도 도출되지 않기 때문이다. "모든 백조는 희다"라는 주장에서 흰 백조가 있다는 결론이 나오지 않는다. 백조가 전혀 없을 수도 있기 때문이다. 뉴턴의 제1법칙이 공허하게 참일 수 있다는 것을 상기해 보라. 모든 곳에 중력이 존재하기 때문에 우주에는 모든 힘으로부터 자유로운 물체가 없다. 백조에 대한 일반화를 시험하려면, 우리는 최소한 한 마리의 백조가 있다는 것을 독립적으로 확립한 다음 그 색깔을 확인해야 한다. 백조가 존재하며, 우리가 그것을 보기만 해도 실제 색깔을 파악할 수 있다는 주장은 '보조 가설' 또는 '보조 가정'이다. 가장 간단한 가설을 검사하는 것조차 '보조 가정', 즉 가설이 시험되는 조건에 대한 추가적인 진술을 필요로 한다. 예를 들어, "모든 백조는 희다"를 시험하려면 "이 새는 백조다"라는 것을 확립해야 하며, 이를 위해서는 그 새의 색깔 외에 백조에 대한 다른 일반화의 참을 가정해야 한다. 만약 우리 앞에 있는 회색 새가 회색 거위이고 회색 백조가 아니라면 어떨까? 단 한 번의 반증 시험으로는 그 오류가 시험 중인 가설에 있는지, 아니면 반증 증거를 찾아내는 데 필요한 보조 가정에 있는지 알 수 없다.

이 문제를 더 명확하게 이해하기 위해 PV = nRT를 시험하는 사례를 살펴보자. 이상 기체 법칙을 시험하기 위해 우리는 세 변수 중 두 변수(예: 기체 용기의 부피와 온도)를 측정하고, 이 법칙을 사용하여 예상 압력을 계산한 뒤, 이 예상 압력을 실제 값과 비교한다. 예상 값이 관찰된 값과 동일하면 증거가 가설을 뒷받침하는 것이다. 그렇지 않다면, 가설은 반증된 것으로 추정된다. 그러나 이상 기체 법칙을 검사하는 이 과정에서 우리는 기체의 부피와 온도를 측정해야 했다. 온도를 측정하려면 온도계가 필요하며, 온도계를 사용하려면 온도계가 열을 어떻게 측정하는지에 대한 하나 이상의 상당히 복잡한 가설을 받아들여야 한다. 예를 들어, 밀폐된 유리관 속의 수은이 가열될 때 팽창하고 균일하게 팽창한다는 과학 법칙이 있다. 그런데 이것은 또 다른 일반 가설, 즉 이상 기체 법칙을 시험하기 위해 우리가 필요로 하는 보조 가설이다. 만약 기체의 예상 압력 값이 관찰된 값과 다르다면, 문제는 우리의 온도계가 결함이 있었거나, 밀폐된 관 속 수은의 팽창이 온도 변화를 측정하는 방법에 대한 우리의 가설이 틀렸기 때문일 수 있다. 가령 유리관이 깨져서 온도계에 결함이 있었다는 것을 보여주기 위해서는 또 다른 일반 가설, 예를 들어, "유리관이 깨진 온도계는 온도를 정확하게 측정하지 못한다"는 가설이 전제된다.

많은 경우, 보조 가설은 산이 푸른 리트머스 종이를 붉게 만든다는 것과 같이 해당 분야의 가장 기본적인 일반화에 속하며, 아무도 진지하게 이의를 제기하지 않는다. 그러나 이 가설들이 틀릴 수 있는 논리적 가능성은 부인할 수 없으며, 이는 보조 가설이 참이라는 가정하에 시험되는 모든 가설이 원칙적으로는 보조 가설을 포기하고 그 오류를 보조 가설 탓으로 돌림으로써 반증으로부터 보호될 수 있음을 의미한다. 때때로 가설들은 실제로 반증으로부터 보호되는 경우가 있다. 다음은 반증이 시험 중인 이론이 아닌 보조 가설의 오류로 정당하게 부여된 고전적인 예이다. 19세기에 뉴턴 역학으로부터 유도된 목성과 토성의 밤하늘 위치에 대한 예측은 망원경 관측이 개선되면서 반증되었다. 그러나 천문학자들은 반증의 책임을 뉴턴의 운동 법칙에 돌리는 대신, 알려진 행성들 외에 목성과 토성에 작용하는 다른 힘이 없다는 보조 가정에 이의를 제기했다. 뉴턴의 법칙을 겉보기에는 반증하는 데이터와 일치시키기 위해 필요한 추가적인 중력이 얼마나 되는지, 그리고 어떤 방향에서 오는지 계산함으로써 천문학자들은 해왕성과 천왕성을 잇달아 발견하게 되었다.

논리적으로 볼 때, 과학 법칙은 이용 가능한 증거에 의해 완전히 입증될 수도 없고, 유한한 증거에 의해 결정적으로 반증될 수도 없다. 이것은 과학자들이 상반되는 증거 때문에 가설을 포기하거나 실험 결과 때문에 가설을 받아들이는 경우가 정당하지 않다는 것을 의미하지 않는다. 그것이 의미하는 것은 입증과 반증이 단순히 시험할 가설의 긍정적 또는 부정적 사례를 도출하는 것보다 더 복잡한 문제라는 것이다. 실제로 긍정적 사례라는 개념 자체도 이해하기 어려운 것으로 밝혀졌다.

'모든 백조는 희다'라는 가설을 생각해 보자. 흰 백조 한 마리와 검은 부츠 한 켤레가 있다고 하자. 이 둘 중 어느 것이 우리 가설의 '긍정적 사례'인가? 우리는 흰 백조만이 긍정적 사례이고, 검은 부츠는 가설과 아무 관련이 없다고 말하고 싶을 것이다. 그러나 논리적으로 볼 때, 우리는 이런 결론을 내릴 수 없다. 논리학은 '모든 A는 B다'가 '모든 B가 아닌 것(non-A)은 A가 아니다(non-A)'와 동치라고 말하기 때문이다.

이를 이해하기 위해 '모든 A는 B다'의 예외가 무엇인지 생각해 보자. 그것은 B가 아닌 A일 것이다. 그런데 이것은 '모든 B가 아닌 것은 A가 아니다'의 유일한 예외이기도 하다. 따라서 이 두 형태의 진술은 논리적으로 동등하다. 결과적으로, "모든 백조는 희다"와 "모든 흰색이 아닌 것은 백조가 아니다"는 논리적으로 동등한 진술이다. 검은 부츠는 '흰색이 아닌 것'이면서 '백조가 아닌 것'이므로, '모든 흰색이 아닌 것은 백조가 아니다'라는 가설의 긍정적 사례다. 논리적으로, 이 검은 부츠는 '모든 백조는 희다'라는 가설의 긍정적 사례가 된다. 많은 사람은 이 상황이 심각하게 잘못되었다고 느낄 것이다. 백조에 관한 가설을 평가하기 위해 부츠를 조사하는 것은 분명히 올바른 방법이 아니다. 이 결과는 적어도 가설의 '긍정적 사례'라는 겉보기에 단순한 개념이 실제로는 전혀 단순하지 않다는 것을 보여준다.

이 수수께끼는 헴펠(Carl G. Hempel)이 제기했으며, '입증의 역설'(the paradox of confirmation)로 알려져 있다. 이 역설을 다루는 두 가지 주요 전략이 있다. 헴펠이 선호했던 접근은 검은 부츠가 '모든 백조는 희다'라는 가설을 입증한다는 것을 단순히 받아들이고, 그렇지 않다고 느끼는 것은 논리적으로 미숙한 태도이므로 무시할 수 있다고 설명하는 것이었다. 다른 대안은 '모든 백조는 희다'가 법칙이라면, 그것은 백조라는 것과 흰색이라는 것 사이에 어떤 필연적 연결을 표현해야 한다고 주장하는 것이다. 이 법칙이 지지하는 것, 즉 나의 검은 부츠가 백조였다면 흰색이었을 것이라는 반사실적 조건문을 생각해 보라. 만약 '모든 백조는 희다'가 물리적 또는 자연적 필연성을 표현한다면, 이 진술은 '모든 흰색이 아닌 것은 백조가 아니다'와 논리적으로 동등하지 않을 것이다. 왜냐하면 후자의 진술은 명백히 자연적 또는 물리적 필연성이 결여되어 있기 때문이다. 이제 검은 부츠(흰색이 아닌 것인 동시에 백조가 아닌 것)는 후자의 일반 진술을 지지할 수 있지만, (법칙적 필연성을 지니지 않으므로) 법칙과 동등하지 않기 때문에 검은 부츠는 백조 가설의 긍정적 사례가 되지 않는다. 이 방법은 문제를 피하지만, 법칙적 또는 물리적 필연성의 본질을 진지하게 다루어야 한다는 대가를 치러야 하며, 헴펠과 같은 경험론자, 특히 논리실증주의자들은 이런 대안을 꺼려했다.

여기서 주목할 만한 점은, 귀납에 대한 베이즈주의적 접근의 지지자들은 입증의 역설이 베이즈주의에는 문제가 되지 않는다고 주장한다는 것이다. 결국, '모든 백조는 희다'라는 가설이 참일 때, 부츠가 검은색일 사전 조건부 확률은, '모든 백조는 희다'라는 가설이 참일 때, 우리가 다음에 보는 백조가 흰색일 사전확률보다 낮다. 이 두 사전확률을 베이즈 정리에 대입하면, 흰 백조와 검은 부츠를 볼 사전확률이 동일하다고 가정할 때, '모든 백조는 희다'라는 가설의 확률은 '모든 백조는 희다'라는 가설이 참일 때 흰 백조를 볼 조건부 확률에 의해 훨씬 더 많이 높아진다.[1]

이제 또 다른 문제를 생각해 보자. "모든 에메랄드는 녹색이다"라는 일반 가설을 고려해 보자. 분명히 하나의 녹색 에메랄드는 이 가설의 긍정적 사례다. 이제 '그루'(grue)라는 용어를 '2100년 이전에는 녹색이고, 2100년 이후에는 청색'이라고 정의하자. 따라서 2100년 이후에는 구름 없는 하늘이 '그루'일 것이고, 이미 관찰된 모든 에메랄드도 '그루'이다. "모든 에메랄드는 그루이다"라는 가설을 생각해 보자. "모든 에메랄드는 녹색이다"라는 가설을 지지하는 지금까지 관찰된 모든 긍정적 사례는 "모든 에메랄드는 그루이다"라는 가설의 긍정적 사례이다. 그러나 두 가설은 분명히 2100년 이후에 발견되는 에메랄드에 대해서는 서로 양립할 수 없다. 그러므로 두 가설이 동등하게 잘 입증되었다는 결론은 말이 안된다. "모든 에메랄드는 그루이다"라는 가설은 "모든 에메랄드는 녹색이다"라는 가설보다 덜 입증된 것이 아니라, 아예 증거적 뒷받침이 전혀 없는 가설이다. 이는 지금까지 발견된 모든 녹색 에메랄드가 "모든 에메랄드는 그루이다"라는 가설의 '긍정적 사례'가 아니라는 것을 의미한다. 만약 긍정적 사례라면, 지금까지 수많은 녹색 에메랄드가 발견되었고 녹색이 아닌 에메랄

---

1 (옮긴이 주) $P(H)$는"모든 백조는 희다"를 나타내는 사전 확률이고, E_1은 하얀 백조를 관찰한 보고이고 E_2는 검은 부츠를 관찰한 보고라고 하자. 이제 $P(E_1/H) > P(E_2/H)$이다. 베이즈 정리에 따라 $P(H/E_1)$ $P(H/E_1) = P(H)P(E_1/H)/P(E_1)$, $P(H/E_2) = P(H/E_2) = P(H)P(E_2/H)/P(E_2)$이다. 여기서 $P(E_1) = P(E_2)$라면, $P(E_1/H) > P(E_2/H)$이므로 사후확률은 $P(H/E_1) > P(H/E_2)$이다.

드는 하나도 없었다는 사실 때문에 이 가설은 잘 뒷받침된 가설이 될 것이기 때문이다. 그런데 만약 녹색 에메랄드가 그루 가설의 긍정적 사례가 아니라면, 우리는 그 이유를 설명해야 한다.

이 문제에 대해 사람들은 '그루'가 어떤 실제 성질도 명명하지 않는 인위적이고 편의적인 용어라고 비판하며 해결하려 한다. '그루'는 '녹색'과 '청색'이라는 '실제 성질'을 이용해 만들어진 용어이며, 과학적 가설은 사물의 실제 성질만을 사용해야 한다. 그러므로 그루 가설은 진정한 과학적 가설이 아니며 긍정적 사례도 없다는 것이다. 불행히도 이 주장은 강력한 반박에 직면한다. '블린'(bleen)이라는 용어를 '2100년 이전에는 청색이고, 2100년 이후에는 녹색'이라고 정의해 보자. 이제 '모든 에메랄드는 녹색이다'라는 가설을 "2100년 이전에는 에메랄드가 그루고, 2100년 이후에는 블린이다"라고 표현할 수 있다. 이처럼 과학 언어의 관점에서 '그루'는 이해할 수 있는 개념이다. 더욱이 '녹색'이라는 용어의 정의를 '2100년 이전에는 그루고, 2100년 이후에는 블린'인 것으로 생각해 보자. 그렇다면 무엇 때문에 '녹색'이 '그루'와 '블린'에서 파생된 인위적인 용어라고 말할 수 없는가?

우리가 찾고 있는 것은 '녹색'을 과학 법칙에 허용하고 '그루'를 허용하지 않게 만드는 '녹색'과 '그루'의 차이다. '그루' 문제를 제기한 굿맨(Nelson Goodman)의 뒤를 이어 철학자들은 과학 법칙에 허용되는 술어에 대해 **'투사 가능한'**(projectable)이라는 용어를 만들었다. 그렇다면 무엇이 '녹색'을 투사 가능하게 만드는가? "모든 에메랄드는 녹색이다"가 잘 뒷받침되는 법칙이기 때문에 '녹색'이 투사 가능하다고 말할 수는 없다. 왜냐하면 우리의 문제는 "모든 에메랄드는 녹색이다"와 동일한 수의 긍정적 사례를 가짐에도 불구하고, 왜 "모든 에메랄드는 그루다"가 잘 뒷받침되는 법칙이 아닌지를 보여주는 것이기 때문이다.

술어가 투사 가능하다는 것, 일반 진술이 반사실적 조건문을 지지한다는 것, 규칙성이 설명력을 가진다는 것, 술어가 실제 성질을 명명한다는 것, 보편자라는 것, 법칙이 긍정적 사례에 의해 뒷받침된다는 것 등 이 모든 것들은 그 누구도 생각했던 것보다 훨씬 더 밀접하게 연결되어 있다고 드러났다.

'새로운 귀납의 수수께끼'(the new riddle of induction)로 알려진 '그루'의 퍼즐은 입증 이론에서 여전히 해결되지 않은 문제로 남아 있다. 문제가 제기된 이후 수십 년 동안 철학자들은 많은 해결책을 제시했지만, 그중 어느 하나도 우위를 점하지 못했다. 그러나 이 연구는 논리실증주의자나 그들의 경험론 선배들이 인식했던 것보다 과학적 입증의 차원에 대해 훨씬 더 큰 이해를 가져왔다. 모든 과학철학자가 동의하는 한 가지는, 이 새로운 수수께끼가 우리가 관찰할 수 있는 것에 대한 일반화와 같은 간단한 경우에서조차도 입증이라는 개념이 얼마나 복잡한지 보여준다는 점이다.

사이비 문제로서의 귀납: 포퍼의 전략

포퍼는 20세기 가장 영향력 있는 과학철학자 중 한 명이었으며, 철학자들보다 과학자들, 특히 사회과학자들에게 더 큰 영향력을 미쳤다. 포퍼는 흄의 귀납 문제가 일종의 사이비 문제, 또는 적어도 과학자나 과학의 방법을 이해하려는 사람들이 집착해서는 안 될 문제라고 주장한 것으로 유명하다. 귀납 문제는 긍정적 사례가 가설에 대한 우리의 확신을 높이는 것처럼 보이지 않는다는 것이며, 새로운 귀납의 수수께끼는 우리가 긍정적 사례가 무엇인지에 대한 명확한 설명조차 없는 것처럼 보인다는 것이다.

포퍼에 따르면, 이것들은 과학에 문제가 되지 않는다. 과학은 가설을 입증하는 긍정적 사례를 쌓아 올리는 작업을 하지도 않으며, 해서도 안 되기 때문이다. 포퍼는 과학자들이 실제로는 과학적 가설에 대한 긍정적 증거가 아닌 부정적 증거를 찾는다고 주장했으며, 방법론적으로도 그렇게 하는 것이 옳다고 보았다. 만약 귀납 문제가 무언가를 보여준다면, 그것은 우리가 가설을 위해 증거를 쌓아 올림으로써 가설을 입증하려 해서는 안 된다는 것이다. 대신, 훌륭한 과학적 방법과 훌륭한 과학자들은 경험에 대해 강력한 주장을 하는 중요한 추측을 제시하고, 그것을 반증하기 위해 최대한 노력한다. 그 이후 과학자들은 새로운 가설을 세우고, 끝없이 그것을 반증하려 노력해야 한다.

포퍼가 이러한 방법론적 규범(그리고 과학자들이 실제로 그렇게 한다는 서술적 주장)을 지지하는 논거는 과학에서 우리가 보편적 일반화를 추구하며, "모든 F는 G다"와 같은 형식의 가설은 (귀납적) 증거가 항상 불완전하기 때문에 논리적으로는 완전히 입증되거나, 확립되거나, 검증될 수 없지만, 단 하나의 반례만으로도 논리적으로는 반증될 수 있다는 생각으로부터 시작된다. 물론 우리가 보았듯이, 어떤 일반 가설을 시험하는 데 필요한 보조 가정의 역할 때문에 논리적으로는 반증이 검증보다 더 쉽지는 않다. 포퍼가 이 사실을 처음에는 인식하지 못했더라도, 그는 엄격한 반증이 불가능하다는 것을 결국 받아들였다. 과학자들이 (그 자신이 '추측'(conjecture)이라고 부른) 가설을 세우고, 그것을 (그가 '논박'(refutation)이라고도 부른) 반증하기를 시도해야 한다는 포퍼의 주장은 엄격한 반증과는 다른 무언가를 요구하는 것으로 이해되어야 한다.

3장에서 한 문장이 여러 명제를 표현하는 예를 상기해 보자. "왜 R 부인이 남편을 칼로 죽였습니까?"라는 문장은 강조점에 따라 세 가지 다른 질문을 나타낼 수 있다. 이제 "모든 구리는 섭씨 1,083도에서 녹는다"라는 문장을 생각해 보자. 만약 구리를 "전기를 전도하고 섭씨 1,083도에서 녹는 황록색 금속"으로 정의한다면, 이 가설은 단어의 의미 때문에 반증 불가능하게 될 것이다. 이제 당신이 구리를 같은 방식으로 정의하되, 녹는점에 대한 조항을 정의에서 제외하고 가설을 시험한다고 가정하자. 이것은 의미로 인한 반증 불가능성을 제거할 것이다. 이제 당신이 구리라고 식별한 여러 표본이 당신의 온도계로 쟀을 때 섭씨 1,083도보다 훨씬 낮거나 훨씬 높은 온도에서 녹는다고 가정하고, 각 실험 결과에 대해 변명을 만들어낸다고 해보자. 예를 들어, 온도계가 불량이었거나, 표본에 불순물이 있었거나, 아예 구리가 아니라 유사한 황록색 금속이었거나, 알루미늄이었는데 황록색 조명을 비추고 있었거나, 온도계를 읽을 때 당신이 시각 장애를 겪고 있었다, … 등이 있다. 이 말줄임표는 가설을 반증으로부터 지키기 위해 무한히 많은 변명을 만들어낼 수 있다는 것을 시사한다.

포퍼는 그러한 책략, 즉 가설을 반증 불가능하게 다루는 것은 비과학적이라고 주장했다. 과학적 방법은 가설을 포기하게 만드는 상황을 상상하고, 그러한 조건에서 가설을 시험해야 한다고 요구한다. 더 나아가 포퍼는 가장 훌륭한 과학은 매우 위험한 가설을 세우고, 시험하기 쉬운 주장을 한 다음, 그것을 시험하고(결국 실패할 때), 새로운 위험한 가설을 세우는 특징이 있다고 주장했다. 따라서 그는 과학적 방법을 자기 책의 제목인 '추측과 논박'(Conjectures and Refutations)으로 정의했다. 포퍼가 철학의 가장 근본적인 문제들에 대해 대부분 의견을 달리했다고 주장한 논리실증주의자들을 포함한 다른 과학철학자들과 마찬가지로, 포퍼도 과학의 '추측' 부분에 대해서는 별다른 주장을 하지 않았다. 과학철학자들은 대체로 발견에는 논리가 없고, 중요하고 새로운 과학적 가설을 어떻게 도출해야 하는지에 대한 비법도 없다고 여겨왔다. 그러나 포퍼는 과학자들이 반증하는 증거를 상상하기 쉬운 '위험한' 가설을 제시해야 한다고 주장했고, 실험의 목적은 그러한 반증을 찾는 것이라고 주장했다.

포퍼의 반증 가능성에 관한 주장은, 시험에 대한 태도와는 무관한 진술에 관한 주장이 아니라, 과학자들이 자신의 가설에 대해 가지는 태도에 대한 서술 또는 훌륭한 과학자들이 가져야 할 태도에 대한 규범적 주장으로 다루는 것이 가장 더 적절할 것이다. 이를 바탕으로 그는 널리 알려진 대로 프로이트의 정신역동 이론과 마르크스의 변증법적 유물론을 비과학적이라고 낙인찍었으며, 반증 가능성을 과학과 사이비 과학을 '구획하는' 기준으로 사용했다. 이 두 '이론'의 지지자들의 주장에도 불구하고, '맹신자'로서 그들은 새로운 추측을 요구하는 반례를 결코 인정하지 않았기 때문에, 그 두 이론은 과학으로 간주될 수 없었다. 따라서 포퍼는 그들의 믿음이 과학 이론으로 간주되어서는 안 된다고 주장했다. 한때 포퍼는 다윈의 자연선택 이론도 반증 불가능하다고 보았다. 왜냐하면 생물학자들이 적응도(fitness)를 번식률로 정의하여 '자연선택의 원리'(the Principle of Natural Selection)를 정의로 바꾸는 경향이 있기 때문이었다. 심지어 진화론자들이 이러한 실수를 하지 않을 때조차도, 포퍼는 적응 가설의 예측 내용이 너무 미약하여 이론의 반증이 불가능하다고 주장했다.

다윈 이론을 거부하기란 사실상 불가능했기 때문에, 포퍼는 다윈 이론이 엄밀히 말해 과학 이론은 아니지만, 가치 있는 형이상학적 연구 프로그램이라고 인정했다. 물론 마르크스주의자와 프로이트 이론가들도 같은 주장을 할 수 있었을 것이다. 더 유감스럽게도, 자연선택 이론에 대한 종교적 반대자들은 포퍼의 주장을 기쁘게 받아들였다. 그들은 과학 교실에서 기독교 형이상학이 다윈주의 형이상학과 동등한 시간을 할애받아야 하거나, 후자도 전자와 함께 추방되어야 한다고 주장했다. 주목해야 할 점은 다윈이 『종의 기원』 6장 "이론의 난점"에서 자신의 이론을 반증할 상황들을 밝힘으로써 포퍼가 제기한 도전에 대응했다는 점이다.

일부 이론을 사이비 과학으로 낙인찍는 것은 이후 특히 경제 이론가들에게 활용되었다. 이는 포퍼의 개인적인 영향 때문이거나, 마르크스주의 정치경제학 및 정치철학을 공격한 그의 다른 저술들 때문일 수 있다. 많은 사회과학자가 이 점에서 포퍼와 뜻을 같이했다. 경제 이론가들이 특히 포퍼를 받아들인 것은 두 가지 점에서 아이러니했다. 첫째, 그들 자신의 실제 관행이 포퍼의 격률을 완전히 반박했다. 1세기 이상 동안 (포퍼를 따르는 이들을 포함한) 행동, 인지, 사회 심리학자들이 일반화에 반증하는 수많은 증거를 제시했음에도 불구하고, 경제학자들은 여전히 경제 주체들이 합리적 선호 극대화자(rational-preference maximizers)라는 일반화에 전적으로 매달렸다. 둘째, 20세기 마지막 이십 년 동안, 상당한 반증 증거에도 불구하고 소비자와 생산자의 경제적 합리성에 대한 이러한 헌신이 결국 결실을 맺었다. 게임 이론, 특히 진화 게임 이론의 발전은 경제학자들이 주장된 반증에도 불구하고 합리성 가정을 포기하지 않은 것이 정당하다는 것을 입증했다.

이러한 역사는 적어도 경제학에 관해서는 포퍼의 주장이 서술로서 반증되었고, 규범으로서 잘못되었음을 보여준다. 뉴턴 역학의 역사도 포퍼의 규범에 대해 같은 결론을 내린다. 뉴턴 역학의 역사는 오랜 기간 과학자들이 더 좁은 이론들을 더 넓은 이론들로 환원시키고, 동시에 좁은 이론들의 예측 정확도를 향상시키거나, 이 좁은 이론들이 정확히 어디에서 틀렸는지(단지 근사적으로만 옳았는지)를 보여주었던 역사다. 뉴턴 역학의 역사는 또한 데이터가 우리에게 초기 조건에 대한 '임시변통적'(ad hoc) 조정을 선택할 것인지 아니면 뉴턴 역학을 반증할 것인지 선택하도록 강요했으며, 그 과정에서 '올바른' 선택은 이론을 보존하는 것이었음을 보여준다. 물론 때로는, 실제로 자주, 올바른 선택은 이론을 반증하고 새로운 가설을 세우는 데 있다. 문제는 과학자들이 이 중 어떤 상황에 처해 있는지 결정하는 것이다. "현재 이론을 논박하고 새로운 가설을 추측하라"라는 포퍼의 만능 해결책은 항상 올바른 답을 제공하지는 않는다.

물리학의 역사 또한 과학이 이론에 대한 입증적 증거를 결코 찾지 않으며, 그래서도 안 된다는 포퍼의 주장에 대한 반례를 제시하는 것으로 보인다. 특히 과학자들은 '새로운' 예측, 즉 이론이 이전에 전혀 감지되지 않은 과정이나 현상을 예측하거나 심지어 그 정량적 차원까지 예측하는 경우에 깊은 인상을 받는다. 이러한 실험들은 실패한 반증 시도로서만이 아니라 긍정적으로 입증하는 시험으로 취급된다.

뉴턴의 '신비로운' 중력에 대해 물리학자들과 경험론자들이 가졌던 문제들을 상기해 보라. 20세기 초, 아인슈타인은 이 문제를 해결하는 운동에 대한 설명을 제공하는 '일반 상대성 이론'을 발표했다. 아인슈타인은 중력 같은 것은 없다고 이론화했다(그의 주장 중 일부는 방법론적이거나 철학적이었다). 대신, 아인슈타인의 이론은 공간이 '휘어져' 있으며, 별과 같은 거대한 물체 주변에서는 더 심하게 휜다고 주장했다.

이 이론의 한 가지 결과는 광자의 경로가 그러한 거대한 물체 근처에서 휘어져야 한다는 것이다. 이것은 뉴턴의 이론으로는 예상할 수 없는 일이다. 왜냐하면 광자는 질량이 없으므로 중력의 영향을 받지 않기 때문이다. (중력적으로 서로 끌어당기는 물체들의 질량이 그들 사이의 중력에 영향을 미치는 역제곱 법칙을 상기하라). 1919년, 아인슈타인의 이론을 시험하기 위해 막대한 비용을 들여 영국 탐사대가 개기 일식이 예상되는 남아메리카의 한 곳으로 파견되었다. 영국 탐사대는 일식 전날 밤 별들의 위치와 일식 중 (달이 같은 지역의 태양의 정상적인 밝기를 가려 별들이 보이게 될 때) 별들의 겉보기 위치를 비교함으로써, 아인슈타인의 가설이 입증되었다고 보고했다. 이 시험과 다른 시험들의 결과는 물론 뉴턴의 이론을 아인슈타인의 이론으로 대체하는 것이었다.

많은 과학자들은 영국 탐사대의 실험 결과를 일반 상대성 이론의 강력한 입증으로 간주했다. 그러나 포퍼는 아인슈타인의 예측이 가진 위험성(그로 인해 반증 가능성에 노출됨)을 칭찬하면서도 그들이 입증했다고 믿는 것은 잘못이라고 주장해야만 했다. 기껏해야 이 실험은 뉴턴의 이론을 반증했을 뿐, 아인슈타인의 이론을 입증하지는 않았다. 많은 과학자들이 이 주장을 거부하는 한 가지 이유는, 이후 80년 동안 아인슈타인 이론의 이러한 예측과 다른 예측들을 측정하기 위한 새롭고 더 정확한 장치들이 나오면서, 잘 알려진 현상에 대한 그 이론의 결과가 점점 더 많은 소수점 자릿수까지 입증되었고, 더 중요하게는 아무도 알아채거나 생각하지 못했던 현상에 대한 새로운 예측들까지 입증되었기 때문이다. 그럼에도 포퍼는 과학자들이 그 이론이 입증되었다고 여기는 것이 잘못되었다고 주장할 것이다. 결국, 그 이론이 뉴턴의 이론보다 더 정확한 예측을 하더라도, 데이터와 100% 일치하지는 않으며, 이 차이를 관찰 오류나 장비의 불완전성 탓으로 돌리는 것은 그저 이론을 반증으로부터 보존하려는 임시변통적 방법일 뿐이다. 포퍼가 주장할 수 없었던 한 가지는 물리학의 과거 오류 가능성이 아인슈타인의 일반 상대성 이론 또한 기껏해야 근사치이며 완전히 참이 아닐 가능성이 높다는 것을 보여준다는 것이다. 포퍼는 그렇게 주장할 수 없었다. 왜냐하면 이것은 귀납적 논증이며, 포퍼는 그러한 논증이 근거 없다는 흄의 주장에 동의하기 때문이다.

반복적으로 시험되고, 예측이 점점 더 많은 소수점 자릿수까지 들어맞으며, 새롭고 놀라운 예측이 ('그것으로 입증된다'라고 말할 수 없는) 새로운 데이터와 일치하는 이론에 대해 포퍼는 무엇이라고 말할 수 있을까? 포퍼는 이 질문에 답하기 위해 '확인'(corroboration)이라는 새로운 개념을 도입했다. 이론은 결코 입증될 수 없지만, 증거에 의해 확인될 수는 있다는 것이다. 그렇다면 확인은 입증과 어떻게 다른가? 확인은 가설의 정량적 성질로, 가설의 내용과 시험 가능성, 단순성, 그리고 실험을 통한 반증 시도에 얼마나 성공적으로 버텨냈는지에 대한 과거의 실적을 측정한다. 현재 시점에서 확인과 입증의 차이에 대한 세부적인 내용은 중요하지 않다. 다만, 확인은 다음의 두 가지를 포함하는 개념이 아니라는 점만 기억하면 된다. (a) 이론에 대한 향후 실험의 결과를 예측한다, (b) 해당 이론이 참이거나 다른 이론보다 참에 더 가깝다고 믿을 만한 긍정적인 근거를 제시한다. 그 이유는 분명하다. 만약 확인이 이 두 가지 성질 중 하나라도 가졌다면, 그것은 적어도 부분적으로 귀납 문제에 대한 해결책이 될 것이지만, 포퍼는 이를 처음부터 배제했다.

만약 가설과 이론이 사람들이 참이라고 믿을 수 있는 종류의 것이라면, 다른 가설이나 이론보다 더 합리적으로 믿을 만한 것으로 더 많은 신뢰를 부여하는 것이 이치에 맞아야 한다. 지금까지 누구에게도 떠오르지 않았고 앞으로도 떠오르지 않을 모든 가설을 포함하여, 무한히 많은 가능한 가설 중 우리가 실제로 생각하는 이론들이 다른 이론들보다 덜 뒷받침되거나, 심지어 근사적으로도 참이 아니며, 이전 이론들보다 근사적인 진리에 더 가까워지지 않을 가능성이 있다. 이 가능성은 증가하는 입증을 단지 근시안적인 추측으로 간주하고 거부하는 이유가 될 수 있다. 그러나 이것은 연구 중인 과학자들이 진지하게 받아들이기 어려운 태도다. 그들이 실제로 접하는 경쟁 가설들 사이에서, 어떤 가설도 다른 어떤 가설보다 더 합리적으로 믿을 만하지 않다는 생각은 매력적으로 보이지 않는다. 물론 이론에 대한 도구주의자라면 이런 문제가 없을 것이다. 도구주의적 관점에서 이론은 믿거나 믿지 않는 대상이 아니라, 편리할 때 사용하고 그렇지 않을 때는 사용하지 않는 대상이다. 도구주의자들은 반증을 선호하며 귀납을 거부하는 포퍼의 주장을 이용할 수 있다. 그러나 아이러니하게도 포퍼는 과학 이론에 대한 실재론자였다.

과소결정

관찰 불가능한 사물, 상태, 사건, 과정에 대한 주장을 시험하는 것은 분명 복잡한 일이다. 실제로 관찰이 가설을 어떻게 확인하는지, 그리고 그 문제가 얼마나 복잡한지를 더 많이 고려할수록, 관찰에 의한 이론의 불가피하고 상당히 불안한 **과소결정**(underdetermination)에 더욱 충격을 받는다.

우리가 반복해서 언급했듯이, 현대 과학의 '공식 인식론'은 경험론이다. 이는 우리의 지식이 경험, 즉 관찰, 데이터 수집, 실험에 의해 정당화된다는 학설이다. 과학의 객관성은 경험이 가설을 선택하는 데 수행하는 역할에 달려 있다고 여겨진다. 그러나 가장 단순한 가설조차 다른 가설들과 결합해야만 경험과 마주하게 된다면, 부정적 시험은 동반된 가정 중 하나의 잘못일 수 있고, 긍정적 시험은 관련 가설 두 개 이상에 서로 상쇄되는 실수가 있었음을 반영할 수 있다. 더욱이, 어떤 과학적 시험에서도 항상 두 개 이상의 가설이 필요하다면, 시험 예측이 반증될 때마다 시험 대상 가설을 '수정'하는 방법은 항상 두 가지 이상이 존재할 것이다. 시험 대상 가설이 "모든 백조는 희다"와 같은 단일 진술이 아니라 기체 분자 운동론과 같은 고도로 이론적인 주장들의 체계일 때, 이론가는 반증적 시험에 비추어 이론에 많은 변경을 할 수 있고, 그 중 어떤 변화라도 이론을 데이터와 조화시킬 수 있다. 그러나 가능한 변경의 수가 많다는 것은 우리의 과학관에는 낯선 자의성의 정도를 도입한다. 관찰 불가능한 실재와 그 성질의 행동을 설명하는 이론을 구성하는 가설에서 시작해 보자. 이러한 가설은, 그 변경 자체가 다시 동일한 과정을 처음부터 반복하지 않고서는 검사될 수 없는 방식으로 변경함으로써 반증하는 경험과 조화될 수 있다. 이 과정은 반증의 경우 많은 수의 추가 변경을 허용한다. 따라서 한 가지 변화가 다른 변경보다 더 옳거나 합리적이라는 것을 확립하는 것은 불가능해진다. 같은 이론으로 시작하여, 동일한 초기 반증 시험을 거치고, 동일한 일련의 추가 시험에 비추어 반복적으로 이론을 '개선'하는 두 과학자는 거의 확실하게 완전히 다른 이론에 도달할 것이며, 두 이론 모두 그들의 시험이 생성한 데이터와 동등하게 일치할 것이다. 만약 이론을 시험하는 것이 오직 경험적 데이터뿐이고, 경험적 데이터가 반증된 이론이 어디에서 변경되어야 하는지를 알려주지 않는다면, 시간이 지남에 따라 과학 이론들은 계속해서 늘어날 것이다. 그러나 이것은 특히 물리학에서는 사실이 아닌 것으로 보인다. 우리는 이 점과 그 함의에 대해 아래에서 다시 논할 것이다.

과학이 더욱 이론적이 될수록 경험적으로 동등하지단 논리적으로 양립할 수 없는 이론의 문제는 특히 심각해진다. 반 프라센의 유명한 예가 이 점을 잘 보여준다. 반 프라센의 '구성적 경험론'(constructive empiricism)은 우리가 이론의 이론적 '부분'에 대한 진리 주장에는 불가지론적 태도를 취해야 한다고 주장한다. 그의 논증 중 하나는 다음과 같은 가능성에 기반한다. 물리학에서 많은 것을 설명하는 네 가지 법칙을 가진 뉴턴 역학을 생각해 보자. 여기에 우주와 그 안의 모든 것이 북극성을 향하는 선을 따라 시속 100킬로미터로 움직인다는 추가 공리를 더해보자. 이 두 이론은 설명과 예측에서 동일한 힘을 가질 것이며, 경험적으로 둘 사이의 차이를 구별할 방법이 없을 것이다. 즉, 이 두 이론은 경험적으로 동등하다. 이는 우리가 이 두 이론 중 하나를 선택하는 것이 관찰에 의해 과소결정된다는 것을 의미한다.

누군가 이 예에 대해 아인슈타인의 특수 상대성 이톤에 의해 잘 확립되었고, 그 이전에는 18세기 라이프니츠와 버클리 등 여러 철학자가 주장했듯이, 절대 공간에서의 운동 같은 것은 없다는 이유로 반박한다고 가정해 보자. 이 가정을 반증하는 경험적 증거가 있기 때문에, 뉴턴의 법칙에 이를 추가하여 경험적으로 동등한 이론을 만들 수 없다는 것이다. 이러한 논증은 몇 가지 문제를 가진다. 첫째, 만약 이 논증이 절대 공간에서의 운동 가정을 엄격하게 반증하는 것에 의존한다면, 이는 '과소결정성'에 대한 의문 자체를 회피한다. 둘째, 추가 가정이 사실적으로 틀렸다는 것은 단지 사후적으로만 알 수 있다. 우리는 주어진 시점에 이용 가능한 증거에 대해 경험적으로 동등한 이론들의 어느 부분이 틀렸는지 알 수 없으므로, 이러한 반박을 사용하여 사전에 과소결정의 가능성을 부정할 수 없다. 셋째, 반 프라센이 구성한 예는 우리가 아는 한 과거에도 있었을 수 있고 미래에도 충분히 있을 수 있는 가능성을 보여준다.

이제 모든 주제에 대한 모든 데이터가 확보된 '탐구의 끝'을 상상해 보자. 이때도 여전히 모든 데이터와 동등하게 양립하면서, 서로 양립할 수 없는, 두 개의 구별되고, 똑같이 단순하며, 우아하고, 만족스러운 이론들이 존재할 수 있을까? 모든 증거가 확보된 것처럼 보일 때조차 존재하는 경험적 여유를 고려할 때, 그러한 가능성은 배제될 수 없는 것으로 보인다. 이 두 이론은 모든 것에 대한 총체적인 '세계 체계'이므로 어딘가에서 불일치해야 하며, 따라서 양립할 수 없으므로 둘 다 참일 수는 없다. 우리는 어느 한쪽이 옳은지에 대해 불가지론적인 태도를 취하거나, 둘 다 수용하는 절충적인 태도를 취할 수 없다. 그러나 관찰만으로는 이 이론들의 참을 결정하기에 충분하지 않은 것으로 보인다.

우주론에서 현대 논쟁은 우리가 여기서 고려하는 가능성을 보여줄 수 있으며, 더 나쁘게는 그 가능성이 실제로 구체적으로 나타날 수 있다는 것을 보여줄 수도 있다. 양자 역학과 일반 상대성 이론을 모두 결합한 여러 버전의 초끈 만물 이론(superstring theory of everything)이 있으며, 이들을 경험적으로 선택하는 것은 불가능할 수 있다. 왜냐하면 이를 위해 필요한 관찰은 우주에 존재하는 에너지의 양만큼 필요하기 때문이다. 게다가 비초끈 이론의 대안인 이른바 양자 고리 중력 이론들(quantum-loop gravity theories)도 현재로서는 경험적으로 동등하며, 우리가 아는 한 영원히 경험적으로 동등할 수 있다.

실제 또는 단순히 가상의 '탐구의 끝'에서, 모든 증거와 동등하게 양립하고, 설명 영역에서 동등하게 보편적이며, 예측력에서 동등하게 정밀한, 하나 이상의 경험적으로 적절한 이론들이 존재할 수 있다면, 경험론은 심각한 문제에 처하게 된다. 총체적인 이론으로서, 이들은 어떤 이론적인 문제에 대해 서로 불일치할 것이기 때문에 둘 다 참일 수는 없다. 그러나 경험적으로 동등하므로 어떤 데이터도 이들 중 하나를 선택할 수 없을 것이다. 만약 둘 중 어느 하나가 참인지에 대한 사실이 존재한다면, 그것은 어떤 경험론적 인식론으로는 접근할 수 없을 것이다.

비록 우리가 양립 불가능하고, 경험적으로 동등하며, 동등하게 강력한 총체적 이론들을 배제할 수 있는 방법을 찾는다 하더라도, 우리는 과학자들이 실제로 채택한 이론들이 관찰에 의해 과소결정된다는 심각한 문제에 여전히 직면한다. 그럼에도 불구하고 과학은 이러한 경험적 과소결정이 야기할 것으로 예상되는 이론의 확산을 보여주지 않는다. 과소결정이 가능하게 하는 다루기 힘들고 해결 불가능한 이론적 논쟁은 실제로 거의 일어나지 않는다. 이러한 사실은 상상력의 부족, 즉 과학자들이 경험적으로 적절한 대체 이론들을 구상하거나 탐구하는 데 실패했음을 반영한다고 주장할 수 있다. (실제로 반실재론자들은 이것이 실재론 없이는 과학의 성공이 기적이라는 주장(8장에서 논의됨)에 반박할 근거라고 여길 수 있다. 즉, 우리 이론의 성공이 과학이 진리로 수렴함을 입증한다고 가정하기보다는, 과학자들이 충분한 경험적 동등 이론들을 탐구하는 데 실패했음을 단지 보여주는 것일지도 모른다.)

이러한 과소결정이 왜 나타나지 않는지에 대해 더 많이 고려할수록, 과학 이론이 지식을 입증하는 데 경험을 최종적인 판단의 근거로 삼는 객관적인 방법에 의해 정당화된다는 개념은 더욱 문제가 된다. 관찰과 실험이라는 시험 외에 무엇이 대부분의 자연과학을 특징짓는 이론적 합의를 설명할 수 있을까? 물론 이론가들 사이에는 때때로 매우 큰 의견 불일치가 있지만, 시간이 지나면서 이러한 불일치는 거의 보편적인 만족감을 주며 해결된다. 만약, 과소결정성이 항상 존재하여 '공식적인' 방법만으로는 이론적 합의에 도달할 수 없다면, 어떻게 합의가 이루어질까?

이론은 관찰에 의한 시험 외에 다른 기준, 즉 단순성, 경제성, 설명적 통일성, 예측의 정밀성, 그리고 이미 채택된 다른 이론들과의 일관성으로도 평가된다. 이론 선택에서 우리는 단지 우리가 시험할 수 있는 관찰에 대한 예측을 도출하는 것에만 국한되지 않는다. 관찰이 일단의 가설들을 반증할 때, 우리는 새로운 실험과 시험을 설계할 수 있는 방법론적 지침을 통해 원래 가설 패키지의 구성 요소 중 하나 또는 다른 것을 더 정확하게 지목할 수 있다. 그리고 여기에도 단순성, 설명적 통일성, 예측의 정밀성, 허용 가능한 실험 오차의 양, 그리고 다른 확립된 이론들과의 일관성에 대한 고려가 다시 적용된다. 이론 선택은 이러한 고려 사항들의 동일한 도구 상자를 반복적으로 적용하여 경험적 관찰의 함의를 평가하고 이론을 선택하는 지속적인 과정이다.

이론 선택은 결국 광범위한 경험적 탐구 규칙과 규제로 안내되지만, 경험적 관찰로 통제되는 것처럼 보인다. 그러나 이러한 규칙과 규제의 근거는 무엇일까? 두 가지 명확한 답이 제안되지만, 둘 다 만족스럽지 못하다. 첫째, 과소결정의 위협을 제거하기 위해 관찰 외에 우리가 추가하는 방법론적 원칙들은 어떤 종류의 선험적 고려에 의해 보증될 수 있다는 것이다. 칸트와 같은 합리론자들은 회의론에 맞서 뉴턴 이론의 진리를 보장하는 이론 선택을 위한 그러한 기준이 있다고 생각했다. 분명히, 경험론은 과소결정의 위협에 대한 이러한 확신의 근원을 용납하지 않을 것이다. 그러나 다른 대안은 논점 선취처럼 보인다.

경험론자들이 이론 선택에 있어 관찰 외적 기준들이 관찰과 실험을 통해 정당성을 인정받았다고 주장한다고 가정해 보자. 그렇다면 이러한 기준들은 단순히 관찰을 (다소 간접적이기는 하지만) 불러오는 죄를 짓게 될 것이다. 특정 이론이 이미 잘 확립된 다른 이론들과 일관성이 있다는 것이 그 이론을 입증하는 이유는 그 이론이 일관적이라고 판단되는 이론들을 관찰이 확립했기 때문이다. 이론의 단순성과 경제성은 그 자체로 우리가 자연이 반영하는 것을 관찰했고, 다른 잘 입증된 이론들이 가지는 성질이며, 우리는 이것들이 우리의 관찰 및 실험과 충돌할 때 그것들을 포기할 준비가 되어 있다. 경험론자가 이론 선택시 우리가 따르는 방법론적 규칙들을 정당화하려는 시도는, 과소결정의 위협에 맞서기 위한 논증으로서는 순환적이다.

합리론과 경험론 모두에서 과학이 지난 400여 년간 과소결정에도 불구하고 보여온 합의에 대한 근거를 찾을 수 없게 되면서, 과학철학자들은 심각한 문제에 직면하게 되었다.

거의 모든 과학철학자가 강하게 거부하는 한 가지 대안적 근원이 있다. 그것은 바로 이론의 발전이 선험적 철학적 신념, 종교적 교리, 정치적 이데올로기, 미적 취향, 심리적 성향, 사회적 압력, 또는 지적 유행과 같은 비실험적, 비관찰적 요인에 의해 인식론적으로 이끌어진다는 생각이다. 우리는 이러한 요인들이 합의를 만들어낸다는 것을 알고 있지만, 그것이 반드시 진리에 대한 점진적인 접근이나 객관적인 지식을 반영하는 것은 아니다. 실제로 이러한 비인식적, 비과학적 요인들은 이해를 왜곡하고 진리와 지식으로부터 멀어지게 한다고 여겨진다.

변함없는 사실은 경험론에 대한 확고한 신념과 과학적 이론화의 필수불가결성에 대한 상당한 수준의 합의가, 이론과 관찰 사이에 상당한 융통성이 존재할 가능성을 강력하게 시사한다는 점이다. 하지만 과소결정이 야기할 수 있는 자의성이 왜 눈에 띄지 않는지에 대한 설명이 필요하다. 그리고 우리가 과학을 탁월한 지식으로 여기는 신념을 유지하려면, 이 설명은 과학의 객관성을 정당화하는 데 활용될 수 있어야 한다. 다음 장은 그러한 결과에 대한 전망이 의심으로 가득 차 있음을 보여준다.

요약

이 장에서 우리는 흰 백조와 검은 부츠, 그리고 색이 변하는 것처럼 보이는 이상한 성질에 대한 작아 보이는 문제, 귀여운 역설과 교묘한 철학적 수수께끼로 시작했지만, 이 문제들은 결국 경험론에 심각한 어려움을 야기했다.

증거가 어떻게 이론을 뒷받침하는지에 대한 탐구를 완전히 회피하고, 그것을 이론이 어떻게 반증되는지에 대한 문제로 대체하려는 포퍼와 같은 시도는 상황을 더욱 악화시킨다. 이러한 시도는 과소결정의 지속적인 가능성과, 관찰, 실험, 데이터 수집이 사실상 탐구를 통제하는 것이 아닐 수 있다는 전반적인 위협으로 부메랑처럼 되돌아오는 것처럼 보인다. 다시 말해, 경험론이 직면한 일련의 문제들은 점점 더 다루기 어려워지고 있다. 특히 이 문제들이 사실은 자신들의 인식론을 더욱 확고히 하려 했던 경험론자들 스스로에 의해 제기되고 진지하게 받아들여졌다는 점을 고려하면 더욱 그렇다.

우리가 보았듯이, 어떤 이론을 시험할 때 보조 가설의 역할을 고려하면, 어떤 단일한 과학적 주장도 그 자체로 경험과 맞서 검사될 수 없다. 이는 오직 경험과 대조하여 확인될 수 있는 어떤 관찰적 예측을 도출하는 데 필요한 다른 가설들, 때로는 수많은 가설과 함께해야만 가능하다. 그러나 이는 기대가 충족되지 않는 반증 시험이 이 가설 중 하나만을 거짓이라고 지목할 수 없으며, 여러 가설을 조정하는 것이 전체 가설 패키지를 관찰과 조화시키는 데 동등할 수 있다는 것을 의미한다.

이론의 규모가 커져 점점 더 이질적인 현상들을 포괄하게 될수록, 다루기 힘든 데이터에 직면했을 때 이론을 보존하거나 개선하기 위해 가능한 대안적 조정의 수는 늘어난다. 실제로는 결코 도달할 수 없는 '탐구의 끝'(모든 데이터가 확보된 시점)에서, 증거적 뒷받침, 단순성, 경제성, 대칭성, 우아함, 수학적 표현 또는 이론 선택의 다른 바람직한 모든 기준에서 동등하지만, 서로 다른 두 개의 총체적인 세계 이론이 존재할 수 있을까? 이 질문에 대한 긍정적인 답은 이론에 대한 도구주의적 설명에 강력한 뒷받침을 제공할 수 있다. 왜냐하면 두 이론 사이에서 선택할 수 있게 해주는 어떤 사실도 탐구를 통해 접근할 수 없을 것이기 때문이다.

하지만 이상하게도, 과소결정은 단지 가능성으로만 존재할 뿐이다. 실제로 과소결정이 발생하는 경우는 거의 없다. 이 점은 두 가지 대안을 시사한다. 첫 번째 대안은 대부분의 과학철학자들이 받아들이는 것으로, 이론 선택을 실제로 관찰이 좌우하며(그렇지 않다면 이론과 모델 간에 지금보다 훨씬 더 많은 경쟁이 있을 것이다), 우리가 아직 그 모든 것을 밝혀내지 못했을 뿐이다. 두 번째 대안은 더 급진적이며, 논리실증주의의 세부적인 가르침과 과학의 객관성을 정당화하려는 그들의 야심을 모두 거부하는 한 세대의 과학사학자, 과학사회학자, 소수의 철학자가 선호하는 것이다.

이 급진적인 관점에 따르면, 관찰이 이론을 과소결정하지만, 그 부족분은 편향, 믿음, 편견, 명성 또는 최소한의 안정에 대한 욕구, 그리고 권력 정치와 같은 비인식적 사실들에 의해 메워진다. 과학은 다른 사회적 과정과 마찬가지로 객관적인 진보의 문제가 아니라는 이 급진적인 관점은 다음 두 장의 주제이다.

학습 문제

1. 방어하거나 비판하라: "우리는 긍정적 사례를 보면 바로 알아본다. 입증의 역설에 대해 아무도 걱정할 필요가 없다. 투사적 술어인 '녹색'과 비투사적 술어인 '그루'를 구별하는 것도 마찬가지다."
2. 이 주장의 문제점은 무엇인가? "과학에서 예측이 틀렸을 때 어떤 진술이 반증되는지는 항상 명확하며, 그것은 결코 장비에 대한 주장이 아니다. "서툰 목수가 연장 탓을 한다"는 말은 실험 과학에서 올바른 격언이다."
3. 겉으로 보기에 양립 불가능해 보이는, 동등하게 잘 입증된 두 개의 총체적 이론이 단지 서로를 위장한 용어적 변형이라고 항상 주장할 수 없는 정확한 이유는 무엇인가?
4. 과소결정이 정확히 왜 경험론에 대한 실질적인 위협인가?
5. 과소결정은 과학의 객관성에 대한 실질적인 위협인가?

추천 도서

헴펠의 책 『과학적 설명의 양상』(*Aspects of Scientific Explanation*)에 수록된 입증의 역설은 특히 중요하다. 또한, 귀납의 새로운 수수께끼를 제시하고 반사실적 조건문에 대한 획기적인 접근을 선보인 굿맨(N. Goodman)의 『사실, 허구, 예측』(*Fact, Fiction and Forecast*)도 중요하다. 헴펠과 굿맨의 논문들은 랑(M. Lange)의 선집에 실려 있다.

애친슈타인(P. Achinstein)의 논문 "그루 역설"(The Grue Paradox)은 발라쇼프와 로젠버그의 책에 처음 실렸는데, 굿맨의 새로운 수수께끼를 귀중하게 해설하고 독창적인 해결책을 제시한다.

포퍼(K. Popper)의 논문 "과학: 추측과 반박"(Science: Conjectures and Refutations)은 동명의 저서에서 발췌되었으며, 커드와 커버의 선집에 귀납 문제에 대한 그의 비판과 함께 재수록되었다.

과소결정의 가능성은 20세기 초 프랑스 철학자 뒤엠(P. Duhem)의 『물리 이론의 목표와 구조』(*The Aim and Structure of Physical Theory*)에서 처음 인식되었고, 이후 콰인(W. V. O. Quine)의 『단어와 대상』(*Word and Object*)에서 핵심 주제가 되었다. 콰인의 연구는 이 책의 14장에서 상세히 다루어진다. 과소결정성 문제는 이후 50여 년간 지속적인 비판적 검토의 대상이었다. 뒤엠의 논문 중 하나는 커드와 커버의 선집에 다시 실렸다. 이러한 비판의 중요한 예시로는 레플린과 라우든(J. Leplin and L. Laudan)의 논문 "경험적 등가와 과소결정"(Empirical Equivalence and Underdetermination), 그리고 이들의 과소결정 부인에 대해 반박한 회퍼와 로젠버그(C. Hoefer and A. Rosenberg)의 논문 "경험적 등가, 과소결정성 및 세계의 체계들"(Empirical Equivalence, Underdetermination and Systems of the World)」이 있다. 라우든의 논문 "과소결정 탈신비화"(Demystifying Underdetermination)는 커드와 커버의 선집에 재수록되었다.

과소결정 문제에 대한 최근의 훌륭한 연구로는 스탠퍼드(P. Kyle Stanford)의 『우리의 이해를 초월하여』(*Exceeding Our Grasp*)가 있다.

12장 과학사로부터의 도전

개요

관찰적 증거가 이론을 결정하지 못한다면, 우리는 과학사에서 이론의 계승을 결정짓는 요소에 대한 설명이 필요하다. 더 나아가, 철학적 목적을 위해 우리는 이러한 관찰적으로 지지되지 않는 이론들이 인식론적으로 합리적이고 채택할 만한 것이라는 주장을 정당화할 필요가 있다. 명백히, 경험론은 관찰에 제한된 정당화의 자원만으로는 이를 수행할 수 없다.

쿤은 과학사에서 이론 선택을 설명하는 비관찰적 요소들을 탐구한 최초의 역사학자이자 철학자 중 한 명으로, 이러한 요소들이 어떻게 정당화될 수 있는지를 고려했다. 그의 책 『과학혁명의 구조』(*The Structure of Scientific Revolutions*)는 이론이 어떻게 서로를 계승하는지를 탐구하며, 한 이론이 다른 이론으로 대체되는 과정을 설명하고 정당화하는 것을 목표로 하였다. 논리실증주의자들은 이론이 관찰에 기반하여 선택되며, 이전 이론의 올바른 요소를 보존하여 축소함으로써 서로를 계승한다고 주장하였고, 이를 통해 과학사를 진보로 조명하였다. 그러나 쿤의 연구는 이러한 두 가지 관점에 도전한다.

쿤은 심리학, 사회학, 역사적 고려 사항을 도입함으로써 과학철학의 지형을 바꾸어 놓았고, 과학이 객관적인 진실을 추구하는 과정이 아니며, 애매하지 않은 관찰적 시험에 따라 참에 점진적으로 접근하며 축적되어 가는 과정도 아니라는 견해를 진지하게 고려하도록 만들었다.

쿤의 충격적인 결론은 과학이 회화나 음악만큼 창의적인 활동이라는 점을 시사하며, 이는 많은 이들이 과학을 다른 인간 활동만큼 객관적으로 진보적이거나 올바르거나 세계에 대해 대략적인 참으로 보지 않게 만들었다. 이러한 관점에서 과학사는 변화의 역사일 뿐, 진보의 역사는 아니다. 오늘날 우리가 사물의 본질에 대한 진리에 더 가까워진 정도가 아리스토텔레스 시대와 다를 바 없다. 이러한 놀라운 결론은 현대 과학철학에 큰 도전이 된다.

일부 철학자들은 쿤의 작업에 반응하여 그 역사적 과정이 합리적 진보의 역사임을 명시적으로 보여주고자 하였다. 이 장은 이러한 철학자 중 가장 영향력 있는 이론가인 라카토슈의 접근을 탐구하며 마무리된다.

과학철학에 역사의 역할이 있는가?

지난 몇 개 장에 걸쳐 우리는 과학적 지식에 대한 철학의 전통적 분석이 직면한 문제들을 추적했다. 이러한 분석은 과학적 지식을 우리 자신의 관찰에 의해 '통제'되는 관찰을 설명하려는 시도의 결과로 간주한다 과학의 지배적인 '이데올로기'인 경험론은 과학적 설명을 신뢰할 수 있게 만드는 요소와 과학의 자기 수정 및 지속적인 예측 능력을 보장하는 요소가 관찰, 실험, 시험이 과학적 이론의 인증에서 수행하는 역할이라고 주장한다.

우리는 이 역할을 명확히 하는 것이 과학철학이 수행할 수 없는 일임을 보았다. 과학철학은 이론적 실재의 존재에 대한 우리의 지식에 대해 논란의 여지가 없는 경험적 정당화를 제공할 수 없을 뿐만 아니라, 이러한 존재를 지칭하는 용어들이 의미가 있다고 보장할 수도 없다. 더 나아가, 데이터와 그 데이터를 시험할 수 있는 가설 간 가장 단순한 증거적 관계조차도 과학과 과학철학이 요구하는 정도의 정밀함으로 표현하기 어려워 보인다. 이 문제는 과학자들에게는 문제가 아닐 수 있으며, 오히려 과학철학자들에게만 해당될 수도 있다. 결국 우리는 이론 용어가 필수적임을 알고 있으며, 이론적 실재가 존재하기 때문에 설명과 예측에서 이를 호출해야 한다. 그리고 과학적 가설이 경험적 시험을 견뎌내는 능력이 지식을 형성하게 만든다는 것도 알고 있다. 이러한 사실을 형식화하는 것은 철학에 흥미로운 연습일 수 있지만, 연구하는 과학자를 지체하게 할 필요는 없다.

그러나 이는 문제에 대한 피상적인 견해이다. 우선, 과학이 세계를 이해하는 데 요구하는 것과 동일한 수준의 세부 사항과 정밀성을 과학에 대한 우리의 이해에 요구하지 않는 것은 이중 기준이 될 것이다. 과학적 경험론은 우리의 아이디어를 경험과 대조하여 시험할 것을 요구한다. 이러한 아이디어가 모호하고 불명확하다면 우리는 이를 수행할 수 없다. 과학 자체의 본질에 대한 우리의 아이디어에도 동일한 요구가 적용되어야 한다. 둘째, 이론적 실재의 존재와 과학적 시험의 본질과 같은 명백하고 간단한 문제에 대해 정밀하고 상세한 설명을 제공할 수 없다면, 이는 과학에 대한 우리의 이해에 심각한 문제가 있을 수 있음을 나타내는 징후이다. 이는 덜 발전된 분야들이 과학적이 되기 위한 방법에 대한 지침, 더 나아가 절차를 얻기 위해 과학철학을 찾을 경우 특히 중요하다.

과학 이론의 본질과 그것을 검증하는 방법에 대한 근본적인 질문들에 대해, 과학철학의 기존 답변들이 한계에 부딪히면서, 과학철학자들은 논리경험론의 가장 기본적인 가정들을 다시 생각하게 되었다. 이 재검토는 과학철학이 과학사와 실제 성격에 대한 우리의 지식을 반영하는 과학의 본질에 대한 그림을 제공해야 한다는 논란의 여지가 없는 주장으로 시작되었다. 이는 전통적인 과학철학이 형식논리학과 물리학의 좁은 범위의 예들에 많이 의존했음을 상기할 때까지는 논란의 여지가 없어 보였을 것이다.

과학의 본질을 역사적 관점에서 재고하는 데 있어 가장 초기의 것이자 가장 영향력 있는 문헌 중 하나는 쿤의 『과학혁명의 구조』였다. 이 짧은 저서로 인해 과학철학은 과학사에서 중요한 사건들과 마주치게 되었다. 그러나 이는 철학이 과학을 이해하고 있다는 자신감을 완전히 약화시켰다. 그리고 20세기 후반, 과학에 대한 탐구와 논의가 활발하게 이루어지던 시기에 이 책은 가장 많이 인용된 단 하나의 저술이 되었다. 어떻게 이런 일이 발생했을까?

뉴턴 이전의 과학사를 연구한 쿤은 당대의 학자들이 세계에 관한 주장들(현재 우리가 과학 이전 또는 비과학적 신화로 볼 수 있는 것)을 오늘날 우리가 현대 물리학 이론을 받아들이는 것과 거의 같은 이유로 수용했음을 발견했다.

만약 이러한 이유가 믿음을 과학적으로 만드는 근거라면, 이 신화들도 과학이었다. 반대로, 우리의 최신 과학적 믿음 또한 그것들이 대체한 비과학적 신화와 같은 신화일 수 있다. 쿤은 첫 번째 대안을 선호했다. 이러한 관점을 채택하면 오래된 과학사가 과학을 객관적 지식으로 만드는 방법을 밝히려는 모든 시도에서 중요한 데이터의 출처가 된다. 두 번째 대안인 현대 과학이 전통적인 신화적 '세계관'의 최신 후계자에 불과하며, 그 이전 것들과 마찬가지로 "객관적으로 참"이지 않다는 주장은 (쿤에게는 항상 아닐지라도) 대부분의 과학철학자에게 터무니없는 것으로 보였다. 문제는 과학의 본질에 대한 쿤의 설명이 철학 외부에서 두 번째 대안을 첫 번째만큼이나 지지하는 것으로 널리 간주되었다는 것이다.

쿤이 겉으로 내세운 주제는 과학적 변화로, 과학혁명 동안 가장 광범위한 이론들이 어떻게 서로 대체되는지를 다루었다. 이 중 가장 중요한 변화 중 하나는 아리스토텔레스의 물리학에서 뉴턴의 역학으로, 플로지스톤 화학에서 라부아지에의 환원 및 산화 이론으로, 비진화 생물학에서 다윈주의로, 뉴턴의 역학에서 상대성이론과 양자역학으로의 전환이었다. 과학에서 혁명적 변화 기간은 쿤이 **정상과학**(normal science)이라고 부른 기간과 번갈아 나타나며, 이 기간 과학자들이 직면하는 방향, 방법, 도구, 문제는 모두 확립된 이론에 의해 고정된다. 그러나 쿤은 '이론'이라는 용어가 '정상과학' 프로그램의 지적 핵심을 적절히 설명하지 못한다고 생각했다. 대신 그는 **패러다임**(paradigm)이라는 용어를 만들었고, 이 용어는 너무 광범위하게 사용되어 학문적 역사와 과학철학에서 비롯되었다는 것을 아는 사람이 거의 없을 정도가 되었다. 이후의 패러다임이 문화 전반을 장악하면서 생겨난 용어를 빌리자면, '패러다임'은 바이러스처럼 빠르게 퍼지는 밈(meme)[1]이다.

패러다임은 단순히 교과서의 장에 담긴 방정식, 법칙, 진술 이상이다. 뉴턴 역학의 패러다임은 단순히 뉴턴의 운동 법칙들만을 포함하지 않고, 기본적인 성질이 위치와 운동량인 결정론적 시계 작용으로서의 우주에 대한 모델이나 그림도 포함한다. 이러한 기본 성질로부터 모든 다른 행동이 궁극적으로 유도될 수 있다. 뉴턴 패러다임은 또한 뉴턴의 법칙들에 의해 설명되고 예측되며 인증된 표준 장비 세트와 함께 문제

1 (옮긴이 주) 밈은 문화의 요소를 전달하는 단위로서, 영국의 진화생물학자인 도킨스(Richard Dawkins)가 처음 만들었다.

해결을 위한 특정 전략을 포함한다. 뉴턴 패러다임은 방법론, 과학철학, 그리고 사실상 전체 형이상학을 포함한다. 쿤은 후속 저서에서 패러다임의 내용을 언어적으로 표현하는 것보다 패러다임의 **범례**(exemplar), 즉 장비, 실천, 보조물의 역할에 더 많은 강조를 두었다. 범례는 패러다임을 정의하는 가장 중요한 요소다.

패러다임은 정상과학을 주도하며, 이러한 과학은 경험론 철학자들이 제시한 설명과는 중요한 방식에서 다르다. 쿤은 정상과학이 데이터, 관찰, 실험이 이끄는 방향을 따르기보다는, 어떤 것이 실험으로 인정받고 언제 관찰이 데이터로 인정받기 위해 수정되어야 하는지를 결정함으로써 과학적 진보의 방향을 지시한다고 주장했다. 정상과학에서는 연구가 데이터를 설명하고 예측하기 위해 패러다임을 적용하여 지식의 경계를 확장하는 데 집중된다. 패러다임의 의도된 영역 밖에서 설명할 수 없는 것은 단순한 실험적 오류나 패러다임의 규칙을 완전히 이해하지 못한 과학자의 어설픈 오용이다.

정상과학의 지원 아래 세 가지 유형의 경험적 연구가 번창한다. 그것은 이전에 확립된 관찰 주장들을 더 높은 정확도로 재확인하는 것, 그 자체로는 중요하지 않지만 패러다임을 정당화하는 사실의 확립, 그리고 패러다임이 주목하게 하는 문제를 해결하기 위해 수행되는 실험이다. 이 세 가지 목표 중 어느 하나라도 달성하지 못하는 것은 사용된 패러다임이 아니라 그것을 시도한 과학자의 탓이다. 이러한 종류의 탐구는 경험을 통해 이론을 시험한다고 보는 경험론의 모델로는 이해될 수 없다.

정상과학이 데이터보다 이론에 우선권을 부여하는 가장 극적인 예는 뉴턴 역학과 해왕성과 천왕성의 이야기에서 찾을 수 있다. 1700년대 뉴턴 역학의 큰 성공 중 하나는 핼리 혜성의 출현과 재출현을 정확히 예측하여 천문학자들이 그 궤도를 계산할 수 있도록 해준 것이었다. 19세기에는 망원경이 현저히 개선된 덕분에 천문학자들이 토성의 경로에 대한 데이터를 수집할 수 있었고, 이는 뉴턴 이론이 예측한 궤도와는 다르다는 것을 보여주었다. 그러나 이러한 명백한 반증적인 관찰은 뉴턴의 법칙과 망원경 작동 방식에 대한 수많은 보조 가설, 그리고 토성에 작용하는 행성의 수와 질량에 대한 가정을 포함하는 가설들의 '패키지'를 신뢰할 수 없게 만들었다. 처음에는 반증적 관찰이 어떤 구성 요소가 포기되어야 하는지를 결정짓지 않는 것처럼 보인다. 그러나 물리학의 정상과학에서 뉴턴 패러다임이 워낙 중심적이었기 때문에 그 문제는 사실상 과소결정 상태로 남지 않았다. 오히려, 지배적인 패러다임은 토성에 대한 데이터를 '퍼즐'로 간주했다. 다시 말해 물리학자와 천문학자의 창의성을 발휘해 발견해야 할 '정답'이 있는 문제로 간주했다. 물리학자가 패러다임 내의 문제를 해결하지 못했을 때 신뢰를 잃은 건 패러다임 자체가 아니라 바로 그 물리학자였다! 이론이 잘못되었을 것이라는 질문은 없었고, 잘못된 것은 도구, 천문학자, 또는 행성의 수와 질량에 대한 가정일 수밖에 없었다. 실제로, 상황은 이렇게 전개되었다. 뉴턴 패러다임의 힘과 뉴턴 패러다임이 인증한 도구의 신뢰성을 받아들이면서, 발견되지 않은 추가적인 행성 하나 이상(너무 작거나 너무 멀거나 둘 다 때문일 수 있음)을 가정하는 선택만 남게 되었다. 이러한 행성의 뉴턴 중력이 토성이 새로운 데이터가 제시한 방식으로 움직이게 만들 것이라고 가정했다. 그런 힘이 작용해야 할 방향으로 망원경을 조준한 천문학자들은 결국 해왕성과 천왕성을 차례로 발견하여 뉴턴 패러다임이 제시한 퍼즐을 해결하게 되었다. 경험론자는 이러한 결과를 뉴턴 이론의 중요한 경험적 확인으로 설명하겠지만, 쿤의 추종자들은 패러다임이 결코 의심받지 않았으며 따라서 퍼즐의 해결로부터 추가적인 경험적 지지가 필요하지 않았다고 주장할 것이다.

정상과학은 교과서로 특징지어지며, 이러한 교과서는 서로 다른 저자가 썼음에도 불구하고 대체로 같은 내용을 전달하고, 동일한 실험, 시연, 유사한 실험실 매뉴얼을 포함하고 있다. 정상과학의 교과서는 각 장의 뒤쪽에 같은 종류의 문제를 포함하고 있으며, 이러한 퍼즐을 해결하는 과정은 과학자들에게 이후 연구 과제를 퍼즐 세트로 취급하는 방법을 가르친다. 자연스럽게도, 쿤이 말한 바와 같이 일부 학문 분야는 '패러다임 이전'(pre-paradigmatic) 단계에 있으며, 이는 예를 들어 교과서의 균일성 부족으로 나타난다. 이러한 학문 분야는 (경제학을 제외한) 많은 사회과학처럼 교과서 간의 공통점 부족이 합의의 부재를 드러내는 분야이다. 패러다임 이전 과학의 경쟁이 어떻게 단일 승자로 이어지고, 그 승자가 정상과학의 발전을 결정짓는지는 쿤이 설명하지 않지만, 그는 패러다임이 경험론의 실험 방법이 제안하는 것과 같은 방식으로 승리하지 않는다고 주장한다. 쿤이 제시하는 이유는 과학에서 관찰의 본질에 대한 인식론적으로 급진적인 주장이다.

경험론 프로젝트에서 중요한 관찰 용어와 이론 용어 간의 구분을 떠올려보자. 경험론에 따르면, 관찰 용어는 이론을 인식론적으로 통제하는 데이터를 설명하는 데 사용된다. 경험론의 문제는 관찰이 관찰 가능한 규칙성을 설명하는 비가시적 사건, 대상, 과정에 대한 설명적 이론을 정당화하는 데 불충분해 보인다는 것이다. 경험론의 이 문제는 쿤에게는 문제가 되지 않는데, 그는 경쟁 이론 간에 중립적인 관찰을 설명하는 어휘가 존재한다고 보지 않기 때문이다. 쿤에 따르면, 패러다임은 이론, 철학, 방법론, 기구에만 영향을 미치는 것이 아니라 실험실 작업대와 현장 노트북에도 영향을 미쳐 관찰을 지시하며, 수동적으로 관찰을 수용하는 것이 아니다.

쿤은 심리학 실험으로부터 착시, 게슈탈트 전환, 기대 효과, 그리고 우리가 세계에 대한 선입견 없이 순수하다고 경솔하게 여기는 수많은 관찰 용어에 숨겨진 이론적 편향성에 대한 증거들을 인용했다. 예를 들어 보자. 쿤의 예는 많은 사람들이 검은 스페이드와 빨간 하트를 익숙하게 보기 때문에 주목하지 않는 빨간 스페이드와 검은 하트였다. 쿤이 이 점을 처음 언급한 이후, 다른 예들도 일반적인 지식이 되었다. 뮐러-라이어 환상에서는 길이가 동일한 두 개의 선이 있으며, 한 선의 양 끝에는 바깥을 가리키는 화살표가 있고, 다른 선의 양 끝에는 안쪽을 가리키는 화살표가 있어, 서구인의 눈에는 불균형으로 보인다. 그러나 이 환상은 직선 경험이 없는 '비-카펜터 사회'(Non-carpentered societies)[2]의 사람들을 속이지 않는다. 네커 큐브는 투명한 큐브의 단순한 2차원 렌더링으로, 원근감에 대한 경험이 없는 사람들에게는 그렇게 인식되지 않으며, 우리가 인식에서 전후 전환 또는 역전을 효과할 수 있는 것은 보는 행위가 인지적으로 순수하지 않음을 보여준다. 갈릴레오가 처음으로 달을 "분화구가 있는" 것으로 묘사했을 때, 그의 관찰은 이미 달의 지형이 어떻게 형성되었는지를 설명하는 최소한의 이론적 설명, 즉 다른 천체와의 충돌에 의한 것이라는 설명을 전제로 하고 있었다.

쿤이 이러한 결론에 도달한 것은 그 혼자만의 일이 아니었다. 1950년대 여러 경험론 반대자들도 관찰에 대해 이와 같은 견해를 가지게 되었다. 그들은 우리가 관찰을 설명하는 용어는, 즉 일상 언어든 과학적 신조어든 간에, 경험 세계의 구분이나 분류를 전제로 하며, 이는 이전의 '이론'을 반영한다고 주장했다. 우리가 사물을 분류하는 데 사용하는 범주, 심지어 색상, 형태, 질감, 소리, 맛과 같이 이론과 무관한 것으로

2 (옮긴이 주) 선과 직각이 드문 둥근 형태의 가옥이나 자연 환경에서 생활하는 사회를 지칭한다. 이 사회의 사람들은 뮐러-라이어 착시를 덜 경험하거나 아예 인지하지 못하는 경우가 많다.

보이는 범주조차도 해석이 담겨 있다. 즉, 관찰은 이론 의존적(theory-laden)이다. 우리는 우유컵을 보는 것이 아니라, '그것'을 우유컵으로 본다. 여기서 "그것"은 이론 중립적인 어휘로는 따로 설명할 수 없는 것이다. '흰색', '액체', '유리', '젖은', '차가운' 등의 단어조차도 '자기', '전기', '방사성'과 마찬가지로 이론에 얽매여 있다.

쿤이 처음 책을 저술한 이래로, 이론-관찰 구분이 적어도 불명확하며 아마도 근거가 없다는 주장은 비경험론 철학의 핵심이 되었다. 이것이 과학적 지식의 본질, 범위, 정당화에 대한 논쟁에 미치는 영향은 결코 과소평가될 수 없다. 특히 이는 과학적 시험의 본질을 이해하는 데 훨씬 더 어려움을 제기하는데, 이는 과학이 다른 모든 것과 구별되는 가장 특징적인 차이이다. 쿤은 이러한 결과를 인식했고, 그가 이를 다루는 방식 때문에 『과학혁명의 구조』는 그런 큰 영향력 갖게 되었다.

새로운 패러다임과 과학혁명

혁명은 한 패러다임이 다른 패러다임으로 대체될 때 발생한다. 정상과학이 발전함에 따라 그 퍼즐은 패러다임의 적용, 또는 쿤의 말처럼 패러다임의 '정교'에 굴복하게 된다. 소수의 퍼즐은 계속해서 저항적이다. 예를 들어 패러다임이 설명할 수 없는 예기치 않은 현상, 패러다임이 예상하게 만들지만 실제로 나타나지 않는 현상, 오류 한계를 넘어서는 데이터의 불일치, 또는 다른 패러다임과의 중대한 불일치가 있다. 각 경우에 대해 정상과학 내에서는 이러한 변칙 현상에 대한 합리적인 설명이 존재하며, 종종 추가 작업을 통해 변칙 현상은 해결된 퍼즐로 전환된다. 혁명은 이러한 변칙 현상 중 다른 것들은 해결되지만 특정한 하나가 충분히 오랫동안 해결을 거부하고, 위기를 발생시킬 때 일어난다. 점점 더 많은 과학자가 문제의 중요성을 부여하게 되면, 전체 학문의 연구 프로그램은 해결되지 않은 변칙 현상을 중심으로 집중되기 시작한다. 초기에는 지배적인 패러다임에 대한 큰 투자가 없는 젊은 과학자들이 문제를 해결하기 위한 급진적 해법을 모색할 수 있다. 이는 패러다임이 너무 성공적으로 되어 흥미로운 퍼즐이 거의 남지 않았을 때 주로 발생한다. 특히 명성을 얻고자 하는 젊은 과학자들이 미해결된 퍼즐의 중요성을 더욱 강조하기로 결정하는 경우가 많다. 때때로 과학자들은 실험 오류로 합리적으로 처리될 수 있는 것을 완전히 새로운 것, 또는 잠재적으로 현재의 패러다임을 파괴할 수 있는 것으로 판단할 수도 있다. 만약 궁극적인 결과가 새로운 패러다임으로 이어진다면, 과학자가 한 일은 회고적으로 새로운 발견으로 분류된다. 뢴트겐(Wilhelm Röntgen)이 처음 X선을 생성했을 때, 그는 그것을 사진 건판의 오염으로 간주했다. 그러나 패러다임의 전환이 이를 허용한 이후, 그와 같은 사진 건판은 중요한 현상의 증거가 되었다. 궁극적인 결과가 패러다임 전환에 통합되지 않는다면, 폴리워터(polywater)[3]처럼, 이는 오류로 취급되거나, 더욱 나쁘게는 냉핵융합(cold fusion)[4]과 같은 사기로 간주될 수 있다.

새로운 패러다임을 개발하는 혁명가들은 가장 합리적으로 행동하고 있는 것이 아니며, 그들의 접근에 맞서 지배적인 패러다임을 방어하는 기존의, 대체로 나이 많은, 반대자들도 비합리적으로 행동하고 있지 않다. 이러한 위기 동안, 학문 내에서 논쟁이 변칙 현상에 지나치게 집중되면, 어느 쪽도 비합리적으로 행동하고 있다고 말할 수 없다. 오랜 패러다임을 방어하는 사람들은 모든 과학적 성공의 무게를 지니고 그들의 헌신을 지지받는다. 새로운 패러다임의 지지자들은 이전 접근에 저항하는 변칙 현상에 대한 해결책만을 가지고 있다.

신구 패러다임이 경쟁하는 동안, 이들 사이의 어떤 것도 관찰이나 실험으로 결정될 수 없다는 점에 유의해야 한다. 여기에는 여러 이유가 있다. 우선, 예측 정확성에 관해서는 경쟁하는 패러다임 간에 큰 차이가 없거나 전혀 없을 때가 많다. 프톨레마이오스의 지구 중심 천문학(그리고 그것의 주전원)은 코페르니쿠스의 경쟁자인 태양 중심 천문학과 비교했을 때 예측력이 동일하고 수학적으로도 더 복잡하지 않았다. 게다가 '관찰' 데이터는 이미 이론 의존적이었다. 그것은 편견 없는 최종 법정이 아니다. 쿤에게는 결국 어떤 경쟁하는 패러다임이 더 합리적으로 수용될 것인지, 진리에 더 가까운 것인지, 과학적 진보를 구성하는 것인지 결정할 증거 법정이 없다. 이것이 쿤 이론의 급진적인 영향이 분명해지는 지점이다.

---

3 (옮긴이 주) 폴리워터(polywater)는 1960년대 초 소련 과학자들이 발견했다고 주장했던, 물의 새로운 중합체이다. 그것은 일반 물보다 밀도가 높고 끓는점이 낮으며 어는점이 높은 특이한 성질을 가지고 있다고 알려졌다. 그러나 이는 과학적 오류로 밝혀져 현재는 존재하지 않는 것으로 여겨진다.

4 (옮긴이 주) 1989년 미국의 화학자 플라이슈만(Martin Fleischmann)과 폰즈(Stanley Pons)는 간단한 실험 장치에 중수(heavy water)를 넣고 전류를 흘려주면, 투입된 에너지보다 더 많은 열에너지가 발생했다고 주장했다. 이는 핵융합 반응의 증거로 해석될 수 있었다. 과학자들은 그들의 실험을 재현하는 데 실패했고, 결국, 냉핵융합은 과학적 사기로 여겨지게 되었다.

지속적으로 해결되지 않고 패러다임적으로 중요한 변칙 현상은 다른 패러다임이 나타나서 그것을 단순한 퍼즐로 흡수할 수 있을 때만 과학혁명으로 이어진다. 만약 대체 패러다임이 없다면, 과학 분야는 기존 패러다임을 계속 수용할 것이다. 하지만 패러다임이 과학자들에게 미치는 영향은 약해진다. 일부 과학자들은 새로운 현상이 그들의 학문 분야와 어떻게 관련되는지 설명하기 위해 새로운 메커니즘, 새로운 연구 규칙, 새로운 장비, 새로운 이론을 찾기 시작한다. 이러한 '위기 상황'에서 정상과학이 승리하는 경우가 많다. 즉, 변칙 현상은 결국 퍼즐로 드러나거나, 장기적인 미래를 위한 문제로 미뤄진다. 혁명은 새로운 패러다임이 이전의 패러다임과 급진적으로 불일치할 때 발생한다. 때로는 새로운 패러다임이 지배적인 패러다임과의 불일치를 인식하지 못하는 과학자들에 의해 제안되기도 한다. 예를 들어, 맥스웰은 자신의 전자기 이론이 뉴턴의 절대 공간과 호환된다고 가정했지만, 사실 아인슈타인은 전자기학이 시공간 관계의 상대성을 요구한다고 보여주었다. 새로운 패러다임은 기존의 패러다임이 해결하지 못하고 난감해했던 변칙적인 현상들을 단순한 퍼즐처럼 다룰 수 있을 정도로 완전히 달라야 한다. 패러다임은 포괄적이며, 패러다임 간의 차이는 급진적이어서, 쿤은 서로 다른 패러다임을 수용하는 과학자들이 어떤 의미에서 아리스토텔레스의 세계 대 뉴턴의 세계, 뉴턴의 세계 대 양자 영역처럼 서로 다른 세계에 처해 있다고 주장했다. 쿤의 말에 따르면 패러다임은 상호 **'공약불가능하다'**(incommensurable). 쿤은 이 단어를 기하학에서 가져왔는데, 거기서 그것은, 예를 들어, 원의 반지름과 원주의 관계는 유리수 비율이 아닌, 무리수 파이(π)로 나타낼 수 있다는 사실을 나타낸다. 파이의 값을 계산할 때 결과는 결코 완벽하게 끝나지 않고 항상 '나머지'를 남긴다. 마찬가지로 쿤은 패러다임들은 공약불가능하다고 주장했다. 즉 한 패러다임이 다른 패러다임을 설명하거나 그 문제를 해소하기 위해 호출될 때 항상 나머지를 남긴다. 하지만 수학적 비례는 은유이다. 과학 영역에서 이 나머지는 무엇인가?

쿤에 따르면, 새로운 패러다임이 이전 패러다임의 변칙 현상을 해결할 수 있지만, 이전 패러다임이 성공적으로 처리했거나 다룰 필요가 없었던 설명되지 않는 현상을 남길 수 있다. 새로운 패러다임을 받아들이고 기존의 패러다임을 포기하는 데는 득실이 있다. 새로운 패러다임이 가져오는 이점이 있는 반면, 기존 패러다임이 설명했던 부분을 놓치게 되는 손실도 발생하기 때문이다. 예를 들어, 뉴턴 역학은 중력이 무한한 거리에서 즉각적으로 작용하는 '원격 작용'을 설명할 수 없다. 아리스토텔레스 물리학은 이 곤란한 문제를 설명할 필요가 없었다. 실제로 원격 작용, 즉 중력이 어떻게 가능한가는 뉴턴 역학을 부분적으로 250년 정도 후에 구너뜨린 변칙 현상이 되었다. 그러나 설명적 손실이 전부는 아니다. 어느 정도의 설명적 손실이 있어도 새로운 패러다임의 설명 범위에서 순이익이 있을 수 있다. 쿤은 공약불가능성이 이보다 훨씬 강력한 것이라고 제안한다. 쿤은, 한 언어의 시가 종종 번역할 수 없는 것과 같이, 패러다임이 서로 번역할 수 없다는 의미에서 공약불가능하다고 주장하는 것 같다. 이러한 급진적 공약불가능성은 패러다임이 서로를 개선하지 않으며, 따라서 과학이 진리를 향한 점진적 접근의 방향으로 축적되지 않는다는 추가적 주장을 뒷받침한다. 따라서 과학사는 예술, 문학, 종교, 정치, 문화의 역사와 다르지 않다. 그것은 변화에 관한 이야기이지만, 긴 시간 동안 '진보'에 관한 이야기라고는 할 수 없다.

쿤은 우리에게 17세기 플로지스톤 화학을 라부아지에의 산화 및 환원 이론으로 번역해 보라고 도전한다. 나머지 없이 그렇게 할 수는 없다. 아마도 당신은 플로지스톤 화학이 전부 틀렸으며 새로운 패러다임으로 대체되어야 한다고 말할지도 모른다. 그러나 이는 쿤이 비판한 비역사적 접근이다. 결국 플로지스톤 화학은 그 시대 최고의 과학이었으며, 퍼즐을 해결하고 기구를 조직하며 실험적 지지를 확보하는 데 오랜 성공의 기록이 있었다. 플로지스톤의 전성기 이전에는 많은 과학자들이 연금술에 자신의 천재성을 쏟았다. 뉴턴은 납을 금으로 변환하는 방법을 찾는 데 헌신했는데 많은 실험 결과 납 중독으로 죽을 수도 있었다. 그의 역학이 물리학에서 초월적인 천재의 가장 위대한 과학적 성취라면, 그의 연금술은 괴짜의 비과학적 장난이라고 말해야 할까? 우리는 한 세기의 과학적 작업을 비합리적인 미신으로 비난해야 할지, 아니면 연금술과 플로지스톤 화학을 대문자 'S'로 시작하는 과학으로 받아들이는 과학철학을 설계해야 할지 고민해야 한다. 플로지스톤 이론이 좋은 과학이라면, 그리고 그것이 후속 이론에 통합될 수 없다면, 과학사를 누적적 진보의 역사로 보기 어려워진다. 그것은 오히려 대체의 문제로 보인다.

환원은 경험론자가 이론 간의 상호 관계를 분석하는 방식이다. 즉, 화학은 공시적으로 물리학으로 환원될 수 있고, 뉴턴의 17세기 역학 발견은 통시적으로 20세기 특수 상대성 이론으로 환원될 수 있다.

하지만 이러한 환원이 경험론이 주장하는 방식으로 실제로 이루어지는가? 쿤은 이를 명시적으로 부정한다. 그 이유는 공약불가능성이다. 한 이론의 법칙을 더 기본적인 이론의 법칙으로 환원하려면 두 이론의 용어가 동일한 의미를 가져야 한다. 따라서 공간, 시간, 질량의 개념은 뉴턴 이론과 아인슈타인의 특수 상대성 이론에서 동일해야 하며, 후자가 단순히 더 일반적인 경우이고 전자가 특수한 경우일 때, 환원이 가능하다. 뉴턴 역학의 법칙을 특수 상대성 이론의 법칙에서 유도하는 것은 간단해 보인다. 필요한 것은 'c' 즉 빛의 속도가 (중력처럼) 무한한 속도로 이동한다는 것이다.

우리는 8장에서 로렌츠의 수축 방정식을 사용하여 이 환원을 설명했다. 뉴턴의 질량을 상대론적 질량으로 환원하는 것처럼 보이는 유사한 방정식이 있다.

$$\text{MASS}_{\text{at rest relative to observer}} = \text{MASS}_{\text{in motion relative to observer}}\sqrt{1-v^2/c^2}$$

위의 식에서 속도가 빛의 속도에 비해 작을 때, 제곱근은 1에 가까워진다. 속도가 0에 가까워지면, 정지 질량은 뉴턴이 요구하는 대로 운동하는 질량에 가까워진다.

뉴턴에서 아인슈타인으로 가기 위해 이러한 잘못된 그러나 단순화된 가정이 필요한 이유는 특수 상대성 이론이 로렌츠 방정식을 포함하고 있으며, 이는 물체의 질량이 관찰자의 준거틀에 대한 속도와 빛의 속도의 비율에 따라 변한다는 것을 알려준다. 그러나 뉴턴의 이론은 질량이 보존되며, 빛의 속도에 비례하든 아니든 상대적 또는 절대 속도와는 무관하다고 말한다.

두 이론이 동일한 기호 m을 가진 같은 용어를 공유하지만, 동일한 개념을 공유하는가? 강조하건대, 그렇지 않다. 뉴턴 역학에서 질량은 물질의 절대적이고 본질적인 '단일' 성질로서, 생성되거나 파괴될 수 없다; 이는 '더 크다'와 같이 물질 덩어리들이 다른 것들과 공유하는 관계적 성질이 아니다. 아인슈타인의 이론에서 질량은 빛의 속도, 물질 덩어리, 그리고 그 덩어리의 속도가 측정되는 위치 또는 '준거틀' 간의 복잡한 '위장된' 관계이다. 이는 에너지로 전환될 수 있다($e=mc^2$). 두 이론 간에 '질량'이라는 단어의 의미 변화는 세계관의 완전한 변화를 반영하며, 고전적인 '패러다임 전환'이다. 우리가 과학사학자이자 철학자로서 두 이론의 중요한 용어들 간 의미 차이를 보고, 관찰적이든 이론적이든, 그들이 공유하는 공통의 어휘가 없다는 것을 발견하면, 그들 간의 공약불가능성은 더 명확해진다. 하지만 물리학자는 "보라, 우리가 교과서에서 특수 상대성 이론을 가르치는 방식은 먼저 뉴턴의 이론을 가르치고, 그 후 로렌츠 변환을 통해 그것이 특수 사례임을 보여주는 것이다. 결국 이것은 환원 사례이다. 아인슈타인은 뉴턴의 어깨 위에 서있었고, 특수 상대성은 특수 사례에서 더 일반적인 사례로의 과학의 누적적 발전을 반영한다"라고 말할 수 있다.

쿤은 이에 대해 두 가지로 대응한다. 첫째, 환원되는 것은 뉴턴의 이론이 아니라 우리가 뉴턴 이후의 아인슈타인 패러다임의 영향을 받아 뉴턴의 이론이라고 상상하는 것이다. 그렇지 않다고 증명하려면 질량에 서로 호환되지 않는 성질을 귀속시키는 번역이 필요하다. 둘째, 정상과학이 성공하기 위해서는 일단 그것이 자리를 잡으면 이전 과학사를 다시 써서, 모든 것에 대한 누적된 지식을 향한 장기적인 지속적 진보의 또 다른 한 걸음처럼 보이게 만드는 것이 필요하다. 정상과학의 성공은 과학자들이 패러다임에 지속적으로 도전하지 않고, 퍼즐을 해결하면서 그것을 정교화할 것을 요구한다. 이러한 규율이 없다면 과학은 정상과학이 보이는 축적의 패턴을 나타내지 않을 것이다. 이를 강제하는 한 가지 방법은 교과서를 저작성하여 오늘날의 패러다임 이전의 것이 그로 이어지는 불가피한 발전의 역사처럼 보이게 하는 것이다. 이것이 이전 패러다임의 투명성을 감소시키고, 경험론자가 과학사가 실제로 가르치는 것을 보지 못하게 하는 이유이다. 경험론자에게 과학을 이해하는 것은 동시대의 교과서와 그 안에 담긴 '요약된' 역사에서 비롯된다.

쿤에 따르면, 우리는 과학혁명이 실제로 세계관의 변화라는 개념을 진지하게 받아들여야 한다. 아리스토텔레스에서 뉴턴으로의 중요한 변화는 '중력'의 발견이 아니었다. 정지 상태와 운동 상태의 구분을 속도가 0인지 아닌지의 차이로 보던 것에서, 가속도가 0인지 아닌지의 차이로 보게 된 것은 겉으로 보기에는 사소한 변화였다. 아리스토텔레스 학파는 일정한 속도로 움직이는 물체를 힘의 영향을 받는 것으로 보았고, 이를 '임페투스'(impetus)라고 불렀다. 뉴턴 학파는 물체가 정지해 있고, 아무 (순) 힘의 영향을 받지 않는 것으로 본다. 아리스토텔레스 학파는 흔들리는 진자 추가 제약하는 힘에 맞서고 있다고 보지만, 뉴턴 학파는 진자가 평형 상태에 있으며 정지해 있다고 본다. 뉴턴의 이론에서는 '임페투스'의 개념을 표현할 수 없으며, 마찬가지로 뉴턴의 이론에서는 아인슈타인의 질량을 표현할 방법이 없다. 더 넓게 보자면, 아리스토텔레스 과학은 우주를 사물들이 목적과 기능, 역할을 갖고 있는 것으로 본다. 반면 뉴턴 역학은 그러한 모든 '목적론적'이고 목표 지향적인 과정을 배제하고, 대신에 어떤 시점에서의 위치와 운동량이 자연 법칙과 함께 다른 모든 시점에서의 위치와 운동량을 결정하는, 사고 능력이 없는 입자들의 상호작용을 선호한다.

새로운 패러다임은 문자 그대로 세계관의 변화이며, 비유적으로는 과학자가 사는 세계의 변화이기 때문에, 이는 기존의 과학자들에게 너무 큰 전환이 될 수 있다. 이러한 과학자들은 이전 패러다임에 얽매여 새로운 패러다임으로의 전환을 저항할 뿐만 아니라, 전환을 할 수 없을 것이다. 게다가 그들의 거부는 합리적으로 방어될 수 있다. 또는 적어도 그들의 견해에 대한 반론은 새로운 패러다임을 전제로 하므로 논점 선취가 될 것이다. 우리는 11장에서 논의된 과학 이론의 과소결정 문제로 인해 이론을 반증하는 것의 어려움을 어느 정도 이미 인식했다. 패러다임은 단순히 이론보다 훨씬 더 많은 것을 포괄하기 때문에, 보조 가설뿐만 아니라 패러다임을 구성하는 방대한 범위의 지적 약속들을 조정함으로써 어떤 이들이 반증 사례라고 부를 만한 것을 수용하는 것이 상대적으로 더 쉽다. 게다가 경쟁하는 패러다임을 비교할 수 있는 중립적인 기준이 존재하지 않음을 기억해야 한다. 만약 증거에 의한 이론의 과소결정이 문제가 아니라 하더라도, 경험론자들이 서로 다른 이론들이 존재함을 인정하는 관찰적 결과는 빠져있다. 충성이 한 패러다임에서 다른 패러다임으로 전이될 때, 이 과정은 관련 증거에 의해 뒷받침되는 합리적 믿음의 변화라기보다는 종교적 개종에 가깝다. 이전 패러다임은 그 지지자들이 사라짐에 따라 점차 사라지고, 새로운 패러다임의 지지자들이 해당 분야를 지배하게 된다.

쿤에 따르면 과학에서 진보는 발견되지만, 이는 진화에서의 진보와 마찬가지로 항상 점점 더 지역적인 적응 문제이다. 다윈의 자연 선택 이론은 세대를 거쳐 형질의 무작위 변이가 환경에 의해 지속적으로 필터링되어 종 내에서 점점 더 적응적인 변이가 확산된다고 설명한다. 그러나 환경은 변하며, 한 환경에서의 적응, 예를 들어 북극의 흰색 털은 온대 숲에서의 흰색 털처럼 다른 환경에서의 부적응이 된다. 과학도 마찬가지이다. 정상과학 동안, 점점 더 많은 퍼즐이 해결되면서 진보가 일어난다. 그러나 과학의 혁명적 기간은 환경의 변화와 같아서, 패러다임이 해결해야 할 적응 문제를 완전히 재구성한다. 이 점에서 과학은 다른 지적 분야가 보여주는 진보와 유사한 양상을 보인다. 이는 놀라운 일이 아니며, 많은 사람이 『과학혁명의 구조』에서 끌어내는 교훈 중 하나는 과학이 다른 분야와 크게 다르지 않으며, 인식론적 우월성을 주장할 수 없다는 것이다. 오히려 우리는 패러다임의 연속성을 문학, 음악, 예술, 문화 전반의 유행 변화와 같은 방식으로 보아야 한다. 혹은 경쟁하는 패러다임을 대안적인 규범 이데올로기나 정치 운동처럼 보아야 할지도 모른다. 이러한 문화 영역들의 장점을 평가할 때, 진리에 접근하는 진보는 거의 문제가 되지 않는다. 과학도 마찬가지이다. 쿤은 자신의 책 마지막 페이지 중 하나에서 "더 정확히 말해, 우리는 패러다임의 변화가 과학자들과 그들로부터 배우는 사람들을 진리에 점점 더 가깝게 이끈다는 명시적이거나 암묵적인 개념을 포기해야 할지도 모른다"라고 썼다(『과학혁명의 구조』, 초판, 13장, p. 170).

과학적 연구 프로그램은 합리적인가?

많은 과학철학자와 과학자들이 쿤의 설명, 즉 과학의 진보, 누적성, 합리성을 부인하는 설명에 불만을 가졌다는 것은 놀라운 일이 아니다. 사실, 쿤 자신도 후속 저작에서 여기서 제시된 『과학혁명의 구조』의 급진적 해석을 거부하는 듯한 모습을 보였다.

과학의 변화를 합리적이라고 설명하려고 했던 과학철학자 중 가장 두드러진 인물 중 하나는 포퍼의 제자인 라카토슈(Imre Lakatos)였다. 라카토슈의 주장을 개략적으로 설명하는 것은, 일부 과학철학자들이 쿤에 어떻게 반응했는지, 그리고 그들이 과학의 진보에 대한 쿤의 급진적 비판의 힘을 어떻게 놓쳤는지를 보여주는 데 유용하다.

라카토슈에 따르면, 과학 이론은 더 큰 인지 단위인 연구 프로그램(research program)의 구성 요소이다. 연구 프로그램은 쿤의 패러다임과 유사하다. 그러나 패러다임과 달리 연구 프로그램은 진술, 명제, 공식을 포함하고, 실험 장치나 독특한 측정 장비, 관련 철학적 논제, 기타 비서술적 항목을 포함하지 않는다. 첫째, 연구 프로그램의 핵(core)이 있다: 이는 프로그램의 구성 요소인 세계에 대한 일련의 가정으로, 이를 포기하면 프로그램 자체를 포기하는 것이다. 예를 들어, 뉴턴의 연구 프로그램의 핵은 만유인력의 역제곱 법칙을 포함하고, 다윈주의의 핵은 6장에서 언급된 자연선택의 원리(PNS)와 같은 내용을 포함한다. 핵을 둘러싼 것은 라카토슈가 "보호대"(protective belt)라고 부른 것으로, 해당 이론의 추가 주장들의 집합으로서 보조 가설로 기능한다. 한편으로, 이 이론들은 핵심 구성 요소를 설명과 예측에 적용하기 위해 필요하지만, 다른 한편으로는 증거에 의해 핵심 구성 요소가 반증되는 것을 피하기 위해 변경될 수 있다. 다윈의 잘못된 유전 이론은 좋은 예시이다. 이는 진화생물학의 연구 프로그램에 누를 끼치지 않고 포기되었다. 멘델의 이론은 보호대에 추가되어 핵에 중요한 결과를 가져왔다. 연구 프로그램의 두 가지 추가 구성 요소는 긍정적 및 부정적 휴리스틱으로, 이는 보호대의 변화를 안내하고 핵 수정에 대한 방법론적 규칙을 포함한다. 뉴턴 역학의 긍정적 휴리스틱은 충분 이유의 원칙에 명시된 다음과 같은 명령을 포함할 것이다. "모든 사건에는 원인이 있다. 그것을 찾아라!" 부정적 휴리스틱은 시공간적 접촉 없는 인과, 즉 '원격작용'을 (중력을 제외하고는) 부정한다.

연구 프로그램은 진보적일 수도 있고 퇴보적일 수도 있다. 그것이 진보적이라면 시간이 지남에 따라 해당 이론은 과학자들에게 참신한 예측을 가능하게 하거나, 적어도 프로그램의 핵을 형성하는 데 원래 사용되지 않았던 이미 알려진 데이터를 수용할 수 있게 해야 한다. 포퍼의 영향을 존중하며, 라카토슈는 과학자들이 프로그램의 예측이 반증되었을 때 보호대나 긍정적 또는 부정적 휴리스틱을 변경함으로써 참신한 예측을 만들어낸다고 인정했다. 이러한 변화가 그들에게 참신한 기대를 도출하게 하고, 그 기대가 실현된다면 연구 프로그램은 진보적이라고 인정받는다. 해왕성과 천왕성의 발견은 뉴턴적 연구 프로그램에서 참신한 예측의 고전적인 예이다. 반증에 대한 대응책이, 그저 핵을 보존하는 데 그치고 결과적으로 참신한 인증된 예측을 낳지 못한다면, 그것은 임시방편으로 낙인찍힌다.

연구 프로그램이 참신한 예측을 생성하지 않거나, 지속적으로 보호대나 다른 곳에서 임시방편적 변화를 요구하게 되면, 그것은 퇴행적이라고 말한다. 라카토슈에 따르면, 과학적 변화의 합리성은 다음과 같다. 즉, 과학자들은 연구 프로그램이 진보적일 동안 계속해서 그것을 (쿤의 용어를 사용하자면) 정교화한다. 만약 프로그램이 오랫동안 진보적이지 않게 되면, 과학자들은 원래의 핵 구성 요소 중 일부 또는 전부에 도전하기 시작하고, 이에 따라 새로운 연구 프로그램이 생성되며, 이 새로운 프로그램은 퇴보하는 프로그램과는 다른 핵을 가진다. 학문 분야는 연구 프로그램의 연속성으로 특징지어진다. 각 연구 프로그램은 진보적으로부터 퇴행적으로 이동하며, 이전의 참신한 예측을 수용하는 보다 적합한 새로운 프로그램으로 대체된다. 이는 라카토슈의 관점에서 연구 프로그램 간의 진보이며, 단순히 쿤의 과학적 변화 설명에서 제안하는 대체 패러다임의 연속성이 아니다. 라카토슈의 연구 프로그램 모델, 그 내부 발전 및 연속성을 보여주는 학문 분야는 믿음 변화의 합리적 기준에 따라 진행되는 과학이다. 이러한 기준에 따르면, 자연과학은 비난을 면한 것으로 보이지만, 사회과학의 많은 연구 프로그램, 특히 포퍼가 사이비 과학으로 낙인찍은 마르크스의 변증법적 유물론이나 프로이트의 심리역동 이론 등은 아마도 퇴행적이다.

라카토슈가 정말로 합리적인 과학적 변화에 대한 설명을 제공했을까? 쿤의 추종자들은 과학적 변화에 대한 쿤의 설명과 라카토슈의 설명 간 차이점은 라카토슈가 쿤의 과학적 변화에 대한 주장에 대해 단순히 선결 문제의 오류를 범한 부분을 제외하면, 본질적 차이는 거의 없다고 주장할 것이다. 라카토슈는 퇴행하는 연구 프로그램을 고수하는 것이 언제 비합리적이 되는지에 대한 결정적인 기준을 제시하지 못하며, 과학자들이 프로그램의 진보성을 순위 매길 수 있는 척도 역시 제시하지도 못한다. 쿤과 같은 과학사가가 과학자들의 신뢰를 유지하면서 오랜 시간 동안 퇴행적이었던 연구 프로그램을 식별하고, 이후 다시 진보적으로 변모하는 과정을 찾는 것은 쉽다. 이러한 결정적인 기준이 없다면, 퇴행적 연구 프로그램에 집착하는 것이 비합리적이라고 낙인찍히지 않을 수 있으며, 이는 쿤이 주장한 바와 같다. 어떤 이들은 물리학에서 아리스토텔레스부터 아인슈타인까지 이어지는 전통을 하나의 진보적인 연구 프로그램으로 간주할 수도 있다. 적어도 뉴턴의 신비로운 힘인 중력이 일시적으로 전성기를 누리던 시기 동안 퇴보를 겪었음에도 불구하고 합리적인 지지를 받을 가치가 있는 것으로 여길 수 있다.

라카토슈의 이론은 연속적이거나 경쟁하는 연구 프로그램들이 실제로 진보적인지 판단하기 위해 새로운 또는 참신한 예측을 계산하는 데 어려움이 있다. 물론 라카토슈의 추종자는 이러한 문제 중 일부를 해결하려 할 수 있다. 라카토슈에 따르면 과학적 진보의 시금석은 참신한 예측이다. 그러나 왜 그런가? 우리는 한 가지 명백하게 매력적인 답변을 즉시 배제할 수 있다. 그 답변에 따르면 과학의 목표는 기술적 응용의 개선이며, 참신한 예측은 이를 달성하는 최선의 수단이다. 사실 많은 과학자들, 예를 들어 우주론자나 고생물학자는 이 기술적 응용의 목표를 공유하지 않는다. 실제로 그들 중 일부, 예를 들어 생물학자들은 참신한 예측을 거의 추구하지 않는다. 제도로서의 과학이 개별 과학자들의 목표와는 별개의 목표를 수용한다고 제안하는 것은 합리적이지만, 우리가 그 목표를 부여하는 이유를 설명해야 한다. 더욱이, 기술적 응용이 과학의 목표라 하더라도 참신한 예측에 오로지 집중하는 것이 이를 달성하는 유일한 방법인지, 또는 가장 좋은 방법인지 명확하지 않다.

앞서 언급한 바와 같이, 실제 과학사를 보면, 한동안 퇴보하여 참신한 예측을 내놓지 못하는 연구 프로그램들이 일시적으로 진보적인 경쟁자들보다 결국 더 나은 참신한 예측을 내놓는 경우가 많다. 이를 통해 참신한 예측의 역할이 실제로 라카토슈의 방법론이 요구하는 만큼 결정적이지 않다는 점이 드러난다. 빛의 파동 이론과 입자 이론의 변천사를 고려해 보자. 빛이 입자로 구성되어 있다는 이론은 19세기 프레넬(Augustin-Jean Fresnel)의 실험으로 인해 심각하게 퇴보했다. 프레넬은 빛이 서로 간섭하고 보강하는 파동으로 이루어져 있다면, 회전하는 원판의 중심에 밝은 점이 있어야 하며, 입자로 구성되어 있다면 그러한 점이 없어야 한다고 주장했다. 이러한 밝은 점이 실제로 존재하는지 확인하기 위해 실험을 수행한 사람은 아무도 없었다. 프레넬의 참신한 예측이 입증된 것은 그의 이론이 진보적이고 입자 이론이 퇴행적이라는 강력한 증거였다. 그러나 100년 후, 입자 이론의 주장은 광자(photon)의 형태로 입증되었다.

물론 과학적 변화에 대한 라카토슈의 설명은 이러한 역사를 수용할 수 있으며, 퇴행 기간 입자 이론의 연구 프로그램을 고수한 이들에게 합리성을 부여할 수 있다. 그러나 이것이 문제의 일부다. 그의 설명으로는 그렇게 하는 것은 너무 쉽다. 과학자가 연구 프로그램을 고수하든 아니든, 여전히 합리적이라고 방어될 수 있다. 또 다른 문제는 프레넬이 참신한 예측을 하게 된 이유가 기술적 이득을 추구한 것이 아니라는 점이다. 사실 그 당시에는 중요하다고 할 만한 기술적 이득이 전혀 없었다.

그렇다면 왜 프레넬은 이 참신한 예측을 추구했으며, 왜 이 예측이 거의 한 세기 동안 입자 이론의 연구 프로그램을 무색하게 만드는 결과를 낳았는가? 여기에 우리가 받아들이기 어려운 또 다른 매력적인 답변이 있다. 그 답변에 따르면 과학은 더 큰 경험적 내용을 가진 이론을 추구하며, 참신한 예측을 성공적으로 입증하는 연구 프로그램은 그렇지 못한 프로그램보다 더 큰 경험적 내용을 가진다. 먼저, 이 주장은 일반적인 참신한 예측이 아니라 관찰 가능한 현상에 대한 참신한 예측으로 이해해야 한다. 그렇지 않으면 우리는 경험적 내용이 아니라 다른 어떤 것(이론적 내용 등)에 대해 이

야기하는 것이 된다. 이는 관찰 용어와 이론 용어 간 논란이 되는 구분을 필요로 하는데, 쿤은 이러한 구분을 거부할 것이다. 또한 이론들의 경험적 내용을 비교하는 방법도 필요하다. 그러나 다음 장에서 보겠지만, 한 이론의 경험적 내용을 그 이론의 논리적, 구문론적, 수학적, 또는 다른 비경험적 형식과 구별하는 것은 결코 쉬운 일이 아니다. 더 나쁜 것은, 이전 장에서 언급했듯이 이론 선택이 관찰로 과소결정된다면, 동일한 경험적 내용을 가진 경쟁적이거나 연속적인 연구 프로그램, 혹은 적어도 이론들이 한 학문 분야에 존재할 수 있다는 점이다. 그럼에도 불구하고, 쿤이 '전(前)패러다임 시기'라고 불렀던 시기에서 학문 분야들이 일단 벗어나면, 그러한 연구 프로그램이나 이론들의 확산이 과학사에서 나타나는 것을 우리는 결코 보지 못한다. 그렇다면 이론 선택을 결정하는 다른 어떤 것이 분명히 존재해야 한다. 이것이 말하자면, 우리가 이 이야기의 출발점으로 돌아온 지점이다. 왜냐하면 우리는 11장에서 관찰만으로는 이론 선택을 결정하기에 불충분하다는 사실에 비추어, 실제 이론, 연구 프로그램, 또는 패러다임 선택의 역사를 결정하는 것이 무엇인지 탐색하면서 끝냈기 때문이다.

어떤 인식론적 이론, 즉 정당화된 참된 믿음의 (어쩌면 유일하게) 신뢰할 수 있는 지표를 '참신한 예측'으로 만드는 지식에 대한 설명을 제시함으로써, 참신한 예측을 과학적 진보의 수단으로 '우선시'한다고 가정해 보자. 그렇다면 과학이 지식을 추구하는 한, 입증된 예측은 지식을 얻는 수단이 될 것이고, 과학 분야가 참신한 예측에 집착하는 것은 합리적인 것으로 판명될 것이다. 이에 대해 쿤의 지지자는 "왜 우리가 이런 인식론을 '수용'해야 하는가?"라고 질문할 것이다. 쿤은 그러한 인식론이 과학에 앞서 과학의 합리성과 인식론적 진보를 판단할 수 있는 '제일철학'이 아니라고 주장할 것이다. 그것은 패러다임의 필수적인 부분이다. 만약 그렇다면, 논증 없이 이를 받아들이는 것은 단순히 다른 인식론에 대해 선결 문제의 오류를 범하는 결과를 낳을 것이다. 그러나 쿤이 주장하는 것처럼 패러다임으로부터 자유로운 철학이 불가능하다면, 과학의 합리성을 평가하기 위해 경쟁하는 인식론들을 적용하기 전에 이를 중재할 중립적인 관점은 없다. 물론, 쿤은 패러다임을 핵, 보호대, 휴리스틱으로 나누고, 각각이 다른 부분에 영향을 주지 않고 개별적으로 식별하고 변경될 수 있다는 점을 거부할 것이다. 실제로 쿤에 따르면, 예측적 참신성이 중심적인 위치를 차지하는 것, 특히 뉴턴 과학에서 그러한 위치는 논리실증주의 철학 전체와 유사하다. 둘 다 뉴턴 패러다임을 방어하는 장치인 것이다.

라카토슈의 과학적 연구 프로그램 방법론은, 쿤의 역사적 증거에도 불구하고 과학이 결국 누적적이고, 진보적이며, 합리적이라는 확신을 제공하지 못한다. 따라서 이 장에서는 11장 말미에 던졌던 귀납의 합리성에 대한 내기의 판돈이 훨씬 더 커졌다. 그 장의 끝에서 우리는 과학 이론의 계승이, 이론들을 입증한다고 널리 가정되는 관찰 증거와의 관계만으로는 충분히 정당화되거나 설명되지 않는다는 문제에 직면했다. 이제 우리는 과학의 방향을 제어하는 것이 데이터에 의해 통제되지 않을 뿐만 아니라, 그 무엇이 되었든 그것이 심지어 합리적이지 않을 수도 있다는 가능성에 직면하게 되었다.

요약

쿤에 따르면, 과학적 사고와 활동의 단위는 이론이 아니라 패러다임이다. 패러다임의 정의는 어려울 수 있는데, 여기에는 이론의 교과서적 설명뿐만 아니라 모범적인 문제 해결 방식, 표준 장비, 방법론, 그리고 심지어 철학까지 포함되기 때문이다. 과학사에서 중요한 패러다임으로는 물리학의 아리스토텔레스 패러다임, 프톨레마이오스 패러다임, 뉴턴 패러다임 등이 있었다. 라부아지에 이전의 화학이나 다윈 이전의 생물학은 "전패러다임" 단계의 학문으로, 아직 진정한 의미의 "과학"이 아니었다. 왜냐하면 패러다임이 없으면 패러다임을 명확히 해줄 정보를 축적하는 "정상과학"도 없기 때문이다. 패러다임은 가설을 검증하는 데 관련 있는 데이터가 무엇인지 통제한다. 쿤은 다른 경험론 반대자들과 마찬가지로, 관찰 용어, 즉 경험을 최종 권위로 삼는 판단 기준은 없다고 주장했다. 경험은 이미 이론을 담고 우리에게 다가온다.

패러다임의 위기는 퍼즐이 풀리지 않고 변칙 현상으로 취급되기 시작할 때 발생한다. 이 변칙 현상이 해당 학문 분야의 연구 최전선에 있는 학자들의 대부분의 관심을 차지하기 시작하면, 혁명이 일어날 때가 된 것이다. 혁명은 그 변칙 현상을 해결하는 새로운 패러다임의 출현으로 이루어지며, 이때 이전 패러다임의 성과를 반드시 보존하지는 않는다. 이전 패러다임이 설명했던 것을 새로운 패러다임은 설명하지 못하거나, 심지어 인식조차 못할 수도 있다. 따라서 패러다임의 계승인 과학적 변화는 연속적으로 진리에 근접해 가는 진보적인 변화일 필요는 없다는 결론이 나온다.

관찰이 탐구를 통제하는 것이 아니라, 과학자들이 패러다임을 명확히 하고, 그 규율을 강제하며, 패러다임 내에서 자신들의 위치를 확보함으로써 탐구를 통제한다. 다만 과학사에서 상황이 불안정해지고 혁명이 뒤따르는 결정적인 순간은 예외이다. 이러한 혁명은 합리적으로 더 낫거나 더 옳다고 입증된 이론에 의한 기존 이론의 전복이라기보다는 궁정 쿠데타의 성격으로 이해해야 한다. 쿤의 『과학혁명의 구조』는 1970년대 이후 10년간 인문학 분야에서 가장 많이 인용된 단일 저술이었다. 이는 놀랄 일이 아니다. 이 책은 과학철학의 방향을 과학사 쪽으로 변경했을 뿐만 아니라, 과학의 제국주의적이고 지배적인 태도를 멈추기를 열망했던 인문학자들과 다른 사람들에게 강력한 무기를 제공했다.

학습 문제

1. 쿤에 따르면 정상과학이 성공하려면 권위적이어야 한다. 쿤이 이런 주장을 하는 이유는 무엇이며, 이것이 과학의 도덕적 결함을 의미하는가?
2. 방어하거나 비판하라: "과학사는 오류의 역사다. 우리는 아리스토텔레스에서 뉴턴에 이르는 서로 다른 패러다임의 결함을 과학이 이룩한 발전이 제공하는 관점에서 찾아낼 수 있다."
3. 과학적 변화의 본질에 대한 쿤의 접근이 그가 적어도 패러다임이 없는 관점에서 출발해야 한다는 것을 요구하는가?
4. 자연선택에 의한 생물학적 진화와 과학적 변화 사이에는 어떤 비유사성이 있는가?
5. 쿤은 과학에 대한 자신의 설명이 과학을 단지 또 다른 종교처럼 보이게 한다는 비난에 어떻게 대답할 것인가?
6. 라카토슈의 과학적 연구 프로그램 방법론을 사회과학의 한 분야에 적용하라. 핵, 보호대, 긍정적 및 부정적 휴리스틱을 식별하라. 그것들을 찾았다고 해서 연구 프로그램이 "과학적"이라는 결론을 내리지 말라. 왜 그런가?

추천 독서

『과학혁명의 구조』 외에도 쿤은 『코페르니쿠스 혁명』(*The Copernican Revolution*)과 『흑체 이론과 양자 불연속성』(*Black-Body Theory and the Quantum Discontinuity*)을 비롯한 중요한 과학사를 저술했다. 『본질적 긴장』(*The Essential Tension*)에서 쿤은 『과학혁명의 구조』에 대한 일부 해석에 답하고 있다. 쿤이 이 책에 대해 나중에 어떤 생각을 했는지 이해하는 데 도움이 되는 또 다른 귀중한 자료는 코넌트와 호글랜트(Conant and Haugeland)가 편집한 자전적 인터뷰가 담긴 『구조 이후의 길』(*The Road since Structure*)이다. 닉클스(T. Nickles)가 편집한, 쿤에 관한 과학 철학자들의 논문 모음집인 『토머스 쿤』(*Thomas Kuhn*)을 강력히 추천한다.

버드(A. Bird)의 『토머스 쿤』은 쿤의 견해와 영향력에 대한 신뢰할 수 있는 입문서이다. 레이(K. B. Wray)의 『쿤의 진화론적 사회 인식론』(*Kuhn's Evolutionary Social Epistemology*)은 더 심화된 내용을 다룬다.

『과학혁명의 구조』의 일부 발췌문은 커드와 커버의 책에 재수록되어 있으며, 맥멀린, 롱기노, 라우든(McMullin, Longino, Laudan)의 중요한 비판 논문들도 함께 실려 있다. 쿤의 저서에 대한 여러 중요한 논문이 담긴 라카토슈와 머스그레이브(Lakatos and Musgrave)의 저서 『비판과 지식의 성장』(Criticism and the Growth of Knowledge)에 수록된 라카토슈의 논문 "반증과 과학적 연구 프로그램의 방법론"(Falsification and the Methodology of Scientific Research Programs)에서 자신의 과학적 변화에 대한 설명을 전개한다. 라카토슈의 설명이 직면한 문제들을 매우 민감하게 다루는, 또 다른 중요한 포스트-쿤 시대의 과학적 변화에 대한 설명은 라우든의 『진보와 그 문제들』(*Progress and Its Problems*)이다.

14장 마지막 부분에 있는 참고문헌들은 과학사와 과학사회학의 관계에 대한 후속 논쟁과도 관련이 있다.

13장 과학철학에서의 자연주의

개요

콘과 같은 견해의 철학적 기초는 동등하게 영향력 있는 철학자 콰인의 작업에서 많이 찾아볼 수 있다. 콰인은 '내부에서' 논리실증주의를 비판한 철학자로, 실증주의자들의 학생이었으며, 그들의 과학철학이 객관적 지식을 위한 요구를 충족시킬 수 없고, 지지할 수 없는 구별들에 근거하고 있다는 점을 처음으로 인식한 철학자 중 한 명이었다. 로크, 버클리, 흄에 이르는 철학 전통의 기초에 의문을 제기함으로써, 콰인은 과학철학자들이 쿤과 그의 통찰을 활용하여 과학을 '성역'으로 여기는 지위를 밝혀내고자 했던 사회학자, 심리학자, 역사학자들의 논쟁적인 주장을 무시할 수 없게 만들었다. 그러나 더 중요한 것은, 콰인이 철학자들이 과학을 형이상학, 인식론, 그리고 자신들의 과학철학을 구성하는 데 활용할 수 있는 자유를 제공했다는 점이다.

콰인과 제일철학의 포기

『과학혁명의 구조』는 1962년에 출판되었다. 쿤의 학설이 과학철학 외부에 미친 영향은 과장할 수 없을 정도로 크다. 그 학설은 역사학자, 심리학자, 사회학자, 비판적 철학자들, 과학자들, 정치인들, 그리고 모든 분야의 인문학자들이 경험으로 통제되는 객관적 지식으로서의 과학에 관한 논리실증주의의 주장에 도전하는 데 사용한 지렛

대가 되었다. 한편, 과학철학 내부에서는 1950년대 초부터 시작된 발전들이 쿤의 영향력을 강화하고 있었으며, 이는 과학 자체에 대한 영향력이라기보다는 주로 논리실증주의에 대한 것이었다. 이러한 발전들은 철학자 콰인(W. V. O. Quine)의 작업 덕분에 이루어진 것으로, 그의 사상은 종종 쿤의 역사적 결론을 지지하는 철학적 기초로 여겨졌다.

콰인의 가장 영향력 있는 두 저서는 1950년대 초에 작성된 논문「경험론의 두 독단」(Two Dogmas of Empiricism)과 10년 후에 나온『언어와 대상』(*Word and Object*)이다. 이 두 연구는 칸트 이전부터 경험론자들과 합리론자들이 공유해온 인식론적 가정을 정면으로 공격한 것이다. 이 공격은 '내부적'이었다는 점에서 효과적이었다. 즉, 이 공격은 두 인식론이 공유하는 비판적 가정들이 경험론자들과 합리론자들이 설정한 논증의 기준을 위반하고 있다는 것을 보여주었다. 콰인이 그 논문에서 첫 번째로 공격한 독단은 칸트가 도입한 분석적 진술과 종합적 진술의 구별로, 이는 흄이 그 이전에 사용했던 개념을 다른 용어로 채택한 것이다. 2장에서 언급되었듯이 분석적 진술은 정의된 의미에 의해 진리가 성립하고, 종합적 진술은 세계에 대한 사실에 의해 참이 성립한다. 두 번째 독단은 진술들의 경험적 내용과 논리적 형식 사이의 구별이었다. 흄과 같은 경험론자들을 따르던 실증주의자들은 의미 있는 진술들이 경험적 내용을 가져야 한다는 요구를 내세우고, 경험적 내용이 의미를 부여한다고 가정하는 데 이 구별을 사용했다.『언어와 대상』에서 콰인은 이 두 독단에 대한 자신의 주장을 더 발전시키고, 이러한 독단들이 과학에 미친 문제들을 피할 수 있는 대안적인 "자연주의적" 인식론과 형이상학을 구축하려 했다. 콰인은 데카르트부터 현재까지 과학철학자들이 직면한 많은 인식론적이고 형이상학적인 문제들이 이 두 "독단"을 비판 없이 채택한 결과라는 견해를 가지고 있었다. 콰인의 작업은 결국 논리실증주의의 연구 프로그램을 종결시켰다. 그의 사상은 쿤에게 큰 영향을 미쳤고, 쿤의 저서와 함께 다음 세대 과학철학의 의제를 설정했다. 과학철학에 미친 영향 덕분에 콰인의 합리론과 경험론에 대한 접근과 대안을 좀 더 자세히 설명할 가치가 있다.

전통적인 과학철학의 목표는 과학의 객관적 지식에 대한 주장을 정당화하고 그 경험적 성공의 기록을 설명하는 것이었다. 과학철학의 설명적 프로젝트는 과학이 지식을 확보할 수 있게 하는 독특한 방법들을 규명하는 것이었고, 정당화적 프로젝트는 이러한 방법이 옳다는 것을 논리적 기초(귀납적이고 연역적인 기초)와 인식론적 기초(경험론적, 합리론적, 또는 다른 대안적 입장)에서 보여주는 것이었다. 이러한 지속적인 프로젝트는 전통적인 철학적 문제들에 부딪혔다. 특히 관찰적 지식이 이론적 지식을 결정짓지 못한다는 문제는 설명적 작업과 정당화적 작업을 훨씬 더 어렵게 만들었다. 만약 관찰이 이론을 결정하지 못한다면, 과학이 사용하는 실제 추론 규칙(방법)을 발견하는 것은 복잡한 문제이며, 만약 이론이 관찰에 의해 불충분하게 결정된다면, 이는 탁상공론적인 논리적 이론화 이상의 것을 요구할 것이다. 과학자들을 가설에서 데이터로, 그리고 다시 이론으로 이끄는 인지 과정을 탐구할 수 있는 심리학자, 역사가, 그리고 다른 전문가들에게 (만약 과학철학이 그러한 영역을 가졌었다면) 설명적 과제에 대한 독점적 영역을 넘겨줘야 할 것이다. 정당화적 프로그램에 대한 더 급진적인 영향을 미친 것은 바로 '과소결정'이었다. 데이터에 의해 이론의 진위가 결정되지 않음은 어떤 관찰도 가설을 지지하거나 반박할 수 없다는 것을 의미한다. 만약 데이터가 이론을 지지한다고 해도 그것은 단일 가설이 아니라 이론의 더 큰 단위에서 이루어진다. 그래서 경험론적 과학철학자들은 정당화에 대한 **전체론**(holism)을 주장하게 되었다. 전체론에 따르면, 경험적 지지의 단위는 검사 중인 가설, 그 가설을 지지하는 이론의 다른 부분들, 그리고 실험을 수행하는 데 필요한 보조 가설들을 모두 포함하는 전체 이론이다.

전통적으로 철학에서 구분되었던 정당화와 설명 사이의 간극조차 철학자들 스스로에 의해 도전을 받게 되었다는 것은 더욱더 급진적인 변화였다. 1장에서 언급된 것처럼, 설명은 원인을 제시하지만, 원인에 관한 주장은 필연적 참이 아니라 우연적 참이다. 세계는 다른 방식으로 구성될 수 있었고, 자연법칙도 달라졌을 수 있다. 그렇기 때문에 원인을 밝히고 설명을 제공하기 위해서는 논리적 분석이 아니라 사실적 탐구가 필요하다. 그러나 정당화는 우연적인 것이 아니라 사물들 사이의 논리적 관계이다. 어떤 것을 믿게 되는 원인이 곧 그 믿음이 잘 정당화되었음을 뒷받침하는 증거가 되지는 않는다. 어떤 것을 관찰함으로써 무언가를 믿게 될 수는 있지만, 그 믿음과 관찰 사이에 올바른 논리적 관계가 존재하지 않는 한 그 믿음은 정당화될 수 없다. 이러한 논리적 관계는 자연스럽게 철학자들이 연구하는 대상이며, 철학자들은 그 근거를 찾는다. 즉, 연역적이든 귀납적이든 논리의 규칙들이 왜 전제, 즉 증거로부터 도출된 결론을 정당화하는 데 올바른 규칙이 되는지에 대한 전통적인 철학적 답변은 그 규칙들이 달리 존재할 수 없는 필연적 진리이기 때문이라는 것이다.

경험론자들은 이 대답에 어려움을 겪는다. 왜냐하면 그들은 지식이 경험에 의해 정당화된다고 주장하지만, 경험은 필연성을 증명할 수 없다고 보기 때문이다. 따라서 추론을 정당화하는 논리적 원칙들이 스스로 근거가 없는 것으로 간주될 위험이 있다. 최소한 200년 동안 경험론자들의 해결책은 논리나 수학에서의 모든 필연적 진리를 정의에 의해 참된 것으로 취급하는 것이었다. 즉, 그것들은 우리가 의사소통을 위해 채택한 단어의 의미, 즉 약속된 규약에 관한 보고로 취급된다. 그래서 이러한 명제들은 규정에 의해 참이다. 논리적 규칙은 다음과 같은 형태의 모든 추론이 참임을 알려준다.

만약 p라면, 그렇다면 q이다.
p이다.
따라서,
q이다.

이 추론이 참인 이유는 "만약", "그렇다면", "따라서"라는 용어들의 의미를 반영하기 때문이다. 마찬가지로, "$2+2=4$"부터 피타고라스의 정리, 페르마의 마지막 정리(2보다 큰 n에 대해 $x^n + y^n = z^n$이 성립하는 양의 정수 n은 존재하지 않는다)까지의 모든 수학적 진리들은 단순히 정의 자체에서 유도된 것들이다.

하지만 20세기 수학 기초에 관한 연구는 수학이 단순히 정의와 그로부터 도출되는 결과들로 구성될 수 없다는 것을 보여주었다. 괴델(Kurt Gödel)이 수학적 명제의 집합이 (산술의 모든 진리를 도출할 수 있도록) 완전하면서도 일관성을 유지할 수 없다는 것을 증명했을 때, 경험론자들이 주장한 '필연적 진리는 모두 정의일 뿐이다'라는 주장은 무너지게 되었다. 이 결과는 2장에서 이미 언급한 바 있다. 수학에서 논리학으로의 파장은 필연적이었다. 경험론은 필연적 진리에 대한 새로운 이론을 필요로 하거나, 아니면 그런 진리가 존재하지 않는다고 부정해야 했다. 여기서 전체론과 과소결정이 이야기에 다시 등장한다.

필연적 진리는, 예를 들어 "모든 독신남은 결혼하지 않았다"와 같이 자명하게 참인 것부터 "삼각형의 내각의 합은 180도이다"와 같이 덜 자명한 것까지, 경험으로 반박될 수 없는 진리이다. 그러나 전체론은 우리가 세계에 대해 우연적 진리라고 여기는 명제들, 예를 들어 "전자 스핀 각운동량은 양자화된다"거나 "빛의 속도는 모든 기준 좌표계에서 같다"에 대해서도 동일하게 말할 수 있다고 주장한다. 과학자들은 이러한 명제를 포기하기보다는 다른 부분을 조정하는 것을 선호한다. 만약 전체론이 옳다면, 단순히 우리의 세계에 대한 믿음 체계의 다른 부분을 수정함으로써, 우리는 이러한 진술들을 "어떠한 일이 있어도" 참으로 보존할 수 있다. 그렇다면 필연적 진리와 우리가 포기하지 않으려는 우연적 진리 사이의 차이는 무엇일까? 필연적 진리는 그것을 표현하는 단어의 의미에 의해 참이고, 우연적 진리는 세계에 관한 사실에 의해 참이다. 그런데 두 진술이 모두 수정할 수 없다면, 하나는 의미에 의해 보호되고 다른 하나는 세계에 대한 믿음에 의해 보호된다는 것을 어떻게 구별할 수 있을까? 이는 경험론적 논제에 대한 경험론자의 도전이며, 콰인이 말한 바와 같이 의미에 의한 진리와 사실에 의한 진리를 구별할 수 있다고 주장하는 '독단'이다.

'의미'란 무엇인가? 8장에서 간략히 다룬 경험론적 이론을 상기해 보자. 이 이론은 의미가 궁극적으로 감각 경험에 관한 문제라고 주장한다. 즉, 단어의 의미는 감각적 특성(색깔, 형태, 냄새, 질감 등)을 나타내는 단어들로 정의되는 기초적인 수준에서 주어진다. 이 언어 이론은 단어가 머릿속의 이미지나 생각을 지칭한다고 여기는 우리의 철학 이전의 믿음과 일치한다. 그러나 우리가 보았듯이, 이 이론은 이론 과학에서 많은 용어의 의미를 설명하는 데는 충분하지 않다. 더 중요한 것은 감각에 대한 진리와 세계에 관한 사실을 보고하는 문장을 구별하는 방법을 찾는 것이 어렵다는 점이다. 예를 들어 "짜다"라는 개념을 이렇게 정의한다고 가정해 보자: "짜다는 표준 조건에서 바닷물에서 얻을 수 있는 맛이다." 이 문장과 "짜다는 표준 조건에서 용해된 염화칼륨에서 얻을 수 있는 맛이다"라는 문장의 차이는 무엇인가? 우리는 "짜다"라는 맛이 무엇인지 설명하려는 목적에서 이 두 문장을 대조하고 있기 때문에, 첫 번째 문장이 의미에 의해 참이라고 말할 수 없다. 또한 "염화칼륨"이 이론 용어라고 말할 수도 없다. 왜냐하면 "바닷물"도 단지 눈에 보이는 물체를 단순히 시각적으로 확인해서 정해지는 명칭이 아니기 때문이다. 우리는 두 문장 모두 "표준 조건"이라는 구절을 추가해야 한다. 그렇지 않으면 두 문장 모두 거짓이 된다(마취된 혀는 그 어떤 것도 짠

맛으로 느끼지 않는다). 하지만 이 구절을 추가하면 두 문장 모두 경험에서 "어떠한 일이 있어도" 참으로 유지될 수 있다. 요컨대, 단어의 의미는 우리가 그것들과 연관시키는 감각적 데이터에 의해 주어지지 않는다. 혹은 그것이 감각적 경험에 의해 주어진다면, 그 관계는 매우 복잡하다. 콰인이 도달한 결론은 "의미"는 의심스러우며, 자존심 있는 경험론 철학자라면 그것을 다루고 싶어 하지 않을 것이라는 내용이었다. 과학철학에서 더 널리 지지받는 결론은 "의미에 대한 전체론"이었다. 이는 데이터가 이론을 시험하는 방식에서 나타나는 인식론적 전체론과 유사하며, 서로를 보완한다.

'의미'라는 것이 아예 없거나, 세계에 대한 진리와 구별되는 '의미'의 진리라는 것이 없다면(이론이 데이터와 전체로서 만나고, 이론 용어의 의미가 이론 내에서의 그 위치나 역할에 의해 결정된다면), 우리는 과소결정에 대한 철학적 설명만이 아니라, 공약불가능성에 대한 철학적 토대도 갖게 된다. 적어도 한 가지 점에서 콰인과 결별한다면 우리는 그렇게 할 것이다. 의미와 증거에 관한 경험론적 이론은 거부했음에도 불구하고 콰인은 경쟁하는 과학 이론들을 판별하는 데 특별한 역할을 하는 관찰 언어에 대한 자신의 신념을 포기하지 않았기 때문이다.

관찰이 계속해서 중요한 역할을 하는 한, 우리는 이론들을 문장 대 문장으로 비교하거나, 경쟁하는 이론들을 상호 합의된 환경에서 정확히 무엇을 관찰할지에 대한 진술로 번역할 수 없을지도 모른다. 하지만 우리는 관찰을 체계화하고 예측하는 이론들의 전반적인 능력을 바탕으로 합리적으로 이론을 선택할 수 있을 것이다. 콰인과 그의 추종자들에게 이는 과학이 객관성에 대한 주장을 유지하는 일종의 실용주의로 이어졌다.

하지만 콰인의 경험론 비판이 의미와 증거에 대한 이론에 미치는 영향은 수학, 모든 경험과학, 심지어 철학에 대해서도 더 급진적인 전체론을 만들어냈다. 만약 우리가 의미로 인해 참인 진술과 세상의 사실로 인해 참인 진술을 구별할 수 없다면, 수학과 같은 형식 과학과 물리학이나 생물학과 같은 경험과학 사이에는 종류의 구분이 존재하지 않는다! 전통적으로 수학과 그 분야들(기하학, 대수학, 논리학)은 필연적인 진리라고 여겨졌다. 인식론에서 경험론자들은 이러한 필연성에 대한 우리의 지식에 관해 합리론자들과 의견을 달리했다. 경험론자들은 이러한 진리들을 내용이 없는 의미의 진리로 간주했다. 이것이 바로 이러한 진리들이 필연적인 이유인데, 이는 우리가 수학의 개념을 사용하는 방식에 대한 우리의 결정을 반영하기 때문이다. 합리론자들은 이러한 진리들이 공허하거나 사소한 위장된 정의와 그 결과가 아니라, 경험이 정당화할 수 없는 진리라고 주장했다. 합리론은 결국 우리가 어떻게 그러한 지식을 획득하는지에 대한 만족스러운 설명을 제공할 수 없었고, 적어도 수학 및 과학의 실행 가능한 철학의 기초로서는 쇠퇴했다. 그러나 경험론이 의미로 인해 참인 진리와 세상의 사실로 인해 참인 진리 사이를 경험적으로 충분히 근거 있는 방식으로 구분하지 못했다는 한에서, 필연적 진리에 대한 우리의 지식에 관한 설명은 무너졌다. 콰인의 결론은 우리가 참이라고 여기는 모든 진술이 한 종류라는 것이다. 즉, 필연적인 진리와 우연적인 진리 사이에는 근거 있는 구분이 없다는 것이다. 따라서 수학적 진리는 단순히 우리의 과학적 가설들 중에서 가장 핵심적이고 상대적으로 수정 불가능한 것으로 판명된다. 이것이 바로 전체론이다.

수학에 해당하는 것은 형이상학, 인식론, 논리학, 과학 방법론 연구를 포함한 철학에도 해당한다. 콰인의 관점에서, 이러한 철학 영역의 이론들 또한 과학의 이론적 주장과 다르지 않다는 것이 밝혀진다. 콰인에게 지식의 본질, 범위, 정당화에 대한 이론은 심리학의 한 분야임이 드러날 것이다. 자연의 근본적인 범주를 다루는 형이상학은 물리학 및 다른 과학들과 연속성을 가지며, 그 최고의 이론은 (과학의 나머지 부분에서 우리가 아는 것과 결합될 때) 관찰을 설명하고 예측하는 능력에 의해 전체적으로 판단될 때, 세계에 대한 가장 적절한 설명을 제공하는 이론이 될 것이다. 방법론과 논리학 또한 나머지 과학에 대한 독립적인 토대가 아니라 함께 추구해야 할 탐구 분야이다. 가장 성공적인 과학 연구에 반영되는 방법들과 논리적 원리들이 가장 잘 뒷받침된다. 여기서 2장에서 다루었던 '경험적 적합성' 개념이 중요해진다. 철학과 과학에서 콰인의 이론 선택 기준은 경험적 적합성이다.

도구주의자들은 자신들의 주장을 옹호하기 위해, 엄격한 경험론이라는 기존의 철학적 이론을 유리한 근거로 삼는다. 콰인은 과학보다 더 큰 신뢰성을 가지며 과학의 토대가 될 수 있는 어떤 지식 체계, 예컨대 철학이나 인식론이 있다는 주장을 거부한다. 그는 과학이 경험적 적합성을 목표로 해야 한다고 주장하지만, 이는 과학이 스스로 설정한 적합성 기준이기 때문이다. 더욱이, 도구주의자와 달리 그리고 과학자와 마찬가지로, 콰인은 과학이 관찰 불가능한 것에 대해 내세우는 이론적 주장을 단순히 글자 그대로 받아들일 뿐만 아니라 우리의 믿음 중에서 가장 잘 근거가 잡힌 것 중 하나로 간주한다. 왜냐하면 우리가 과학이라고 부르는 믿음의 묶음 안에서, 이러한 주장은 가장 핵심적이고 확고하며 상대적으로 수정 불가능한 것들에 속하기 때문이다. 실제로, 콰인과 그의 추종자들에게 과학은 철학에 대한 안내자로서의 역할을 철학이 과학에 하는 만큼이나 수행한다. 과학과 철학의 차이는 일반성과 추상성의 정도에 따른 것이지, 필연적인 진리와 사실에 따라 우연적인 진리 사이의 차이가 아니다.

자연주의, 복수 실현 가능성, 초연속성

이러한 통찰로부터 나온 과학철학은 **자연주의**(naturalism)라고 불리게 되었다. 많은 철학자 사이에서 자연주의는 주로 콰인의 영향 덕분에 경험론의 후계자로 자리 잡았다. "자연주의자"라는 명칭은 많은 과학철학자들이 철학적 차이에도 불구하고 이후 채택한 용어이다.

콰인이 옹호한 자연주의의 주요 원리들은 다음과 같다. 첫째, 철학이 과학의 토대이거나, 과학의 방법들을 결정하거나, 과학의 본질과 한계를 정하는 역할을 거부한다. 둘째, 과학이 철학적 문제 해결에 관련이 있다. 셋째, 물리학은 인간 지식 중 가장 확실하고 잘 정립된 부분으로서 특별한 신뢰성을 가진다. 넷째, 특정 과학 이론들, 특히 다윈의 자연선택 이론은 우리의 철학적 이해를 진전시키는 데 특별히 중요하다.

자연주의자들은 물리학의 우선성을 바탕으로 세상에 존재하는 것은 단 하나의 요소, 즉 물리적 물질이거나 어쩌면 물리적 장일 수 있다는 결론을 내린다. 이는 물리학이 결국 우주를 구성하는 기본 요소가 무엇인지에 대한 문제를 어떻게 해결하느냐에 따라 달라질 수 있다. 이로 인해 자연주의자는 적어도 최소한의 과학적 실재론을 받아들이게 될 것이다. 물리학의 문자 그대로의 진리를 받아들이려면, 물리학이 보고하는 관찰 불가능한 대상들과 그들 간의 관계가 실제로 존재하며, 대체로 물리학에서 설명하는 대로 존재한다고 믿어야 하기 때문이다.

둘째, 자연주의자는 "이원론"을 부정할 것이다. 이원론은 마음이 몸과 별개의 독립된 존재라는 주장이다(그리하여 우주에는 두 가지 기본 종류의 사물이 존재한다는 의미에서 "이원-론"이라 불린다). 하지만 이는 자연주의자들에게 즉각적인 문제를 제기한다. 그것은 마음 상태나 사건, 과정이 어떻게 물리적인 것들로 변할 수 있는지에 대한 문제이다. 이 문제는 데카르트와 그 이전의 철학자들에 의해 제기된 반론들과 관련된다. 사실, 이것은 자연주의의 일원론적 주장인 "세상에는 물리적 사실과 사물만 존재한다"는 주장과 물리학으로 모든 비물리적 사실을 완전히 설명할 수 없다는 문제를 일치시켜야 한다는 더 넓은 문제를 제기한다. 심리학의 사실들만 물리학으로 환원될 수 없는 것이 아니다. 사회과학이나 행동과학, 혹은 생물과학과 같은 특수 과학에서 설명하는 중요한 사실 중 그 어느 것도 물리학의 법칙으로 환원될 수 없다. 만약 자연주의가 물리학을 기본 과학으로 여기는 자신의 신념과 일치하게 이 사실을 설명할 수 없다면, 이 모든 과학들을 포기해야 할 것이다. 과학적 영감을 받은 과학철학이 물리학을 제외한 어떤 과학도 진지하게 받아들일 수 없다면, 이는 자연주의라고 할 수 없으며, 진지한 지지를 받을 수 있는 이론도 아닐 것이다.

8장에서 언급했듯이, 과학의 발전과 과학 분야의 위계는 오래되고 좁은 이론이 새롭고 더 넓고 정확한 이론으로 환원되거나 그로부터 도출되는 특성을 가진다는 논리실증주의의 주장을 떠올려 보자. 즉, 생물학, 심리학, 사회학, 경제학 등의 법칙과 이론은 차례로 더 선행하고 기초적인 생물학 법칙에서 유도되어야 하며, 이는 다시 물리학 법칙에서 유도되어야 한다는 것이다. 당시 우리는 이 주장의 문제점이, 자연의 진정한 분류를 나타내는 **자연종**(natural kinds)에 대한 요청이 더 근본적이고 낮은 수준의 이론으로 정의될 수 없다는 점에 있다고 언급했다. 물리학의 몇몇 성공 사례(온도＝평균 운동 에너지)는 예외에 불과하다. 심지어 멘델 유전자조차 DNA 이중 나선으로 정의될 수 없다. 경제학이나 심리학의 고유한 용어를 신경과학으로 정의하는 것은 훨씬 더 불가능할 것이다. 따라서 자연주의자들은 과학의 상당 부분을 버리지 않고서는 과학을 진지하게 받아들이는 데 있어 거대한 문제에 직면한다.

자연주의자들이 이 문제를 해결하기 위해 제시한 철학적으로 창의적인 해법은 과학철학과 더 넓은 범위의 철학에서 자연주의의 매력을 크게 높였다. 게다가 그들의 해법이 특정 과학 이론을 활용하기 때문에, 이는 자연주의가 과학에 의존한다는 점을 입증하며 그 호소력을 더욱 강화하는 것처럼 보인다.

먼저 우리는 사물, 상태, 과정의 기능적 유형과 구조적 유형을 구분할 필요가 있다. 이 구분은 엄격한 것은 아니며 이해하기 쉽다. 연필심(흑연)이 남긴 흔적을 지우는 연필 꼭대기의 물건 이름을 생각해 보자. 미국 영어에서는 이 물건을 "eraser"라고 부른다. 영국 영어에서는 "rubber"라고 부른다. 첫 번째 이름은 그 물건의 기능을 바탕으로 식별하고, 두 번째 이름은 재료 구성 또는 더 넓은 의미에서 구조를 바탕으로 식별한다. 대부분의 언어에서 대다수 명사는 기능('의자' 등)을 기준으로 사물을 식별한다. 이와 대조적으로 물리학은 종종 구조를 기준으로 사물을 식별한다. 예를 들어, '산소'는 동위원소를 제외하고 원자가 8개의 전자와 8개의 양성자를 가지며 원자량이 16인 원소이다.

그다음 단계는 다소 엉뚱해 보이는 질문을 고려하는 것이다. '의자'라는 유형, 종류, 개념을 순전히 물리적 개념으로 환원할 수 있을까? 즉, 모든 의자가 공유하는 물리적 구조로 의자를 정의할 수 있을까? 하지만 의자들은 물리적 구조를 많이, 혹은 아예 공유하지 않을 수도 있다. 의자는 네 개나 세 개의 다리가 필요하지 않으며, 심지어 다리가 없을 수도 있다(단단한 왕좌를 생각해 보라). 등받이나 팔걸이, 특정 크기나 모양의 좌석도 필요하지 않다. 의자는 플라스틱, 금속, 나무, 얼음, 플루토늄 등으로 만들어질 수 있다. 의자는 특정 무게를 지탱하거나 특정 크기일 필요도 없다(인형의 집에 있는 의자들을 생각해 보라). '의자'가 되는 것은 의자의 구조에 대한 어떤 사실들로도 환원될 수 없다. 그럼에도 불구하고, 그 누구도 의자가 전적으로 물리적인 사물이라는 사실을 부정하지 않을 것이다. '의자'라는 개념을 물리학에서 나온 용어로 정의할 수 없다고 해서 의자가 '비물리적'이라고 생각하는 사람은 아무도 없다. 우리가 '의자'라는 개념을 더 기본적인 물리적 성질들로 완전히 분해할 수 없더라도, 의자에 대해 이원론을 주장하는 사람은 없다.

편의상 의자와 그것의 물리적 구성 요소 간의 관계를 설명하는 몇 가지 전문 용어, 즉 수반(supervenience)과 복수 실현 가능성(multiple realizability)을 사용하겠다. 대부분의 자연주의자는 의자와 같은 상위 수준의 실재들이 비록 물리학에서 가져온 개념이나 용어를 통해 완전히 정의될 수는 없을지라도, '단지' 물리적 대상에 불과하다고 여긴다. 상위 수준의 실재들은 다음의 구체적인 의미에서 하위 수준의 실체들에 '수반'된다. (a) 특정 상위 수준의 실재(예를 들어, 특정 의자 또는 특정 마음)가 주어지면, 그것은 특정한 물리적 구성(예를 들어, 다리와 팔의 특정 개수, 특정 방식으로 배열된 좌석과 등받이)을 가지게 될 것이다. 마음의 경우, 그것은 뉴런들 사이의 특정 연결 세트를 가진 특정 뇌일 것이다. (b) 정확히 동일한 물질적, 물리적 구성을 가진 다른 어떤 것이든, 각각 정확히 동일한 기능을 가진 의자이거나, 정확히 동일한 생각, 감정, 감각을 가진 마음이어야 한다. 자연주의자들은 상위 수준 현상이 하위 수준 현상에 수반된다는 점을 인정한다. 그러나 그들은 특수 과학에서 다루는 상위 수준 현상이 물리학이 기술하는 현상으로 환원될 수 있다는 점까지 인정하지는 않는다. 간단히 말해, 수반은 환원주의를 의미하지 않는다. 하지만 왜 그럴까?

하위 수준의 구성 요소들에 수반되는 상위 수준의 사물들은 종종 '복수 실현된다'. 의자는 나무, 플라스틱, 강철, 짚, 얼음 등 무한히 많은 다양한 물질로 만들어질 수 있다. 다리가 없거나 두 개, 세 개, 네 개, 여섯 개일 수도 있으며, 페인트칠이 되어 있거나 그렇지 않을 수도 있고, 쿠션이나 팔걸이가 있을 수도 있는 등, 그 목록은 끝없이 이어질 수 있다. 의자가 될 수 있는 물리적, 구조적 성질들의 조합은 무한하다. 우리가 그 구조와 기능으로 정의하고, 묘사하며, '특징을 부여'할 수 있는 모든 유형, 종류, 개념도 마찬가지다. 만약 어떤 유형이나 종류가 복수 실현되는 것이라면, 그것의 개별적인 사례들이 더 단순한 구성 요소, 궁극적으로는 물리적인 것으로만 이루어져 있음에도 불구하고, 어떠한 유한한 구조적 구성 요소 목록으로도 환원될 수 없다. 그런데 왜 이 복수 실현 가능성이 자연에서 매우 흔하다고 가정하는가?

자연주의자가 물리학이 옳음에도 불구하고(즉, 모든 것이 물리적임에도 불구하고) 왜 상위 수준의 유형이 하위 수준의 유형으로 환원될 수 없는지를 설명하는 부분에 바로 과학이 등장한다. 과학이 연구하는 모든 조직 수준의 종류와 유형은 '의자'가 의자를 구성할 수 있는 재료들에 대해 갖는 것과 동일한 종류의 '복수 실현' 관계를, 자신을 구성하는 사물들에 대해 갖는다. 그리고 이 사실 자체가 과학이 발견한 자연적 과정, 즉 다윈의 자연선택의 결과인 경우가 거의 대부분이다.

생물학적 기능은 진화생물학자들이 적응이라고 부르는 것이다. 우리가 9장에서 보았듯이, 이것들은 무작위적인 변이와 자연선택(환경적 여과)이라는 다윈적 과정의 결과이다. 실제로 많은 철학자들은 생물학적 기능을 변이와 선택이라는 다윈적 인과적 내역(etiology)으로 정의했다. 그러한 과정은 우연히 동일한 기능을 수행하는 모든 구조를 선택할 것이다. 만약 위장이나 모방이라는 기능이 선택된다면, 피부색, 모양, 혹은 움직이지 않는 능력 등 이 '설계 문제'를 해결하는 수십 가지 방법 중 어느 하나가 선택될 수 있다. 폐에서 모세혈관으로 산소를 운반하는 기능이 선택된다면, 수십 가지의 다른 헤모글로빈 분자들 중 어느 하나가 그 역할을 똑같이 잘 수행할 수 있다. 간단히 말해, 기능에 대한 선택은 구조에 대해 맹목적이다. 동일하거나 심지어 대략 비슷한 기능을 수행하는 둘 이상의 구조는 자연에서 선택될 것이다.

결과적으로, 다윈의 자연선택이라는 지속적인 과정을 통해 점점 더 복잡한 조직 수준이 출현함에 따라, 모든 수준에는 복수 실현된 구조를 가진 종류 또는 유형의 사물들이 존재하게 될 것이다. 이러한 종류들은 복수 실현가능성 때문에 하위 수준의 종류들로 환원될 수 없을 것이다. 하지만 이러한 사실은 물리주의(오직 물리적인 것만 존재한다는 주장)와 완전히 양립할 수 있다. 또는, 모든 과학에서 발견되는 사건, 과정, 사물의 종류가 다윈적 과정의 결과라면 상위 수준의 사물들이 환원 불가능하다는 점은 물리주의와 양립할 수 있을 것이다. 왜냐하면 이러한 과정은 필연적으로 복수 실현 가능성을 만들어내기 때문이다. 모든 특수 과학에서 이것이 사실이어야 한다는 한 가지 단서는 이 모든 분야의 '어휘', 즉 특징적인 종류와 유형이 기능적이라는 점이다. 사회과학 및 행동과학은 행위가 목적 지향적이고, 목표 지향적이며, 합리적 행위자와 연관 짓는 목적-수단 경제를 보여주는 한에서만 행동에 관심을 갖는다. 만약 자연주의자가 주장하듯이, 목적의 외관에 대한 유일한 원천이 다윈이 발견한 과정이라면, 환원 불가능성 문제에 대한 이 해결책은 자연주의자가 필요로 하는 바로 그것이 될 것이다.

다윈의 자연선택은 심리적 과정을 포함한 비물리적 과정들이 순전히 물리적 과정들로 환원될 수 없도록 만드는 모든 현상의 원인일 수 있으며, 그럼에도 불구하고 더 넓은 방법론적, 철학적 주장으로서의 물리주의(그리고 자연주의)에 대해 어떤 바람직하지 않은 형이상학적 결과를 초래하지 않을 수 있다.

철학적 문제 해결에 있어 다윈 이론이 과학적 안내자로서 갖는 중요성은, 맹목적인 기계적 과정이 어떻게 맹목적인 변이와 자연선택의 세계에서 우리에게 목적과 설계의 외관을 낳을 수 있는지 설명하는 데 있다. 1장과 6장에서 논의했던 목적론적 또는 목표 지향적 과정과 인과적 설명의 문제를 다시 떠올려 보자. 물리학은 미래의 결과가 과거의 원인을 야기하는 최종 원인에 대한 개념적 여지가 없다. 전능한 설계자가 자신의 욕망에 맞게 사물을 만들어내는 것에 대한 여지는 더욱 적다. 이것이 바로 자연주의적 세계관이 다윈의 이론을 그토록 매력적으로 여긴 이유이다. 즉, 다윈의 이론은 단지 유전 가능한 특성들의 변이(돌연변이와 재조합을 통해)가 끊임없이 발생하는 인과적 메커니즘을 제공했다. 만약 우리가 무작위적이고 유전 가능한 변이와 환경에 의한 선택이라는 동일한 메커니즘을 사용하여 다른 겉보기에 목적 지향적인 비물리적 과정들, 특히 인간의 일들을 설명할 수 있다면, 우리는 이러한 과정들을 적어도 원칙적으로는 단일하고 과학적으로 일관된 세계관, 즉 자연주의 철학에 수용하게 될 것이다.

다윈주의를 활용하여 철학자들은 과학적 변화에 대한 자연주의적 설명을 제시하고자 했다. 이는 과학의 발전을 국소적 적응으로 본 쿤의 설명과 일부 유사하다. 그러나 과학적 아이디어의 개선을 걸러내는 환경인 물리적 실재가 생물학적 환경처럼 시간이 지나도 변하지 않는다는 점에 주목하며, 일부 철학자들은 쿤의 국소적 발전에 대한 설명과는 대조적으로 과학적 실재론에 대한 다윈주의적 동기를 구축하려 했다. 다른 한편, 라우든(Larry Laudan)을 따르는 철학자들은 과학 이론의 맹목적 변이와 자연선택이 진리에 대한 연속적인 근사치를 보장할 것이라는 생각에 회의를 표하기 위해 비관적 귀납법에 주목했다. 이는 확실히 반 프라센의 논지였다. 그는 다윈 이론을 이용하여 왜 이론들이 경험적 적합성, 즉 예측 능력에서 시간이 지남에 따라 향상되는지 설명했다. 이는 기술적 응용을 중요시하는 환경, 즉 호모 사피엔스에 의해 만들어진 환경에 의해 선택되기 때문이다. 이와 대조적으로, 20세기 후반의 또 다른 영향력 있는 자연주의자인 키처(Philip Kitcher)는 과학이 진리에 대한 근사치에서 누적적인 발전을 보여준다고 주장했다. 이는 적어도 상당 부분, 과학이 자신의 환경에 대한 중요한 진리를 발견하도록 인지 능력이 선택된 종, 즉 우리 인간의 산물이기 때문이라는 것이다. 실제로 자연선택은 인간의 인지에 그러한 능력을 부여했기 때문에 우리는 증거에 의한 과학의 불확정성을 아주 심각하게 받아들일 필요가 없다. 우리는 고려할 가치가 있는 대안 이론들만을 받아들이도록 선택되어 왔다.

다른 철학자들은 데카르트 시대 이래로 철학과 심리학을 곤혹스럽게 만들었던 인간 인지에 관한 문제들을 다루기 위해 자연선택에 의존해 왔다. 데카르트를 따르는 이원론자들은 정신 과정, 특히 우리가 의식하는 과정이 뇌의 물리적 과정일 수 없다고 주장했다. 이 견해는 자연주의와 양립할 수 없다는 것이 분명하며, 따라서 자연주의 철학자들, 특히 콰인의 추종자들에게는 당연한 공격 대상이 된다. 자연주의 철학자와 심리학자들이 인간의 사고와 같은 겉보기에 목적 지향적인 과정을 다루기 위해 가진 유일한 자원은 그것이 실제로 어떤 다윈적 과정의 작동과 동일하다는 것을 보여주는 것이기 때문에, 자연선택 이론은 심리철학에서 큰 비중을 차지하게 되었다.

마지막으로, 자연주의자들은 인간의 윤리적 규범과 그 근거의 본질을 설명하고 정당화하는 데 다윈의 이론이 도움이 되기를 기대한다. 자연주의자들은 믿음을 정당화하기 위해 과학이 밝혀내는 것을 넘어서는 어떤 것에도 의존할 수 없다. 믿음을 정당화하는 유일한 원천으로서의 과학은 자연주의의 핵심적인 신념이다. 이는 물론 도덕적 주장과 이론을 정당화할 때, 자연주의자들은 인간의 행동과 사회 제도에서 마땅히 그러해야 하는 규범적 진술을 생물학적 사실로부터 도출하는 방법을 찾아야 한다는 것을 의미한다.

지난 50년 동안 생물철학이 과학철학의 성장 분야가 된 이유가 여기 있다. 대부분의 인간 행동은 목적 지향적이고 목표 지향적으로 보이며, 일반적인 사고와 상식을 철저히 목적론적으로 만드는 목적-수단 경제를 보여준다. 이런 면에서 상식은 17세기 뉴턴 혁명까지 과학을 특징지었던 아리스토텔레스적 세계관과 훨씬 더 많은 것을 공유한다. 이후의 모든 물리학적 발전은 자연을 이끌기 위해 과거에 쓰인 미래의 인과와 목적을 거부했다. 이것이 다윈의 이론이 뉴턴적 세계관에 필수 불가결했던 이유이다. 철학자와 사회과학자 중 현대의 자연주의자들이 목적을 금지하는 인간사에 대한 비목적론적 이론을 찾으려 한다면, 인간 현상에 대한 다윈주의적 접근법 외에는 대안이 없다.

따라서 콰인의 자연주의는 생물철학의 문제들을 과학철학의 의제에서 거의 최상위에 올려놓았다. 이 문제들 중 일부는 9장에서 다루었던 자연선택 이론과 그 모델 중심적 발전에 대한 논의에서 익숙한 것들이다. 비교적 오랫동안 생물철학자들은 진화론의 핵심 용어인 적응도(fitness)의 정의에 대해 고민해 왔다. 기억하겠지만, 문제는 정의된 이론이 정의상 참이 되거나 경험적 내용이 없게 되지 않도록, 번식을 기반으로 개념을 정의하는 것이다. 콰인이 정의상 참인 진술과 사실에 의해 참인 진술의 구분을 부정했다고 해서, 생물철학자들이 이 문제를 해결할 필요성이 사라진 것은 아니다. 그 이유는 창조론자들과 다른 다윈 이론 반대자들이 포퍼의 반증 가능성 요구를 근거로 진화론을 과학이 아닌 형이상학에 불과하다고 공격했기 때문이다. 이로 인해 벌어진 논쟁은 9장에서 12장까지 다루었던 여러 문제들을 대중적 논쟁으로, 나아가 미국에서는 정교분리라는 헌법적 쟁점을 다루는 법정으로까지 가져갔다.

20세기 마지막 3분의 1 동안 생물학의 발전으로, 다윈 이론은 맹목적인 변이와 자연선택 과정의 결과로 다양한 제도, 관행, 규범, 그리고 태도들을 설명하기 위해 광범위한 사회과학 분야에 적용되기 시작했다. 다윈 이론은 원래 유전적으로 고정된 형질의 유전적 전달에 관한 이론이다. 따라서 이 이론의 적용은 일부 반대자들과 일부 지지자들에게 중요한 인간 형질이 유전적으로 고정되어 환경적 수정이 불가능하다는 것을 암시하는 것으로 여겨졌다. 이 견해는 많은 사람들에게 도덕적으로 위험하게 보였다. 이는 인간의 상태가 유전자에 의해, 즉 '자연'에 의해 고정된 형질의 결과라는 이유로 사회가 이를 개선하기 위한 조치를 취할 필요가 없다고 변명하는 것처럼 보였다. 또한, 오랫동안 지속된 사회 제도가 적응도에 기여했기 때문에 유익한 것임에 틀림없다는 것을 시사했다. 이것은 정치적, 사회적, 경제적으로 보수적인 정책을 지지하는 또 다른 이유가 되었다. 이러한 문제에 대한 논쟁에서 다윈 이론의 역할은 철학자들이 자연주의에 대한 확신과 함께 그 이론을 이해하려는 동기를 더욱 강화했다.

자연주의의 정당화 문제

자연주의에는 아직 해결되지 않은 주요 문제가 남아있다. 정당화와 인과 간 구분을 떠올려보자. 정당화는 믿음의 진실에 대한 근거를 제시하는 반면, 인과는 그렇지 않다. 적어도 그렇게 보인다. 경험론자에게 정당화는 (연역적 또는 귀납적 논리를 사용하는) 증거(감각 경험)와 결론 사이의 논리적 관계이며, 논리는 의미의 문제이다. 자연주의자, 적어도 콰인의 추종자들은 인과와 정당화를 이렇게 구분할 수 없다. 하지만 그들은 반드시 이 구분을 해야 한다. 선험적 진리나 심지어 정의와 같은 '제일철학'에 의존할 수 없는 자연주의는 증거에 의해 정당화되는 결론과 그렇지 않은 결론을 구별할 추론 규칙, 추리 방법, 탐구 방법론, 그리고 인식론적 원칙들을 이해하기 위해 오직 과학 자체에만 의존할 수 있다.

이제 어떤 논리 원칙이나 방법론에 대해, 그 방법이나 규칙 자체가 정당화되는지 또는 근거가 탄탄한지를 묻는다고 가정해 보자. 경험론자들은 이 질문에 대한 답을 가지고 있다. 즉, 규칙이나 방법은 필연적으로 참이며, 그 필연성은 언어를 사용하는 방법에 대한 우리의 결정에 달려 있다. 우리는 이 주장에 이의를 제기할 수 있으며, 자연주의자들은 '필연성'과 '의미'와 같이 경험론자와 자연주의자 사이에서 논쟁이 되는 개념들을 사용하기 때문에 그렇게 할 것이다. 하지만 자연주의자들은 자신들의 정당화 규칙과 방법의 근거를 묻는 질문에 무엇이라고 답할 수 있을까? 과학보다 선행하고 더 확실한 인식론인 '제일철학'에 의존하는 것은 불가능하다. 또한, 자연주의는 논점 선취에 빠지지 않고는 자신의 규칙을 정당화하기 위해 과학이나 그 성공에 의존할 수 없다. '제일철학'에 의존하는 것은 순환적일 것이며, 과학의 기술적 성공에 규칙의 근거를 두는 것은 자연주의를 제일철학, 이 경우에는 '실용주의'라고 불리는 것에 넘겨주는 것이 될 것이다.

자연주의는 성공적인 과학, 즉 세상이 작동하는 방식에 대한 지식을 제공하는 연구 프로그램을 통해 이론과 규칙들이 도출되기 때문에 자신이 추천하는 인식론, 논리학, 방법론이 정당하다고 주장한다. 하지만 만약 성공적인 과학이 왜 그처럼 정당화된 결론을 제공한다고 주장하느냐고 묻는다면, 자연주의자들은 성공적인 과학이 그 결론을 정당화하는 규칙과 방법으로 진행되기 때문이라는 사실을 다시 인용할 수 없다. 왜냐하면 이 규칙과 방법들 자체가 과학의 성공에 의해 정당화되기 때문이다. 이는 자연주의가 순환논리에 빠지는 것을 의미한다. 이 문제는 특히 콰인에게 더욱 심각한데, 그가 논리적 필연성과 의미의 개념을 들어 경험론의 답변을 반박할 때, 경험론이 순환적 추론을 하고 있다고 비난했기 때문이다.

과학의 실제적, 기술적, 응용적 성공에 의존하는 것이 자연주의의 정당성 문제를 해결할 수도 있다. 하지만 그 결과는 더 이상 자연주의가 아닐 것이다. 과학은 실제로 기술적 응용과 실용적, 실천적 성공에 있어 훌륭한 기록을 보유하고 있다. 하지만 이것이 왜 과학이 지식을 구성한다는 주장이나 과학의 방법이 인식론으로 인정될 자격이 있다는 주장을 정당화해야 하는가? 이는 우리가 20세기 초 미국 철학자들(윌리엄 제임스, C. S. 퍼스, 존 듀이)을 따라 '실용주의'(pragmatism)라고 부르는 선행 제일철학을 세울 때만 가능하다. 이 철학은 그 자체로 추천할 만한 점이 많을지 모르나, 과학에 선행하는 철학적 신념에서 시작하고 그 신념과 양립할 수 없는 과학의 일부를 포기해야 할 수 있기 때문에, 자연주의가 아니다.

자연주의는 아직 해결하지 못한 과제를 안고 있다. 자연주의는 과학의 객관성, 즉 사물의 본질에 대해 끊임없이 개선되는 지식으로서 과학이 갖는 위상을 뒷받침하고자 한다. 또한, 과학의 토대나 세계에 대한 과학의 주장을 이해하는 데 있어 철학이나 역사에 특권적 역할을 부여하지 않으면서도, 과학철학에 과학의 실제 특성을 반영하는 것을 목표로 한다. 그러나 자연주의는 자신의 원칙과 일관된 방식으로 스스로의 정당성 문제에 답해야 한다.

요약

철학자들 사이에서 쿤보다 훨씬 더 많이 논리실증주의의 과학 이론을 해체한 사람은 바로 콰인이었다.

콰인은 논리적 사실로서 참인 진술과 경험적으로 관찰 가능한 사실로서 참인 진술 사이의 구분을 약화시키면서 논의를 시작했다. 놀랍게도, 칸트 이래로 철학에 잘 알려진 이 구분이 무너지자, 인식론의 모든 것과 과학철학의 상당 부분이 흔들리게 되었다. 이 구분을 부정하면서 이론이 경험과 마주하는 방식에 대한 전체론이 생겨났고, 이는 과학의 본질에 대한 쿤의 접근을 지지하는 것처럼 보이는 과소결정을 낳았다. 하지만 이는 또한 일부 철학자들이 철학보다 과학이 더 강한 신념을 가지도록 이끌었으며, 적어도 철학에서 과학의 토대를 찾으려 하기보다는 현대 과학을 우리의 지침으로 삼아야 한다는 생각으로 이어졌다. 주로 콰인의 추종자인 이 견해를 채택한 철학자들은 스스로를 자연주의자라고 부른다. 그러나 불행하게도, 양립할 수 없는 견해를 가진 다른 사람들, 특히 사회학자들도 이 용어를 채택했다.

물론 콰인과 다른 철학자들은 경험론에 대한 자신들의 공격에서 도출할 올바른 결론으로 과학에 대한 쿤의 명백한 주관주의를 받아들일 준비가 되어 있지 않다. 이는 흄의 귀납 문제 이외에, 쿤의 주장과 일치하면서도 과학을 객관적 지식으로 뒷받침할 근거를 찾는 새로운 문제를 제기한다. 이 문제에 대한 최근 연구의 우여곡절이 다음 장의 주제이다.

학습 문제

1. 콰인은 자신을 경험론자라고 주장했다. 그의 견해가 이 명칭에 적합한지 여부를 논의하라.
2. 분석-종합 구분을 받아들인 매우 다른 입장을 가진 두 철학자, 흄과 칸트는 콰인의 주장에 어떻게 반응할 것인가?
3. 콰인은 한때 "과학철학은 철학 그 자체이다"라고 말했다. 이 주장을 과학과 철학 사이의 관계에 대한 콰인의 주장에 비추어 해석하라.
4. 자연주의는 선결 문제 요구의 오류를 범하고 있는가? 다시 말해, 철학적 이론화보다 과학의 발견을 우선시하는 것이 단지 과학이 실재의 본질에 대한 최선의 안내자라는 주장에 불과한가?
5. 수학적 진리는 선험적인 것으로 보인다. 이것이 자연주의에 어떤 문제를 제기하는가? 자연주의자는 플라톤적 실재론자가 될 수 있는가?

추천 독서

콰인의 경험론 비판은 『논리적 관점에서』(*From a Logical Point of View*)에 나타나며, 그 안에는 그의 매우 영향력 있는 논문인 "경험론의 두 가지 독단"(Two Dogmas of Empiricism)이 포함되어 있다. 이 글은 과학철학에 관심이 있는 사람이라면 필독해야 할 글이다. 커드와 커버(Curd and Cover)의 선집에 재수록되어 있다. 『콰인, 단어와 객체』(*Quine, Word and Object*)는 경험론에 대한 비판을 심화시키고, 쿤과 다른 이들에게 큰 영향을 미친 공약불가능성 이론을 발전시킨 후속 작업이다. 벨라쇼프와 로젠버그의 선집에도 「경험론의 두 가지 독단」이 포함되어 있다. 솜스(S. Soames)의 『20세기 철학적 분석』(*Philosophical Analysis in the Twentieth Century*), 특히 1권은 콰인의 작업과 그 영향력을 설명하고 평가한다.

과학철학에서 자연주의는 키처(P. Kitcher)의 『과학의 진보』에서 설명되고 방어된다. 데닛(D. Dennett)의 『다윈의 위험한 아이디어』(*Darwin's Dangerous Idea*)는 진화론과 그것이 철학에 미친 영향을 모두 아우르는 권위 있는 입문서이다. 드레츠키(F.

Dretske)의 『행동 설명하기』(*Explaining Behavior*)는 심신 문제를 이 관점에서 접근한, 중요하면서도 이해하기 쉬운 연구이다. 더 어렵지만 중요한 연구는 김재권(Kim Jaegwon)의 『물리주의 또는 그것에 가까운 것』(*Physicalism or Something Near Enough*) 이다.

포더(Jerry Fodor)는 "특수과학: 또는 작업가설로서의 과학의 비통일성"(Special Sciences: Or the Disunity of Science as a Working Hypothesis)에서 환원에 대한 복수 실현 가능한 문제를 소개했으며, 이 글은 랑의 선집에 재수록되어 있다.

14장 과학의 논쟁적 성격

개요

쿤의 학설은 일반적으로 상대주의를 초래하는 방향으로 해석되어 왔다. 상대주의란 진리가 존재하지 않거나, 적어도 어떤 관점과 독립적으로 무엇이 참이라고 주장할 수 없으며, 관점 간의 불일치는 화해할 수 없다는 이론이다. 그 결과는, 물론 과학이 자신의 발견이 사이비 과학보다 더 정당화된다고 방어할 수 있는 강력한 위치를 박탈당한다. 또한 이는 소위 '경성 과학'(hard sciences, 물리학과 화학)이 그들의 발견, 방법, 논증, 설명의 표준, 그리고 이론 구성에 대한 엄격한 기준에 대해 '연성 과학'(soft sciences)과 인문학보다 더 큰 권위를 주장할 수 있는 주장을 약화시킨다. 포스트모더니스트들과 해체주의자들은 쿤의 학설에 대한 급진적 해석과 다른 유행하는 철학들로부터 그들이 수용한 상대주의에 많은 지지를 얻었다.

특히 과학사회학자들 사이에서, 과학적 성공을 설명하는 동일한 요인들이 과학적 실패도 설명해야 한다는 '스트롱 프로그램'이 등장했다. 이는 관찰과 실험 결과로 보고된 세계에 대한 사실들이 과학의 성공을 설명하는 데 결정적인 역할을 박탈한다.

이러한 학설들은 사회과학 및 행동과학과 그동안 '과학적 방법'을 모방하여 인정받으려 했지만 더 이상 그렇게 할 필요를 느끼지 않게 된 다른 학문 분야에 해방적인 효과를 가져왔다. 과학에 대한 사회학적, 그리고 더욱 정치적인 초점은 과학이 전통적으로 중산층, 자본주의와 연관되어 있었으며, 여성의 이익에 대한 맹목성과 소수자에 대한 무관심을 드러냈다. 과학철학자들, 특히 그중 페미니스트들은 과학의 과거와 현재에 대한 이러한 사실들에 점점 더 민감해져 왔으며, 이는 앞으로 과학이 어떻게 추구되어야 하는지에 대한 통찰로 이어졌다.

방법론적 무정부주의

콰인이 촉발한 자연주의와 쿤이 제공한 과학사에 대한 해석의 상호작용은 과학철학에 깊은 충격을 주었다. 이는 수 세기 동안 이어져 온 철학적 확신, 즉 우리가 과학을 이해하고 있다는 믿음을 흔들었다. 과학이 무엇인지, 그것이 어떻게 진보하며, 그 객관성의 근원이 무엇인지에 대한 확신이 갑작스럽게 무너지면서 지적 공백이 생겨났다. 이 공백 속으로 많은 사회학자, 심리학자, 정치이론가, 역사학자, 그리고 기타 사회과학자들이 몰려 들었다. 그 결과로 나타난 뜨겁고 가시적인 논쟁은 과학철학의 문제들을 해결하기 위해 철학의 다른 분야들(인식론, 형이상학, 언어철학, 심지어 도덕 및 정치철학의 일부)에 걸친 가장 근본적인 질문들을 재검토해야 한다는 점을 분명히 드러냈다.

쿤은 패러다임이 공약불가능하다고 주장했다. 이는 패러다임들이 서로 완전히, 또는 아예 번역될 수 없다는 것을 의미한다. 공약불가능성은 또한 설명의 손실과 이익을 동반하며, 이익이 손실을 초과하는지를 판단할 공통의 측정 체계가 존재하지 않는다는 것을 내포한다. 패러다임 간의 공약불가능성은 관찰 용어에까지 영향을 미치며, 경쟁하는 패러다임들을 평가할 수 있는 중립적 위치를 빼앗는다. 그 결과, 과학은 점점 더 완전한 설명을 통해 더 넓고 깊은 현상을 포괄하거나, 동일한 현상 범위에 걸쳐 예측력과 정확도를 지속적으로 확장하는 과정으로 보이지 않는다. 오히려 과학사는 패션의 역사나 정치 체제의 역사와 유사하며, 이는 인지적 장점 때문이 아니라 정치적 권력과 사회적 영향력의 변화로 인해 서로를 계승한다. 이러한 과학사에 대한 개념은 우리를 인식적 상대주의로 초대한다.

윤리적 상대주의는 어떤 행동이 도덕적으로 옳은지를 판단하는 기준이 문화에 따라 다르며, 객관적인 옳음이란 존재하지 않는다는 주장이다. 윤리적 상대주의의 지지자들은 이를 민족적 차이에 대한 관용과 이해를 바탕으로 한 개방적이고 다문화적인 태도로 본다. 그러나 윤리적 상대주의는 필연적으로 절대적인 도덕적 옳음이 실제로 존재하는지에 대한 회의적인 태도로 이어진다. 인식적 상대주의는 마찬가지로 지식(그리고 진리)을 개념적 체계, 관점, 시각에 상대적인 것으로 만든다. 이는 세계가 어떻게 존재하는지에 대한 객관적인 진리가 패러다임과 독립적으로 존재할 수 없으며, 결과적으로 패러다임들을 진리, 객관성, 또는 인식론적 정당성의 기준으로 비교할 방법이 없다고 부정한다. 쿤은 패러다임 간의 인식적 상대주의라는 비판에 대해 유죄를 인정할지 말지 모호한 태도를 보였다.

그러나 상황은 쿤이 생각했던 것보다 훨씬 더 복잡할 수 있다. 왜냐하면 일부 철학자들과 다른 이들은 쿤의 주장, 즉 수 세기에 걸친 정상과학 시기를 아우르는 가장 넓은 패러다임에 대한 주장을 정상과학의 범위 내에서도 개별 과학 이론들의 공약불가능성으로 확장하려는 열의를 가지고 있었기 때문이다. 그리고 콰인의 근본적인 철학적 논증은 그들에게 이를 가능하게 하는 자원을 제공했다. 이들 중 가장 영향력 있는 철학자는 파이어아벤트(Paul Feyerabend)였다. **아리스토텔레스의 역학**과 뉴턴의 이론, 그리고 뉴턴의 역학과 아인슈타인의 이론이 서로 환원 불가능하다는 쿤의 통찰을 받아들인 파이어아벤트는, 충격량에서 관성으로, 또는 절대 질량에서 상대 질량으로의 번역불가능성이 모든 이론 간의 환원 장벽을 반영한다고 주장했다. 그 이유는 콰인의 통찰이 낳은 의미에 대한 전체론 때문이다. 이론 용어의 의미가 관찰과의 직접적이거나 간접적인 연결로 주어지지 않는 것은 이론이 관찰과 단어 단위나 문장 단위로 만나지 않고 전체로서만 만나기 때문이다. 따라서 의미는 이론적이다. 이론 용어의 의미는 그것이 등장하는 이론의 구조 내에서의 위치에 의해 주어진다. 이론의 한 부분 또는 여러 부분을 변경하면 그 결과는 동일한 이론의 개선이 아니라 완전히 새롭고 다른 이론이 된다. 왜냐하면 새로운 이론은 이전 이론과 동일한 주제를 다루는 것이 아니기 때문이다. 이는 그 단어들이 서로 다른 의미를 가지기 때문이다. "전자"라는 단어는 보어의 이론, 톰슨의 이론, 하이젠베르크와 슈뢰딩거의 이론에서 동일한 철자를 가질지라도, '고양이'가 '작고 귀여운 고양이(pussy cat)', '대참사(catastrophe)', '멋쟁이(cool cat)', '9가닥채찍(cat-o'-nine-tails)'에서 서로 다른 의미를 가지는 것과 마찬가지로 각각의 이론에서 동일한 의미를 가지지 않는다.

의미에 대한 전체론적 주장을 부정하려면, 의미에 대한 완전한 이론이 있거나 최소한 콰인의 의미 공격에 대한 합리적 반론을 제시해야 한다. 만약 이론을 선택할 수 있는 데이터에 대한 진술을 구성할 관찰 언어조차 없다면, 그 결과는 파이어아벤트가 '방법론적 무정부주의'(methodological anarchy)라고 칭송한 것이 된다. 그는 이러한 결과가 이론을 선택할 인지적 근거가 없음을 의미하기 때문에 이렇게 불렀다. 특히, 과거의 '잘 정립된' 이론들이 나중의 덜 정립된 이론들보다 우리가 반드시 따라야 할 이유가 되지 못한다는 것이다. 파이어아벤트는 이러한 무정부주의적 상황이 과학적 독창성과 창의성을 자극한다고 믿었기에 이를 긍정적으로 평가했다. 만약 뉴턴이 아리스토텔레스의 이론을 특수한 경우로 다루는 이론을 만들어야 했다면, 혹은 아리스토텔레스나 뉴턴의 이론이 성공적이었다는 이유만으로 아인슈타인이 뉴턴의 이론을 특수한 경우로 다루는 이론을 만들어야 했다면, 그들의 이름을 딴 위대한 과학 혁명은 일어나지 못했을 것이다. 도덕적 상대주의자들이 자신들의 통찰이 해방적이고 계몽적이라고 생각했듯이, 파이어아벤트 역시 자신의 인식적 상대주의가 좋은 것이라고 여겼다.

파이어아벤트와 다른 상대주의자들은 이러한 관점에서 자연주의를 비판한다. 쿤과 마찬가지로 상대주의자들 역시 인식론과 방법론은, 이것들이 문법적으로 서술형이 아니라 명령형으로 표현될지라도, 이론의 일부라고 생각한다. 따라서 인식론과 방법론은 과학의 진보를 평가하거나, 특정 학문을 '진정한 과학'으로 규정할 독립적인 기준이 될 수 없다. 상대주의자들은 자연주의가 가진 순환성의 문제를 지적하며, 특정 이론이나 학문이 여러 '앎의 방식' 중 하나일 뿐이며, 그중 어느 하나가 옳고 다른 것은 틀렸다고 단정할 수 없다고 주장한다. 상대주의자들에게는 "어떤 것이든 괜찮다"(anything goes). 이는 실제로 파이어아벤트가 자신의 주장을 가장 강력하게 펼친 책의 제목이기도 하다. 그는 책 표지 뒤편에 간략한 전기 대신 자신의 점성술 차트를 실었는데, 이는 교육, 경력 등 개인적 사실만큼이나 점성술이 저자에 대해 유용한 정보를 제공한다는 것을 보여주기 위함이었다.

과학지식사회학의 '스트롱 프로그램'

만약 철학적 관점에서 "어떤 것이든 괜찮다"는 입장을 취한다면, 과학이 왜 특정한 경로를 거쳐왔는지(그리고 왜 그렇게 성공적이었는지)에 대한 의문이 제기된다. 상대주의자들에게 그 답은 과학의 역사가 "진리를 추적하는" 탐구의 역사라는 것이 될 수 없다. 상대주의자들에 따르면, 과학과 독립적으로 존재하는 세계의 모습은 어떤 특정 과학이나 과학 전반의 형태를 결정하는 데 아무런 역할도 할 수 없다. 이는 특정 시기에 과학이 세계를 보는 방식과 독립적으로 존재하는 세계의 모습이 없으며, 그것을 객관적으로 알 방법도 없기 때문이다. 이 주장을 우리는 문자 그대로 혹은 비유적으로 받아들일 수 있다. 만약 과학사가 객관적이고 사심 없는 과학자들의 냉정한 연구로 설명되지 않는다면, 이는 다른 모든 사회 제도의 역사와 마찬가지로 사회적, 정치적, 심리적, 경제적, 그리고 다른 "비인지적" 요인들의 결과일 것이다. 따라서 상대주의자들은 과학, 특정 과학 분야, 그리고 과학적 변화의 본질을 이해하기 위해서는 사회과학을 연구해야 한다고 주장한다. 예를 들어, 다윈의 진화론이 왜 성공했는지 알기 위해 화석 기록, 심지어 변이의 원인이나 환경적 필터까지 이해할 필요는 없다. 대신 19세기 이론 형성 및 수용에 영향을 미친 사회적, 정치적 힘을 이해해야 한다. 부적격자들이 도태되고 진보가 시장 경쟁의 산물로 여겨지던 잔인한 경쟁을 정당화하려 했던 19세기 자유방임 자본주의가 필요했던 이데올로기적 요구를 이해하면, 다윈주의 패러다임의 등장은 놀라운 일이 아니다. 과학의 역사가 새로운 패러다임에 의해 계속해서 다시 쓰여지는 것은 이제 일반 과학이 이데올로기적 규율을 요구하기 때문일 뿐만 아니라, 정치적 지배 또한 그것을 요구하기 때문이라는 점을 이해할 수 있게 된다.

과학의 변화가 진리를 추적하는 과정이라는 설명이, 예를 들어 문학이나 유행의 변화와는 달리 특별한 역할을 한다는 주장을 거부하면서, 1980년대에는 과학의 사회학적 연구에 중요한 새로운 움직임이 나타났다. 이와 함께 사회학이 과학을 이해하는 주요 원천으로서 철학을 대체해야 한다는 주장이 제기되었다. 이른바 과학사회학의 '스트롱(강한) 프로그램'(strong program)은 과학적 성공과 실패를 동일한 토대 위에서 설명하고자 했다. 과학적 진보로 받아들여진 발전과 (나중에) 잘못된 것으로 거부된 발전 사이의 차이가, 전자는 세계의 작동 방식을 반영하고 후자는 그렇지 않기 때문일 수 없으므로, 둘 다 동일한 방식으로 설명되어야 한다는 것이다. 과학적 실패를 진리 추구의 길에서 벗어나게 한 사회적, 정치적, 그리고 다른 비인지적 요인들의 결과로 설명하려는 '약한 프로그램'은, 성공했든 실패했든 모든 과학 이론화를 실재와의 소위 '대응'이라는 영역 밖에서 설명하려는 '강한 프로그램'으로 대체되어야 한다. 사회학자 블로어(David Bloor)는 이를 '대칭성 논제'(symmetry thesis)라고 불렀다. 이 논제는 성공적인 과학 이론화가 실패한 이론화보다 더 합리적이기 때문에 성공한 것이라는 그 어떤 논리도 설 자리를 남겨 두지 않는다.

이러한 사회학자들과 다른 사회 과학자들은 과학 연구의 세부 사항을 면밀히 연구한 끝에, 다른 사회적 산물과 마찬가지로 과학적 합의 역시 '협상'을 통해 '구성'된다고 결론지었다. 그리고 협상에 참여하는 당사자들의 이해관계는 세계가 작동하는 방식을 묘사하는 데 전적으로 쏠려있지 않으며, 아마도 그것이 주된 목적조차 아닐 것이다. 일부 급진적인 과학 연구자들의 손에서, 과학적 발견이 구성된다는 주장은 과학 이론 외부에 존재하는 세계(실재론자들이 과학적 주장의 진위를 결정하는 독립적 실재라고 보는 것) 자체가, 그 세계를 묘사하는 데 동의하는 과학자들과 독립적으로는 존재하지 않는 구성물이라는 주장으로 나아간다. '존재하는 것은 생각되는 것에 불과하다'는 이러한 '관념론'은 과학철학에서 18세기 철학자 버클리까지 거슬러 올라간다. 쿤의 몇몇 다소 신중하지 못한 발언들 역시 이러한 주장을 명시적으로 지지하는데, 그는 서로 다른 패러다임의 지지자들이 서로 다른 세계에 살고 있음을 시사하기도 했다.

이 사회학자들의 가장 유명한 저서 중 하나는 라투르와 울거(Bruno Latour and Stephen Woolgar)의 『실험실 생활』(*Laboratory Life*)이다. 이 책에서 저자들은 문화인류학자가 완전히 낯선 부족 사이에서 '현지인처럼' 지내며 자신의 사회와는 매우 다른 문화에 몰입하듯이, 분자생물학 실험실에 자신들을 투입했다. 라투르와 울거의 작업은 20세기 프랑스 지성계의 한 흐름이 과학 연구에 어떻게 접근했는지를 보여주는 사례다. 이들의 작업 이전에, 푸앵카레(Poincaré), 뒤엠(Duhem), 바슐라르(Bachelard), 카바이예스(Cavaillès), 그랑제(Granger)와 같은 인물들 덕분에 과학사 분야에서 이미 오랜 전통과 인상적인 성과가 있었다. 이들은 (쿤보다 훨씬 이전에) 과학사를 매우 중요하게 여겼던 철학자들로, 논리적 또는 합리적 이해의 우위를 반드시 부정하지 않으면서도 영어권 과학철학자들의 관심을 과학사의 중요성으로 돌려놓았다. 그러나 인류학과 사회학 분야에서는 '구조주의'라고 불리는 별도의 흐름이 프랑스 사회과학에서 등장했다. 레비스트로스(Claude Lévi-Strauss)를 따르는 이들은 영어권과 프랑스 문화인류학에 공통적으로 나타나는 '두꺼운 서술'(thick description), 즉, '원주민' 삶에 대한 상세한 묘사를, 사회적 사실이 개인과 그들의 심리적 상태에 대한 사실로부터 자율적이고 환원될 수 없으며, 오히려 그 심리 상태와 그로부터 비롯되는 행동을 통제한다는 주장과 결합시켰다. 라투르와 울거는 이 두꺼운 기술과 구조적 결정론의 조합을 연구 실험실에 적용했다. 그들은 두 가지를 보여주고자 했다. 첫째, 실험실 연구의 결과는 그 자체로 자명하게 드러나지 않으며, 구조와 그 구조가 지시하는 역할에 의해 지배되는 논의, 논쟁, 타협을 통해 만들어지고 조립된다. 지식은 발견되는 것이 아니라 사회적 규범에 따라 구성된다. 둘째, 이와 밀접하게 관련하여, 이러한 협상의 승자는 가장 좋은 증거, 주장, 방법, 또는 논리를 가진 개인이 아니라, 어떤 개인과도 독립적으로 존재하며 그들의 행동을 형성하는 사회적 구조에서 가장 높은 지위를 차지하는 사람들이다. '진리', '증거', '사실', '실재'와 같은 개념들은 개인이 논쟁에서 이기기 위해 사용하는 수사적 도구에 불과하다. '스트롱 프로그램'의 지지자들처럼, 이러한 실험실 생활 인류학자들은 철학자들이 진지하게 여기는 개념들이 과학적 결과를 이끄는 비사회적이고, 해석되지 않은, 독립적으로 고정된 현실이나 본질과 실제로 접촉한다는 주장을 거부한다.

영어권 과학사회학자들은 20세기 대륙의 과학 연구자들이 공유했던 이론적 구조에 그만큼 공감하지는 않았다. 그러나 그들 역시 실재와 합리성이 함께 작용하여 과학적 성과를 창출한다는 철학자들의 공통된 가정에는 동의하지 않았다. 이들 중 가장 영향력 있는 인물은 섀핀과 섀퍼(Stephen Shapin and Simon Schaffe)였다. 그들은 저서 『리바이어던과 공기 펌프: 홉스, 보일, 그리고 실험적 삶』(*Leviathan and the Air-Pump: Hobbes, Boyle, and the Experimental Life*)에서, 과학자들이 어떻게 사실을 구성하는지에 대해 라투르·울거와 다소 유사한 결론에 도달했다. 섀핀과 섀퍼는 자신들의 과학 연구에 특정 이론적 틀이 지배적이라는 생각을 거부했을 것이다. 하지만 다른 이들, 특히 사회과학 철학자들은 그들이 프랑스 구조주의까지는 아니더라도, 적어도 사회적 사실과 힘이 개인은 인식하지 못하지만 그들의 행동을 지배하는 사회적 평화 유지 및 갈등 해결 기능을 수행한다는 관점에 몰두했음을 쉽게 알 수 있었을 것이다.

섀핀과 섀퍼가 지적하듯이, 17세기 후반의 영국은 20년간의 내분과 종교적 정통성의 근본적 변화, 의회 특권의 전복, 국왕의 처형, 군사 독재 체제 수립을 겪은 사회적

격변에서 회복 중이었다. 안정적인 사회 질서의 재건은 종교적 차이나 헌법적 불일치와 같이 추상적으로 보이는 분쟁을 폭력 없이 해결할 수 있는 수단의 등장에 달려 있었다. 그렇지 않았다면 왕정복고 시대 이후 그러한 논쟁은 제기되거나 논의되거나 해결될 수조차 없었을 것이다. 오히려 사회적 평화에 너무 위험하기 때문에 무시되었을 것이다. 17세기의 과학은 여전히 철학으로부터, 그리고 철학이 종교와 분리되지 않았던 한, 과학적 문제를 둘러싼 논쟁들은 그 실용적 적용이 아무리 미미하더라도 잠재적으로 위험한 상태로 남아 있었다.

섀핀과 섀퍼는 이러한 맥락에서 실험과 실험 방법의 등장이 이론적, 신학적으로 논란이 많은 문제들과는 독립적으로 이루어지면서, 사회 질서를 위협하지 않는 과학 발전의 길을 열어주었다고 주장한다. 이로 인해 실험 방법은 곧 과학적 권위와 정치적 관용을 모두 얻게 되었다. 실험 방법의 확립자로 존경받는 과학자들은 자신들이 객관적 지식을 제공하는 수단을 발견했다고 생각했을 수 있다. 그들의 후계자들과 우리 역시 그들의 명성과 그들이 확립한 방법이 자연에 대한 진리를 확인하고 입증하는 능력에 기반했다고 여길 수 있다. 하지만 이는 잘못된 생각이다. 사실, 실험 방법은 과학을 위한 중요한 사회적 기능을 수행했기 때문에 지속되었다. 이는 과학이 사회 질서를 불안정하게 만들지 않도록 보장했고, 따라서 안전하게 생존하고 번성할 수 있었다. 섀핀과 섀퍼의 17세기 런던왕립학회 초기 역사에 대한 연구는 사회적 사실, 힘, 그리고 기능이 어떻게 과학혁명과 실험적, 경험적 방법의 지배력을 설명하는지 보여주는 것뿐만 아니라, 연구하는 과학자들이 인식하지 못하는 사이에 이러한 과정들이 사실과 발견을 구성하는 근본적인 개념, 그리고 이론과 설명에 대한 그들의 과학적 권위를 어떻게 재형성했는지를 분석하고자 했다. 이로 인해 그들 자신, 그들의 후계자들, 심지어 오늘날의 우리까지도 과학이 우리와 독립적으로 존재하는 현실을 (구성하는 것이 아니라) 발견한다고 생각하는 착각에 빠지게 되었다. 이러한 착각이 바로 과학과 과학 후원자들의 힘을 유지하는 데 특히 효과적이기 때문이다.

과학 지식의 사회학과 인류학에 대한 이러한 접근들은 지식이라는 것이 실제로 존재한다는 것을 인정하고 받아들이지 않고서는, 과학의 실제 본질에 대한 지식을 제공한다고 주장할 수 없다. 결국 지식은 사물에 대한 의미 있는 진술로 표현될 수 있는, 정당화된 참된 믿음이므로, 이들은 믿음이 어떻게 참되고 정당화될 수 있는지에 대한 최소한의 설명을 필요로 한다. 예를 들어, 그들은 자신들이 명시적으로든 암묵적으로든 몰두하고 있는 사회 제도의 구조적, 기능적 이론들을 시험할 책임을 받아들여야 한다. 이러한 시험 과정에서 그들은 이미 전통적인 과학철학이 밝혀내고 명확히 하려 했던 최소한의 공통된 기반을 받아들이게 된다. 이 장에서 다룬 과학의 사회학적 연구자들은 과학에 대한 철학자들의 전통적 주장에 강력히 반대하지만, 세계와 과학에 대한 지식을 구성하기 위해 요구되는 인식론적, 논리적 제약들은 수용한다. 이 장에서 나중에 논의될 일부 견해들에는 그것들이 동일하게 적용되지 않을 수도 있다.

과학에 대한 사회적 연구에 참여한 이들이 제시한 여러 결론은 사회과학의 일부 철학과 인문학의 지식 본질에 대한 일부 해석에 힘을 실어주었다. 이에 따라 일부 질적 사회과학자들은 자신들의 방법과 결과를 경험적, 양적 사회과학자들의 공격으로부터 방어하게 되었다. 이들은 질적 연구 방법이 하나의 독립적이고 비교 불가능한 패러다임의 지위를 갖는다고 주장했다. 이 패러다임에서는 서로 다른 사회적 힘이 서로 다른 제도적 규칙에 따라 작용하여, 자연과학의 결과, 이론, 발견, 설명만큼이나 (그리고 그 이상도 이하도 아닌) '객관적'인 결과물을 만들어낸다. 이 질적 사회과학 옹호자들은 반격에 나서, 경험적이고 양적이며 실험적인 패러다임은 인간의 의미, 중요성, 그리고 해석을 다룰 수 없다고 주장했다. 또한, 이것들이 인간의 행위, 감정, 가치를 이해하는 데 필수적인 차원이며, 자연과학 패러다임은 의미론적 의미의 개념조차 수용할 수 없고 인간의 중요성은 더더욱 다룰 수 없다고 덧붙였다. 그들은 많은 사회과학의 불모성과 좌절이 부적절한 자연과학 패러다임을 맹목적으로 적용하려 한 결과라고 보았다. 일반적인 과학에 대한 의문을 제기하게 할 만한 변칙 현상에 직면해서도 양적 패러다임을 포기하지 못하는 것은, 모든 인간 지식 영역의 모델로서 자연과학이 가진 사회적, 문화적 힘을 반영한다. 하지만 이 학자들은 그것이 잘못된 모델이라고 주장한다. 실제로 일부 학자들은 양적 사회과학자들 사이에서 발견되는 자연과학에 대한 지나친 존중과, 그중에서도 특히 경험론이라는 특정 정통적 관점이 자연과학을 전형적으로 취급하는 방식을 비판하기 위해 '과학주의'(scientism)라는 용어를 사용하기도 했다.

이 비판자들과 사회 평론가들은 자연과학의 방법 외에 다른 '앎의 방식'들이 존재한다고 주장한다. 이들은 점성술, 초심리학, 동종요법 같은 전체론적 대체의학, 화분에 음악을 들려주는 비전통적 경작 방식처럼, 다른 이들이 '사이비 과학'이라 부르는 분야들도 인식론적으로 가치 있다고 옹호한다.이들의 시각에서 볼 때, 이러한 패러다임들의 인식론적 지위를 부정하는 것은 뉴턴 패러다임이라는 편협하고 순환적인 논리에 갇힌 채 논쟁하는 것과 같다. 심지어 뉴턴 패러다임은 이미 우주론과 양자 물리학의 발전으로 대체되었고, 아직도 받아들일 만한 철학적 해석이 없는 상태다. 그러니 이 분야들의 논쟁이 마무리될 때, 뉴턴주의가 아닌 다른 '앎의 방식'들이 옳다고 입증될지 누가 알겠는가?

쿤으로부터 시작된 과학의 사회적 연구는 전통적인 자연과학의 신뢰를 흔들었고, 이는 특히 과학사회학의 스트롱 프로그램이 가장 두드러지고 지적으로 영향력이 컸던 1980년대 영국 같은 국가들에서 과학에 대한 대중의 지지를 더욱 논쟁적인 문제로 만들었다.

포스트모더니즘과 과학 전쟁

과학사학자, 사회학자, 그리고 '뉴에이지' 출판물의 저자들 외에도 과학주의를 비판하는 목소리는 더 있다. 심지어 인문학자들, 즉 영문학, 불문학 등 관련 학문의 교수들도 과학을 '탈중심화'하고 그 결과물들을 디킨스(Dickens)의 『위대한 유산』(Great Expectations)이나 플로베르(Flaubert)의 『마담 보바리』(Madame Bovary)를 다루듯이 '텍스트'로 취급하려 했다. 과학 작품과 문학 작품(심지어 저자들이 '허구'라고 명시한 작품들까지 포함하여)을 동일하게 취급해야 한다고 주장하는 이유는 물론, 세계를 묘사한다고 주장하는 작품과 다른 목적을 가진 작품 사이의 차이가 결국 순전히 사회적으로 구성된 것에 불과하다는 것이다. 이 학자들은 종종 스스로를, '모더니즘'과 대조되는 이름인, '포스트모더니스트'라고 칭한다. 모더니즘은 17세기 과학혁명에서 시작되어 18세기 계몽주의와 19세기 낭만주의 및 민족주의를 거쳐 20세기의 참혹한 사건들과 그에 따른 환멸을 초래한, 이제는 시대에 뒤떨어지고 신뢰를 잃은 전통의 마지막 발버둥으로 여겨진다. 포스트모더니스트들 중 다수는 자신들의 작업을 '해체주의'(deconstruction)'라고 묘사한다. 이는 두 가지 목표를 반영한다. 첫째, 실재에 기반을 두거나 실재를 반영한다고 주장하는 것이 실제로는 사회적 구성물임을 보여준다. 둘째, 이러한 주장들은 그것을 주장하는 사람들의 사회적, 정치적, 경제적, 인종적,

성별, 또는 기타 이해를 편리하게 지지하고, 옹호하고, 강화하며, 공고히 하는 방식 때문에 의심받아야 한다.

포스트모더니스트들이 사용한 도구들은 주로 20세기 마지막 사반세기 동안 파리에서 유행했던 것들로, 데리다(Derrida), 알튀세르(Althusser), 리오타르(Lyotard), 그리고 어느 정도는 푸코(Foucault)와 같은 이름과 관련이 있다. 이 이론들을 상세히 설명하는 것은 이 책의 저자의 능력을 벗어나는 일이지만, 그 함의들은 파이어아벤트의 작업에서 나타난 주제들의 확장으로 인식될 수 있으며, 콰인과 쿤의 연구에서 제시된 결론들로도 이해될 수 있다. 물론 콰인과 쿤은 이러한 결론들이 자신들의 학설에서 타당하게 추론되었다고 인정하지 않겠지만, 두 사람 모두 이미 세상을 떠났다.

쿤은 관찰에 기반한 지식의 객관적 토대를 무너뜨렸고, 콰인은 특히 고정된 언어적 의미가 제공하는 다른 어떤 확실성의 원천도 거부했다. 프랑스 포스트모더니스트들과 그들의 동맹자들은 이러한 학설, 특히 언어 관련 학설을 훨씬 더 발전시켰다. 그들에 따르면, 관찰에 의한 이론의 과소결정은 물리학에서 일상생활로, 그리고 우리 언어의 의미로까지 확장된다. 누군가가 말하는 모든 것은 과소결정되어 있으며, 특히 말하는 사람 자신의 의미에 의해서도 마찬가지이다. 왜냐하면 머릿속의 생각이든 사람들 생각 밖에 사회적으로 고정된 의미든, '의미'라는 것은 존재하지 않기 때문이다. 사실, 어떤 것이 무엇을 의미하는지에 대한 객관적인 사실이란 없다. 따라서 쿤의 공약불가능한 패러다임의 요소를 명확하게 식별하는 것은 불가능하다. 이는 패러다임에 중립적인 위치가 존재하지 않을 뿐만 아니라, 어떤 패러다임 내에서도 의미에 대한 권위가 없기 때문이다. 물론 패러다임의 의미에 대해, 나아가 모든 신념 체계의 의미와 중요성에 대해 경쟁하는 주장들이 존재한다. 그러나 그중 어떤 것도 옳은 것은 없으며, 그중 어느 것이 지역적 '주도권'을 확보하는지는 사회적, 정치적, 경제적 또는 다른 종류의 권력 문제다.

포스트모더니스트들은 종종 패러다임 대신 '내러티브'라는 개념을 선호한다. 이는 학술 담론에서 내러티브의 의미가 매우 분명해, 일반 법칙, 이론, 방법론, 철학, 그리고 담론으로 표현되는 모든 사유 대상이 결국은 각 학문 분야를 구성하는 '대화' 속에서 서로를 설득하거나 즐겁게 만들기 위해 우리가 들려주는 '이야기'에 불과하다는 것을 보여주기 때문이다.

물론, 과학에 대한 전통적인 관점은 '총체적' 내러티브를 선호한다. 이는 실재에 대한 전체 진리를 궁극적으로 제공하거나, 우리의 미래 경험을 예측하기 위한 완전한 도구 상자를 구축할 수 있다는 이야기다. 이 두 가지 버전의 총체적 내러티브는 '보편성', '객관성', '본질', '통일성' 같은 단어들과 함께 '진실'과 '실재'라는 단어를 동원함으로써, 세상의 모든 이야기(즉, '전체적 내러티브')를 자신의 틀 안에 포섭하려고 시도한다. 물론 이러한 표현들은 과학자들(및 그들의 철학적 동료들)의 정통성에서 이탈하는 사람들을 굴복시키기 위한 단순한 도구일 뿐이다. '진리, 전체 진리, 오직 진리뿐'과 같은 글자들과 소음들이 고정된 의미를 가지지 않는다는 것을 일단 인식하면, 과학이 이들을 채용한다는 주장은 의심받게 된다. 오직 과학의 총체적 내러티브로부터 대중에게 영향을 미칠 힘을 빼앗을 때만이, 내러티브는 과학(적어도 지금까지 실행되어 온 방식의 과학)으로 이익을 얻지 못했던 사회 집단을 해방할 다른 내러티브로 대체될 수 있다.

포스트모더니즘의 분석은 물론 과학에 국한되지 않으며, 그 도구들은 사람들과 그들 사이의 근본적인 차이와 공약불가능한 불연속성을 제대로 반영하지 못하는 다른 사회 제도(형식적이든 비형식적이든)에도 똑같이 적용될 수 있다. 이러한 차이들을 논리적으로 일관된 체계로 화해시킬 필요는 없다. 일관성을 뒷받침할 초월적 논리는 없으며, 어차피 일관성이라는 것은 우리가 포기해야 할 과학의 총체적 내러티브의 일부일 뿐이다. 모순은 예상되는 일이며, 자기모순은 기껏해야 의도치 않은, 혹은 완벽하게 의도된, 재미와 아이러니의 원천이다. 하지만 포스트모더니즘은 총체적 내러티브에 의해 보이지 않은 존재가 되었던 소외된 사회 집단조차, 자신들의 내러티브를 발전시킬 위치에 놓이게 되면 즉시 다른 집단들을 소외시킬 것이라고 주장할 만큼은 일관적이다. 여기서 기억해야 할 핵심은, 경쟁하는 내러티브들과 그 해석, 그리고 의미에 대한 '사실'은 존재하지 않는다는 점이다.

과학에 대한 이런 견해에 대해 가장 너그러운 평가는 무엇일까?

분석적 과학철학이 과학 이론의 진리와 과학 방법의 신뢰성, 과학의 형이상학적 토대에 관해 스스로 제기해 온 근본적이고 해묵은 문제들을 생각해 보라. 이 모든 문제는 특정한 과학적 성취에 대한 단순하고 무조건적인 신뢰를 약화시키는 경향이 있다. 또한 과학의 오류 가능성은 제거될 수 없다. 실수할 위험을 감수하는 것은 우리의 이해를 증진시키는 과학의 능력에 필수적이다. 이러한 난점들로 인해 과학이 완전히 허구임이 드러나는 것은 아니지만, 일부 사람들에게는 과학이 지닌 신화적인 면이 어느 정도 벗겨지는 것처럼 보일 수 있다.

여기에 다른 인간 제도와 마찬가지로, 실제로 실행되는 과학 역시 개인 및 집단의 이해를 반영한다는 부인할 수 없는 사실을 더해보자. 이는 인간의 실수와 탐욕, 과학 제도가 스스로를 보호할 수 없는 더 광범위한 문화적, 종교적, 경제적, 정치적 힘의 개입으로 인해 발생하는 불완전성과 실패로 귀결될 수밖에 없다. 과학자들이 그들의 실천을 '객관성'에 대한 그들의 헌신을 왜곡하고 벗어나게 하는 힘으로부터 분리하려 노력하는 한, 그 힘들을 식별하는 것은 중요하다. '스트롱 프로그램' 자체가 과학의 특징인 통제된 탐구 방법을 채택하는 한, 이러한 왜곡하는 힘들을 정확하게 식별할 가능성이 있다. 따라서 과학 제도는 이러한 영향을 완화하기 위해 어느 정도 재구성될 수 있다. 그러나 '스트롱 프로그램'이 과학에 대한 자신들의 발견을 참이거나 신뢰할 수 있는 것으로 일관되게 식별하고, 따라서 적용의 근거로 삼을 수 있는지는 여전히 불분명하다.

포스트모던 해체주의의 모호하고 극단적인 평가에 관해서는, 그들의 '결과'를 진지하게 받아들여야 할지 명확하지 않다. 이는 그들의 주장이 순전히 물리학이나 과학에 대한 질투와 유럽 지식인들의 자기만족을 위한 '지적 유희'가 결합된 것처럼 보이기 때문이다. 이러한 진단이 왜 타당한지 자세히 살펴보기로 하자.

소칼 사기는 무엇을 증명하는가?

만약 경험론 과학자들이 이 지점까지 글을 읽고 있다면, 그들이 현대 인문학의 과학 접근을 그리 심각하게 받아들이지 않는다고 해도 충분히 용납될 수 있다. 사실, 그들이 포스트모더니즘과 실제 과학 간 충돌에 대한 사회적 역사를 잘 알고 있다면, 포스트모더니즘의 현대 과학 해체를 공허한 게임으로 취급할 만한 충분한 이유가 있을 수 있다. 이러한 이유는 물리학자 소칼(Alan Sokal)에 의해 제시되었다. 다른 사람들처럼 소칼은 포스트모더니즘의 입장이 안데르센의 「벌거벗은 임금님」에 나오는 임금님과 유사하다는 점을 인식했다. 그 이야기에서 임금님은 벌거벗고 걸어다녔지만, 아무도 그 사실을 지적하지 않았다. 왜냐하면 그렇게 하지 않는 것이 그들의 이익에 부합했기 때문이다. 포스트모더니즘은 인종주의, 사회 계급 착취, 성차별, 동성애 혐오를 포함한 온갖 불평등에 반대하고, 고정관념을 무너뜨리며, 사람들이 시각화할 수 있는 예술적, 행동적, 사회적, 정치적 가능성의 범위를 확장하는 등 현대 지성계에서 분명히 '올바른 편'에 서 있었다. 그리고 뉴턴주의나 다윈주의 또는 다른 과학 전통이 그러한 불평등을 조장하고 그러한 비전을 가로막는 데 사용되었을 뿐만 아니라, 인문학의 문화적 기여를 경시하는 데 사용되었을 때, 인문학자들은 이에 맞설 도구를 찾았다. 서구 이외의 문화에 대한 패권적이고 인종차별적인 둔감함 때문에 자신들의 정전뿐만 아니라, 자신들의 고유한 문학 및 미학 이론까지 거의 포기한 상태였기에, 그들은 과학을 '깎아내릴' 수 있게 해주는 유행하는 프랑스 이론에 특히 취약했다. 물론 이 이론의 명백한 난해함은 장애물이 되지 않았다. 왜냐하면 그 기술적 장치, 신조어, 전문용어, 그리고 특수 기호들이 자연과학에서 수학이 기능하는 것처럼 비전문가들로부터 이론을 보호하는 기능을 할 수 있었기 때문이다.

1990년대에 기자들과 사회 평론가들이 이러한 종류의 연구에 점차 주목하면서, '과학 전쟁'(science war)이 일어났다. 이는 한쪽(인문학자)이 터무니없는 주장을 하고 다른 한쪽(과학자)이 그 주장을 거의 무시하는 논쟁을 지나치게 극화한 것이었다. 과학의 객관성과 진실성을 옹호할 필요를 느꼈던 소수 사람들은 과학에 대한 공격이 '정치적 동기'에 의한 것이며, 과학에 대해 끔찍할 정도로 무지하고, 인문학에서 더 이상 비판할 것이 없는 인문학자들이 벌이는 지적 유희나 게임에 불과하다는 것을 보여주고자 했다.

이때 소칼이 등장했다. 1993년, 포스트모던 성향의 학술지 『소셜 텍스트』(Social Text)는 과학에 관한 특별호를 발행할 것이라고 발표했다. 포스트모던의 과학 공격이 지적으로 진지하지 않은, 과학에 대해 무지한 사람들에 의해 이루어진다는 가설을 시험하기 위해 소칼은 이 발표에 응하여 의도적으로 과장된 풍자적인, 소위 해체주의자들이 쓰는 학술 논문의 캐리커처를 만들어 제출했다. 「경계 넘기: 양자 중력의 변형적 해석학을 향하여」(Transgressing the Boundaries: Towards a Transformative Hermeneutics of Quantum Gravity)라는 제목의 이 논문은 물리적 실재에 대한 여러 터무니없는 주장들을 담고 있었다. 논문의 의도적으로 부당하고 불건전한 주장은 저명한 포스트모던 이론가들의 저술에서 정확히 인용한 문구들을 활용했으며, (가장 어렵고 불확실한 물리학 분야 중 하나인) 양자 중력에 대한 현대 이론의 특성이 포스트모더니즘에 부합하는 일련의 미학적, 윤리적, 정치적 가치를 입증한다는 결론을 내렸다.

논문은 『소셜 텍스트』에 의해 채택 및 출판되었고, 이후 소칼은 자신의 속임수를 시인했다. 어떻게 이런 일이 일어날 수 있었을까? 알고 보니 이 학술지는 제출된 논문을 심사하지 않았다. 편집자들은 창의성을 육성하는 것이라며 이러한 특이한 관행을 옹호했고, 자신들이 논문을 신중하게 읽고 저자가 거부한 수정을 요청했다고 불평했다. 편집자들은 저자를 격려하기 위해 수정 요청 없이 논문을 출판하기로 결정했다고 말했다. 그들은 『소셜 텍스트』가 '사기'의 희생양이었고 소칼의 속임수가 학문적 정직성의 규범을 위반했다고 불평했다. 이 사기는 이후 몇 년 동안 책과 학술대회를 통해 사회학자들과 다른 과학 연구자들 사이에서 면밀히 검토되고 논의되었다. 하지만 과학철학자들 중 이 문제에 대해 인쇄물로 언급한 사람은 거의 없었다.

11장은 가설의 '긍정적 사례'라는 개념을 둘러싼 문제들을 드러냈다. 이러한 문제들은 소칼 사기가 과학에 대한 포스트모던 비평가들 사이의 정치적 편향성과 진지함 부족이라는 가설을 어느 정도 입증하는 긍정적 사례를 제공했다고 말하기 어렵게 한다. 하지만 분명한 것은 이 사건이 적어도 가장 저명한 과학사회학자들, 특히 '스트롱 프로그램'의 주창자들에게 상당한 영향을 미쳤다는 점이다. 1990년대 후반부터 이 운동의 주요 인물 중 몇몇은 과학에 대한 사회구성주의적 비판과 거리를 두기 시작했다. 일부는 자신들의 주장이 사회 정책 결정에서 과학의 영향력을 줄이려는 정부(특히 영국)와 과학 정보를 종교적 동기에서 비롯된 허위 정보 및 잘못된 정보로 대체하려는 정치적 및 종교적 세력(특히 미국)의 손에 놀아나는 결과를 초래할 수 있다고 우려하기까지 했다. 그 결과, 21세기에 들어서 과학전쟁은 과학철학자들과 과학 제도 및 활동을 연구하는 대부분의 사회과학자들이 과학의 인식론적 신뢰성에 대한 주장에 동의하면서 우호적으로 막을 내렸다.

1장에서 언급했듯이, 과학적 지식에 대한 주장과 그 지식을 확보하는 방법의 신뢰성을 이해하고 평가하는 문제에 있어서는 과학철학이 다른 학문 분야에 우선한다는 주장을 다시 떠올려 보자. 여기서 검토된 과학사회학자들의 연구는 그 주장의 근거를 반영한다. 그들이 과학이 무엇인지에 대한 과학자나 철학자의 해석을 능가한다고 주장할 수 있으려면, 과학에 대한 이해에 적용하는 자신들의 과학 이론이 신뢰할 수 있다는 것이 증명되어야 하기 때문이다. 그러나 이것은 과학철학자들이 제기하고 답하는 과학에 대한 질문들에 대한 전제를 필요로 한다.

이제 두 가지 중요한 문제를 다루어야 한다. 첫째는 해체주의의 진부한 주장과 별개로, 강력한 이해들이 자신들의 헤게모니를 추구하며 과학을 어떻게, 어디서, 어느 정도로 왜곡하는지에 대한 질문이다. 둘째는 포스트실증주의 시대에 무엇이 잘못되어 똑똑하고 선의를 가진 사람들이 과학의 객관성에 대해 그토록 심각한 의문을 제기하게 되었는지에 대한 검토이다. 첫 번째 질문은 다음 절에서 다루어질 것이다. 두 번째는 과학철학이 다룰 능력이 없는 문제이다.

과학주의, 성차별, 중요한 진리들

과학과 과학적 발견이 오랫동안 두 가지 방식으로 오용되어 왔다는 사실을 굳이 포스트모더니스트가 아니더라도 충분히 알 수 있다. 첫째, 과학이라는 제도는 사람, 다른 유기체, 그리고 환경에 해를 끼치는 더 효율적이고 효과적인 방법들을 지속적으로 제공해 왔다. 둘째, 과학은 그러한 해악을 초래하는 정책들에 부당한 합리화를 제공함으로써 부분적으로 그렇게 해왔다. 이러한 경향은 과학의 '친구들', 심지어 과학주의에 경도된 사람들 사이에서도 인정되어야 한다. 이러한 경향은 과학자들과 과학의 미래에 영향을 미칠 수 있는 다른 이들에게 미래에 이러한 바람직하지 않은 결과들을 최대한 줄여야 하는 의무를 부여한다.

과학을 사회 제도로서 개선하는 데 헌신해 온 가장 영향력 있는 과학 연구자들 중에는 페미니스트 과학철학자들이 있다. 이들 중 일부는 '관점 이론'(standpoint theory)이라고 불리는 인식론적 통찰에서 과학에 관한 연구를 시작한다. 이 이론은 과학 이론을 평가하는 데 관련이 있는 특정 사실들이 특정한 견해, 즉 '관점'에서만 감지될 수 있다는 논쟁의 여지가 없는 논제에서 출발한다. 때로는 문제의 관점이나 입장이 특정 장치를 사용하는 것을 수반하기도 한다. 이 철학자들은 때때로 그러한 관점이 여성, 특정 사회 계층, 인종적 소수자, 또는 특정 성적 지향을 가진 사람이 되는 것을 필요로 한다고 주장한다. 이 논제가 흥미롭기 위해서는 강하고 잠재적으로 논쟁의 여지가 있는 내용을 담아야 한다. 이 논제는 단순히 남성, 백인, 기업 임원, 또는 이성애자가 여성, 소수자, 또는 관련 사회 계층과 동일한 인식론적 위치에 있다고 해서 동일한 사실을 감지하지 못할 것이라고 주장하는 것을 넘어선다. 오히려 그들은 여성이 될 수 없는 것과 같은 이유로 그러한 사실을 감지할 수 없다고 주장해야 한다. 그 사실은 단순히 오감을 가진 사람에게 열려 있지 않은, 상대적으로 복잡하고 어쩌면 역사적인 이론적 사실이어야 한다. 그리고 페미니스트 입장 이론가들은 그러한 사실들을 거리낌 없이 밝혀왔다.

일반적으로 그러한 사실들은 수치화하기 어렵거나, 평범하거나 과학적인 어휘로 완전히 설명하기조차 어렵다. 예를 들어, 억압, 종속, 차별, 고정관념의 장기적인 영향에 관한 사실들이 이에 해당한다. 이러한 사실들은 묘사하는 데 어려움이 있을지라도, 엄연하고 부인할 수 없는 사실들이며, 단순한 설명이나 짧거나 모의적인 개인적 경험만으로는 접근할 수 없는 사실이라고 주장할 수 있다. 관련 사실들을 진정으로 감지하려면 그 입장에서 살아봐야 한다. 이러한 주장들이 특히 사회과학에서 중요함은 분명하다. 관점 이론가들 중 여성이나 다른 소외된 집단의 입장을 고려하지 않아 물리적 또는 화학적 사실들을 놓친다고 주장하는 사람은 드물지만, 생물학에서는 그러한 실패가 발생했다고 주장하는 사례들이 있었다. 예를 들어, 일부 사회생물학자들이 인간 외 종의 진화적으로 최적인 수컷 짝짓기 전략(수정시키는 암컷의 수를 극대화하고 자손에게 쓰는 에너지 지출을 최소화)에만 초점을 맞추고 암컷의 전략(최고의 유전자를 가졌고 자손에게 자원을 투자하려는 의지를 보여준 수컷에게 접근을 허용)을 간과한 것은 남성 생물학자들이 관련 입장에 자신을 위치시키지 못했기 때문이라고 주장할 수 있다.

물론 이 사례는 관점 이론가들이 직면한 철학적 난점을 보여준다. 이 이론에 반대하는 사람들은 여성 사회생물학자들이 남성 동료들에게 그 사실에 주목하게 하는 것만으로도 학문 분야 전체가 그 사실들을 수용하기 위해 이론을 수정했을 것이라고 주장할 것이다. 관점 이론가들이 해야 할 일은 매우 어렵다. 한편으로는 다른 입장에서 접근 불가능한 사실들을, 그 다른 관점에 있는 사람들이 그 사실들의 존재를 인정하도록 강요하는 방식으로 규명해야 한다. 동시에, 그 사실들이 다른 관점에서는 제대로 파악될 수 없거나, 가장 정확하게 또는 가장 완전하게 파악될 수 없다고 주장해야 한다. 이러한 인식론적 주장이 정당화될 수 있을지는 앞으로 지켜봐야 할 일이다.

관점 이론이 **페미니스트 과학철학**의 전부인 것은 아니며, 사실 이 이론의 가장 엄격한 비평가 중에는 페미니스트 과학철학자들도 포함되어 있다. 그들은 관점 이론의 열망을 존중하며, 특히 현대 비페미니스트 과학철학의 경험론 및 자연주의적 관점에 부합하는 다른 전제들로부터 그 열망을 달성하고자 한다. 관점 이론이 추구하는 열망에는 단지 여성뿐만 아니라, 과학이 공식적으로는 칭송하지만 과학자들에게 실제로는 부족했던 '객관성'과 '사심 없음'의 실패로 인해 고통받은 모든 사람의 해방이 포함된다.

많은 페미니스트 과학철학자들은 콰인과 (자연주의적으로 해석된) 쿤에게서 큰 영향을 받았다. 따라서 그들은 남성 과학자들이 놓쳤던 사실들이 관점 이론가들이 주장하는 것처럼 원칙적으로 접근 불가능하다고 여기지 않고, 남성들이 많이 접근하지 않았던 사실이라고 인식할 준비가 되어 있다. 하지만 자연주의적 페미니스트들은 그러한 사실들을 인식하기 위해 상당한 이론이 필요하다는 것을 인정한다. 그리고 성차별적인 세상에서 자란 과학자들의 비과학적인 관심, 가치, 심지어 취향이 그러한 사실들을 보지 못하게 막았을 가능성이 높다. 이 페미니스트들의 관점에서, 이론, 연구 프로그램, 패러다임은 공약불가능하지 않지만, 종종 정치적으로 효과적인 방식으로 행사되는 매우 강력한 반대 증거 외에는 받아들이기 힘든 경우가 많다.

아마도 페미니스트 철학자들이 사회과학의 발전에 더 많은 관심을 기울였기 때문에, 그들은 연구의 사회적 성격, 과학적 노동의 분업, 그리고 연구 의제의 형성을 강조해 왔다. 이와 대조적으로, 전통적인 과학철학은 과학을 케플러, 갈릴레오, 뉴턴, 라부아지에, 다윈, 아인슈타인과 같은 개인들의 사업으로 보는 개념을 수용해 왔다. 이 점에서 그들은 아마도 데카르트의 고독한 회의론에서 시작하여 자신의 개인적 경험으로부터 모든 지식을 구성하려는 시도로 이어진 인식론의 데카르트 전통에 지나치게 영향을 받았을 것이다. 물론 현대 과학은 팀과 집단, 공동체와 사회, 기관과 정부의 사업이다. 페미니스트들은 현대 과학에 대한 이 사실의 강점과 약점을 모두 지적했다. 한편으로, 과학 공동체는 종종 연구 과제를 효율적이고 일관된 방식으로 분배하고, 개인이 제시하는 발견과 이론을 지지하고 검증하며, 과학자들이 연구의 최전선을 발전시키도록 동기를 부여하는 보상(및 처벌) 구조를 제공하는 역할을 한다. 다른 한편으로, 공동체는 편견의 원천이 되어 개인이 경험적 사실을 보지 못하게 하고, 그러한 무지에 대한 공모에 잘못된 인센티브를 제공하며, 순수 연구와 응용 연구의 방향을 이끌어야 할 중요한 인간적 필요와 가치를 과학자들이 보지 못하게 할 수 있다. 우리는 과학적 탐구의 사회적 성격과 그것이 성(젠더)에 의해 왜곡되는 것을 고려해야 한다. 페미니스트 철학자들은 그렇게 하는 것이 과학의 미래와 그것에 대한 우리의 철학적 평가에 영향을 미칠 것이라고 주장한다.

경험론자들은 보통 사실과 가치를 구분하고, 과학이 오랫동안 '가치로부터의 자유'에 대한 헌신으로 특징지어져 왔다고 말한다. 과학은 표면적으로 과학자들의 취향, 선호, 소망, 희망, 호불호, 두려움, 편견, 적개심, 증오 등과 같은 가치들이 객관적 지식으로 무엇이 받아들여질지 좌우하는 것을 허용하지 않는 데 전념해 왔다. 이를 완전히 효과적으로 수행하려면, 예를 들어 콰인이 철학에서 진정한 구분을 위해 설정한 기준에 따라 사실적 판단과 가치 판단을 구별할 수 있어야 한다. 특히 사실과 가치를 구분할 때 순환논리에 빠지지 않아야 한다. 페미니스트와 비페미니스트 철학자 중 일부는 이것이 불가능하다고 믿는다. 우리가 보게 되겠지만, 다른 사람들은 어쨌든 과학에서 가치 판단을 하는 것이 불가피하므로, 그러한 주장을 과학에서 제거하려는 시도 자체가 잘못이라고 주장한다.

하지만 가치 판단에 의해 사실적 주장이 고정되는 것은, 비록 어려울지라도, 객관적이고 사심 없는 과학이 피하거나 없애야 할 바로 그런 종류의 일이 아닐까? 물론 과학이 이러한 헌신을 항상 성공적으로 이행하는 것은 아니다. 그러나 과학은 자정작용을 한다고 여겨진다. 과학의 방법, 특히 관찰을 통한 이론의 통제는 페미니스트 경험론 철학자들의 관점에서 옳게도 이러한 실패를 완화하고 최소화하는 것으로 간주된다. 그러나 이것은 기껏해야 과학적 방법의 소극적인 미덕에 불과하다. 기껏해야 장기적으로 과학이 인식론적으로 잘못되지 않도록 보장하는 것이다. 하지만 첫째, 장기적으로 보면 우리 모두 죽는다. 페미니스트와 다른 과학철학자들은 과학자들과 함께, 장기적일 뿐만 아니라 단기 및 중기적으로도 과학이 잘못되지 않도록 하는 데 전념하고 있다. 둘째, 그들의 관점에서 단순히 오류를 피하는 것만으로는 충분하지 않다. 오류를 피하는 것은 지금까지 과학이 진행해 온 실제 방향을 설명하지 못하며, 앞으로 어떻게 나아가야 할지를 설명하는 동기도 아니다. 그 실제 방향을 설명하기 위해서는, 적어도 부분적으로, 과학을 이끄는 집단과 개인들의 가치를 파악해야 한다. 그리고 과학의 방향을 바꾸고자 한다면 과학 공동체에 반영되는 이해관계의 범위를 넓힐 필요가 있을지도 모른다.

다른 철학자들과 마찬가지로 페미니스트 과학철학자들도 이론이 관찰에 의해 과소 결정된다는 점을 인정한다. 즉, 시간이 지나면서 과학 이론의 방향은 오로지 실험과 관찰만으로 정해지는 것이 아니다. 과학자가 믿는 모든 또는 대부분의 과학적 신념들은 다른 진술, 가정, 그리고 보조 가설들의 연결망에 의해 직접적인 관찰적 도전으로부터 보호된다. 콰인은 보조 가설들이 사실적 주장일 것이라고 가정했다. 그러나 넬슨(Lynn Nelson)의 책 『누가 아는가: 콰인에서 페미니스트 경험론으로』(*Who Knows: From Quine to a Feminist Empiricism*)를 따라 일부 페미니스트 철학자들은 다른 사실적 가정들과 함께 보조 가설에는 가치 판단도 포함되며, 이러한 가치 판단은 증거만으로는 확정되지 않은 신념들을 고정하는 역할도 수행한다. 만약 우리가 사실적 주장과 가치 판단을 구분할 수 없다면, 이 주장은 굳이 변호할 필요가 없을 것이다. 설령 우리가 구분할 수 있다고 하더라도, 가치가 과학과 뗄 수 없이 묶여 있다는 주장은 매력적인 논거를 지닌 것으로 보인다.

모든 의도적인 인간 활동과 마찬가지로, 과학 활동은 우리가 믿는 것뿐만 아니라 우리가 원하는 것에 의해서도 결정된다. 비가 온다는 믿음만으로는 당신이 우산을 들고 나가지 않을 것이다. 비에 젖지 않기를 원해야만 그렇게 한다. 이제, 과학자들은 단순히 진리, 혹은 진리들을 찾는 것이 아니다. 개별적 진리는 무한히 공급된다. 결과적으로 우리는 알려지지 않은 진리의 수에 거의 영향을 미치지 못할 것이다. 과학은 중요한 진리를 찾는다. 하지만 무엇이 어떤 진술을 중요하게 만들어 과학적 탐구의 가치가 있게 하고, 혹은 중요하지 않게 만들어 그럴 가치가 없게 하는가? 페미니스트 과학철학자들은 과학사가 과학을 지배해 온 남성들의 가치, 관심사, 목표 때문에 중요하다고 여겨진 진술들에 대한 탐구로 가득 차 있다고 주장한다. 마찬가지로, 많은 연구 분야가 이러한 동일한 가치 때문에 과학사에서 누락되었다. 연구 질문에 중요성과 비중요성을 부여하는 데 있어 지속적인 편향성의 구체적인 사례를 들기는 쉽다. 진화생물학에서 짝짓기 전략을 탐구했던 역사를 떠올려 보자. 생물학자들이 인간 외 종의 암컷 생식 전략을 무시했지만, 피임에 관해서는 약물 개입의 초점이 여성에게 맞춰졌다. 반면에 우울증 치료(여성에게 더 빈번한 질병)에서는 남성과 여성의 생리적 차이가 중요하지 않다는 가정 때문에 약물이 남성 표본만을 대상으로 시험되었다. 이러한 과학적 진행 방향을 결정하는 인지적 배경 어딘가에는 여성의 이익을 무시한 가치 판단이 있었다.

페미니스트 과학철학자들은 과학에 막대한 사각지대와 공백이 존재하며, 이는 어떤 질문이 중요하고 중요하지 않은지 식별하는 일을 2,500년 동안 남성이 지배해 온 결과라고 주장한다. 과학이 지금 해야 할 일, 아니 여성이 항상 과학이 해주기를 바라왔던 것은 여성에게 중요한 연구적 질문을 다루는 것이다. 그리고 이는 중요하고 중요하지 않은 연구적 질문을 식별하는 과정에서 소외되어 온 다른 모든 집단, 계급, 인종에게도 마찬가지로 적용된다.

이러한 주장에서 가장 중요한 점은 과학이 중요성 판단을 포기해야 한다는 것이 아니다. 과학은 그렇게 할 수 없다. 진리를 탐색하는 과학에는 선택할 수 있는 연구적 질문이 너무나도 많다. 희소한 자원, 인간의 필요, 그리고 경이로움이 질문에 부여하는 중요성을 고려할 때, 우리는 질문을 우리에게 갖는 중요성에 따라 정리할 수밖에 없다. 페미니스트 과학철학자들은 단지 우리 모두에게 중요한 것을 기준으로 탐구를 정리해야 한다고 주장하는 것이다.

과학에서 가치 판단의 역할을 규명하는 것이 페미니스트 의제의 끝은 아니다. 오히려 시작에 더 가깝다. 페미니스트들은 과학주의의 고질적인 문제는 남성적인 과학 탐구 방식을 모든 과학적 탐구 방식과 혼동하는 것이라고 주장해 왔다. 예를 들어, 그들은 과학 이론화와 설명에서 통일을 요구하는 것이 종종 시기상조이거나, 과학적 진보에 역효과를 내거나, 심지어 성숙한 학문 분야에서도 불합리하다고 주장한다. 페미니스트 과학철학은 '다원주의'를 장려한다. 여성과 그들이 추구하는 과학은 전통적인 남성 주도 과학보다 더 기꺼이 여러 개의, 경쟁적인, 상호 보완적인, 그리고 부분적인 설명을 용인한다. 이는 단기적으로 중요도를 따지거나, (가부장적) 원인들의 위계에 배치하거나, 단일한 완전한 이론 아래에 통합하려는 기대를 갖지 않고서도 가능하다. 동일한 과학적 문제에 대해 다양한 접근을 용인하고 장려하는 이러한 능력은 과학 연구를 이끄는 다원적 가치, 즉 중요성에 대한 복수적 판단의 역할에 대한 더 큰 민감함을 반영한다. 중요성에 대한 다양한 평가가 과학 자체의 실험적 태도에 의해 장려되어야 한다는 것이 명백해 보이므로, 다원주의에 대한 페미니스트의 헌신은 전통적인 과학의 총체화 및 환원주의적 성향을 희생하더라도 모두에게 똑같이 받아들여져야 한다. 마찬가지로, 중요성 결정에서 (해로운 가치와 이로운 가치 모두) 가치의 역할에 대한 페미니스트적 발견에 대한 민감함은 과학의 객관성이 어떻게 이해되어야 하는지에 대한 함의를 가진다.

결국, 객관성은 완전한 무관심, 가치 중립성, 또는 탐구 대상으로부터의 과학자의 분리와 관련된 문제가 될 수 없다. 만약 그렇다면, 중요성 판단에 따라 애초에 탐구가 시작될 동기가 없을 것이다.

마찬가지로, 일부 페미니스트 과학철학자들은 과학 활동에서 예측, 특히 통제의 중심성을 거부한다. 과학이 최적으로 이러한 방식으로 진행되어야 한다는 제안은 여성과 다른 소외된 집단을 종속시키는 것에도 반영되는 남성적 편향을 반영한다고 그들은 주장한다. 예측과 통제라는 방법론은 과학적 연구 대상(인간이든 비인간이든)과의 더 협력적인 관계에서 얻을 수 있는 지식을 확보하는 데 실패한다. 과학적 방법에 대한 가장 오래된 설명 중 하나는 17세기 프랜시스 베이컨의 개념으로, 과학자가 자연의 비밀을 확보하기 위해 어머니 자연에 일종의 고문을 가한다는 것이다. 비록 이것이 은유일지라도, 순수한 것만은 아닐 수 있다. 그리고 과학적 설명에는 과학의 진정한 목표와 여성에게 해로운 남성적 편향을 반영하는 다른 은유들이 사용되고 있는데, 이는 과학적 이해라는 명목상의 이득과는 별개로 해롭다.

대체로 과학철학에 가장 큰 영향을 미친 페미니스트 철학자들이 경험론자와 자연주의자들이라는 것은 놀랄 일이 아니다. 그들은 과학이 어떻게 진행되고 앞으로 어떻게 나아가야 하는지에 대한 자신들의 결론이, 현대 비페미니스트 과학철학의 상당 부분을 특징짓는 경험론 및 자연주의와 완벽하게 양립 가능하다고 주장했다. 과학주의에 대해 적대적인 입장을 취하는 포스트모더니스트나 다른 학자들과 달리, 경험론적 페미니스트들은 과학이 객관적 지식을 제공한다는 목표에 이의를 제기하지 않는다. 대신, 그들은 객관성이 무엇으로 이루어져 있는지, 그리고 객관적 지식이라는 목표에 어떻게 더 가까이 다가갈 수 있는지에 대한 우리의 이해를 넓히려 한다. 따라서 이 철학자들과 그들의 목표에 동참하는 이들은 여전히 쿤 이후의 과학 연구를 특징지어 온 더 급진적인 인식적 상대주의를 수용한 사람들의 주장들을 제대로 이해할 필요가 있다.

요약

편협하고, 시야가 좁고, 가부장적이며, 자본주의적이고, 어쩌면 인종주의적인, 특히 뉴턴 과학과 관련된 패러다임의 해로운 영향을 줄이고자 했던 사회학자들과 다른 학자들은 쿤의 과학관을 인식론적 상대주의의 한 형태로 받아들였다.

인식론에서의 상대주의는 윤리학에서와 마찬가지로, 어느 것이 객관적으로 옳은지 판단하지 않고도 대안적이고 상충하는 견해의 가능성을 허용한다. 즉, 어떤 것도 객관적으로 옳지 않거나, 또는 각각의 견해가 특정 인식론적 관점에서 옳고, 모든 관점은 동등한 지위를 가진다. 쿤에 대한 가장 강력한 사회학적 해석에 따르면, 과학은 인식론적 고려가 아닌 사회적 힘으로 움직인다. 과학은 다른 사회 제도와 마찬가지로 하나의 사회 제도이며, 우리가 과학을 이해하고자 한다면 이렇게 접근해야 한다.

만약 경험론자가 이 주장이 비일관적이라고 비판하더라도, 상대주의자는 개의치 않는다. 상대주의자가 필요로 하는 것은 경험론자에게 이해되거나 받아들여지는 주장이 아니라, 상대주의자들을 설득하는 주장뿐이다. 그러나 이것은 모든 논쟁의 종결을 의미하며, 최근 몇 년 동안 가장 급진적인 과학사회학자들 중 다수는 이러한 정도의 상대주의를 포기했다.

물론, 많은 과학철학자들, 특히 페미니스트들은 과학이 어떻게 진행되는지, 그리고 어떻게 하면 그 목표를 더 효과적으로 달성할 수 있는지에 대한 향상된 이해를 얻기 위해 일부 과학의 사회적 연구를 활용하는 한편, 상대주의적 결론은 피하고자 했다.

학습 문제

1. "시는 번역할 수 없다. 과학은 번역할 수 있다. 그러므로 공약불가능성은 거짓이다." 이 견해를 지지하는 주장을 간략하게 서술하라.
2. "과학은 열린 마음을 가져야 한다. 방법론적 무정부주의를 환영해야 한다." 이 주장은 참인가, 거짓인가?
3. "과학철학은 과학이 무엇인지 진정으로 이해하는 데 있어 문제의 일부이지 해결책의 일부가 아니다." 이 주장을 옹호하거나 비판하라.

4. 인문학자들이 과학자들에게 '소칼의 사기'를 성공적으로 실행할 수 있었는가?
5. 남성 중심 과학에 대한 페미니스트 비판이 과학의 '공정성'과 '객관성'에 대한 주장과 정말로 화해할 수 있는가?
6. 편향, 불완전함, 특별한 이해의 왜곡 효과로부터 자유로운 중요한 진리를 추구하는 과학을 설명할 수 있는가?

추천 도서

과학사회학에서 쿤 이전의 고전 텍스트는 머튼(R. K. Merton)의 『과학 사회학』(*The Sociology of Science*)이다. 섀핀(Steven Shapin)의 『과학혁명』(*The Scientific Revolution*)은 17세기 중요한 시기의 역사에 대한 훌륭한 입문서이다. 책의 13장 끝에 있는 제안도 참고하면 좋다. 소칼의 사기(hoax)와 그로 인해 발생한 논쟁은 소칼과 브릭몽(A. Sokal and J. Bricmont)의 『지적 사기』(*Intellectual Impostures*)에 보고되었다.

지난 장에서 언급된 쿤의 저서들에 관한 많은 저작들, 특히 선집들은 이와 관련해 매우 중요하다. 1970년대 이후 가장 급진적인 과학 상대주의 사회학자로는 라투어와 울거(B. Latour and S. Woolgar)의 『실험실 생활』(*Laboratory Life*), 피커링(A. Pickering)의 『쿼크의 구성』(*Constructing Quarks*), 섀핀과 섀퍼(Shapin and Schaffer)의 『리바이어던과 공기 펌프』(*Leviathan and the Air Pump*), 반즈(B. Barnes)의 『과학학 지식과 사회 이론』(*Scientific Knowledge and Social Theory*), 그리고 블로어(D. Bloor)의 『지식과 사회적 상상』(*Knowledge and Social Imagery*) 등이 있다. 블로어와 반즈(Bloor and Barnes)는 20년 후 헨리(J. Henry)와의 공저 『과학적 지식: 사회학적 분석』(*Scientific Knowledge: A Sociological Analysis*)에서 자신들의 견해를 상당히 수정했다.

과학에 대한 상대주의적 학설과 그 영향에 비판적인 논문으로는 코르트(N. Koertge)가 편집한 『모래 위에 지은 집』(*A House Built on Sand*)과 그로스와 래빗(P. Gross and N. Levitt)의 『고등 미신』(*Higher Superstition*)이 있다. 독자들은 이 저술들을 참고하여 저자들이 공격하는 견해를 옹호하는 출처를 파악할 수 있다.

페미니즘 과학철학의 중요한 저술로는 하딩(S. Harding)의 『페미니즘의 과학 문제』(*The Science Question in Feminism*)가 있다. 하딩과 오바(S. Harding and J. F. O'Barr)의

『성별과 과학적 탐구』(*Sex and Scientific Inquiry*)는 페미니즘 과학철학자들의 중요한 글을 모아놓았다. 1995년 'Hypatia' 10권에는 경험론 전통의 페미니스트들이 쓴 여러 논문이 실려 있다. 이 논문 중 앤더슨(E. Anderson)의 "페미니즘 인식론: 해석과 변호"(Feminist Epistemology: An Interpretation and Defense)는 발라쇼프와 로젠버그의 선집에 재수록되었다. 이 전통의 다른 저술로는 넬슨(L. Nelson)의 『누가 아는가: 콰인에서 페미니즘 인식론까지』(*Who Knows: From Quine to a Feminist Epistemology*)가 있다. 사회학적 접근과 객관성 옹호에 모두 우호적인 과학철학의 중요한 연구는 론지노(H. Longino)의 『사회적 지식으로서의 과학: 가치와 과학적 탐구의 객관성』(*Science as Social Knowledge: Values and Objectivity in Scientific Inquiry*) 덕분이다.

피닉, 코르트, 알메더(Pinnick, Koertge, Almeder)가 편집한 『페미니즘 인식론 정밀검토』(*Scrutinizing Feminist Epistemology*)는 최근 논문을 고은 선집으로, 그중 몇몇은 페미니즘 인식론에 비판적이다. 하딩이 편집한 『페미니스트 관점 독본』(*The Feminist Standpoint Reader*)은 페미니즘 인식론에 훨씬 더 우호적인 논문을 다수 포함한다. 이 분야에서 가장 훌륭한 연구는 앤서니와 위트(L. Anthony and C. Witt)의 『자신의 마음』(*A Mind of One's Own*)에 실려있다.

커드와 커버(Curd and Cover)는 론지노의 논문 "가치와 객관성"(Values and Objectivity)과 오크루훌릭(Kathleen Okrulik)의 논문 "젠더와 과학"(Gender and Science)을 재수록했다.

15장 과학, 상대주의, 객관성

개요

과학철학은 역사를 통틀어 과학의 특별한 인식적 지위를 정당화할 방법을 필사적으로 찾으려 했다. 여러 가지 도전이 고려되고 다뤄졌지만, 이 중 가장 광범위한 것은 아마도 과학이 다른 방법들보다 더 높은 객관성과 신뢰성을 달성하는 독특한 지식 체계라는 주장에 대한 상대주의자들의 도전일 것이다. 이 개념을 책임감 있게 다루려면 철학이 어디서 잘못되었고 무엇이 쿤의 급진적 추종자들을 그렇게 명백히 터무니없는 결론으로 이끌었는지 알아보기 위해 인식론, 언어철학, 형이상학의 근본적인 문제로 돌아가야 한다. 또한, 우리의 심리적 구성에 이론과 무관한 데이터와 가설 형성의 원천이 있는지 알아보기 위해 인지 및 지각 심리학과 같은 관련 과학의 연구 결과에 주목해야 할 수도 있다.

상대주의와 개념 체계

쿤이 과학사에 대해 많은 통찰을 제시했음에도 불구하고, 대부분의 과학철학자들은 그의 연구 이후 발전한 과학사회학 분야가 심각하게 잘못된 방향으로 나아갔다고 생각한다. 자연과학을 이해하려는 동기의 대부분은 과학의 예측력과 설명력에 대한 (어쩌면 성차별적일 수 있는) 인정에서 비롯된다. 또 다른 동기는 과학의 방법론적 도구를 파악하여 다른 분야(특히 사회과학 및 행동과학)에 동일한 이론적 통찰과 기술적 성과를 얻기 위해 적용하려는 (논란의 여지가 있는, '총체화'하려는) 욕구에서 나온다. 이러한 동기에서 출발한 탐구가 "과학은 그저 하나의 종교일 뿐이며, 세상에 대한 다양한 관점 중 다른 어떤 것보다 더 큰 객관성을 주장할 수 없는 것 중 하나이다"라는 결론에 도달한다면, 우리는 어딘가에서 잘못된 길을 택한 것이다.

하지만 어디서 잘못된 걸까? 단순히 쿤의 통찰이나 이를 기반으로 과학의 허세를 공격하는 주장에 등을 돌리는 것만으로는 충분하지 않다. 많은 과학 철학자들은 과학적 변화에 대한 쿤의 역사적 설명이 '과대 해석'되었다고 결론 내렸다. 즉, 그가 『과학혁명의 구조』를 과학의 객관성에 대한 전면적인 공격으로 의도한 것이 아니라는 것이다. 쿤 자신도 생전에 이러한 견해를 지지했다. 그는 여러 차례 과학의 객관성에 대한 주장을 깎아내릴 의도가 없었으며, 오히려 과학을 인간의 활동으로서 더 잘 이해하도록 돕는 것이 목적이었다고 말했다. 마찬가지로, 콰인과 그의 철학적 추종자들은 자신들의 과소결정 학설이 현재의 과학적 결론이 세상에 대해 우리가 내릴 수 있는 가장 합리적이고 잘 뒷받침되는 결론이 아니라는 주장을 지지하는 데 오용되는 것을 용납할 수 없었다. 그러나 쿤과 콰인이 무엇을 의도했는지가 그들의 주장이 실제로 확립하거나 시사한 바를 결정할 수는 없다.

과학적 객관성, 또는 적어도 그 가능성을 옹호하는 사람은 공약불가능성에 대한 주장을 반박해야 한다. 이를 위해서는 관찰을 이론화에 동화시키는 것을 공격하거나, 혹은 관찰을 통해 편견 없이 이론을 시험할 가능성과 이를 조화시켜야 한다. 또한, 지식을 축적하는 이론적 변화를 통해 과학이 어떻게 발전할 수 있는지 보여주려면 이론 간의 번역이 어떻게 이루어질 수 있는지 보여야 한다.

과학의 객관성을 옹호하는 사람들이 관찰이 이론에 동화되는 현상과, 그럼에도 불구하고 시험에서 지속적인 역할을 하는 것을 조화시키기 위해 시도한 한 가지 방법은, 특정 항목들(사물, 과정, 사건, 현상, 데이터)을 분류하기 위해 채택하는 범주와 실제 분류 행위를 구별하는 것이다. 서로 다르거나 심지어 공약불가능한 범주적 틀이라도 실제 발견에 대한 동의와 조화를 이룰 수 있으며, 이를 통해 데이터 기록의 객관성을 가능하게 한다. 이는 부서 사무실의 우편함 칸과 그 안에 배달되는 개별 우편물 사이의 관계와 유사하다. 우편함에 특정 라벨을 붙인다고 해서 어떤 우편물이 올지

미리 판단할 수는 없다. 관찰은 우편물과 같고, 그 관찰에 대한 설명은 우리가 관찰을 분류하는 라벨이다. 가설은 한 범주에 속하는 항목들이 다른 범주에도 속하거나 항상 다른 범주의 항목들과 함께 나타난다는 주장이다. 어떤 항목이 어떤 범주에 속하는지에 대해서는 합의가 가능하며, 이를 통해 가설을 시험할 방법이 나타난다. 이는 가설 자체가 그 범주에 속하는 것들에 의해 시험되지 않는 이론에 의해 통제되는 범주를 통해 표현될 때조차도 가능하다. 심지어 서로 다른 범주 체계가 상당히 겹쳐서, 서로 다른 범주적 틀 사이에서도 데이터에 대한 합의가 이루어질 수 있다. 예를 들어, 아인슈타인의 특수 상대성 이론의 범주적 틀이 '질량을 가진' 것으로 분류하는 항목은, 두 이론이 '질량을 가진다'는 것에 대해 상당히 다른 의미를 부여함에도 불구하고, 뉴턴의 이론에 의해서도 그렇게 분류될 것이다. 물론, 우리가 사용하는 범주 체계가 더 이상 제대로 작동하지 않을 때, 즉 항목들을 고유하게 분류하거나 어떤 상자에 속하는지 파악하기가 너무 어려워질 때 우리는 그 체계를 포기할 수 있다. 따라서 관찰은 가장 기본적인 설명이 이미 확립된 이론, 심지어 상식이나 일상 언어처럼 우리가 이론으로 인식하지 못하는 이론을 반영할 때조차도 이론을 통제할 수 있다.

하지만 범주 체계와 그에 따라 분류되는 사례라는 개념에 대해 생각해 보면, 이론을 통제하는 관찰이 설 자리가 있다는 결론은 단순한 선결 문제 요구의 오류일 뿐이다. 우선, 항목들은 범주의 라벨과 일치하는 라벨을 달고 나오지 않는다. 금 샘플에 '금'이라는 단어가 인쇄되어 있는 것은 아니다. 가장 단순한 분류 행위조차도 다른 범주에 대한 가설을 필요로 한다. 어떤 것을 금으로 분류하려면 우리는 "금은 왕수에만 녹는다"는 가설을 이용해야 한다. 이 가설은 다시 왕수가 무엇인지 알려주는 다른 가설들의 집합을 전제한다. 이런 식으로 끝없이 이어진다. '무한정'이라는 말은 역사적 경험론자들이 주장했던 것처럼 경험에 의해 직접 정의되는 기초적인 단어가 없다는 사실 때문에 사용되었다.

둘째, "금은 전도체이다"와 같이 우리 분류 항목들 사이의 상관관계에 대한 가설과, 분류를 위해 필요한 '금과 왕수'에 대한 가설을 어떻게 구별할 수 있을까? 한쪽은 객관적인 검증이 가능한 것으로 취급하고 다른 쪽은 단순히 분류 역할 때문에 그렇지 않은 것으로 취급하려면, 이 두 가설의 차이를 구별할 수 있어야 한다. 우리는 '분류 진술이 정의상 참'이고('금 = 왕수에만 녹는 것'), "금은 전도체이다"라는 가설은 세상에 대한 주장이라고 논증할 수 없다. 정의와 사실적 주장을 경험적으로 구별하는 방법을 먼저 확립하지 않고서는 단순히 이렇게 할 수 없으며, 이를 위해서는 콰인에 반대하는 또 다른 주장이 필요할 것이다.

셋째, 범주 체계 자체가 사실은 세상에 대한 가설이므로, 기존의 구분은 완전히 무너진다. 과학이 확립한 가장 성공적인 범주 체계인 멘델레예프(Mendeleev)의 주기율표를 생각해 보자. 이 표는 '자연을 있는 그대로 구분'하고자 했기 때문에 성공적인 체계로 평가된다. 이 표가 체계화한 원소들 간 차이는 원자 이론에 의해 설명된다. 멘델레예프가 자신의 범주 체계를 제시한 이후 한 세기 동안, 특히 원자핵 구조와 전자껍질 충전에 대한 발견들은 멘델레예프의 행과 열 사이의 관계를 설명해 주었으며, 이것이 단순히 편리한 분류 체계를 넘어섰음을 보여주었다. 이는 알려지거나 알려지지 않은 원소들 사이의 유사점과 차이점에 대한 일련의 가설이었고, 더 깊고 심도 있는 설명을 요구했다.

넷째, 그리고 마지막으로, 특히 근본 이론이나 패러다임의 경우, 의견 불일치가 개별 사례나 그 분류에 관한 것이 아니라는 점이 매우 명확하다. 오히려 의견 불일치는 분류에 대한 합의를 불가능하게 만드는 범주의 정의에 관한 것이며, 타협될 수 없다. '정지'의 기준에 대한 아리스토텔레스와 뉴턴의 견해 차이를 비교해 보라. 분류의 차이는 이론 비교를 불가능하게 만드는 공약불가능성을 반영한다.

관찰을 이론에 동화시키는 것을 인정하면서도 범주와 그 사례를 구분하는 방식은 과학의 객관성을 보존하지 못할 것이다. 오히려 과학적 객관성을 옹호하는 사람은 관찰과 이론의 구분을 부정하는 심리학적 주장에 맞설 수 있는, 과학사의 반증 자료와 더 나은 심리학 이론 및 데이터를 찾아야 할 것이다. 이러한 증거는 모든 인간이 과학이나 과학이 활용할 수 있는 다른 활동에 성공하도록 진화적으로 형성된 공통의 유전적 감각 범주 체계를 가지고 있음을 보여줄 수 있다. 이는 특히 자연주의자들이 채택한 한 가지 접근이다. 물론 이 접근도 선결 문제 요구의 오류라는 반박에 직면한다. 심리학적 연구 결과와 이론에 의존하는 것 자체가 객관성에 대한 반대를 비판하기 위해 비관찰적이고 따라서 비객관적인 근거를 채택하는 것이기 때문이다. 하지만 이는 쿤과 그의 추종자들이 관찰-이론 구분을 약화시키기 위해 원래 인용했던 것과 같은 종류의 증거이다.

객관성을 반대하는 사람들은 양쪽 주장을 모두 가질 수 없다. 사실, 그들은 가장 깊은 형태의 비일관성으로 비난받을 수 있다. 왜냐하면 그들은 과학의 객관성에 반대하는 논거를 제시하려고 하기 때문이다. 왜 우리는 그들의 주장을 믿어야 하는가? 그들의 주장은 결론을 위한 객관적인 근거를 구성하는가? 상대방의 주장은 항상 선결 문제 요구의 오류라고 하면서, 왜 그들의 주장과 증거는 결정적인 것으로 간주되는가? 이러한 수사적 질문들은 논쟁을 크게 진전시키지 못한다. 이는 주로 과학적 객관성 반대론자들이 자신들의 견해가 옳다고 남을 설득하는 데 큰 관심이 없기 때문이다. 그들의 변증법적 입장은 주로 방어적이다. 그들의 목표는 지적 활동의 영역을 자연과학의 헤게모니로부터 보호하는 것이다. 이를 위해 그들은 '앎의 방식'으로서 과학이 가지는 배타성에 대한 주장에 도전하기만 하면 된다. 이들은 인식적 상대주의보다 더 강력한 주장을 할 수도, 할 필요도 없다.

따라서 과학적 객관성에 대한 반대론자가 가진 가장 강력한 카드는 바로 패러다임과 이론을 상호 번역조차 불가능하게 만드는 의미의 공약불가능성이다. 공약불가능성은 어떤 이론에 대한 다른 이론의 비판이 전혀 이해될 수 없음을 의미한다. 이 주장이 기존의 합의가 없는 사람에게 전달되려면 그 주장이 거짓이어야 한다는 이유로 이 학설을 '자기반박적'이라고 부르는 것만으로는 충분하지 않다. 그러한 귀류법적 논증은 과학적 객관성에 대한 반대론자들에게는 중요하지 않다. 그들은 남을 설득하는 데 관심이 없고, 자신들의 견해가 무적임을 방어하는 데만 관심이 있기 때문이다.

공약불가능성 다루기

귀류법 논증에 대한 매력적인 대안은 언어철학의 근본적인 구분, 즉 의미와 지시(reference)의 차이에 주목하는 것에서 시작한다. 모두가 인정하듯, 의미는 철학, 심리학, 언어학에서 큰 난제이다. 그러나 지시(또는 지칭, 용어의 외연)는 덜 문제가 되는 것처럼 보인다. 어떤 단어가 지칭하는 대상, 즉 그 단어가 가리키는 것은 세상에 존재하는 무엇인가이다. 이와 대조적으로 의미는 화자와 청자의 머릿속에 있거나, 사회적 규칙이나 관습일 수도 있고, 용법의 문제이거나, 콰인과 그의 추종자들이 주장하듯 아예 아무것도 아닐 수도 있다. 어떤 용어의 지시 대상은 '머릿속'이 아니라 '세상 바깥'에 있기 때문에, 화자들은 그 용어의 의미에 동의하지 않더라도 그 용어가 무엇을 지칭하는지에 대해서는 동의할 수 있다. '빨간색'이나 '시끄러운'처럼 사물이 아닌 성질을 지칭하는 용어의 경우, 우리는 이 성질을 지닌 사물이나 사건의 사례에 대해 동의할 수 있다. '빨간색'이나 '달콤한' 또는 '단단한'의 사례가 되는 사물들은 각 용어의 '외연'(extension)에 속한다. 나는 내게 빨갛게 보이는 것이 당신에게도 빨갛게 보이는지 알아내기 위해 당신의 머릿속으로 들어갈 수 없더라도, 어떤 사물이 '빨간색'의 외연에 속하는지에 대해 시험을 통해 동의할 수 있다. 우리는 '슈퍼맨'이 '클라크 켄트'와 같은 대상을 지칭한다는 데 동의할 수 있지만, 두 표현이 같은 의미를 가진다는 점에는 동의하지 않는다(사실 '클라크 켄트'와 같은 고유명사는 의미가 없다). 이처럼 지시와 외연은 의미보다 언어에 있어 더 근본적이고 필수적이라고 주장할 수 있다. 더 나아가, 18세기 경험론자들처럼 언어는 오직 지시나 외연만을 가진 용어들로 시작하지 않으면 습득될 수 없다고 주장하고 싶은 유혹을 느낀다. 만약 모든 용어가 다른 단어들에 의해 주어진 의미를 가진다면, 아이가 의미 있는 용어의 순환 속으로 진입하는 것은 불가능할 것이다. 언어에 진입하려면, 일부 단어들은 그것들이 무엇을 지칭하는지, 혹은 적어도 어떤 사건들이 다른 사람들이 그 단어를 사용하도록 자극하는지를 학습함으로써만 이해될 수 있어야 한다.

마지막으로, 과학과 수학에 진정으로 필수적인 것은 용어의 의미가 아니라 지시가 고정되어 있다는 점임을 보여주는 좋은 논거들이 있다. 예를 들어, 어떤 산술적 진리라도 그 지시를 유지하는 용어를 치환하면 그 진술은 참으로 남는다. 예를 들어, "$3^2=9$"라는 진술은 "1492년 콜럼버스 함대의 선박들의 수의 제곱"으로 표현되어도 여전히 참이다. 만약 두 과학자가 용어의 지시에 대해, 또는 과학 용어가 참인 대상들의 집합에 대해 동의할 수 있다면(예: 아인슈타인적이든 뉴턴적이든 '질량을 가진' 것들의 집합), 그들은 용어의 의미나 한 의미에서 다른 의미로의 번역 가능성에 대해 동의할 필요가 없다. 과학적 가설, 이론, 패러다임 간의 공약가능성을 보장하기 위해 지시에 대한 동의만으로 충분할까? 셰플러(Israel Scheffler)를 따르는 일부 객관성 옹호자들은 그렇게 주장했다.

탐구자들이 'F'와 'G'라는 용어의 의미에 대해 논의하지 않고도 그들의 지시 또는 외연에 대해 동의할 수 있다고 가정해 보자. 더 나아가, 이 동의가 이 용어들의 외연이 겹치거나 심지어 동일하다는 데 동의하게 만든다고 가정해 보자. 후자의 경우, 그들은 'F'나 'G'의 의미를 알지 못하면서도 "모든 F는 G다"라는 점에 동의할 것이다. 이러한 의미에 구애받지 않는 동의는, 탐구자들이 서로 다른 이론들을 수용할 때조차도, 그 이론들이 공약불가능할 때조차도 비교할 수 있는 토대가 될 수 있다. 과학자들이 지시에 대해 동의하는 범주들로 명명된 대상들 사이의 상관관계에 대한 일련의 가설들은, 경쟁하고 공약불가능한 이론들을 비교할 수 있게 해주는 이론과 무관한 최종 권위의 재판소와 같은 역할을 할 것이다. 과학자들이 순수하게 지시적 해석에 따라 동의하는 각 가설은 서로 다른 공약불가능한 이론에 의해 다른 의미를 부여받을 것이다. 그러나 이렇게 해석된 가설들이 비교 대상인 이론들로부터 연역적으로 도출될 수 있는지는 수학적 또는 논리적 사실에 관한 객관적인 문제가 된다. 용어의 외연에 대해 합의된 가설들을 연역적으로 함축하는 이론이 가장 잘 뒷받침되는 이론이 될 것이다.

순수하게 지시적인 가설로 자격을 얻으려면, 언어 없이, 즉 손가락으로 가리키거나 다른 방식으로 사물과 성질을 짚어내는 방법을 통해 지시에 대한 합의가 이루어질 수 있는 대상에 대한 가설이어야 한다는 것을 깨닫는 데 많은 생각이 필요하지 않다. 그러나 그러한 가설의 유일한 후보는 일상적인 관찰의 어휘로 표현된 것들뿐이다! 다시 말해, 지시에 호소하는 것은 우리의 문제의 시작점이었던 관찰 용어와 이론 용어 사이의 구분을 교묘하게 다시 끌어들이는 것에 불과하다. 이것을 이해하는 한 가지 방법은 우리가 어떻게 어떤 용어의 지시를 확립하는지 고려해 보는 것이다. 예를 들어, 책상 위에 있는 사물, 즉 사과에 대해 영어를 모르는 사람의 주의를 끌고 싶다고 가정해 보자. "apple"이라고 말할 수 있겠지만, 영어를 모르는 사람에게는 그 단어가 책상 위의 다른 어떤 것과 사과를 구별해 주지 못할 것이다. 사과를 가리키거나 만지면서 "that" 또는 "this"라고 말하면, 아마 통할 것이다. 하지만 이는 상대방이 사과가 무엇인지 알고 있고 그것을 나타내는 단어를 가지고 있기 때문이다. 이제 상대방의 주의를 사과의 줄기, 또는 줄기 밑의 부드러운 갈색 반점, 또는 그 부드러운 부분에서 꿈틀거리는 벌레, 또는 줄기 바로 밑의 움푹 들어간 부분으로 돌리고 싶다고 가정해 보자. 어떻게 할 수 있을까? 당신이 할 수 있는 일은 처음에 했던 것과 거의 같다. 즉, 손가락으로 가리키고 단어를 말하는 것이다. 그리고 바로 여기에서 지시만으로 작업하는 문제점이 드러난다. "this"라고 말하며 가리킬 때 당신이 무엇을 지시하는지 알 방법이 없다. 그것은 사과일 수도, 부드러운 반점일 수도, 반점의 가장 어두운 부분일 수도, 줄기일 수도, 사과가 차지하는 공간일 수도, 혹은 당신의 집게손가락 근처에 있는 수많은 다른 것들 중 하나일 수도 있다. 물론, 우리가 실제로 지시하는 특정 사물을 개별화하는 다른 서술적 용어가 있을 때는 이것이 문제가 되지 않는다. 그러나 이것이 작동하는 이유는 물론 이 다른 단어들이 의미를 가지고 있고 우리가 그 의미를 알고 있기 때문이다! 간단히 말해, 이미 합의된 의미라는 배경이 없으면 지시는 작동하지 않는다. 순수한 지시라는 개념은 허깨비와 같다. 그리고 지시의 안내자는 사실 의미이다. 어떤 언어에서든 순수하게 지시적인 용어는 'this', 'that'과 같은 지시대명사뿐이며, 이마저도 고유한 지시를 확보하는 데 실패한다. 언어의 다른 곳에서는 지시와 의미의 관계가 우리가 필요한 것과는 정반대이다. 지시를 확보하는 것은 의미에 의존한다. 이는 관찰 불가능한 사물, 과정, 사건, 그리고 간접적으로만 감지 가능한 성질들을 지칭하는 데 사용되는 과학 용어에서 특히 명백하게 드러난다.

만약 의미가 지시를 파악하는 유일한 길이고, 각 이론 용어의 의미가 그 용어가 이론 내에서 수행하는 역할에 의해 주어진다면, 의미에 대한 이론적 총체주의는 과학적 객관성을 옹호하는 사람에게 지시를 해결책이 아니라 문제의 일부로 만든다. 만약 이론이나 패러다임이 특정한 대상을 분류하는 범주 체계와 함께 완성된다면, 서로 다른 두 패러다임이나 이론의 지지자들은 각자의 이론 전체를 통해서만 특정 사물을 어떻게 분류할지에 대해 동의할 수 있을 것이다. 이는 각각의 이론이 자신을 반증할 수 있는 어떠한 실험적 증거에 대해서도 저항하게 만든다. 왜냐하면 사건, 사물, 또는 과정을 분류하는 데에는 이론 전체가 관여하고, 따라서 이론에 대한 반례를 설명하는 것은 그 자체로 모순이 될 것이기 때문이다. 아리스토텔레스 물리학에서 '정지'라는 단어의 의미를 고려해 보라. 어떤 물체가 영(0)이 아닌 일정한 속도로 직선 운동을 하면서도 아무런 힘을 받지 않을 수 있다는 생각은 있을 수 없다. 아리스토텔레스에게 운동은 그 자체로 정지가 아니며, 지속적으로 작용하는 힘을 필요로 한다. 움직이는 어떤 것도 힘의 영향으로부터 자유로운 것으로 간주되지 않을 것이다. 마찬가지로, 아인슈타인주의자가 뉴턴의 질량 보존 원리를 반증하는 것으로 취급할 수 있는 어떤 것도, 뉴턴주의자는 질량을 가졌다고조차 취급할 수 없을 것이다.

하지만 과학 이론과 패러다임 간의 번역 가능성을 최소한 원칙적으로라도 확립하는 데 도움이 되는 관찰과 이론화 사이의 구분을 적절하게 설정할 방법이 있다고 가정해 보자. 이렇게 되면 우리는 과소결정이라는 문제를 진지하게 다룰 수 있는 위치에 서게 된다. 왜냐하면 데이터에 의한 이론의 과소결정은 사실 관찰-이론 구분과 경쟁 이론들의 비교 가능성을 모두 전제하기 때문이다. 콰인은 과학의 객관성을 약화하기 위해 과소결정의 보편성을 주장한 것이 아니라, 단지 그 객관성이 무엇으로 이루어져 있는지에 대한 우리의 안일함을 무너뜨리기 위해 주장했다. 그러나 역사가, 사회학자, 그리고 쿤의 이론을 급진적으로 해석하는 이들은 과소결정이 과학에서 이론 선택이 합리적이지 않거나, 혹은 어떤 사회적, 심리적, 정치적, 또는 다른 관점에 상대적으로만 합리적이라는 것을 의미한다고 분명히 주장해 왔다.

과학의 객관성을 옹호하는 사람들은 과학적 변화가 단순히 어떤 관점에 상대적인 것이 아니라 실제로 합리적임을 보여주어야 한다. 새로운 데이터가 유발하는 이론의 변화가 임의적인 것이 아니며, 새로운 패러다임의 수용이 단순히 '개종'의 경험이 아니라, 심지어 이전 패러다임의 관점에서도 정당화될 수 있음을 입증해야 한다. 이를 위해 과학철학자는 필연적으로 과학사학자가 되어야 한다. 철학자는 쿤과 그의 후계자들이 기록한 '광기'의 현상 아래에 '방법'이라는 실체가 존재함을 보여주기 위해 적어도 쿤만큼 주의 깊게 역사적 기록을 검토해야 한다. 즉, 철학자들은 패러다임 전환과 이론적 변화에 참여했던 과학자들이 실제로 사용했던 추론, 추리, 논증의 원칙들을 역사적 기록에서 추출한 다음, 이 원칙들이 객관성을 보존하는 원칙으로 정당화될 수 있는지 고려해야 한다. 이것은 특히 자연주의 철학자들이 스스로에게 부여한 과제이다. 그들은 크고 작은 과학혁명에 참여했던 과학자들의 기록 보관소, 실험 노트, 서신, 논문들과 씨름하기 시작했다. 동시에, 과학, 특히 인지과학이 인간의 특징적인 추론 과정과 생존 및 번영을 위한 추론의 적응적 중요성에 대해 무엇을 말해줄 수 있는지에도 계속 주목했다. 하지만 위에서 언급했듯이, 자연주의자들은 동시에 의미론적 전체론과 명확한 관찰-이론 구분의 부재에 직면하여 객관성을 보존하려는 시도를 따라다니는 '선결 문제 요구의 오류'라는 비난을 진지하게 받아들여야 한다.

선결 문제 요구의 오류에 대한 비난은 과학의 객관성과 발전을 반대하는 이들의 주장에서 핵심적이다. 그들은 과학의 전통적인 주장을 뒷받침하려는 시도가 단지 패러다임에 갇힌 것에 불과하며, 객관성 옹호자들이 받아들이는 바로 그 철학적 논증 기준과 실질적인 철학적 학설에 의해 약화될 수 있다고 주장한다. 만약 이 주장이 옳다면, 이는 과학의 본질을 이해하고 그 전통적 주장을 옹호하고자 하는 사람들에게 중대한 도전이 된다. 이 도전은 철학 전체가 직면한 것과 다름없다. 즉, 적절한 인식론과 언어철학을 명료하게 제시하고 방어해야 한다. 그리고 다음 과제는 과학사의 여러 사건이, 지식의 구성 요소에 대한 이러한 설명과, 세상에 대해 매우 다른 신념을 가진 과학자들이 어떻게 세상의 동일한 대상에 대한 지시를 확보할 수 있는지를 뒷받침함을 보여주는 것이다. 과학철학이 쿤에게서 배운 한 가지 교훈은, 과학에서 실제로 무슨 일이 일어났는지에 대한 분석을 상대주의적이거나 회의적인 의도를 가진 사람들의 손에 전적으로 맡겨서는 안 된다는 것이다.

일부 과학자와 '과학주의' 지지자들은 이러한 문제들에 등을 돌리고 싶어 할 수 있다. 그들은 과학을 이해하기 위해 노력하지 않거나 못하는 사람들이 과학이 세상의 진리에 대한 최선의 근사치가 아니라고 주장하고 싶어 한다면, 그것은 그들의 문제라고 생각할 수 있다. 그리고 과학이 알 수 있는 것을 초월하는 (종교적, 영적, 전체론적, 또는 형이상학적) 실재가 존재하기를 바라는 사람들이 과학이 진실에 대해 편협하고 부분적인 설명만 제공한다고 생각한다면, 그들을 독단적 잠에서 깨우는 것은 우리 과학자들이 할 일이 아니라고 여길 수도 있다. 하지만 과학과 문명에 걸린 판돈이 너무 크기 때문에, 우리는 과학의 객관성을 부정하는 사람들을 지구가 평평하다고 주장하는 사람들을 대하듯이 단순히 무시할 수 없다.

결론: 개념 체계라는 바로 그 생각

언어에 대한 경험론적 설명뿐만 아니라 지식과 형이상학에 대한 경험론적 이론을 부활하려는 시도에서 나온 명백한 해법들을 살펴보면, 쉬운 해법은 통하지 않을 것이다. 과학의 본질을 온전히 이해하기 위해 철학이 해야 할 일은 여전히 많다. 우리의 과제에는 철학적, 심리학적 관점에서 범주화와 관찰을 이해하는 것이 포함되어야 한다. 또한 의미와 지시의 관계를 명확히 해야 한다. 우리는 과소결정 문제를 적절하게 다루거나 그 문제가 성립하지 않음을 보여주는 인식론이 필요하다. 그리고 과학철학은 과학사를 더욱 온전히 이해해야 한다. 이 모든 것은 자연주의적 철학의 과제이다.

하지만 우리는 콰인의 가장 중요하고 영향력 있는 제자 중 한 명인 데이비슨(Donald Davidson)이 제시한 일반적 논증에서 어느 정도 위안을 얻을 수 있을지 모른다. 데이비슨은 상대주의에 의해 위협받는 것처럼 보이는 합티성에 대한 우리의 신념이 생각만큼 절망적이지 않다고 주장했다. 그는 유명한 논문인 「개념 체계라는 바로 그 생각」(On the Very Idea of a Conceptual Scheme)에서 총체적 (또는 상당한) 공약불가능성에 반대하는 강력한 논증을 제시했다. 그의 목표는 오직 하나의 개념 체계만이 존재할 수 있다는 것을 증명하는 것이었다. 적어도 세계가 제시할 수 있는 내용에 의해 주어진 대로, 번역 불가능한 여러 언어적·논리적 체계를 구별할 수 없다는 것을 보여주려 했다. 형식과 내용의 구분을 부정하는 이 생각은 콰인의 '두 도그마' 중 하나로 친숙할 것이다. 그러나 데이비슨은 이 생각을 활용하여 이론이나 패러다임 간의 번역이 항상 가능해야 함을 보여준다. 이는 현실에 실제로 존재하는 개념 체계가 오직 하나뿐이기 때문이다.

데이비슨은 모든 종류의 번역이나 해석이 여러 가지 의심할 여지 없는 가정을 기반으로 이루어져야 한다고 언급하며 논의를 시작한다. 만약 눈앞의 사람이 단순한 소음을 내는 것이 아니라 언어를 말하고 있다면, 우리는 그 사람의 논쟁의 여지가 없는 '상식적' 믿음 대부분이 이미 우리와 같다고 전제해야 한다. 그 사람이 내는 소음과 쓰는 글을 번역한 결과, "가구는 액체다" 또는 "구름은 숫자에 의해 빨간색으로 채색된다"와 같은 말도 안 되는 믿음을 그 사람에게 귀속시키게 된다면, 우리는 번역 규칙이 잘못되었다고 확신할 수 있다. 물론, 단지 믿음뿐만 아니라 그 사람의 여러 가지 바람과 욕망 또한 우리가 그들의 문장 번역을 그들이 보이는 행동과 연결시켰을 때 우리의 것과 같거나 유사하다고 드러나야 한다. 화자가 "비소는 맛이 좋고 식욕에 좋다"라고 말하는 동시에 아이의 놀이방에서 쥐약을 치우고 있다면, 우리는 다시 한번 번역 규칙이 잘못되었음을 확신할 수 있다. 적절한 번역에 대한 제약을 더 깊이 탐구할수록, 다른 사람의 언어 구조와 의미론이 아무리 다르더라도, 만약 그것이 그들이 말하는 언어라면 우리는 그들의 합리성에 대해, 그리고 현실에 존재하는 기본적인 종류의 사물, 사건, 과정의 '형이상학' 또는 '존재론'에 대해 상당한 가정을 해야 한다는 것이 분명해진다. 다시 말해, 그들의 개념 체계가 우리와 공약불가능한 정도는 기껏해야 매우 제한적이다. 다른 사람이 믿는 것의 일부가 아무리 기이할지라도, 대부분은 기이하지 않으므로 우리는 그들이 믿는 것의 상당 부분을 번역할 수 있다. 확고하고, 합의된, 공통의 개념적 기반이 우리가 불일치하는 영역과 성격을 정확히 파악하도록 해줄 것이다.

이와 관련하여 수학자들이 '공약불가능성'이라는 용어를 처음 도입한 원래 맥락을 되짚어 볼 가치가 있다. 이 용어는 우리의 목적상 무시해도 좋을 만큼 작은 차원으로 줄일 수 있는 나머지를 의미한다. 데이비슨의 논증이 제공하는 확신 덕분에, 수학적 개념을 이론, 패러다임, 세계관 사이의 관계로 은유적으로 확장하더라도, 번역 불가능한 나머지 부분은 항상 무시해도 될 만큼 작은 차원으로 줄어들 수 있다는 것을 알 수 있다. 그러므로, 우리가 인식론과 형이상학의 모든 미해결 문제를 아직 풀지 못했더라도, 상대주의의 위협은 안전하게 무시할 수 있는 수준으로 줄어들 수 있다.

학습 문제

1. 다음을 옹호하거나 비판하라: "상대주의는 윤리학에서처럼 인식론에서도 방어할 수 없으며, 방어할 수 있는 정도가 다르지 않다."
2. 과학의 본질을 이해하기 위해 적절한 언어철학을 제공할 필요가 있는가?
3. 데이비슨의 대안적 개념 체계에 대한 논증은 너무 많은 것을 증명하는 것인가?
4. 과학의 기술적 성공을 그 객관성에 의존하지 않고 설명할 수 있는가?

추천 도서

고전 경험론적 지식 및 언어 이론과 이 장에서 발전된 과학에 대한 실재론적 형이상학을 옹호하는 내용은 섀플러(I. Sheffler)의 『과학과 주관성』(*Science and Subjectivity*)에서 찾을 수 있다. 네이글(Nagel)은 『목적론 재고』(*Teleology Revisited*)에서, 애친슈타인(Achinstein)은 『과학의 개념』(*Concepts of Science*)에서 파이어아벤트의 이론적 공약불가능성 주장을 비판한다.

데이비슨의 주장은 그의 후기 논문 모음집인 『진리와 해석에 대한 탐구』(*Inquiries into Truth and Interpretation*)에서 찾아볼 수 있다.

더글라스(H. Douglas)의 『과학, 정책, 그리고 가치 중립적 이상』(*Science, Policy, and the Value-Free Ideal*)과 키처(P. Kitcher)의 『민주 사회의 과학』(*Science in a Democratic Society*)은 민주적 의사결정 맥락에서 객관적 과학 지식의 중요성을 탐구한다.

인식론자들은 상대주의를 이해하는 데 많은 관심을 보여왔다. 맥팔레인(J. MacFarlane)의 『평가 민감성: 상대적 진리와 그 응용』(*Assessment Sensitivity: Relative Truth and its Applications*)은 이 문제에 대한 심화된 논의를 제공한다.

| 용어 해설 |

각 용어는 본문에서 강조된 대로 굵은 글씨로 표시했다.

가설연역주의(Hypothetico-deductivism): 과학은 일반적인 진술을 가설로 설정하고, 그로부터 관찰 가능한 결과를 도출하며, 이 결과를 검증하여 가설을 간접적으로 확증하는 방식으로 진행된다는 주장이다. 관찰 예측이 틀려서 가설이 반증될 경우, 과학자는 수정되거나 완전히 새로운 가설을 찾게 된다.

검증(Verification): 보통 관찰을 통해 어떤 주장의 진실성을 확립하는 것이다. 실증주의자들은 검증주의적 의미론을 지지했다.

경계 조건(Boundary conditions): D-N 설명 모델에 따라, 특정 사건, 상태 또는 사실을 설명하기 위해 법칙과 함께 요구되는 특정 사실에 대한 기술. '초기 조건'(initial conditions)이라고도 알려져 있다. 예를 들어, 타이타닉호 침몰에 대한 설명에서 배가 특정 크기의 빙산에 특정 속도로 부딪혔다는 사실이 경계 조건에 해당한다.

경험론(Empiricism): 모든 비분석적 참에 대한 지식은 경험에 의해 정당화된다는 인식론적 주장이다.

공리 체계(Axiomatic system): 연역 논리에 의해 증명된 공리와 그 논리적 결과들의 집합. 공리 체계에서 진술이 공리라는 것은 증명되지 않고 가정된다는 것을 의미한다. 진술이 공리체계에서 정리라는 것은 공리로부터 논리적 연역을 통해 증명된다는 것을 의미한다. 예를 들어, 유클리드 기하학은 5개의 공리에서 시작하여 모든 정리가 파생된다. '과학 이론에 대한 구문론적 접근'(항목 참조)은 이론이 공리 체계라고 주장한다.

공약불가능성(Incommensurability): 하나의 이론이나 패러다임을 다른 이론이나 패러다임으로 번역할 수 없다는 주장이다. 패러다임이나 이론이 통약 불가능하다면, 그들 사이에 환원의 가능성은 없으며, 한 이론에서 다른 이론으로 전환할 때 설명상의 이득과 함께 손실이 발생하게 된다.

과소결정(Underdetermination): 어떤 관찰 데이터 집합에 대해서도, 심지어 모든 관찰 데이터를 포함하더라도, 하나 이상의 이론을 구성하여 그 데이터를 체계화하고 예측하며 설명할 수 있기 때문에, 어떤 특정 이론의 진리가 데이터에 의해 결정되지 않는다는 주장이다.

과학 법칙(Scientific law): 자연 법칙에 대한 우리의 최선의 추정이다. 예를 들어, 뉴턴의 만유인력 법칙은 오랫동안 예외 없는 규칙성을 항상, 어디서나 묘사하는 것으로 여겨졌고, 따라서 자연 법칙을 구성한다고 간주되었다.

과학 이론에 대한 구문론적 접근(Syntactic approach to scientific theories): 이론이 공리 체계이며, 경험적 일반화가 이론적 법칙으로부터 연역적으로 설명된다는 주장이다.

과학적 실재론(Scientific realism): 이론 과학의 주장은 문자 그대로 참 또는 거짓으로 다뤄져야 하며, 우리가 어떤 이론을 참으로 받아들인다면, 그 이론이 존재한다고 말하는 것들(심지어 우리가 감지할 수 없는 것들까지도)의 존재를 인정해야 한다는 주장이다. '반실재론' 및 '도구주의'와 비교하라.

구성적 경험론(Constructive empiricism): 반 프라센이 주장한 것으로, 이론은 참이거나 거짓(실재론)이지만 우리가 그것을 알 수 없으므로, 이론을 받아들이거나 거부할 때는 오직 관찰 내용을 체계화하는 휴리스틱 가치에 근거해야 한다는 입장이다.

귀납 논증(Inductive argument): 전제가 결론의 참을 보장하지는 않지만, 결론을 지지하는 논증으로, 연역 논증과 대조된다. 예를 들어, 과거에 해가 여러 번 떴다는 사실은 내일도 해가 뜰 것이라고 믿을 만한 좋은 근거가 되지만, 논리적으로 확실하게 보장하지는 않는다.

귀납 통계적 설명 모델(Inductive-statistical (I-S) model of explanation): 엄격한 법칙 대신 확률적 일반화를 사용하는 설명을 수용하기 위해 연역 법칙적 모델을 수정한 것이다. 확률적 법칙은 설명하려는 사건을 연역적으로 필연화하지 않기 때문에, 이 모델은 D-N 모델과 확연히 다르다.

규범적(Normative): 실제로 존재하는 방식을 다루는 '실증적' 또는 '기술적'인 것과 달리, 마땅히 존재해야 하는 방식에 관한 규범을 다룬다. 따라서 가치, 도덕, 윤리, 정책의 영역과 관련이 있다.

기능(Function): 더 큰 시스템의 일부 특성, 특징 또는 구성 요소가 해당 시스템의 특정 상태 달성에 기여한다고 보는 것이다. 예를 들어, 새의 날개의 기능은 나는 것이다. 기능적 귀속은 목적론적인 것처럼 보인다. 즉, 새가 날기 위해 날개를 가졌다는 것이다.

논리경험주의(Logical empiricism): 논리실증주의의 동의어로, 이 철학 학파가 영국의 경험론자인 로크, 버클리, 흄과 가진 친밀성을 반영한다.

논리실증주의(Logical positivism): 20세기 전반의 철학 학파로, 경험론과 논리학의 발전을 결합하여 모든 미해결된 철학적 문제들이 언어적이며 명료화나 언어의 분석적 해명을 통해 해결될 수 있음을 보여주고자 했다. 논리실증주의자들은 경험론자들을 따라, 의미 있는 용어와 진술은 오직 경험이 검증할 수 있는 것만을 지칭한다고 주장했으며, 이로부터 '의미에 대한 검증주의 기준'이 생겨났다.

논리적 필연성(Logical necessity): 진리가 오직 논리 법칙만으로 도출되거나, 그 부정이 자기모순적인 진술이다. 예를 들어, "2는 짝수다"는 논리적 필연성을 지닌다.

뉴턴 역학(Newtonian mechanics): 운동에 관한 세 가지 법칙과 중력의 역제곱 법칙으로 구성된 이론이다. 이 이론은 모든 물질의 행동을 설명하며 결정론적이다. 그 성공은 17세기 과학 혁명의 대표적인 업적이었다.

도구주의(Instrumentalism): 과학 이론을 우리의 경험을 조직하고 예측을 하는 도구인 휴리스틱 장치로 취급해야 한다는 주장이다. 하지만 관찰 불가능한 사물, 성질, 과정, 사건에 대한 이론의 주장은 문자 그대로 참이거나 거짓이라고 받아들여서는 안 된다고 본다.

모델(Model): 자연적 과정을 지배하는 규칙성에 대한 의도적으로 단순화된 기술 또는 그러한 시스템에 대한 정의를 말한다. 보통 수학적이며 때로는 더 일반적이거나 덜 단순화된 이론에서 도출되기도 하지만, 때로는 어떤 이론과도 독립적으로 개발되기도 한다. '이론에 대한 의미론적 접근'을 참조하라.

목적론적 설명(Teleological explanation): 어떤 사실, 사건, 과정, 상태 또는 사물이 달성하고자 하는 목적, 목표 또는 종점을 밝혀서 그것을 설명하는 방식이다. 목표 달성은 보통 나중에 일어나고 때로는 아예 달성되지 않기 때문에, 이러한 설명은 인과적 설명으로 보이지 않으며, 따라서 의심스럽게 여겨진다.

물리적 필연성(Physical necessity): 어떤 진술이 자연법칙이거나, 그 진리가 자연법칙으로부터 도출될 때 물리적으로 필연적이라고 한다. 예를 들어, 순수한 플루토늄 100,000킬로그램이 존재할 수 없다는 것은 물리적으로 필연적이다. 물리학 법칙에 따르면 이 질량에 도달하기 훨씬 전에 폭발할 것이기 때문이다.

반례(Counterexample): 어떤 진술의 진리성과 양립할 수 없는 하나 이상의 항목을 식별하는 것이다. 예를 들어, 유한한 질량을 가진 입자가 빛보다 빠른 속도로 이동하는 것은 "어떤 것도 빛보다 빠르게 이동할 수 없다"는 원리에 대한 반례이다. 하나의 반례만으로도 일반화를 반박하기에 충분하다.

반사실적 조건문(Counterfactual conditional): "만약 P였다면, Q였을 것이다"와 같은 문법적 형식을 가진 진술로, "만약 P라면, Q이다"와 같은 직설적 조건문(indicative conditional)과 대조된다. 반사실적 조건문의 전건(P)과 후건(Q)이 모두 거짓인 경우에도 그 진술이 참일 때, 이는 P와 Q가 원인과 결과로 연결되어 있거나 법칙으로 연결된 사실을 나타낸다는 것을 시사한다.

반실재론(Antirealism): 과학적 실재론을 부정하는 입장으로, 어떤 과학 이론의 '존재론'(해당 항목 참조)에 속하는 관찰 불가능한 대상들이 실제로 존재한다고 믿는 것은 합리적이지 않다고 본다. 대신, 과학 이론을 휴리스틱 장치(heuristic devices)로 취급하는 '도구주의'적(해당 항목 참조) 태도를 취해야 한다고 주장한다.

반증(Falsification): 반례를 발견하여 어떤 진술이 거짓임을 입증하는 것이다. 포퍼는 과학의 목표가 가설을 반증하고, 반증에 노출시킬 새로운 가설을 구성하는 것이라고 주장했다. 왜냐하면 과학 법칙을 검증하는 것은 불가능하기 때문이다. 만약 진술이 보조 가설을 사용해야만 시험될 수 있다면, 엄격한 의미의 반증은 불가능하다. 왜냐하면 반증되는 것은 보조 가설과 시험 중인 가설의 집합이지, 그중 어떤 특정 진술 하나가 아니기 때문이다.

범례(Exemplar): 쿤이 정상과학에 의해 규정된 문제 해결의 표준 교과서적 예시나, 올바른 사용 규칙이 함께 있는 특정 실험실 장비를 특징짓기 위해 사용한 용어다.

베이즈주의(Bayesianism): 확률을 신념의 정도 또는 베팅 확률로 보는 확률 해석으로, 과학자들의 순전히 주관적인 상태라고 간주한다. 확률이 세상의 일련의 사건들의 성질은 아니라고 본다. 베이즈주의자들은 과학자들이 가설을 검증하기 위해 데이터를 사용하는 것을 설명하고 정당화하기 위해 이러한 확률 개념을 사용한다.

부분적 해석(Partial interpretation): 관찰이 이론적 용어의 의미 일부를 제공한다는 주장이다.

분석적 진리(Analytic truth): 단어의 의미만으로 참인 진술. 예를 들어, "모든 독신남은 결혼하지 않은 남자이다." 분석적 진술은 선험적으로 알 수 있다('선험적' 참조). 콰인을 따르는 철학자들은 경험적 또는 행동적 시험을 통해 분석적 진리와 '종합적 진리'(해당 항목 참조)를 구분할 수 있다는 것에 회의적이다.

분석적 해명, 합리적 재구성(Explication): 모호하고 부정확한 의미 대신에 필요 충분 조건을 제공함으로써 일상 언어의 용어를 재정의하고, 이로써 모호성과 무의미함의 위협을 제거하는 것이다. 이 철학적 분석 방법은 논리 실증주의자들이 옹호했다. 예를 들어, D-N 모델은 '설명'이라는 일상적인 개념을 분석적으로 해명한다.

사전 확률(Prior probability): 베이즈주의적 확률 해석에서, 사전 확률은 새로운 증거가 확보되어 베이즈 정리를 통해 확률이 변하기 전에 어떤 가설에 할당되는 베팅 확률이다. 베이즈주의에 따르면, 과학자는 어떤 사전 확률 할당으로든 시작할 수 있으며, 특정 조건만 충족된다면 베이즈 정리를 사용하는 한 가설에 할당된 확률은 결국 올바른 값으로 수렴하게 된다.

상대주의(Relativism): 어떤 것도 특정 관점과 독립적으로 참이라고 주장할 수 없으며, 관점 간의 불일치는 화해할 수 없으므로 절대적인 진리란 없다는 이론이다.

선험적(A priori): 경험 없이도 알 수 있는 진리, 즉 그 정당화가 세상이 어떻게 배열되어 있는지에 대한 지식을 요구하지 않는 진리이다. 예를 들어, '2는 짝수이다'라는 진술은 선험적으로 알 수 있다. 우리는 경험을 통해 선험적 진리를 알게 될 수는 있지만, 경험이 그 진리를 정당화하는 것은 아니다.

성향(Disposition): '어떤 것이 특정 조건 하에서만 보이는 특성을 말한다. 예를 들어, 유리는 깨지기 쉬운 성향을 지닌다. 즉, 특정 높이에서 특정 경도를 가진 표면으로 떨어뜨리면 깨지는 성향이 있다. 경험론자들은 성향이 그것을 실현하는 근본적인 성질이 있을 때만 존재한다고 주장한다. 유리가 한 번도 깨지지 않았더라도 그 유리잔이 구성된 분자 구조 때문에 깨지기 쉬운 성향은 여전히 존재한다. 이처럼 근본적인 구조가 뒷받침되지 않는 성향은 경험론자들에게 의심의 대상이다.

세테리스 파리부스(Ceteris paribus clause, 다른 모든 조건이 동일하다면): 라틴어에서 유래한 이 표현은 'P이면 Q이다'와 같은 일반화에 붙는 단서 조항이다. 이는 Q가 성립하기 위해 P 외에 다른 조건들도 충족되어야 함을 반영한다. 예를 들어, 성냥을 켜면 불이 붙지만, 이는 다른 모든 조건이 동일하다면에 한정된다. 즉, 성냥을 긋는 것 외에 산소가 존재해야 하고, 성냥이 젖지 않아야 하며, 강한 바람이 불지 않아야 하는 등 여러 조건이 필요하다.

스트롱 프로그램(Strong program): 일부 이론이 다른 이론보다 참이거나 더 근사적으로 참이라는 사실에 의존하지 않고 과학적 변화의 본질을 추적하려는 시도이다. 이 프로그램은 쿤이 보여주었듯이, 과학 혁명에는 획득뿐만 아니라 상실도 있으며, 인식론적 고려가 어떤 이론이 승리하는지를 설명할 수 없기 때문에, 그 이유에 대한 설명은 일부 이론이 실패하는 이유를 설명하는 요인과 다르지 않아야 한다는 생각에서 비롯되었다.

시험 가능성(Testability): 어떤 진술로부터 관찰에 대한 명확한 결과를 추론하고, 그것을 실제 관찰과 비교할 수 있을 때 그 진술은 시험 가능하다고 한다. 논리실증주의자들은 모든 의미 있는 진술이 검증 가능해야 한다고 주장했다. 후기 실증주의 철학자들은 단일한 진술 하나만으로는 검증될 수 없다는 점을 받아들였다.

실재론(Realism): '과학적 실재론'과 '반실재론'을 참조하라. 이 용어는 플라톤과 그의 추종자들의 입장을 설명하는 데도 사용된다. 그들은 수가 추상적인 특수 대상으로서 실재하며, '빨간색'과 같은 성질들이 그 사례들(예: 빨간 사물들)과 독립적으로 존재한다고 보았다.

실증주의(Positivism): '논리실증주의'(logical positivism)를 참조하라.

아리스토텔레스 역학(Aristotelian mechanics): 아리스토텔레스와 그의 추종자들이 제시한 운동 이론들의 집합. 지구 주변의 목적론적 운동에 대한 믿음과 모든 운동이 추진력을 생성하는 힘의 부과를 필요로 한다는 믿음을 포함한다.

연역 법칙적 모델(Deductive-nomological cal (D-N) model): 모든 설명은 적어도 하나의 법칙을 포함하는 연역 논증어야 하고 경험적으로 시험 가능해야 한다고 설명 개념에 대한 분석적 해명.

연역적으로 타당한 논증(Deductively valid argument): '전제가 참일 때 결론이 반드시 참인 논증이다. 예를 들어, "P이면 Q이다, P이다, 그러므로 Q이다"와 같은 형태의 모든 논증은 타당하다. 논증이 타당하기 위해 전제가 반드시 참일 필요는 없다. 예를 들어, "모든 개는 고양이다, 모든 고양이는 박쥐다, 그러므로 모든 개는 박쥐다"는 타당한 논증이다. 타당성은 진리 보존이라는 점에서 중요하다. 즉, 타당한 논증에서는 전제가 참이라면(물론 참이 아닐 수도 있지만), 결론은 참이 보장된다.

우연적 진리(Contingent truth): 참이 되기 위해 사물이 실제로 존재하는 방식에 의존하는 진술이다. 즉, 경험 없이 알 수 있는 순수 논리적 또는 기타 근거에만 의존하지 않는다. 필연적 진리(necessary truth)와 대조된다. 예를 들어, "정상적인 인간은 46개의 염색체를 가진다"는 진술은 우연적 진리이다(48개나 44개일 수도 있었기 때문이다).

이론(Theory): '이론에 대한 의미론적 접근'과 '과학 이론에 대한 구문론적 접근'을 참조하라.

이론에 대한 의미론적 접근(Semantic approach to theories): 이론이 공리 체계(구문론적 접근, syntactic approach)가 아니라, 세상에 대해 크거나 작게 적용 가능한 비교적 단순한 시스템의 정의인 모델들의 집합이라는 주장이다. 의미론적 접근은 이론을 구성하는 모델들이 그 적용 가능성을 설명하는 어떤 근본적인 메커니즘을 반영하는지에 대해서는 중립적이다.

인과(Causation): 과학이 밝히고자 하는, 우주 안의 사건, 상태, 과정 사이의 관계를 말한다. 과학적 설명은 이 관계를 기술하고, 과학적 예측은 이 관계에 대한 설명을 검증하는 역할을 한다. 흄을 따르는 경험론적 인과 분석에 따르면, 인과 관계는 우연적('우연적 진리' 참조)이며 규칙성의 예증으로 구성될 뿐, 원인과 결과 사이에 진정한 필연적 연결은 존재하지 않는다. 인과적 순서는 우발적 순서와 다르며, '반사실적 조건문'(항목 참조)이 이러한 사실을 반영한다고 널리 받아들여지고 있다.

인식론(Epistemology): 지식의 본질, 범위, 그리고 정당성을 탐구하는 철학의 한 분야로, "지식 이론"이라고도 불린다. 관찰 불가능한 것에 대한 지식을 가질 수 있는가 하는 질문은 인식론적인 질문이다. '형이상학'(metaphysics)과 비교하라.

인식적 상대주의(Epistemic relativism): 지식은 특정 관점에 상대적으로만 존재하며, 따라서 진리도 특정 관점에 상대적일 뿐이라는 주장이다. 어떤 한 관점과 관련된 인식론은 다른 관점에서는 근거가 없다.

자연법칙(Natural law): 자연 속의 과정을 실제로 지배하고, 과학이 밝혀내고자 하는 규칙성이다. 법칙은 보통 "만약 a이면 b이다" 또는 "모든 A는 B이다"와 같은 조건적 형태를 가진다고 여겨진다. 자연 법칙은 종종 예외가 없는 참된 규칙성이며 인과관계의 근간을 이룬다고 간주된다. '과학 법칙'을 참조하라.

자연종(Natural kind): 형이상학적 개념이다. 인위종(artificial kind)과 달리, 자연종은 우리의 분류적 관심사와 독립적으로 존재하는 상태, 사건, 과정 또는 사물의 유형이다. 따라서 자연종은 자연법칙에 포함되는 것들이다. '주도'는 인위종이고, '산'은 자연종이다.

자연주의(Naturalism): 자연과학의 발견과 방법이 철학, 특히 과학철학의 탐구에 있어 최고의 지침이 된다는 철학적 주장이다. 자연주의는 철학이 과학에 대한 선험적 토대를 제공한다는 주장을 거부하고, 대신 자연과학의 이론들을 활용하여 철학적 문제들을 해결하고자 한다. 자연주의자들은 특히 다윈의 진화론에서 통찰력을 이끌어내고자 한다.

장기 상대 빈도(Long-run relative frequency): 확률에 대한 한 해석으로, 어떤 결과(예: 동전 던지기에서 뒷면)의 확률에 대한 진술은, 무한히 연장된 '장기적'인 시점에서, 그 결과가 발생한 총 횟수(뒷면)를 전체 시도 횟수로 나눈 값과 같다고 본다.

전체론(Holism): 과학적 가설은 한 번에 하나씩 경험적 검증을 받는 것이 아니라, 큰 집합으로만 경험적 검증을 받는다는 주장이다. 따라서 반증은 특정 진술 하나를 훼손하지 않고('반증' 참조), 확증은 특정 진술의 집합 하나만을 고유하게 지지하지

않는다('과소결정' 참조)

정상과학(Normal science): 패러다임의 정교화 과정으로, 과학자의 임무는 패러다임을 퍼즐 해결에 적용하는 것이다. 퍼즐 해결에 실패하는 것은 과학자의 잘못이지 패러다임의 잘못은 아니다. 하지만 지속적인 실패는 퍼즐을 변칙 사례(anomaly)로 만들고, 패러다임의 지배를 끝낼 수 있는 혁명의 위협으로 이어진다.

존재론(Ontology): 형이상학에서는 존재하는 사물의 근본적인 종류를 연구하는 학문이다. 과학철학에서는 더 좁은 의미로, 어떤 이론이 존재를 인정하는 사물의 종류를 그 이론의 존재론이라고 한다. 예를 들어, 뉴턴 역학은 질량을 사물의 내재적 성질로 존재한다고 보지만, 아인슈타인 역학은 질량을 사물과 그 기준 좌표계 사이의 관계적 성질로 본다.

종합적 진리(Synthetic truth): 세상에 대한 우발적 사실에 의해 적어도 부분적으로 참이 되는 진술이다. 예를 들어, "목성 주위를 도는 위성들이 있다"는 것은 종합적 진리이다. 경험론에 따르면, 종합적 진리는 선험적으로(a priori) 알 수 없다.

초기 조건(Initial conditions): '경계 조건'을 참조하라.

최선의 설명으로의 추론(Inference to the best explanation): 과학에서 사용되는 논증의 한 형태로, 가설을 세우는 것이 관찰을 가장 잘 설명한다는 근거로 직접적으로 관찰하거나 탐지할 수 없는 메커니즘의 존재를 추론하는 것이다. 비슷한 추론 패턴으로, 현재 과학 이론의 근사적인 참만이 과학의 기술적 성공을 설명할 수 있다는 근거를 들어 과학적 실재론을 확립하려고 시도한다.

충분조건(Sufficient condition): 어떤 사건이 발생하거나 어떤 진술이 참이 되도록 보장하는 조건. 예를 들어, '아들'이라는 것은 '자녀'가 되기 위한 충분조건이다.

투사 가능(Projectable): 어떤 용어나 술어가 자연 종류(natural kind)를 지칭하고 그 성질이 자연 법칙에 포함될 수 있는 특성을 말한다. 이 용어는 굿맨이 '그루'(grue)와 '블린'(bleen) 문제를 다루면서 만들었다.

특수과학(Special sciences): 포도르(Fodor)가 고안한 명칭으로, 모든 사회과학 및 행동과학, 그리고 어쩌면 생물학까지 포함하여 영역이 국지적 경계 조건에 의해 고정되는 학문들을 설명한다.

패러다임(Paradigm): 쿤이 과학전통의 특성을 설명하기 위해 사용한 용어다. 여기에는 이론, 교과서 문제와 해법, 장비, 방법론, 그리고 과학 철학이 포함된다. 패러다임은 정상과학을 지배한다. 이 용어는 이제 일반적인 세계관을 묘사하는 데도 사용된다.

페미니스트 과학철학(Feminist philosophy of science): 과학적 주장으로 인정받는 데 성별이 영향을 미치거나 미쳐야 한다는 주장을 연구하고 종종 옹호하는 분야이다. 페미니스트 이론은 때때로 과학의 일부 주장이 성별 편향이나 성별에 따른 형성 원천에 대한 간과로 인해 발생하며, 따라서 신뢰할 수 없다고 주장한다.

포괄 법칙 모델(Covering law model): '연역 법칙적 모델'을 참조하라.

피설명항(Explanandum—복수형: explananda): 어떤 사실에 대한 설명이 구성되는 진술들.

필연성(Necessity): '논리적 필연성'과 '물리적 필연성'을 참조하라.

필연적 진리(Necessary truth): 진리가 세상이 우연히 존재하는 방식에 대한 어떤 우연적 사실에도 의존하지 않고, 사물이 존재할 수 있는 유일한 방식을 반영하는 진술이다. 우연적 진리와 대조된다. 예를 들어, "2는 짝수다"는 필연적 진리이다.

필요 조건(Necessary condition): 이 조건이 없을 때 사건이 발생하지 않거나 진술이 참이 될 수 없는 조건이다. 예를 들어, 산소의 존재는 성냥이 불붙기 위한 필요 조건이다.

합리론(Rationalism): 감각적 지각 외에 또는 그것을 대신하여, 이성이 논리나 직관을 통해 직접적으로 지식의 원천이 된다는 인식론적 주장이다.

합리적 재구성(Rational reconstruction): '분석적 해명'을 참조하라.

형이상학(Metaphysics): 우주에 존재하는 기본적인 사물의 종류를 탐구하는 철학의 한 분야이다. 예를 들어, "관찰 불가능한 사물이 존재하는가?"라는 질문은 형이상학적 질문이다. '인식론'과 비교해 보라.

화용론(Pragmatics): 발화의 의미와 성공에 영향을 미치는 의사소통의 맥락을 연구하는 학문이다. 흔히 연역-법칙적 설명 모델은 요청되고 제공되는 설명의 성공을 판단하는 화용론적 측면을 무시하고, 순수하게 비화용론적인 논리와 의미 문제만 다룬다고 여겨진다.

확률(Probability): 확률은 세 가지 의미로 해석될 수 있다. 첫째, 어떤 명제가 참이라는 주관적 믿음의 정도(베이즈주의 베팅 확률). 둘째, 특정 상황에서 어떤 사건이 발생하는 장기적 상대 빈도(일기 예보 확률). 셋째, 주어진 사건이 발생할 순수한 가능성(물리학에서의 확률적 성향)이다. 이 세 가지 정의는 각각 철학적 문제를 안고 있다.

확률적 성향(Probabilistic propensity): 어떤 대상이 특정 빈도로 특정 행동을 보일 성향이다. 예를 들어, 우라늄 원자는 알파 입자를 방출할 확률적 성향을 가진다. 이러한 성향은 그 행동의 빈도를 추가로 설명해 줄, 시스템의 근본적인 성질이 없기 때문에 신비롭게 여겨진다. 예를 들어, 자성을 띠는 성향은 전자의 방향으로, 깨지기 쉬운 성향은 화학 구조로 설명할 수 있다. 하지만 우라늄 원자가 특정 빈도로 알파 입자를 방출하는 성향은 아무것도 설명해 주지 못한다.

환원(Reduction): 동일한 영역 내에서 덜 일반적인 이론과 더 일반적인 이론 간의 관계를 말한다. 이 관계는 일반적으로 덜 일반적인 이론의 법칙을 더 일반적인 이론의 법칙에서 논리적으로 도출함으로써, 더 일반적인 이론이 덜 일반적인 이론의 (근사적인) 진리를 설명할 수 있게 한다. 예를 들어, 뉴턴 역학은 케플러의 행성 운동 법칙을 환원시킨다고 한다. 만약 이론들이 통약 불가능(incommensurable)하다면 환원은 이루어지지 않는다.

후험적(A posteriori): 선험적(a priori)과 대조되는 개념으로, 경험에 근거하거나 경험을 통해 정당화되는 것을 의미한다.

| 역자 후기 |

이 책은 알렉스 로젠버그와 리 매킨타이어가 함께 쓴 *Philosophy of Science: A Contemporary Introduction*(4판)을 번역한 것이다. 이 책은 과학철학의 주요 주제를 체계적으로 다루는 입문서로, 3판까지는 로젠버그가 단독으로 저술했으며, 4판부터 매킨타이어가 공저자로 참여했다.

이 책과의 인연은 미국에서 박사 학위를 마치고 귀국한 후, 학부와 대학원에서 과학철학 강의를 맡으면서 시작되었다. 당시 과학철학에 대한 좋은 입문서를 찾던 중, 2001년에 출간된 이 책의 초판을 고려했으나, 로젠버그의 명성에 비해 내용이 다소 부족했고, 7장으로 구성된 분량은 한 학기 교재로 사용하기에 적합하지 않았다. 이후 여러 다른 입문서를 교재로 사용했지만, 내가 생각하는 스타일의 책은 없었다. 개인적으로 C. G. 헴펠의 *Philosophy of Natural Science*(1966)를 가장 훌륭한 과학철학 입문서로 꼽는다. 헴펠의 책은 간결성, 명료성, 전문성을 모두 갖춘 모범적인 교재다. 로젠버그 역시 초판 서문에서 헴펠의 책을 잇는 후속작을 목표로 이 책을 썼다고 밝혔다. 하지만 그는 초판이 포부에 비해 미흡했다고 인정했다. 이후 로젠버그는 지속적으로 내용을 보완했고, 2012년에 출간된 3판은 명료성과 전문성을 갖추었다는 평가를 받았다. 2020년에 이 책의 4판이 출간되자 번역을 계획했으나, 나의 책 『신경과학철학』 출간 준비로 미뤄졌다가, 동국대학교 철학과에서 과학철학 강의를 맡으며 마침내 번역을 완료했다.

이 책은 과학철학의 주요 주제를 포괄적으로 다루며, 각 장마다 개요, 본문, 요약, 학습 문제, 추천 도서를 제공해 학부 및 대학원 교재로 적합하다. 구체적으로 이 책은 다음과 같은 특징을 갖고 있다.

- 포괄성과 현대성: 과학적 설명, 귀납, 증거, 실재론 대 반실재론 등 전통적 주제를 깊이 다루면서, 과학과 사회, 과학적 지식의 사회적 구성 등 현대 과학철학의 최신 논의를 포함한다. 4판에서는 이러한 현대적 관점이 더욱 강화되었다.
- 명료하고 간결한 설명: 복잡한 철학적 개념을 비전공자나 학부생도 이해하기 쉽게 서술하고, 각 장 끝에 요약과 학습 문제를 제공해 학습과 비판적 사고를 돕는다.
- 풍부한 사례: 양자역학, 진화론, 인지과학 등 다양한 현대 과학 사례를 활용해 이론적 논의를 현실과 연결하며, 추상적 개념을 구체적으로 이해하도록 유도한다.

이러한 장점 외에도, 이 책은 분량의 4분의 3 정도를 논리실증주의 및 논리경험주의의 핵심 주제에 할애하고 있다. 특히, 쿤과 콰인으로 대표되는 도전을 오히려 논리경험주의적 자세로 분석한다는 점에서 가히 21세기의 헴펠이 쓴 과학철학이라 평할 만한다.

알렉스 로젠버그는 자연주의를 강력히 옹호하며 철학적 논의가 과학적 발견에 기반해야 한다고 주장하는 과학철학자다. 1946년 오스트리아 출생으로, 1967년 뉴욕시립대학에서 학사, 1971년 존스홉킨스대학에서 박사 학위를 취득했다. 현재 듀크대학교 철학과 교수이며, 생물학과 정치학과 겸임 교수로 활동한다. 초기 연구는 사회과학철학과 경제철학에 초점을 맞췄으며, 박사 논문을 바탕으로 한 *Microeconomic Laws*(1976)는 경제학의 본질을 다룬 최초의 현대 과학철학 저서로 평가받는다. 이후 생물철학으로 관심을 확장해 분자생물학과 다른 생물학 분야의 관계를 탐구했다. 1986년 *The Structure of Biological Science*(1985)로 라카토슈상을 수상했다.

리 매킨타이어는 과학철학자이자 대중철학 저술가로, 과학 부정주의와 탈진실 문제를 주로 연구한다. 웨슬리안대학에서 학사, 미시간대학에서 박사 학위를 취득했으며, 현재 보스턴대학 철학 및 과학사 연구센터 연구원으로 활동한다. 매킨타이어는 과학철학을 대중에게 알리는 데 힘쓰며, 과학적 태도의 중요성과 허위 정보 및 과학 부정 현상을 비판한다. 주요 저서로는 *The Scientific Attitude*(2019), *Post-Truth*(2018), *How to Talk to a Science Denier*(2021) 등이 있다. 그는 학문적 논의를 넘어 현실 문제 해결에 기여하는 대중 철학을 강조한다.

로젠버그와 매킨타이어는 이 책 이전에 *The Routledge Companion to Philosophy of Social Science*(2016)를 공동 편집했다.

이 책의 번역은 동국대학교 학생들의 요청으로 시작되었다. 그들의 열정과 관심이 이 작업의 직접적인 동기가 되었으며, 이에 깊이 감사드린다. 번역 과정에서 동료들의 귀중한 조언은 큰 힘이 되었다. 특히 번역어 선택과 표현에 대한 세심한 피드백에 진심으로 감사의 마음을 전한다. 또한, 나의 더딘 작업 속도에도 불구하고 인내심을 가지고 기다려주신 서광사 이숙 대표님과 편집부 여러분께 깊은 감사를 표한다.

2025년 9월
이영의

| 참고 문헌 |

Achinstein, Peter, *Concepts of Science*, Baltimore, MD, Johns Hopkins University Press, 1967.

_______, "Concepts of Evidence," *Mind* 87 (1978): 22–45.

_______, *The Nature of Explanation*, Oxford, Oxford University Press, 1983.

_______, "The Illocutionary Theory of Explanation," in Pitt, Joseph (ed.), *Theories of Explanation*, Oxford, Oxford University Press, 1988, 199–222.

Achinstein, Peter (ed.), *The Concept of Evidence*, New York, Oxford University Press, 1983.

Allen, C., Bekoff, M., and Lauder, G. (eds.), *Nature's Purposes: Analyses of Function and Design in Biology*, Cambridge, MA, MIT Press, 1998.

Anderson, E. "Feminist Epistemology: An Interpretation and Defense," *Hypatia* 10 (1995): 50–84.

Anthony, L., and Witt., C. (eds.), *A Mind of One's Own: Feminist Essays on Reason and Objectivity*, 2nd edition, Boulder, CO, Westview, 2001.

Ariew, A., Cummins, R., and Perlman, M. (eds.), *Functions: New Essays in the Philosophy of Psychology and Biology*, New York, Oxford University Press, 2002.

Ayer, A. J., "What Is a Law of Nature?" in *The Concept of a Person*, London, Macmillan, 1961. Reprinted in Curd, Martin, and Cover, Jan A. (eds.), *Philosophy of Science: The Central Issues*, New York, Norton, 1997, 808–825.

Balashov, Y., and Rosenberg, A. (eds.), *Philosophy of Science: Contemporary Readings*, London and New York, Routledge, 2002.

Barnes, Barry, *Scientific Knowledge and Social Theory*, London, Routledge, 1974.

Barnes, Barry, Bloor, David, and Henry, John, *Scientific Knowledge: A Sociological Analysis*, Chicago, University of Chicago Press, 1996.

Beauchamp, Tom L., and Rosenberg, Alex, *Hume and the Problem of Causation*, Oxford, Oxford University Press, 1981.

Bechtel, William, "Mechanism and Biological Explanation," *Philosophy of Science* 78(4) (2011): 533–557.

Becker, Adam, *What is Real? The Unfinished Quest for the Meaning of Quantum Physics*, New York, Basic Books, 2018.

Berkeley, George, *Principles of Human Knowledge*, first published 1710.

Bird, A., *Thomas Kuhn*, London, Acumen, 2000.

______, "The Dispositionalist Conception of Laws," *Foundations of Science* 10(4) (2005): 353–370.

Bloor, David, *Knowledge and Social Imagery*, London, Routledge, 1974.

Boyd, B., Gaspar, P., and Trout, J. D. (eds.), *The Philosophy of Science*, Cambridge, MA, MIT Press, 1991.

Braithwaite, Richard B., *Scientific Explanation*, Cambridge, Cambridge University Press, 1953.

Brandon, Robert, and McShea, Daniel, *Biology's First Law*, Chicago, University of Chicago Press, 2010.

Burtt, Edwin A., *The Metaphysical Foundations of Modern Science*, London, Routledge, 1926.

Butterfield, Herbert, *The Origins of Modern Science*, New York, Free Press, 1965.

Callender, C., and Cohen, J., "Better Best System Account of Lawhood in the Special Sciences," *Synthese* 28 (2008): 97–115.

Carnap, Rudolph, *The Continuum of Inductive Methods*, Chicago, University of Chicago Press, 1952.

Carroll, John (ed.), *Readings on Laws of Nature*, Pittsburgh, PA: Pittsburgh University Press, 2004.

Cartwright, Nancy, *How the Laws of Physics Lie*, Oxford, Oxford University Press, 1983.

Cartwright, Nancy, and Ward, Keith (eds.), *Rethinking Order: After the Laws of Nature*, London, Bloomsbury, 2016.

Chang, Hasok, *Is Water H_2O? Evidence, Realism, and Pluralism* (Boston Studies in the Philosophy and History of Science 293), New York, Springer, 2012.

Churchland, Paul, and Hooker, Clifford (eds.), *Images of Science: Essays on Realism and Empiricism*, Chicago, University of Chicago Press, 1985.

Cohen, I. Bernard, *The Birth of a New Physics*, New York, Norton, 1985.

Conant, James B. (gen. ed.), *Harvard Case Histories in the Experimental Sciences*, Cambridge, MA, Harvard University Press, 1957.

Craver, C., "Mechanisms and Natural Kinds," *Philosophical Psychology* 22(5) (2009): 575–594.

Craver, C., and Darden, D., *In Search of Mechanisms: Discoveries across the Life Sciences*, Chicago, University of Chicago Press, 2013.

Craver, C., and Kaplan, D. M., "The Explanatory Force of Dynamical and Mathematical Models in Neuroscience: A Mechanistic Perspective," *Philosophy of Science* 78(4) (2011): 601–627.

Curd, Martin, and Cover, Jan A. (eds.), *Philosophy of Science: The Central Issues*, New York, Norton, 1997.

Darwin, Charles, *On the Origin of Species*, New York, Avenel, 1979.

Davidson, D., *Inquiries into Meaning and Truth*, New York, Oxford University Press, 2001.

_______, *Inquiries into Truth and Interpretation*, New York, Oxford University Press, 2001.

Dawkins, Richard, *The Blind Watchmaker*, New York, Norton, 1986.

Dennett, D., *Darwin's Dangerous Idea*, New York, Simon & Schuster, 1995.

Douglas, Helen, *Science, Policy, and the Value-Free Ideal*, Pittsburgh, PA, University of Pittsburgh Press, 2009.

Dretske, F., *Explaining Behavior: Reasons in a World of Causes*, Cambridge, MA, MIT Press, 1991.

Duhem, P., *The Aim and Structure of Physical Theory*, Princeton, NJ, Princeton University Press, 1991.

Earman, J., and Robert, J., "There Is No Problem of Provisos," *Erkenntnis* 57(3) (2002): 281–301.

Ellis, B., *Scientific Essentialism*, Cambridge, Cambridge University Press, 2007.

Epstein, Brian, *The Ant Trap: Rebuilding the Foundations of the Social Sciences*, Oxford, Oxford University Press, 2015.

Feyerabend, Paul, *Against Method*, London, Verso, 1975.

Feynman, Richard, *The Character of Physical Law*, Cambridge, MA, MIT Press, 1965.

_______, *QED: The Strange Story of Light and Matter*, Princeton, NJ, Princeton University Press, 1984.

Fine, Arthur, "The Natural Ontological Attitude," in *The Shaky Game: Einstein, Realism, and Quantum Theory*, Chicago, University of Chicago Press, 1986, ch. 7.

Fodor, Jerry, "Special Sciences: Or the Disunity of Science as a Working Hypothesis," *Synthese* 28 (1974): 97–115.

_______, *The Language of Thought*, New York: Thomas Crowell, 1975.

_______, "Special Sciences: Still Autonomous After All These Years," in Tomberlin, J. E. (ed.), *Philosophical Perspectives*, New York, Blackwell, 1997, 149-164.

Frigg, R., "Models and Fiction," *Synthese* 172 (2010): 251-268.

Garson, Justin, "The Functional Sense of Mechanism," *Philosophy of Science* 80 (2013): 317-333.

Giere, R., *Explaining Science*, Chicago, University of Chicago Press, 1988.

_______, *Science without Laws*, Chicago, University of Chicago Press, 1999.

Glymour, Clark, *Theory and Evidence*, Princeton, NJ, Princeton University Press, 1980.

Glymour, C., Spirtes, P., and Scheines, R., *Causation, Prediction, and Search*, 2nd edition, Cambridge, MA, MIT Press, 2001.

Godfrey-Smith, Peter, *Theory and Reality: An Introduction to the Philosophy of Science*, Chicago, University of Chicago Press, 2003.

_______, "The Strategy of Model-Based Science," *Biology and Philosophy* 21 (2006): 725-740.

_______, "Models and Fictions in Science," *Philosophical Studies* 143 (2009): 101-116.

Goodman, Nelson, *Fact, Fiction and Forecast*, 3rd edition, Indianapolis, Bobbs-Merrill, 1973, first published 1948.

Greene, Brian, *The Elegant Universe*, New York, Vintage Books, 2000.

Gross, P., and Levitt, N., *Higher Superstition: The Academic Left and Its Quarrels with Science*, Baltimore, MD, Johns Hopkins University Press, 1994.

Gutting, Gary, *Paradigms and Revolutions*, Notre Dame, IN, University of Notre Dame Press, 1980.

Hacking, Ian, *An Introduction to Probability and Inductive Logic*, Cambridge, Cambridge University Press, 2001.

Harding, S., *The Science Question in Feminism*, Ithaca, NY, Cornell University Press, 1986.

Harding, S. (ed.), *The Feminist Standpoint Reader*, London, Routledge, 2003.

Harding, S., and O' Barr, J. F. (eds.), *Sex and Scientific Inquiry*, Chicago, University of Chicago Press, 1987.

Heilbron, J. L., *The History of Physics: A Very Short Introduction*, Oxford, Oxford University Press, 2018.

Hempel, Carl G., *Aspects of Scientific Explanation*, New York, Free Press, 1965.

_______, "Empiricist Criteria of Significance: Problems and Changes," in *Aspects of Scientific Explanation*, New York, Free Press, 1965, 101-119.

_______, "The Theoretician' s Dilemma," in *Aspects of Scientific Explanation*, New York, Free Press, 1965, 173-228.

______, *Philosophy of Natural Science*, Englewood Cliffs, NJ, Prentice-Hall, 1966.

______, "Provisos," in Grunbaum, A., and Salmon, W. (eds.), *The Limitations of Deductivism*, Berkeley, University of California Press, 1988, 19-36.

Hoefer, C., and Rosenberg, A., "Empirical Equivalence, Underdetermination and Systems of the World," *Philosophy of Science* 61 (1994): 592-607.

Hofstadter, Douglas, *Gödel, Escher, Bach*, New York, Basic Books, 1999.

Horwich, Paul, *Probability and Evidence*, Cambridge, Cambridge University Press, 1982.

______, *World Changes: Thomas Kuhn and the Nature of Science*, Cambridge, MA, MIT Press, 1993.

Hull, David, *Science as a Process: An Evolutionary Account of the Social and Conceptual Development of Science*, Chicago, University of Chicago Press, 1988.

Hume, D., *A Treatise of Human Nature*, Oxford, Oxford University Press, 1888.

______, *Enquiry Concerning Human Understanding*, Indianapolis, Hackett Publishing Co., 1974.

Hypatia, Special Issue: "Analytic Feminism," 10(3) (1995): 1-182.

Janiak, A., *Newton as Philosopher*, Cambridge, Cambridge University Press, 2008.

Janiak, A. (ed.), *Newton: Philosophical Writings*, Cambridge, Cambridge University Press, 2014.

Jeffrey, Richard, *The Logic of Decision*, Chicago, University of Chicago Press, 1983.

Johnson, Gregory, *Argument and Inference: An Introduction to Inductive Logic*, Cambridge, MA, MIT Press, 2017.

Kant, Immanuel, *The Critique of Pure Reason*, London, Macmillan, 1961.

Kellert, S., Longino, H., and Waters, C. K., *Scientific Pluralism* (Minnesota Studies in the Philosophy of Science 19), Minneapolis, University of Minnesota Press, 2006.

Khalifa, Kareem, *Understanding, Explanation, and Scientific Knowledge*, Cambridge, Cambridge University Press, 2017.

Kim, J., *Physicalism or Something Near Enough*, Princeton, NJ, Princeton University Press, 2005.

Kitcher, Philip, *The Advancement of Science*, Oxford, Oxford University Press, 1995.

______, *Science in a Democratic Society*, Amherst, NY, Prometheus Books, 2011.

Kneale, William, *Probability and Induction*, Oxford, Oxford University Press, 1950.

Koertge, N. (ed.), *A House Built on Sand: Exposing Postmodernist Myths about Science*, New York, Oxford University Press, 1998.

Kuhn, Thomas, *The Copernican Revolution*, Cambridge, MA, Harvard University Press, 1957.

______, *The Essential Tension*, Chicago, University of Chicago Press, 1977.

_______, *Black-Body Theory and the Quantum Discontinuity*, Chicago, University of Chicago Press, 1987.

_______, *The Structure of Scientific Revolutions*, Chicago, University of Chicago Press, 3rd edition, 1996.

_______, *The Road since Structure*, edited by J. Conant and J. Haugeland, Chicago, University of Chicago Press, 2002.

Ladyman, J., and Ross, D., *Everything Must Go: Metaphysics Naturalized*, New York, Oxford University Press, 2009.

Lakatos, I., and Musgrave, A., *Criticism and the Growth of Knowledge*, Cambridge, Cambridge University Press, 1971.

Lange, M., *Natural Laws in Scientific Practice*, New York, Oxford University Press, 2000.

_______, *Laws and Lawmakers*, Oxford, Oxford University Press, 2010.

_______, *Because without Cause: Noncausal Explanations in Science and Mathematics*, Oxford, Oxford University Press, 2016.

Lange, M. (ed.), *Philosophy of Science: An Anthology*, Malden, MA, Blackwell, 2007.

Latour, Bruno, and Woolgar, Steven, *Laboratory Life: The Construction of Scientific Life*, London, Routledge, 1979.

Laudan, Larry, *Progress and Its Problems*, Berkeley, University of California Press, 1977.

Leibniz, G. W., *New Essays on Human Understanding*, Cambridge, Cambridge University Press, 1981.

Leplin, Jarrett, *A Novel Argument for Scientific Realism*, Oxford, Oxford University Press, 1998.

Leplin, Jarrett (ed.), *Scientific Realism*, Berkeley, University of California Press, 1984.

Leplin, J., and Laudan, L., "Empirical Equivalence and Underdetermination," *Journal of Philosophy* 88 (1991): 449–472.

Levins, R., and Lewontin, R., *The Dialectical Biologist*, Cambridge, MA, Harvard University Press, 1985.

Lewis, David, *Counterfactuals*, Oxford, Blackwell, 1974.

_______, "Causation," in *Philosophical Papers*, vol. 2, Oxford, Oxford University Press, 1986, 159–214.

Lloyd, Elizabeth, *The Structure of Evolutionary Theory*, Princeton, NJ, Princeton University Press, 1987.

Locke, John, *Essay on Human Understanding*, first published 1690.

Loewer, B., "Why Is There Anything Except Physics?" *Synthese* 170 (2009): 217–233.

Longino, Helen, *Science as Social Knowledge: Values and Objectivity in Scientific Inquiry*,

Princeton, NJ, Princeton University Press, 1990.

_______, *The Fate of Knowledge*, Princeton, NJ, Princeton University Press, 2002.

Lycan, William, *The Philosophy of Language*, 2nd edition, London, Routledge, 2008.

MacFarlane, J., *Assessment Sensitivity: Relative Truth and its Applications*, Oxford, Oxford University Press, 2014.

Mach, Ernst, *The Analysis of Sensation*, first published 1886.

Machamer, P., Darden, L., and Craver, C. F., "Thinking about Mechanisms," *Philosophy of Science* 67 (2000): 1-25.

Mackie, John L., *Truth, Probability, and Paradox: Studies in Philosophical Logic*, Oxford, Oxford University Press, 1973.

_______, *The Cement of the Universe*, Oxford, Oxford University Press, 1974.

Maudlin, Tim, *The Metaphysics within Physics*, Oxford, Clarendon Press, 2007.

Mayo, Deborah, *Error and the Growth of Experimental Knowledge*, Chicago, University of Chicago Press, 1996.

McIntyre, Lee, *The Scientific Attitude: Defending Science from Denial, Fraud, and Pseudoscience*, Cambridge, MA, MIT Press, 2019.

McIntyre, L., and Rosenberg, A. (eds.), *The Routledge Companion to Philosophy of Social Science*, New York, Routledge, 2016.

McShea, D., and Rosenberg, A., *Philosophy of Biology: A Contemporary Approach*, London and New York, Routledge, 2007.

Merton, Robert K., *The Sociology of Science*, Chicago, University of Chicago Press, 1973.

Mill, John S., *A System of Logic*, first published 1843.

Miller, Richard, *Fact and Method: Explanation, Confirmation and Reality in the Natural Sciences*, Princeton, NJ, Princeton University Press, 1987.

Morgan, Mary S., and Morrison, Margaret (eds.), *Models as Mediators: Perspectives on Natural and Social Science*, Cambridge, Cambridge University Press, 1999.

Nagel, Ernest, *Teleology Revisited*, New York, Columbia University Press, 1977.

_______, *The Structure of Science*, 2nd edition, Indianapolis, Hackett, 1979.

Nagel, Ernest, and Newman, James R., *Gödel's Proof*, New York, New York University Press, 1954.

_______, *Gödel's Proof*, new edition, New York, New York University Press, 2008.

Nelson, L., *Who Knows: From Quine to a Feminist Empiricism*, Philadelphia, PA, Temple University Press, 1992.

Newton-Smith, William, *The Rationality of Science*, London, Routledge, 1981.

Nickles, Thomas, *Thomas Kuhn*, Cambridge, Cambridge University Press, 2002.

Okasha, Samir, *Philosophy of Science: A Very Short Introduction*, Oxford, Oxford University Press, 2002.

Park, K., and Daston, L. (eds.), *The Cambridge History of Science, vol. 3: Early Modern Science*, Cambridge, Cambridge University Press, 2006.

Paul, L., and Hall, N., *Causation: A User's Guide*, Oxford, Oxford University Press, 2013.

Pearl, Judea, *Causality: Models, Reasoning, and Inference*, 2nd edition, Cambridge, Cambridge University Press, 2009.

Pearl, Judea, and Mackenzie, Dana, *The Book of Why: The New Science of Cause and Effect*, New York, Basic Books, 2018.

Piccinini, G., and Craver, C., "Integrating Psychology and Neuroscience: Functional Analysis as Mechanism Sketches," *Synthese* 183 (2011): 283–311.

Pickering, Andrew, *Constructing Quarks*, Chicago, University of Chicago Press, 1984.

Pigliucci, M., and Boudry, M. (eds.), *Philosophy of Pseudoscience: Reconsidering the Demarcation Problem*, Chicago, University of Chicago Press, 2013.

Pinnick, C., Koertge, N., and Almeder, R. (eds.), *Scrutinizing Feminist Epistemology: An Examination of Gender in Science*, New Brunswick, NJ, Rutgers University Press, 2003.

Pitt, Joseph (ed.), *Theories of Explanation*, Oxford, Oxford University Press, 1988.

Popper, Karl R., *The Logic of Scientific Discovery*, London, Hutchinson, 1959, first published in German in 1935.

_______, *Objective Knowledge*, New York, Harper and Row, 1984.

Porter, Roy (ed.), *The Cambridge History of Science, vol. 4: The Eighteenth Century*, Cambridge, Cambridge University Press, 2003.

Quine, Willard V. O., *From a Logical Point of View*, Cambridge, MA, Harvard University Press, 1951.

_______, *Word and Object*, Cambridge, MA, MIT Press, 1961.

Railton, Peter, "A Deductive-Nomological Model of Probabilistic Explanation," in Pitt, Joseph (ed.), *Theories of Explanation*, Oxford, Oxford University Press, 1988, 199–222.

Ramsey, Frank, "The Foundations of Mathematics," in *The Foundations of Mathematical Logic and Other Logical Essays*, London, Routledge & Kegan Paul, 1925, 1–61.

Reichenbach, Hans, *Experience and Prediction*, Chicago, University of Chicago Press, 1938.

_______, *The Rise of Scientific Philosophy*, Berkeley, University of California Press, 1951.

Rosenberg, Alex, *The Structure of Biological Science*, Cambridge, Cambridge University Press, 1985.

_______, *Philosophy of Social Science*, Boulder, CO, Westview, 1992.

Ruse, Michael, *But is it Science? The Philosophical Question in the Creation/Evolution Contro-*

versy, Amherst, NY, Prometheus Books, 1988.

Salmon, Wesley C., *Foundations of Scientific Inference*, Pittsburgh, PA, University of Pittsburgh Press, 1966.

_______, *Scientific Explanation and the Causal Structure of the World*, Princeton, NJ, Princeton University Press, 1984.

_______, "Statistical Explanation and Causality," in Pitt, Joseph (ed.), *Theories of Explanation*, Oxford, Oxford University Press, 1988, 75–119.

_______, "Four Decades of Scientific Explanation," in Salmon, Wesley, and Kitcher, Philip (eds.), *Scientific Explanation* (Minnesota Studies in the Philosophy of Science 13), Minneapolis, University of Minnesota Press, 1989.

Salmon, Wesley, and Kitcher, Philip (eds.), *Scientific Explanation* (Minnesota Studies in the Philosophy of Science 13), Minneapolis, University of Minnesota Press, 1989.

Savage, Leonard, *Foundations of Statistics*, New York, Dover, 1972.

Scerri, Eric, *A Tale of Seven Elements and a New Philosophy of Science*, Oxford, Oxford University Press, 2016.

Schilpp, P. A., *Albert Einstein: Philosopher-Scientist*, Evanston, IL, Open Court, 1949.

Shapere, Dudley, "Review of The Structure of Scientific Revolutions," *Philosophical Review* 73 (1964): 383–394.

Shapin, Steven, *The Scientific Revolution*, Chicago, University of Chicago Press, 1998.

Shapin S., and Schaffer, S., *Leviathan and the Air Pump: Hobbes, Boyle, and the Experimental Life*, Princeton, NJ, Princeton University Press, 2011.

Sheffler, Israel, *Science and Subjectivity*, Indianapolis, Bobbs-Merrill, 1976.

Skyrms, B., *From Zeno to Arbitrage: Essays on Quantity, Coherence, and Induction*, New York, Oxford University Press, 2013.

Smart, J. J. C., *Between Science and Philosophy*, London, Routledge, 1968.

Soames, S., *Philosophical Analysis in the Twentieth Century*, 2 vols., Princeton, NJ, Princeton University Press, 2005.

Sober, E., *The Nature of Selection*, Cambridge, MA, MIT Press, 1984.

_______, *Philosophy of Biology*, 2nd edition, Boulder, CO, Westview Press, 1999.

Sokal, A., and Bricmont, J., *Intellectual Impostures*, London, Profile, 1998.

Spector, Marshall, *Concepts of Reduction in Physical Science*, Philadelphia, PA, Temple University Press, 1968.

Stanford, P. K., *Exceeding Our Grasp: Science, History, and the Problem of Unconceived Alternatives*, New York, Oxford University Press, 2010.

Sterelny, K., and Griffiths, P., *Sex and Death*, Chicago, University of Chicago Press, 1997.

Stove, David C., *Hume, Probability, and Induction*, Oxford, Oxford University Press, 1967.

Strevens, Michael, *Depth: An Account of Scientific Explanation*, Cambridge, MA, Harvard University Press, 2008.

Suppe, Fredrick, *The Structure of Scientific Theories*, Urbana, University of Illinois Press, 1977.

Swinburne, R., *Bayes' Theorem*, Oxford, Oxford University Press, 2005.

Swoyer, C., "The Nature of Natural Laws," *Australasian Journal of Philosophy* 60(3) (1982): 203–223.

Thompson, Paul, *The Structure of Biological Theories*, Albany, NY, SUNY Press, 1989.

Tooley, Richard M., *Causation: A Realist Approach*, Oxford, Oxford University Press, 1987.

van Fraassen, Bas, *The Scientific Image*, Oxford, Oxford University Press, 1980.

_______, "The Pragmatic Theory of Explanation," in Pitt, Joseph (ed.), *Theories of Explanation*, Oxford, Oxford University Press, 1988, 136–155.

Weinberg, S., *Dreams of a Final Theory*, New York, Random House, 1993.

Weisberg, M., and Matthewson, J., "The Structure of Tradeoffs in Model Building," *Synthese* 170 (2009): 169–190.

Weiskopf, D., "Models and Mechanisms in Psychological Explanation," *Synthese* 183 (2011): 313–338.

Westfall, Richard, *The Construction of Modern Science*, Cambridge, Cambridge University Press, 1977.

_______, *Never at Rest*, Cambridge, Cambridge University Press, 1983.

Whitehead, A. N., *Science and the Modern World*, New York, Free Press, 1997.

Wilson, E. O., *Consilience: The Unity of Knowledge*, New York, Knopf, 1998.

Woodward, J., "What is a Mechanism? A Counterfactual Account," *Philosophy of Science* 69(S3) (2002): S366–S377.

_______, *Making Things Happen*, Oxford, Oxford University Press, 2003.

Wray, K. Brad, *Kuhn's Evolutionary Social Epistemology*, Cambridge, Cambridge University Press, 2014.

Wright, Larry, *Teleological Explanation*, Berkeley, University of California Press, 1976.

| 색인 |

|ㄱ|

|ㄴ|